中国电建
POWERCHINA
中国水电
SINOHYDRO
中国水电建设集团十五工程局有限公司
SINOHYDRO CORPORATION ENGINEERING BUREAU 15 CO., LTD.
杨凌职业技术学院
YANGLING VOCATIONAL & TECHNICAL COLLEGE

校企合作特色教材

水利水电工程施工组织与造价

主　编　赵旭升
主　审　白炳华

中国水利水电出版社
www.waterpub.com.cn
·北京·

内 容 提 要

本书根据《水利水电工程施工组织设计规范》（SL 303—2004）和水利部颁布的《水利工程设计概（估）算编制规定》（水总〔2014〕429号），采用项目教学法编写，内容主要包括水利水电工程施工组织设计和水利工程造价及其相关的建设项目、水利工程招投标等。全书分为学习目标、知识平台和项目实施3个模块。

本书可作为高职高专水利类相关专业教材，也可供水利工程建设管理、设计、施工、监理、造价咨询等部门工作人员的参考。

图书在版编目（CIP）数据

水利水电工程施工组织与造价 / 赵旭升主编. -- 北京：中国水利水电出版社，2017.1（2022.8重印）
校企合作特色教材
ISBN 978-7-5170-5134-3

Ⅰ. ①水… Ⅱ. ①赵… Ⅲ. ①水利水电工程－施工组织－教材②水利水电工程－工程造价－教材 Ⅳ. ①TV512

中国版本图书馆CIP数据核字(2017)第008610号

书 名	校企合作特色教材 **水利水电工程施工组织与造价** SHUILI SHUIDIAN GONGCHENG SHIGONG ZUZHI YU ZAOJIA
作 者	主编 赵旭升 主审 白炳华
出版发行	中国水利水电出版社 （北京市海淀区玉渊潭南路1号D座 100038） 网址：www.waterpub.com.cn E-mail：sales@mwr.gov.cn 电话：（010）68545888（营销中心）
经 售	北京科水图书销售有限公司 电话：（010）68545874、63202643 全国各地新华书店和相关出版物销售网点
排 版	中国水利水电出版社微机排版中心
印 刷	北京市密东印刷有限公司
规 格	184mm×260mm 16开本 21.75印张 516千字
版 次	2017年1月第1版 2022年8月第3次印刷
印 数	3001—5000册
定 价	**59.50元**

中国水电十五局水电学院
校企合作特色教材编审委员会

本书编写团队

主　编：	赵旭升	杨凌职业技术学院	高级工程师
副主编：	卜贵贤	杨凌职业技术学院	副教授
	冯　旭	杨凌职业技术学院	副教授
参　编：	赵景文	中国水电十五局	教授级高级工程师
	李锋利	中国水电十五局	高级工程师
	吕　凯	中国水电十五局	高级工程师
	邹　鹏	杨凌职业技术学院	讲师
	何祖朋	杨凌职业技术学院	讲师
主　审：	白炳华	陕西省水利厅	高级工程师

前　言

Preface

随着我国高等职业教育改革的进一步深化，校企合作、协同育人成为职业教育培养高素质技术技能人才的一条有效途径。《国务院关于加快发展现代职业教育的决定》（国发〔2014〕19号）明确提出：突出职业院校办学特色，强化校企协同育人。鼓励行业和企业举办或参与举办职业教育，发挥企业重要办学主体作用。推动专业设置与产业需求对接，课程内容与职业标准对接，教学过程与生产过程对接，毕业证书与职业资格证书对接，职业教育与终身学习对接。规模以上企业要有机构或人员组织实施职工教育培训、对接职业院校，设立学生实习和教师实践岗位。多种形式支持企业建设兼具生产与教学功能的公共实训基地。支持企业通过校企合作共同培养培训人才，不断提升企业价值。

杨凌职业技术学院（以下简称学院）与中国水电建设集团十五工程局有限公司的合作由来已久，可以说两个单位共同成长与发展，繁荣与壮大，是职业教育校企合作的典范。企业全过程全方位参与学校的教育教学过程，为学院的建设发展和人才培养做出了卓越贡献。学院为企业培养输送了一大批优秀的技术人才，成长为企业的技术骨干，在企业的发展壮大过程中做出了显著贡献。特别是自2006年示范院校建设以来，校企双方合作的广度和深度显著加大，在水利类专业人才培养方案制订与实施、专业建设、课程建设、校内外实验实训条件建设、学生生产实习和顶岗实习指导、教师下工地实践锻炼、兼职教师授课、资源共享、接收毕业生等方面开展了全方位实质性合作，成果突出。2013年3月依托学院水利水电建筑工程专业，本着“合作共建，创新共赢”的原则，经双方共同协商，成立校企合作理事会和“中国水电十五工程局水电学院”，共同发挥各自的资源优势，协同为社会行业企业培养高素质水利水电工程技术技能人才。为了更好地实现“五个对接”、校企协同育人，将企业的新技术新成果引入到教学过程中，在教育部、财政部提升专业服务产业发展能力计划项目的支持下，主要围绕水利水电工程施工一线的施工员、造价员、质检员、安全员等关键技术岗位工作要求，培养学生的专业核心能力，双方多次协商研讨，共同策划编写《校企合作特色教材》，共计7本，作为水电学院学生的课程学习教材，同时也可供企业员工工作时参考。

水利工程施工组织内容较多，本书的课程内容以重要内容为主，次要内容简略或舍弃；水利工程造价以工程概算为主，水利工程投标报价的编制应该在《水利工程招投标》的相关教材中学习。本书内容分为三大部分，第一部分简单介绍工程建设项目的概念和水利工程建设程序；第二部分主要介绍水利工程施工组织设计，包括施工组织设计的概念、编制要求及作用，施工组织设计的程序，并分别介绍导截流工程、防洪度汛方案编制、施工方案编制方法、施工进度编制方法、施工总平面布置编制方法、资源使用计划编制，并深入讲解网络进度计划的编制；第三部分介绍水利工程造价，包括基础单价编制、工程单价编制、工程概算编制，并简单介绍一款常用水利工程造价编制软件。为计算方便，本书数据均保留两位小数点。

本书由杨凌职业技术学院赵旭升担任主编，杨凌职业技术学院卜贵贤、冯旭担任副主编，陕西省水利厅水利工程造价管理中心主任白炳华担任主审。杨凌职业技术学院赵旭升编写了绪论、项目1、项目7、项目9及附录，杨凌职业技术学院卜贵贤编写了项目5，杨凌职业技术学编冯旭编写了项目6，中国水电十五局赵景文编写了项目4，中国水电十五局李锋利编写了项目2、项目3的任务3.1～3.2，中国水电十五局吕凯编写了项目3的任务3.3～3.6，杨凌职业技术学院邹鹏编写了项目8，杨凌职业技术学院何祖朋编写了项目10，河南金控计算机软件有限公司韦黎编写了项目11。

在编写过程中，参阅了有关文献，在此对相关作者一并致谢。限于编者的水平和经验，书中的不妥之处恳请广大读者批评指正。

编者

2016年10月

目　　录

Contents

绪　论

水利工程基本建设在国民经济发展中占有十分重要的地位。自新中国成立以来，特别是改革开放以来，水利事业和其他行业一样，加大步伐进行三项制度改革，颁发了相应的文件，如《水利工程建设项目实行项目法人责任制的若干规定》（水建〔1995〕129 号）、《水利工程建设项目施工招标投标管理若干规定》（水建〔1995〕130 号）、《水利工程建设项目建设监理规定》（水建〔1996〕396 号）、《水利工程建设项目施工招标投标管理规定》（水政资〔1998〕51 号）等。国家投入了大量的人力、物力、财力，修建了大量的水利工程。1998 年，我国嫩江和松花江遭遇了有史以来的特大洪水，国家投入了大量的资金用于抢险、修复和提高（标准）两江的防洪工程。特别是 2011 年的中央一号文件关于水利问题的主题是：实施最严格的水资源管理制度，加强农村水利基础设施建设，治理农村水资源面源污染问题，加强大江大河、大江大河支流、湖泊和中小河流治理，水库的加固、除险问题等。以此看，水利事业发展形势喜人。我们如何预测准、管好、用好国家的投资，使其发挥最大的效益，这不仅是每个水利工程造价者的重要职责，而且也是光荣而艰巨的历史使命。

0.1　我国水利水电工程建设概况

我国水利水电工程建设事业起源历史悠久，从古到今在水利水电建设方面取得了巨大的成就，建成了许多闻名遐迩、颇有影响的水利工程，如 2000 多年前建成的都江堰、郑国渠、灵渠及京杭大运河，20 世纪 30 年代在陕西修建的“八惠”渠（泾惠渠、渭惠渠、洛惠渠等）工程，这些工程不但惠泽当代，而且遗禅后世，有些至今仍在发挥效益。这些工程的建成，一方面体现了我国劳动人民具有的智慧，另一方面也为我国水利水电事业的壮大发展积累了经验，奠定了基础。新中国成立后，水利水电工程事业更是迅猛发展。全国已建堤防 29 万 km，是新中国成立之初的 7 倍；水库从新中国成立前的 1200 多座增加到 8.72 万座，总库容从约 200 亿 m^3 增加到 7064 亿 m^3，调蓄能力不断提高，建设万亩以上灌区 5800 多处。2004 年 9 月，黄河上游公伯峡水电站第一台机组投产发电，我国水电建设树立了一个伟大的里程碑，水电装机突破 1 亿 kW。国家能源局副局长刘琦 2015 年 5 月 19 日，在第五届世界水电大会开幕式致辞中介绍，2014 年，我国水电装机容量突破 3 亿 kW，居世界第一，约占全球水电装机总量的 1/4。根据我国的可再生能源建设规划，水电总装机容量将在 2020 年达到 4.2 亿 kW。各个时期相继修建了诸如大伙房、十三陵、三门峡、刘家峡、葛洲坝、小浪底、三峡以及正在修建的向家坝、南水北调等具有划时代的标志性水利水电工程。从这些工程的建设可以看出我国水利水电建设的发展历程，呈现一个由小到大、由简单到复杂、由单一功能向多功能发展趋势，同时说明了我国水利水电建设技术、管理水平也在不断发展和提高。

0.2 施工组织与造价的作用和任务

一项工程建设，一般经历规划、设计、施工三个阶段，水利水电工程施工是按照设计的工程结构、数量、质量及环境保护等要求，从技术、工艺、材料、装备、组织和管理各方面综合考虑采取的施工方法和技术措施，是把工程设计蓝图变为现实的必经阶段，是建设过程的重要阶段。施工过程中采取的技术方法、组织管理措施对工程实施的最终质量和经济效果都有很大的影响。另外，工程造价费用的高低也是决定工程是否实现的重要条件，所以在建设的各个阶段对施工阶段均应有不同程度的设想和安排，同时，还应对工程的造价费用进行不同程度的预估。

水利水电工程施工组织设计是对一项具体工程按照其设计要求、研究施工条件、选择施工方案、确定施工布置、安排施工程序、指导施工的技术经济文件，是水利水电工程设计文件的重要组成部分，是编制工程造价费用和招标文件的重要依据，也是工程建设和施工管理的指导文件，它为业主提供决策依据，为承包商提供有效指导，为监理工程师提供重要的参考资料。认真做好施工组织设计对正确选定坝址、枢纽布置、优化设计方案，合理组织施工，保证工程质量，缩短工期，降低工程造价具有十分重要的作用。随着水利水电建设体制的改革和发展，广泛采用招标承包制，提高施工组织设计水平，愈来愈显得重要和迫切。

同样，工程造价也是设计文件的重要组成部分，在工程建设过程中与施工组织具有同样重要的意义。在不同阶段编制工程造价具有不同的意义，概括起来，水利工程造价管理的意义主要体现在：为水利建设项目决策提供科学依据、在项目建设前期科学地控制工程造价、提供合理的工程投资规模和宏观控制目标、提供合理的筹措建设资金方案、为顺利实行工程招标投资提供必要条件、在工程建设实施阶段有效地控制工程造价、为工程竣工决算提供依据、为基建审计提供有关基础资料等8个方面。

1. 为水利建设项目决策提供科学依据

建设项目在投资决策之前要进行可行性研究，以充分论证其技术的可行性和经济的合理性。该阶段投资估算是进行经济分析的重要基础，是项目正确决策的重要依据。工程造价的全过程管理要从“估算”这个“龙头”抓起，充分考虑各种可能的需要，风险、价格上涨等动态因素，合理打足投资，不留缺口，同时也防止高估冒算。

2. 在项目建设前期科学地控制工程造价

在项目可行性研究和初步设计阶段，控制工程规模，工程范围、设计标准，通过技术经济比较、优化设计方案等方法，对工程造价进行前期预控制。

3. 提供合理的工程投资规模和宏观控制目标

项目初步设计概算是初步设计阶段依据现行的有关费用标准、定额而编制的工程投资计划，是投资人确定基本建设投资规模的依据。一般说来，初步设计概算反映了初步设计阶段某一编制年的价格和社会平均生产率水平，并按此测算出来的某一建设项目所需建设经费的总额。因而概算投资额在建设期间不能任意突破，是项目法人进行宏观控制的目标。初步设计的准确程度，直接影响着工程建设的进展。概算编制得越准确，基本建设投资规模就容易控制，有利于工程项目的顺利进行；反之，如果总概算偏低，在实施中一再突破，就会导致基本建设规模失控，资金筹措困难，从而使资金和物资得不到保证，或延误工期，或影响工程质量，降低投资效果。

4. 提供合理的筹措建设资金方案

当前水利工程建设投资渠道已形成多元化格局，主要有各级政府财政投资、贷款、集资、利用外资、民营集团投资、股份制等形式。向银行贷款，银行就要对工程项目进行评估，评估的依据之一就是初步设计概算。作为民营集团投资，则在投资前必须了解建设项目的经济指标，方可做出投资与否的意向，经济指标评价的依据之一也是初步设计概算。建设项目各种投资所占比例与工程总投资额密切相关，如果总投资额不准确或比例失调，就必然影响建设资金的筹措及到位，也会影响运行期间的还贷。

5. 为顺利实行工程招标投资提供必要条件

招标投标是水利工程建设管理改革的重要内容，合理的标底为选择出最优的承包商提供了重要依据，可以避免盲目要价和竞相压价等不正当竞争行为，从而保护各方的合法权益，为工程建设的顺利进行打下良好的基础。

6. 在工程建设实施阶段有效地控制工程造价

采取“静态控制，动态管理”方式，通过“限额设计管理”严格控制初步设计“工程量”；通过“项目管理预算”，结合工程分标等实际情况，合理调顺项目划分，规范合同管理，使工程建设静态投资控制在审批的初步设计概算静态投资额之内；通过公正的价差计算与结算方式，科学有效地对项目建设中发生的价差和融资成本进行管理。

7. 为工程竣工决算提供依据

竣工决算是反映基本建设项目实际造价和投资效果的技术经济文件，是考核投资效果的依据，编制竣工决算的主要依据是初步设计概算、项目管理预算、合同及其调价、结算等资料。

8. 为基建审计提供有关基础资料

审计是独立检查会计账目，监督财务收支的真实性、合法性的行为。概（估）算费用标准、概算文件、项目管理预算、合同及其调价、结算等资料，是基建审计的重要基础资料。

不论是施工组织设计，还是工程造价的编制，都是工程建设中不可缺少的工作内容，并且贯穿于建设的全过程。所以说，掌握施工组织设计和工程造价编制方法，对提高工程建设质量和组织管理水平，降低工程投资都有十分重要的意义。

0.3 施工组织和造价管理的发展

1. 施工技术的发展，促进了施工组织设计水平和造价管理水平在不断提高

施工组织设计中一个重要的任务就是确定施工技术。施工技术的不断发展，施工技术水平的不断提高，使施工中可采用的技术方法多样化，从而使施工组织设计更具灵活性，其内容更具体、更准确、更切合实际，使施工组织设计更具指导性。一方面，先进技术方法的应用，需通过周密的施工组织设计协调和体现；另一方面，只有先进的施工技术才能促使施工组织设计水平不断发展和提高。

施工技术的不同，社会资源消耗水平不同，即定额水平不同，随着施工技术的发展，

定额水平在不断更新，定额内容也在不断地得到充实，从而促使造价管理不断更新，造价的编制方法不断改进，造价管理水平不断提高。

2. 我国施工组织设计制度和造价管理机制不断完善

我国施工组织设计的发展起步于20世纪50年代。最初学习苏联水利水电建设经验，逐步在水利部直属勘测设计院设置施工组织设计机构，1964年水利电力部审查同意颁布《大型水利水电枢纽工程施工组织设计简则》，施工组织设计开始进入有章可循阶段，1984年全国各设计院之间建立施工组织设计情报网，1989年能源部、水利部联合颁发《水利水电工程施工组织设计规范》（SDJ 338—89）等一系列文件，1990年成立中国水利学会施工专业委员会施工组织设计学组，致力于提高我国水利水电工程施工组织设计水平。2004年8月，水利部颁布了《水利水电工程施工组织设计规范》（SL 303—2004）。

在新中国成立初期，我国国民经济尚处于恢复时期，还没有概算制度，工程建设采用的是实报实销的办法，在1951—1957年间，国家主要借鉴苏联的经验，规定在不同设计阶段，必须编制概算或预算，确定了概预算编制的原则、内容、方法，概预算的编制审批、审定的修正办法，确定了概预算的编制依据。1958—1976年由于当时政治形势的原因，工程造价管理基本处于失控制状态。党的十一届三中全会以后，随着经济体制的改革、投资制度也进行了一系列改革，国家重新整顿，建立健全概预算制度。1978年国家基本建设委员会（以下简称建委）、国家计划委员会（以下简称计委）、财政部共同制定和颁发了《关于加强基本建设概预算决算管理工作的几项决定》和《关于改进工程建设概预算的工作的若干规定》等文件，1978—1988年的十年间相继颁发了一系列的相关文件和定额。20世纪90年代，工程造价制度得到进一步发展和完善，逐步实现从静态投资管理向动态投资管理的转变、从自营建设向招标方式的转变、微观控制面向宏观控制的转变。随着水利水电工程建设管理与国际接轨，工程造价由单纯的定额法向实物量法预测工程造价发展，工程造价由业主委托社会上的专门机构进行预测，造价预测人员应取得政府或行业协会颁发的相关专业的资格证书，一个新兴工程造价管理制度正在逐步形成。

3. 理论逐渐成熟起来

在长期的工程实践过程中，逐步由传统的经验决策向科学决策转变，把领导艺术上升至领导科学，将科学的方法和人的主观能动的作用与创造性有机结合，从而使施工组织设计建立于坚实的理论基础之上。

在施工组织设计中，应用系统工程理论进行施工布置，优选当地料场以及施工进度的分析研究和确定。目前在一些大中型工程中，对施工平面图的现代规划方法是运用系统工程及其运筹学理论，采用归邻法、叠合法选点，采用最小树法、破圈法选线，应用预测与决策理论，已日益成为编制施工组织设计的重要方法。对于风险型工程的施工组织设计，采用决策树的形式分析计算更为方便直观。

4. 编制手段逐渐现代化

计算机模拟为水利水电施工过程研究开创了新的手段，使水利水电工程施工参数分析和选择，从凭施工经验和类比分析发展至施工过程模拟试验、施工参数数值分析、施工方案优化比较等科学领域，结合计算机辅助设计（CAD）、计算机多媒体技术的应用，将图形显示和动画显示相配合，使效果更加逼真，更具实用性和有效性。

同样，应用计算机编制工程概预算和标价进行文本处理，是当前乃至今后工程造价实现现代化管理的重要手段。

5. 施工组织管理的发展

施工组织与施工管理一脉相承，由传统的经验型管理迈向现代化管理，现代化管理已逐步走向既注意运用系统分析、信息功能以及电子计算机等现代科学技术，同时更重视发挥人的创造和主观能动性，发挥人的管理才能。随着我国水利水电工程建设体制改革，施工管理已全面采用项目法人责任制、招标投标制、建设监理制、合同管理制。管理手段也日益向信息管理科学预测及电子计算机应用方向发展。

0.4 本课程的性质和任务

本课程是经济性、政策性、实践性较强的一门综合应用学科，是高职水利水电工程建筑专业的主要专业课，也是培养学生从事水利水电工程项目的管理能力、组织能力、施工能力和计算技能的必修课。

本课程的主要任务是：①使学生了解水利水电基础建设的工作内容、管理方法和管理体制；②使学生具备从事编制施工组织设计和工程造价的能力；③使学生具备编制招投标文件的基本知识和编制标底报价的能力；④具备应用定额进行计算和施工组织管理的能力；⑤具备施工组织设计与工程造价计算机软件的应用能力。

在学习本课程时，一方面要注意有关基本知识、基本概念、内容的学习；另一方面更应加强计算技能的训练，同时还应联系实际，加强有关水利水电建设法规的学习，以此加深对知识的理解。

项目1　认识水利水电工程建设项目

任务1.1　基本建设与项目划分

学习目标：

1. 知识目标：①了解基本建设的概念；②了解基本建设投资的概念；③项目划分的内容。

2. 技能目标：能进行常见简单工程的项目划分。

3. 素质目标：①认真仔细的工作态度；②严谨的工作作风。

项目任务：学习基本建设的概念，了解基本建设项目划分的概念和方法。

项目描述：学习基本建设项目的概念、特征，基本建设项目投资的概念，基本建设项目的分类，基本建设项目划分层次的概念及项目划分的注意事项，常见建设项目的项目划分方法。

知识平台：

1.1.1　基本建设项目的概念

项目是指在一定的约束条件下，具有特定的明确目标的一次性事业（或活动）。

项目的概念有广义与狭义之分。就广义的项目概念而言，凡是符合上述定义的一次性事业都可以看作项目，如技术更新改造项目、新产品开发项目、科研项目等。在工程领域，狭义的项目概念，一般专指工程项目，如修建一座水电站、一栋大楼、一条公路等具有质量、工期和投资目标要求的一次性工程建设任务。工程建设项目要求在限定的工期、投资和规定的质量标准下，实现工程建设的最终目标。

基本建设，就是横贯于国民经济各部门之中，并为其形成固定资产（使用年限在1年以上，单位价值在1000元、1500元或2000元以上）的综合性经济活动过程，即包括了规划设计、建造、购置和安装固定资产的活动及与之相关联的其他工作，是发展社会生产、增强国民经济实力的物质技术基础，是改善和提高人民群众物质生活水平和文化水平的重要手段，是实现社会扩大再生产的必要条件。形成固定资产的综合性的经济活动即为基本建设。固定资产是指在社会再生产过程中可供较长时间反复使用，使用年限在1年以上，单位价值在规定限额以上，并在使用过程中基本上不改变原有实物形态的劳动资料和物质资料。

基本建设项目，一般需要兴工动料、需要一定量的投资，经过决策和实施（设计、施工）等一系列程序，在一定的约束条件下，以形成固定资产为目标，最终形成建筑产品的一次性任务。如修建一座水电站、兴建一条高速公路或建造一幢大楼均是一个建设任务，也就是一个基本建设项目。

1.1.2 基本建设项目的特征

基本建设项目具有自己的特殊性。它的特征主要是从建设产品成果和其工程建设过程两方面来体现。具体体现在以下几个方面。

1.1.2.1 建设产品的特殊性

1. 总体性

建设产品的总体性表现在：①它是由许多材料、半成品和产成品经加工装配而组成的综合物；②它是由许多个人和单位分工协作、共同劳动的总成果；③它是由许多具有不同功能的建筑物有机结合成的完整体系。例如一座水电站，它是由土石料、混凝土、钢材、水轮发电机组以及其他各种机电设备组成的；参与工程建设的单位除项目法人外，还有设计单位、施工单位、设备材料生产供应单位、咨询单位、监理单位等；整个工程不仅要有发电、输变电系统，而且要有水库、引水系统、泄水系统等有关建筑物，另外还要有相应的生活、后勤服务设施。

2. 固定性

一般的工农业产品可以流动，消费使用空间不受限制。而建设产品只能固定在建设场址使用，不能移动。

1.1.2.2 工程建设的特殊性

1. 生产周期长

由于建设产品体型庞大，工程量巨大，建设期间要耗用大量的资源，加之建设产品的生产环境复杂多变，受自然条件影响大，所以，其建设周期长，通常需要几年至十几年。一方面，在如此长的建设周期中，不能提供完整产品，不能发挥完全效益，造成了大量的人力、物力和资金的长期占用；另一方面，由于建设周期长，受政治、社会与经济、自然等因素影响大。

2. 建设过程的连续性和协作性

工程建设的各阶段、各环节、各协作单位及各项工作，必须按照统一的建设计划有机地组织起来，在时间上不间断，在空间上不脱节，使建设工作有条不紊地顺利进行。如果某个环节的工作遭到破坏和中断，就会导致该工作停工，甚至波及其他工作，造成人力、物力、财力的积压，并可能导致工期拖延，不能按时投产使用。

3. 施工的流动性

这是由建设产品的固定性决定的。建设产品只能固定在使用地点，那么施工人员及机械就必然要随建设对象的不同而经常流动转移。一个项目建成后，建设者和施工机械就得转移到下一个项目的工地上去。

4. 受自然和社会条件的制约性强

一方面，由于建设产品的固定性，工程施工多为露天作业：另一方面，在建设过程中，需要投入大量的人力和物资。因此，工程建设受地形、地质、水文、气象等自然因素以及材料、水电、交通、生活等社会条件的影响很大。

1.1.3 基本建设项目投资

在我国基本建设领域，其投资一般可分为经营性投资和非经营性投资两大部分。经营性投资基本建设项目是为了进行生产经营，如国家工、矿企业、水电站等工程投资。非经营性投资的基本建设项目是不以生产经营为目的的，如对于政府、事业单位和城乡居民建设的国家工程、市政公共设施、行政办公大楼、民用住宅等工程投资。

基本建设工程项目投资，一般是指进行某项基本建设项目建设花费的全部费用，是以货币形式表现的基本建设工程量，即投入到或用于基本建设中的资金。其中生产经营性建设工程项目投资包括建设投资和铺底流动资金两部分；非生产性建设工程项目投资则只包括建设投资。

建设项目费用是指进行工程项目的建造所需要花费的全部费用，即从工程项目确定建设意向直至建成、竣工验收为止的整个建设期间所支付的总费用，也即建设项目有计划地进行固定资产再生产和形成相应地无形资产和铺底流动资金的一次性费用的总和，包含固定资产投资和流动资产投资两大部分。

国家计委审定发行的《投资项目可行性研究指南》（计办投资〔2002〕15号）规定，工程建设项目费用可划分为：设备、工器具及生产家具购置费用，建筑、安装工程费用，工程建设其他费用，预备费（不可预见费），固定资产投资方向调节税、建设期投资贷款利息和铺底流动资金等，如图1.1所示。

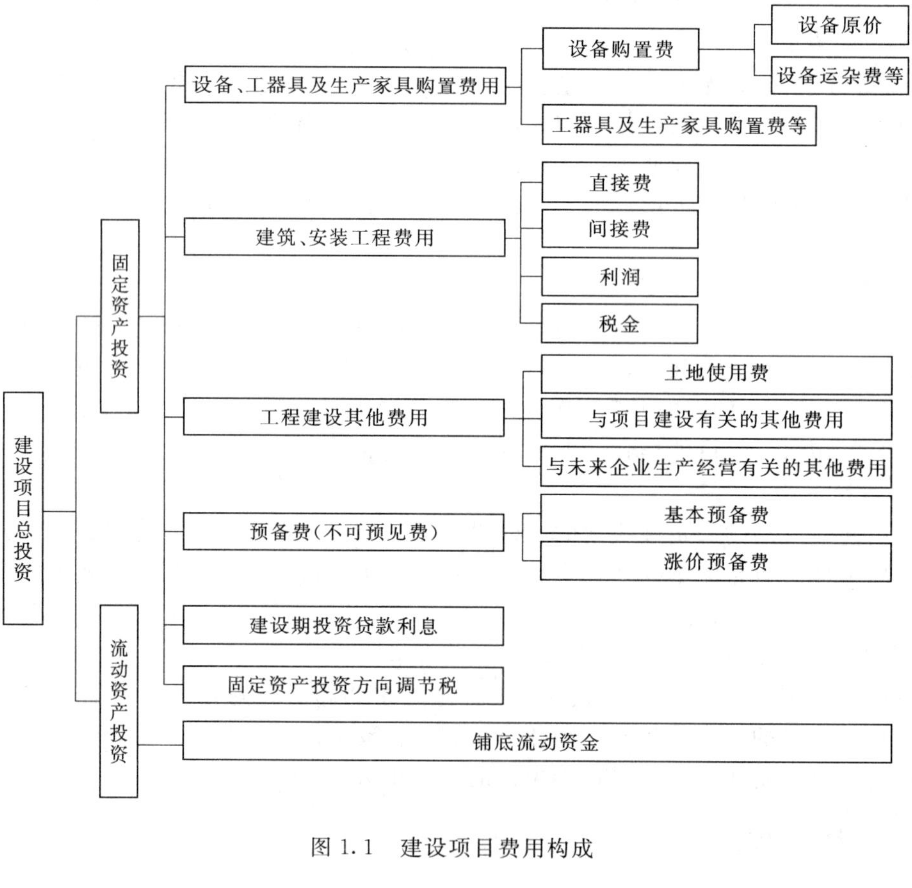

图1.1　建设项目费用构成

设备、工器具及生产家具购置费，是指按照建设工程设计文件要求，建设单位购置或自制达到固定资产标准的设备和新、扩建项目配置的首套工器具及生产家具所需的费用。

建筑、安装工程费由建筑工程费和安装工程费两部分组成。建筑工程费是指建设工程涉及范围内的建筑物、构筑物、道路、室外管道铺设、大型土石方工程费用等。安装工程费是指主要生产、辅助生产、公用工程等单项工程中需要安装的机械设备、电器设备、专用设备、仪器仪表等设备的安装及配件工程费等。

工程建设其他费用可分为三类：第一类是土地使用费，包括土地征用及迁移补偿费和土地使用权出让金；第二类是与项目建设有关的费用，包括建设管理费、勘察设计费、研究试验费等；第三类是与未来企业生产经营有关的费用，包括联合试运转费、生产准备费、办公和生活家具购置费等。

铺底流动资金是指生产性建设工程项目为保证生产和经营正常进行，按规定应列入建设工程项目总投资的铺底流动资金。

建设投资可以分为静态投资部分和动态投资部分。静态投资部分由建筑安装工程费、设备工器具购置费、工程建设其他费和基本预备费构成。动态投资部分，是指在建设期内，因建设期利息、建设工程需缴纳的固定资产投资方向调节税和国家新批准的税费、汇率、利率变动以及建设期价格变动引起的建设投资增加额，包括涨价预备费、建设期利息和固定资产投资方向调节税。

1.1.4 基本建设项目的分类

为了便于管理及统计分析的需要，基本建设项目可进行分类，分类的方法很多，但到目前为止，还没有统一的标准和依据，较常见的有以下几类。

1. 按建设项目的性质分类

(1) 新建项目，是指从无到有，“平地起家”，新开始建设的项目。有的建设项目原有基础很小，经扩大建设规模后，其新增加的固定资产价值超过原有固定资产价值3倍以上的，也算新建项目。

(2) 扩建项目，是指原有企业、事业单位，为扩大原有产品生产能力（或效益），或增加新的产品生产能力，而新建主要车间或工程项目。

(3) 改建项目，是指原有企业，为提高生产效率，增加科技含量，采用新技术，改进产品质量，或改变新产品方向，对原有设备或工程进行改造的项目。有的企业为了平衡生产能力，增建一些附属、辅助车间或非生产性工程，也算改建项目。

(4) 迁建项目，是指原有企业、事业单位，由于各种原因经上级批准搬迁到另地建设的项目。迁建项目中符合新建、扩建、改建条件的，应分别作为新建、扩建或改建项目。迁建项目不包括留在原址的部分。

(5) 恢复重建项目，是指企业、事业单位因自然灾害、战争等原因，使原有固定资产全部或部分报废，以后又投资按原有规模重新恢复起来的项目。在恢复的同时进行扩建的，应作为扩建项目。

2. 按建设项目的规模大小分类

基本建设项目可分为大型项目、中型项目、小型项目，大、中、小型项目是按项目的建设总规模或总投资来确定的。新建项目按项目的全部设计规模（能力）或所需投资（总概算）计算；扩建项目按扩建新增的设计规模（能力）或扩建所需投资（总概算）计算，不包括扩建以前原有的生产能力。但是，新建项目的规模是指经批准的可行性研究报告中规定的建设规模，而不是指远景规划所设想的长远发展规模。明确分期设计、分期建设的，应按分期规模计算。

基本建设项目大、中、小型划分标准，是国家规定的，一般对于非生产性建设项目，总投资在2000万元以上的为大型，2000万～1000万元的为中型，1000万元以下的为小型。习惯上将大型和中型项目合称为大中型项目，国务院在1987年发的23号文件《国务院关于放宽固定资产投资审批权限和简化审批手续的通知》中规定，按总投资金额划分的大中型项目，国家计委将能源、交通、原材料工业项目审批限额由1000万元以上提高到5000万元以上，其他项目3000万元以上，而在其下的为小型。在水利水电工程基本建设领域，除了参照以上的划分标准外，也有自己的划分形式，例如水电站是按其装机容量区分：30万kW以上的为大型，5万～30万kW的为中型，5万kW以下的为小型；水库以库容量区分：1亿m^3以上的为大型，1亿～1000万m^3的为中型，1000万m^3以下的为小型。

3. 按建设项目的使用性质分类

水利部1995年印发的《水利工程建设项目实行项目法人责任制的若干意见》指出：“根据水利行业特点和建设项目不同的社会效益、经济效益和市场需求等情况，将建设项目划分为生产经营性、有偿服务性和社会公益性三类项目。”

生产经营性项目包括城镇、乡镇供水和水电项目。这类项目要按社会主义市场经济的需求，以受益地区或部门为投资主体，使用资金以贷款、债券和自筹等各项资金为主。国家在贷款和发行债券方面，通过政策，银行给予相应的优惠。

有偿服务性项目包括灌溉、水运、机电排灌等工程。这类项目应以地方政府和受益部门、集体和农户为投资主体，使用资产以部分拨款、拨改贷（低息）、贴息贷款和农业开发基金有偿部分为主，大型重点工程也可以争取利用外资。

社会公益性项目包括防洪、防潮、治涝、水土保持等工程项目。这类工程应以国家（包括中央和地方）为投资主体，使用资金以财政拨款（包括国家预算内投资、国家农发基金、以工代赈等无偿使用资金）为主，对有条件的经济发达地区亦可使用有偿资金和贷款进行建设。

4. 按建设项目的隶属关系分类

（1）中央项目，亦称部直属项目。它是指中央各主管部门直接安排和管理的企业、事业和行政单位的建设项目。这些项目的基本建设计划，由中央各主管部门编制、报批和下达。所需的统配物资和主要设备以及建设过程中存在的问题，均由中央各主管部门直接供应和解决。

（2）地方项目，指由省、直辖市、自治区和地（市）、县等各级地方直接安排和管理的企业、事业、行政单位的建设项目。这些项目的基本建设计划由各级地方主管部门编制、报批和下达，所需物资和设备由各地方主管部门直接供应。

国家根据不同时期经济发展的目标，结构调整的任务和其他需要，对以上各类建设项目制定不同的调控和管理政策。因此，系统地了解基本建设项目的分类，对贯彻国家有关方针、政策，做好项目管理有重要意义。

1.1.5 基本建设项目划分

基本建设项目，是指在一个总体设计范围内，经济上实行独立核算，行政上具有独立的组织形式的建设工程项目，如一个独立的水库、灌溉泵站、大桥等。一个基本建设项目往往规模大，建设周期长，影响因素复杂。因此，为了便于编制基本建设计划，编制概预算，组织材料供应，组织招标投标，安排施工和控制投资，拨付工程款项，进行经济核算等生产经营管理的需要，通常按项目本身的内部组成，将其划分为建设项目、单项工程、单位工程、分部工程、分项工程，见图 1.2 建设项目分解示意图。

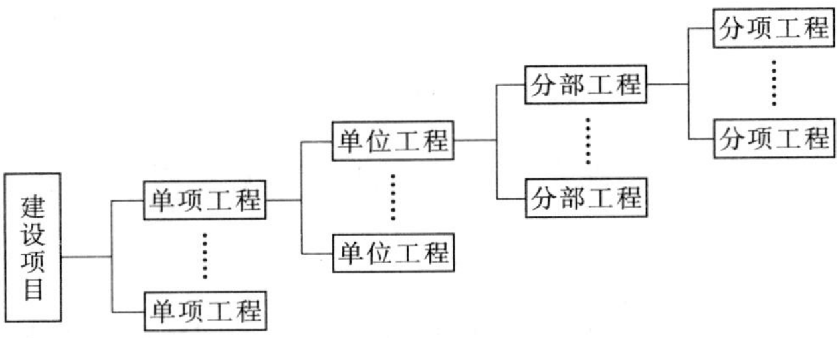

图 1.2 建设项目分解示意图

（1）单项工程（或扩大单位工程）是建设项目的组成部分。一般是指在一个建设项目中，具有独立的设计文件，建成后能够独立发挥生产能力或效益的工程。例如一个灌溉泵站的泵房，一个水利枢纽的拦河大坝、电站厂房、溢洪道等都是单项工程。

（2）单位工程是单项工程的组成部分，指建成后虽不能独立发挥生产能力，但具备独立施工条件并能形成独立使用功能的建筑物及构筑物。一般以建筑物建筑及安装来划分，如水电站引水工程中的进水口、调压井、引水隧洞等都是单位工程。

（3）分部工程是单位工程的组成部分，一般是按单位工程的结构部位、使用的材料、工种或设备种类和型号等的不同而划分的工程。例如水利水电枢纽工程可以按照工种来划分，如引水隧洞工程可以分为土石方开挖工程、钢筋混凝土衬砌工程等。

（4）分项工程是建设项目最基本的组成单元，一般是按照不同的施工工艺、材料及构配件规格，将分部工程分解为一些简单的施工过程，是建设工程项目中最基本的单位内容，即通常所指的各种工程实物量。例如隧洞衬砌工程按部位，划分为底板衬砌、直墙衬砌和顶拱衬砌等分项工程，再如按材料可分为 C15、C20 混凝土浇筑等。

项目实施：

根据知识平台中基本建设项目划分概念，对水力发电站工程的项目进行划分，如图 1.3 所示。

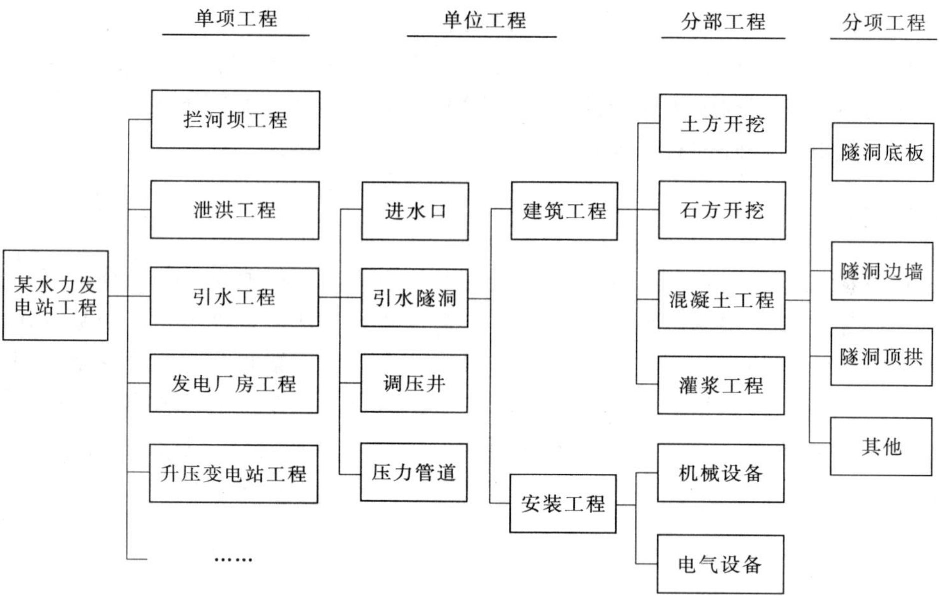

图 1.3　某水电站枢纽工程建设项目划分示例

想一想　练一练：请根据项目划分的概念，试对常见工程（如引水工程、灌溉工程）进行项目划分。

任务 1.2　水利水电工程基本建设程序

学习目标：

1. 知识目标：①建设程序的概念；②水利水电工程建设程序的 8 个阶段；③水利水电工程建设程序中各个阶段的主要工作。

2. 技能目标：①知道水利水电工程建设程序中各阶段的工作内容；②知道水利水电工程建设程序中各建设阶段与工程造价的对应关系，即知道各阶段工程造价的名称。

3. 素质目标：①认真仔细的工作态度；②严谨的工作作风；③遵守编制规定的要求。

项目任务：学习水利水电工程建设程序各阶段的主要工作和成果。

项目描述：水利水电工程建设有章可循，是总结了长期工程建设经验的。水利水电工程建设项目的建设程序有 8 个阶段，每个阶段有相应的工作任务和成果要求，通过学习，掌握水利工程建设阶段的工作内涵。

知识平台：

1.2.1　基本建设程序的概念

基本建设程序是指由行政性法规、规章所规定的，进行基本建设所必须遵循的阶段及其先后顺序；这个法则是人们在认识客观规律，科学地总结了建设工程的实践经验的基础上，结合经济管理体制制定的。它反映了项目建设所固有的客观规律和经济规律，体现了现行建设管理体制的特点，是建设项目科学决策和顺利进行的重要保证。建设程序既是基本建设应遵循的准则，也是国家对基本建设进行监督管理的手段之一。它是国家计划管理、宏观资源配置的需要，是主管部门对项目各阶段监督管理的需要。

国家通过制定有关法规，把整个基本建设过程划分为若干个阶段，规定了每一阶段的工作内容、原则以及审批权限。国家发展和改革委员会（以下简称发改委）在1999年下发的《关于重申严格执行基本建设程序和审批规定的通知》里，明确要求项目法人和主管部门要严格执行基本建设程序，尤其是在建设项目前期工作阶段，必须严格按照现行建设程序执行。严禁越权审批建设项目，不得超越规定审批权限擅自审批建设项目，不得采取“化整为零”等方式逃避上级主管部门的审批管理。只有当建设项目的可行性研究报告经有权审批部门批准后，方可对外正式签订贷款协议、设备购买合同、合资合作协议和合同等。

1.2.2 水利工程建设程序

水利部在1998年1月7日发布的《水利工程建设程序管理暂行规定》中，明确要求水利工程建设要按《水利工程建设项目管理规定（试行）》（水建〔1995〕128号）中规定的建设程序执行。水利工程建设程序一般分为：项目建议书、可行性研究报告、初步设计、施工准备（包括招标设计）、建设实施、生产准备、竣工验收、后评价等阶段。在水利工程项目建设程序中，通常将项目建议书、可行性研究和初步设计作为一个大阶段，称为项目建设前期阶段或项目决策阶段，初步设计以后到投产运行期间的建设活动作为另一大阶段，称为项目建设实施阶段，投产运行后为生产阶段。

水利工程建设程序各阶段流程如图1.4所示。从投资人角度，项目的建设前期阶段、建设实施阶段和生产阶段所对应的是投资前期阶段、投资阶段和投资回收阶段或项目发挥效益阶段，项目的投资前期及项目的决策阶段是投资人关注的重要阶段。从建设管理角度，项目法人的工作重点在建设实施阶段，在这一阶段是形成项目实体的关键阶段。

1.2.2.1 项目建议书

项目建议书是要求建设某一具体工程项目的建议文件，是基本建设程序中最初阶段的工作，是投资决策前对拟建项目的轮廓设想。编制项目建议书，应根据国民经济和社会发展规划与地区经济发展规划的总体要求，在经批准的流域（区域）综合利用规划或行业发展规划的基础上，提出开发目标和任务，对项目的建设条件进行调查和必要的勘察工作，并在对资金筹措进行分析后，择优选定建设项目及其建设规模、地点和时间，论证项目建设的必要性，初步分析项目建设的可能性。

项目建议书应按照水利部《水利水电工程项目建议书编制暂行规定》（水规计〔1996〕608号）、《水利水电工程项目建议书编制规程》（SL 617—2013）编制。项目建议书编制应当委托有相应资格的工程咨询或设计单位承担。项目建议书按要求编制完成后，按照建设总规模和限额的划分审批权限报批。项目建议书经批准后，可以进行详细的可行性研究工作，但项目建议书不是项目的最终决策。

项目建议书被批准后，由政府向社会公布，若有投资建设意向，应及时组建项目法人筹备机构，开展下一建设程序工作。

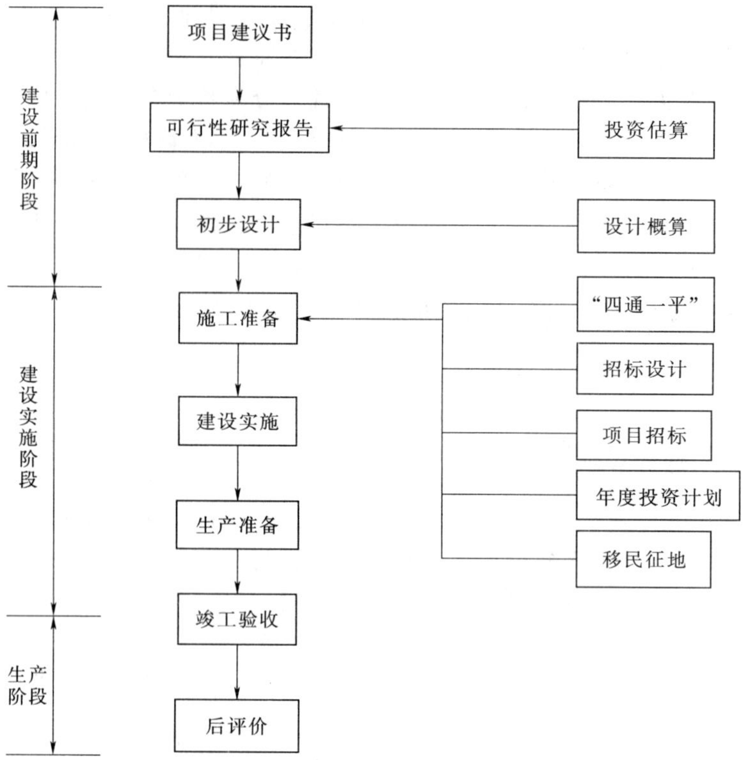

图 1.4　水利工程建设程序流程图

1.2.2.2　可行性研究报告

可行性研究报告是在可行性研究的基础上编制的一个重要文件。它确定建设项目的建设原则和建设方案，是编制设计文件的重要依据，可行性研究报告的主要内容有建设项目的目标与依据、建设规模、建设条件、建设地点、资金来源、综合利用要求、环保评估、建设工期、投资估算、经济评价、工程效益、存在问题和解决方法等。由于可行性研究报告是项目决策和进行初步设计的重要文件，要求必须有相当的深度和准确性。

项目建议书一经批准，即可着手进行可行性研究，可行性研究报告应按照《水利水电工程可行性研究报告编制规程》（DL 5020—93）、《水利水电工程可行性研究报告编制规程》（SL 618—2013）编制。其编制应当委托有相应资格的工程咨询或设计单位承担。

承担可行性研究工作的单位应是经过资格审定的规划、设计和工程咨询单位。可行性研究报告按要求编制完成后，按照审批权限报批。

可行性研究报告经批准后，该建设项目即可立项并进行勘测设计工作，可行性研究报告是项目的最终决策。批准后的可行性研究报告，不得随意修改和变更，在主要内容上有重要变动，应经原批准机关复审同意。项目可行性报告批准后，应正式成立项目法人，并按项目法人责任制实行项目管理。

1.2.2.3　初步设计

水利水电工程项目的初步设计的主要任务是，根据充分利用水资源、综合利用工程设施和就地取材的原则通过不同方案的分析比较，论证本工程及主要建筑物的等级标准，选定坝闸址。确定工程总体布置方案、主要建筑物型式和控制性尺寸、水库各种特征水位、装机容量、机组机型，制定施工导流方案、主体工程施工方法、施工总进度及施工总布置以及对外交通、施工动力和工地附属企业规划，并进行选定方案的设计和编制设计概算。

初步设计是根据批准的可行性研究报告和必要而准确的勘察设计资料，对设计对象进行通盘研究，进一步阐明拟建工程在技术上的可行性和经济上的合理性，确定项目的各项基本技术参数，编制项目的总概算。其中概算静态总投资原则上不得突破已批准的可行性研究报告估算的静态总投资。由于工程项目基本条件发生变化，引起工程规模、工程标准、设计方案、工程量的改变，其静态总投资超过可行性研究报告相应估算静态总投资在15%以下时，要对工程变化内容和增加投资提出专题分析报告；超过15%以上（含15%）时，必须重新编制可行性研究报告并按原程序报批。

初步设计报告应按照《水利水电工程初步设计报告编制规程》（DL 5021—93）、《水利水电工程初步设计报告编制规程》（SL 619—2013）编制。初步设计报告经批准后，主要内容不得随意修改或变更，并作为项目建设实施的技术文件基础。在工程项目建设标准和概算投资范围内，依据批准的初步设计原则，一般非重大设计变更、生产性子项目之间的调整，由主管部门批准。在主要内容上有重要变动或修改（包括工程项目设计变更、子项目调整、建设标准调整、概算调整）等，应按程序上报原批准机关复审同意。

初步设计任务应选择有项目相应资格的设计单位承担。

1.2.2.4 施工准备

施工准备是在项目设计完成并经审查批准后为项目的开工进行的各项准备工作，大中型水利建设项目在初步设计工作完成并经审查批准后就开始进行施工准备工作。

1. 项目报建

施工准备工作开始前，项目法人或其代理机构，依照《关于调整水利工程建设项目施工准备条件的通知》（水建管〔2015〕433号）的规定，向水行政主管部门办理报建手续。工程项目进行报建登记后，方可组织施工准备工作。进行施工准备必须满足如下条件：

（1）建设项目可行性研究报告已经批准。

（2）年度水利投资计划已经下达。

（3）项目法人已经建立。

2. 施工准备工作

根据水利部《关于调整水利工程建设项目施工准备条件的通知》（水建管〔2015〕433号）的规定，项目法人或建设单位向主管部门提出主体工程开工申请报告，必须进行施工准备工作，主要包括如下内容。

（1）开展征地、拆迁，实施施工用水、用电、通信、进场道路和场地平整等工程。

（2）实施必需的生产、生活临时建筑工程。

（3）实施经批准的应急工程、试验工程等专项工程。

（4）组织招标设计、咨询、设备和物资采购等服务。

（5）组织相关监理招标。

（6）组织主体工程施工招标的准备工作等。

水利建设项目年度建设计划是合理安排年度施工项目和投资，规定计划年度应完成建设任务的文件。它具体规定：各年应该建设的工程项目和进度要求，应该完成的投资金额的构成，应该交付使用固定资产的价值和新增的生产能力等。只有列入批准的年度建设计划的工程项目，才能安排施工和支用建设资金。在项目新开工前，必须由审计机关对项目的有关内容进行审计证明，审计机关主要对项目的资金来源是否正当、落实，项目开工前的各项支出是否符合国家的有关规定，资金是否存入规定的专业银行进行审计。

水利工程建设项目的准备工作基本就绪后，要向上级主管部门提交开工申请报告，经批准后，才能正式开工。

1.2.2.5 建设实施

建设实施阶段是指主体工程建设实施。建设项目经批准开工后，项目法人按照批准的建设文件，组织工程建设；参与项目建设的各方，依照项目法人或建设单位与设计、监理、工程承包单位以及材料与设备采购等有关各方签订的合同，行使各方的合同权利，并严格履行各自的合同义务，项目法人或建设单位应按照批准的建设文件，依照有关合同，协调有关建设各方的关系和建设外部环境。

1. 开工时间

开工时间是指建设项目设计文件中规定的任何一项永久性工程中第一次正式破土动工的时间。工程地质勘察、平整土地、临时导流工程、临时建筑、施工用临时道路、水、电等施工，不算正式开工。

根据《水利部关于废止和修改部分规章的决定》（水利部令〔2014〕第46号），主体工程开工规定如下：水利工程具备开工条件后，主体工程方可开工。项目法人或建设单位应当自工程开工之日起15个工作日内，将开工情况的书面报告报项目主管单位和上一级主管单位备案。

2. 主体工程开工条件

项目法人或其代理机构必须按审批权限，向主管部门提出主体工程开工申请报告，经批准后，主体工程方能正式开工。主体工程开工需具备的条件如下：

（1）项目法人或建设单位已经设立。

（2）初步设计已经批准，施工详图设计满足主体工程施工需要。

（3）建设资金已经落实。

（4）主体工程施工单位和监理单位已经确定，并分别订立合同。

（5）质量安全监督单位已经确定，并办理了质量安全监督手续。

（6）主要设备和材料已经落实来源。

（7）施工准备和征地移民等工作满足主体工程开工需要。

3. 项目建设组织实施

项目法人要充分发挥建设管理的主导作用，创造良好的建设条件。项目法人要充分授权监理单位，进行项目的建设工期、质量、投资的控制和现场施工的组织协调。按照“政府监督、项目法人负责、社会监理、企业保证”的要求，建立健全质量管理体系。

1.2.2.6 生产准备

生产准备是为使建设项目顺利投产运行，在投产前进行的必要的准备工作。根据建设项目或主要单项工程的生产技术特点，由项目法人或建设单位适时组织进行。生产准备主要包括：组建运行管理组织机构、签订产品销售合同、招收和培训人员、正常的生活福利设施准备、生产技术准备、生产物资准备等。

（1）运行管理组织机构：组建生产运行管理组织机构，明确部门人员编制、分工与协作、岗位职责和权力。制定工作程序、人员岗位守则、奖惩制度和其他有关规章制度。

（2）产品销售合同：根据项目的开发目的、市场情况、项目建设情况以及国家的有关方针、政策，及时落实产品销路，签订产品销售合同，明确产品规格和其他质量要求、数量、销售方式、价格、用户等主要事项。

（3）招收和培训人员：根据岗位职责要求，招收和配备相应专业、级别、水平、数量的工作人员，并进行系统的岗前培训和严格的岗前考核工作。生产管理人员要尽早介入工程的施工建设，熟悉设备的安装、调试等情况，掌握好生产技术和工艺流程，为衔接基本建设和生产经营阶段做好准备。

（4）正常的生活福利设施准备：根据生产和生活的需要以及工程现场自然、经济和社会条件，准备正常的生活福利设施，如住房、交通、水、暖、电、气、生活用品供应、子女教育、医疗保健、休闲娱乐等。

（5）生产技术准备：生产技术准备主要包括国内装置的设计资料汇编、有关国外技术资料的翻译和编辑、各种生产运行方案和岗位操作方法的编制及新技术的学习和应用准备。

（6）生产物资准备：主要包括落实原材料、协作产品、燃料、水、电、气等的来源和其他协作配合条件，组织工器具、备品、备件等的制造和订货。

1.2.2.7 竣工验收阶段

根据《水利水电建设工程验收规程》（SL 223—2008）中规定，水利水电建设验收按验收主持单位可分为法人验收和政府验收。法人验收应包括分部工程验收、单位工程验收、水电站（泵站）中间机组启动验收、合同完工验收等，政府验收应包括阶段验收、专项验收、竣工验收等。

竣工验收是工程建设过程的最后一环，是全面考核基本建设成果、检验设计和工程质量的重要步骤，也是基本建设转入生产或使用的标志。工程在投入使用前必须通过竣工验收。竣工验收应在工程建设项目全部完成并满足一定运行条件后1年内进行。不能按期进行竣工验收的，经竣工验收主持单位同意，可以适当延长期限，但最长不应超过6个月。

竣工验收应具备以下条件：

（1）工程已按批准设计全部完成。

（2）工程重大设计变更已经有审批权的单位批准。

（3）各单位工程能正常运行。

（4）历次验收所发现的问题已基本处理完毕。

（5）各专项验收已通过。

（6）工程投资已全部到位。

（7）竣工决算已通过竣工审计，审计意见中提出的问题已整改并提交了整改报告。

（8）运行管理单位已明确，管理养护经费已基本落实。

（9）质量和安全监督工作报告已提交，工程质量达到合格标准。

（10）竣工验收资料已准备就绪。

竣工验收委员会可设主任委员1名，副主任委员以及委员若干名，主任委员应由验收主持单位代表担任。竣工验收委员会应由竣工验收主持单位、有关地方人民政府和部门、有关水行政主管部门和流域管理机构、质量和安全监督机构、运行管理单位的代表以及有关专家组成。工程投资方代表可参加竣工验收委员会。

项目法人、勘测、设计、监理、施工和主要设备制造（供应）商等单位代表参加竣工验收，负责解答验收委员会提出的问题，并应作为被验收单位代表在验收鉴定书上签字。

1.2.2.8 后评价

根据水利部《水利建设项目后评价管理办法（试行）》（水规计〔2010〕51号），工程建设项目竣工验收后，一般经过1～2年生产（运行）后，对照项目立项及建设相关文件资料，与项目建成后所达到的实际效果进行对比分析，总结经验教训，提出对策建议，称为项目后评价。项目后评价的主要内容包括以下内容。

（1）影响评价：项目投产后对各方面的影响进行评价。

（2）社会影响及移民安置评价：社会影响和移民安置规划实施及效果等。

（3）环境影响及水土保持评价：工程影响区主要生态环境、水土流失问题，环境保护、水土保持措施执行情况，环境影响情况等。

（4）经济效益评价：对项目投资、国民经济效益、财务效益、技术进步和规模效益、可行性研究深度等进行评价。

（5）过程评价：前期工作、建设实施、运行管理等。

（6）经济评价：财务评价、国民经济评价等。

（7）持续运营评价：对项目持续运营的预期效果评价。

（8）综合评价：对项目实施成功程度的综合价。

项目后评价一般按三个层次组织实施，即项目法人的自我评价、项目行业的评价、计划部门（或主要投资方）的评价。

项目后评价工作必须遵循客观、公正、科学的原则，做到分析合理、评价公正。

想一想　练一练：

1. 举例说明水利工程建设项目的各阶段应进行的工作。
2. 根据现行文件要求，水利工程施工准备工作应包括哪些具体项目？
3. 根据现行文件要求，水利工程开工条件有哪些？
4. 根据现行验收规程，水利工程竣工验收的条件有哪些？
5. 水利工程后评价的内容与哪些？后评价的三个层次是什么？

知识拓展：地方中小型水利工程项目的建设程序是否必须严格按照以上阶段执行。

项目2　认识水利水电工程施工组织设计

任务2.1　施工组织设计概述

学习目标：

1. 知识目标：①施工组织设计的概念；②施工组织设计的作用；③水利水电工程施工组织设计的主要内容。

2. 技能目标：知道水利水电工程施工组织设计的主要内容。

3. 素质目标：①认真仔细的工作态度；②严谨的工作作风。

项目任务：学习施工组织设计的概念。

项目描述：施工组织设计是工程建设的重要组成部分。在工程设计完成时，应该对工程施工的过程进行完整的规划，即需要编制如何施工、施工时段如何安排、施工空间如何布置、施工顺序如何部署等。

知识平台：

2.1.1　施工组织设计的概念

施工组织设计是水利水电工程设计文件的重要组成部分，是编制工程投资概（估）算的主要依据和编制招、投标文件的主要参考，是工程建设和施工管理的指导性文件。认真做好施工组织设计，对正确选定坝址、坝型、枢纽布置、整体优化设计方案、合理组织工程施工、保证工程质量、缩短建设周期、降低工程造价都有十分重要的作用。

施工组织设计作为指导施工全过程各项活动的技术经济的纲领性文件，是施工技术与施工项目管理有机结合的产物，它是工程开工后施工活动能有序、高效、科学合理地进行的保证。从施工组织设计编制的特点看，施工组织设计是以单个工程为对象进行编制的，一般情况下是各个施工企业分别独立进行，它有很强的技术性和综合性，需要编制人员有足够的建筑工程理论基础和一定的实践经验。施工组织设计的内容必须适应工程项目和业主、设计、监理的特殊要求，同时也必须符合国家有关法律、法规、标准及地方规范的要求。施工组织设计编制必须满足最终的一个基本要求，即对施工过程起到指导和控制作用，在一定的资源条件下实现工程项目的技术经济效益，达到施工效益与经济效益双赢的目的。

水利水电工程投资多、规模庞大、周期长，包括的建筑物及设备种类繁多，形式各异；涉及专业众多，水文、规划、地质、水工、施工、机电、金属结构、建筑、环评、水保、移民、概算、经济评价等，各专业缺一不可，各专业之间均有一定程度的联系，需要在工程各阶段设计中紧密配合才能提供完整的设计产品。

水利水电工程施工组织设计是指导拟建工程项目进行施工准备和施工的技术文件，是探讨施工科学管理、缩短建设周期的独立学科和工程项目建设前的总体战略部署。根据水利水电工程项目的工程量大、结构复杂、施工质量要求高、建设地点多处荒山峡谷、交通困难，还受水文、气象、地形地质等自然因素制约等工程施工特点，确定合理的施工顺序和总进度；选择适当的施工方法、施工工艺和相应的施工设备；选定原材料和半成品的产地、规格、数量；确定施工总布置；估算所需劳动力、能源，对工程项目在人力和物力、时间和空间、技术和组织上做到全面合理的安排，是施工组织设计的重要内容。做好施工组织设计，对正确选定工程布置及工程设计方案、合理组织工程施工、降低工程造价都具有重要作用。

通过编制施工组织设计文件，可以全面考虑拟建工程的各种具体施工条件，扬长避短地拟定合理的施工方案，确定施工顺序、施工方法和劳动组织，合理地统筹安排拟定施工进度计划；为拟建工程的设计方案在经济上的合理性，在技术上的科学性和在实施工程上的可能性进行论证提供依据；为建设方编制基本建设计划和承包方编制施工作业计划及实施施工准备工作计划提供依据；可以把拟建工程的设计与施工、技术与经济、前方与后方和总体安排与具体组织工作更紧密地结合起；可以把直接参加的承包方与协作方、部门与部门、阶段与阶段、过程与过程之间的关系更好地协调起来，保持施工生产的连续性、均衡性和协调性，以实现拟建工程项目最佳的经济效益、社会效益和环境效益。

2.1.2 施工组织设计的主要内容

施工企业的现代化管理主要体现在经营管理素质和经营管理水平两个方面：施工企业的经营管理素质主要是竞争能力、应变能力、技术开发能力和扩大再生产能力等，施工企业的经营管理水平主要和计划与决策、组织与指挥、控制与协调、教育与激励等职能有关。经营管理素质和水平是企业经营管理的基础，也是实现企业目标、信誉目标、发展目标和职工福利目标的保证，同时经营管理又是发挥企业的经营管理素质和水平的关键过程。无论是企业经营管理的素质，还是企业经营管理水平的职能，必须通过施工组织设计的编制、贯彻、检查和调整来实现。这充分体现了施工组织设计对施工企业的现代化管理的重要性。

通过施工组织设计的指导和矫正作用，可以合理安排人工、机械、材料，从而保证建筑工程的施工进度和施工质量。同时通过严格执行施工组织设计又可以很好地提高施工人员安全生产和文明施工意识，从而树立起良好的施工形象，这对一个施工单位具有极其深远的意义。

施工组织设计是对施工活动实行科学管理的重要手段，它具有战略部署和战术安排的双重作用，体现了实现基本建设计划和设计的要求，提供了各阶段的施工准备工作内容，协调施工过程中各施工单位、各施工工种、各项资源之间的相互关系，以确保施工过程能有序的进行。

根据《水利水电工程施工组织设计规范》(SL 303—2004)，施工组织设计的主要内容概括起来包括以下几个方面。

(1) 施工条件：建设地点，建设总工期，分期分批交工计划，承包方式，建设单位的要求，承建单位的现有条件，主要建筑材料供应情况，运输条件及工程开工尚需解决的主要问题。侧重搜集整理相关资料，研究工程周边环境、施工条件，比如调查道路运输条件、供电条件、水泥、钢材来源、设备维修等。

（2）天然建筑材料：水利水电工程所用天然建筑材料数量巨大，不论什么建筑物，最终都要靠“建筑材料”来堆砌，因此，研究材料特性及供应加工方式就显得很重要了。

（3）施工导流：水利水电工程核心是与水打交道，因此，在主体建筑物实施前对于河道的水流控制极为重要，其方式简称导流。

（4）施工方案：研究建筑物怎么实施，如隧洞、大坝、厂房等，这部分内容比较复杂，需要一段较长时间的理解，其涉及内容也较多，包括主要施工方法、工程施工进度计划、主要单位工程总进度计划和施工力量、机具及部署。

（5）施工总布置：研究为实施水工建筑物而进行的场内外交通、供电、供水、供风、混凝土拌和系统、砂石骨料加工系统布置等，包括弃渣规划。其中道路、桥梁、供水、供电实际上是工程开工前必须进行的主要设计内容，大家习惯上把前期工作叫“四通一平”，意即通水、通电、通路、通信，平整场地。在施工现场合理布置仓库、施工机械、运输通道、临时建筑、临时水电管网、围墙、门卫等，并要考虑消防安全设施。最后设计出施工总平面布置图或单位工程、分部工程的施工总平面布置图。

（6）施工总进度：研究工程的实施时段，发挥效益的时间，涉及导流方式、度汛条件、资金投入、设备采购时机等。任何一个业主都希望其项目以最短的时间建成发挥效益，而施工组织设计必须从科学的角度论证合理工期。

（7）总包和分包的分工范围及交叉施工部署：建设工程必须按照批准的施工组织设计进行。

（8）施工组织设计主要技术经济指标：这是衡量施工组织设计编制好坏的一个标准，它包括劳动力均衡性指标、工期指标、劳动生产率、机械化程度、机械利用率、降低成本等指标。

随着科学技术的发展和建筑水平的不断提高，施工企业管理体制的进一步完善，原有的传统施工组织设计编制方法已不能适应现在的要求。目前我国已加入了 WTO，水利施工企业为了适应日益激烈的市场竞争形势，适应水利建筑市场和新型施工管理体制的需要，要具备建造现代化水工建筑物的技术力量和手段，就必须对现在的施工组织设计的编制方法进行改进。实施办法如下：

（1）运用系统的观念和方法，建立施工组织设计编制工作的标准。行业管理部门如能对建筑工程的大中型项目施工组织设计进行收集，经过分析和归纳，整理并发布，则能使先进的施工组织设计更能发挥效益，减少编制人员重复劳动，而且能推广先进经验。

（2）企业应改变施工组织设计由技术部门包揽的做法，实行谁主管项目实施、就由谁负责主持编制并执行的方法。使施工组织设计能较好地服务于施工项目管理的全过程。

（3）施工组织设计的内容就是根据不同工程的特点和要求，根据现有的和可能创造的施工条件，从事实出发，决定各种生产要素的结合方式。选择合理的施工方案是施工组织设计的核心，应根据多年积累的水利工程施工技术资源，同时借鉴国内外先进施工技术，运用现代科学管理方法并结合工程项目的特殊性，从技术及经济上互相比较，从中选出最合理的方案来编制施工组织设计，使技术上的可行性同经济上的合理性统一起来。

（4）施工组织设计内容应简明扼要，突出目标，结合企业实际满足招标文件的需要，要具有竞争性，能体现企业的实力和信誉。

（5）努力贯彻国家质量管理和保证体系标准，走质量效益型发展道路，建立并完善科学的、规范的质量保证体系。逐项地编制质量保证计划，应与施工组织设计工作同时进行，并努力使两者有机结合起来。

项目实施：

熟悉《水利水电工程施工组织设计规范》（SL 303—2004）的内容结构。

想一想 练一练：

1. 水利水电工程施工组织设计的作用是什么？

2. 水利水电工程施工组织设计的内容有哪些？

3. 什么是"好"的施工组织设计？

知识拓展：不同类型的水利水电工程，施工组织设计编制的内容有什么区别。

任务 2.2 施工组织设计文件编制规定

学习目标：

1. 知识目标：①施工组织设计编制的依据文件；②施工组织设计编制的基本要求；③水利工程施工组织设计编制前的资料准备。

2. 技能目标：①知道并应用水利工程施工方案编制的原则和内容；②知道并应用水利工程进度编制的原则；③知道并应用水利工程资源计划编制的要求；④知道并应用施工总平面布置的原则；⑤知道并应用施工技术措施的主要内容。

3. 素质目标：①认真仔细的工作态度；②严谨的工作作风；③遵守编制规定的要求。

项目任务：学习水利工程施工组织设计文件各项内容编制的相关要求。

项目描述：好的施工组织设计既可以有效地指导水利工程施工，也可以保证工程的施工过程。按照既定施工方案完成工程施工，可以确保施工质量，也可以确保工程施工按进度计划实施。

知识平台：

2.2.1 施工组织设计的编制依据和原则

1. 施工组织设计的编制依据

施工组织设计的编制依据主要包括如下内容：

（1）有关法律、法规、规章和技术标准。

（2）可行性研究报告及审批意见、上级单位对本工程建设的要求或批件。

（3）工程所在地区有关基本建设的法规或条例，地方政府、业主对本工程建设的要求。

（4）国民经济各有关部门对本工程建设期间有关要求及协议。

（5）当前水利水电工程建设的施工装备、管理水平和技术特点。

(6) 工程所在地区和河流的自然条件（地形、地质、水文、气象特征和当地建材情况等）、施工电源、水源及水质、交通、环保、旅游、防洪、灌溉、航运、过木、供水等现状和近期发展规划。

(7) 当地城镇现有修配、加工能力，生活、生产物资和劳动力供应条件，居民生活、卫生习惯等。

(8) 施工导流及通航等水工模型试验、各种原材料试验、混凝土配合比试验、重要结构模型试验、岩土物理力学试验等成果。

(9) 工程有关工艺试验或生产性试验成果。

(10) 勘测、设计各专业有关成果。

(11) 设计、施工合同中与施工组织设计编制相关的条款。

施工组织总设计的编制依据主要有：计划文件，设计文件，合同文件，建设地区基础资料，有关的标准、规范和法律，类似建设工程项目的资料和经验。

单位工程施工组织设计的编制依据主要有：建设单位的意图和要求，如工期、质量、预算要求等；工程的施工图纸及标准图；施工组织总设计对本单位工程的工期、质量和成本的控制要求；资源配置情况；建筑环境、场地条件及地质、气象资料，如工程地质勘测报告、地形图和测量控制等；有关的标准、规范和法律；有关技术新成果和类似建设工程项目的资料和经验。

2. 施工组织设计的编制原则

施工组织设计的编制必须遵循工程建设程序，并应符合下列原则：

(1) 贯彻执行国家有关法律、法规、标准和技术经济政策。

(2) 结合实际，因地、因时制宜。

(3) 统筹安排、综合平衡、妥善协调枢纽工程各部位的施工。

(4) 结合国情推广新技术、新材料、新工艺和新设备，凡经实践证明技术经济效益显著的科研成果，应尽量采用。

2.2.2 施工组织设计的编制程序和基本要求

2.2.2.1 施工组织设计的编制程序

(1) 分析原始资料（拟建工程地区的地形、地质、水文、气象、当地材料、交通运输等）及工地临时给水、动力供应等施工条件。

(2) 确定施工场地和道路、堆场、附属企业、仓库以及其他临时建筑物可能的布置情况。

(3) 考虑自然条件对施工可能带来的影响和必须采取的技术措施。

(4) 确定各工种每月可以施工的有效工日和冬、夏期及雨期施工技术措施的各项参数。

(5) 确定各种主要建材的供应方式和运输方式，可供应的施工机具设备数量与性能，临时给水和动力供应设施的条件等。

(6) 根据工程规模和等级，以及对工程所在地区地形、地质、水文等条件的分析研究，初步拟定施工导流方案。

（7）研究主体工程施工方案，确定施工顺序，初步编制整个工程的进度计划。

（8）初步确定了工程总的进度计划以后，即可对主要工程的施工方案做出详细的规划预算，进行施工方案的优化，最后确定选用的施工方案及有关的技术经济指标，并用来平衡调整修正进度计划。

（9）根据修正后的进度计划，即可确定各种材料、物件、劳动力及机具的需要量，以此来编制技术与生活供应计划，确定仓库和附属企业的数量、规模及工地临时房屋需要量，以及工地临时供水、供电、供风（压缩空气）设施的规模与布置。

（10）确定施工现场的总平面布置，绘制施工总平面布置图。

2.2.2.2 施工组织设计编制的方法

1. 施工方案的制订原则和内容

（1）施工方案制订的原则。

1）制订方案首先必须从实际出发，切实可行，符合现场的实际情况，有实现的可能性。制订方案在资源、技术上提出的要求应该与当时已有的条件或在一定时间能争取到的条件相吻合，否则是不能实现的，因此只有在切实可行的范围内尽量求其先进和快速。

2）满足合同要求的工期，就是按工期要求投入生产，交付使用，发挥投资效益，这对国民经济的发展具有重大的意义。所以在制订施工方案时，必须保证在竣工时间上符合合同的要求，并能争取提前完成。为此，在施工组织上要统筹安排，均衡施工，在技术上尽可能地采用先进的施工技术、施工工艺、新材料，在管理上采用现代化的管理方法进行动态管理和控制。

3）确保工程质量和施工安全。工程建设是百年大计，要求质量第一，保证施工安全是社会的要求。因此，在制订方案时应充分考虑工程质量和施工安全，并提出保证工程质量和施工安全的技术组织措施，使方案完全符合技术规范、操作规范和安全规程的要求。

4）在合同价控制下，尽量降低施工成本，使方案更加经济合理，增加施工生产的盈利。从施工成本的直接费（人工、材料、机具、设备、周转性材料等）和间接费中找出节约的途径，采取措施控制直接消耗，减少非生产人员。

（2）施工方案制订的内容。

施工方案包括的内容很多，主要有施工方法的确定、施工机具和设备的选择、施工顺序的安排、科学的施工组织、合理的施工进度、现场的平面布置及各种技术措施。施工方案前两项属于施工技术问题，后四项属于科学施工组织和管理问题。

1）施工方法的确定：施工方法是施工方案的核心内容，具有决定性作用。施工方法一经确定，机具设备的选择就只能以满足它的要求为基本依据，施工组织也是在这个基础上进行。

2）施工机械的选择：正确拟订施工方案和选择施工机械是合理组织施工的关键，两者又有相互紧密地联系。施工方法在技术上必须满足保证施工质量，提高劳动生产率，加快施工进度及充分利用机械的要求，做到技术上先进，经济上合理；而正确地选择施工机械能使施工方法更为先进、合理、经济。因此施工机械选择的好与坏很大程度上决定了施工方案的优劣。

3）施工组织：施工组织是研究施工项目施工过程中各种资源合理组织的科学。施工项目是通过施工活动完成的，施工需要有大量的各种各样的建筑材料，施工机械、机具和具有一定生产经验和劳动技能的劳动者，并且要把这些资源，按照施工技术规律与组织规律，以及设计文件的要求，在空间上按照一定的位置，在时间上按照先后顺序，在数量上按照不同的比例，将它们合理地组织起来，让劳动者在统一的指挥下行动，由不同的劳动者运用不同的机具以不同的方式对不同的建筑材料进行加工。

4）施工顺序的安排：施工顺序安排是编制施工方案的重要内容之一，施工顺序安排得好，可以加快施工进度，减少人工和机械的停歇时间，并能充分利用工作面，避免施工干扰，达到均衡、连续的施工，实现科学组织施工，做到不增加资源，加快工期，降低施工成本。

5）现场平面布置：科学的布置现场可使施工机械、材料减少工地二次搬运和频繁移动而产生的费用，可节省现场搬运的费用。

6）技术组织措施：技术组织是保证选择的施工方案实施的措施。它包括加快施工进度，保证工程质量和施工安全，降低施工成本的各种技术措施。如采用新材料、新工艺、先进技术，建立安全质量保证体系及责任制，编写工序作业指导书，实行标准化作业，采用网络技术编制施工进度等。

2. 工程施工进度安排的原则、依据和作用

（1）工程施工进度安排的原则。

1）符合合同条款有关进度要求。

2）先进可行，通过努力是可以完成的，调动参加施工人员的积极性和主动性。

3）符合国家政策、法律和法规。

4）结合项目部的施工能力，切合实际，优化地安排施工进度。

5）满足企业对工程项目要求的施工进度目标。

6）保证施工过程中施工的均衡性和连续性。

7）有利节约施工成本，保证施工质量和施工安全。

8）应用网络计划技术编制施工进度计划，力求科学化，能在不增加资源条件下，尽量缩短工期。

（2）工程施工进度安排的依据。

1）以合同工期为依据安排开、竣工时间。

2）设计图纸、定额资料等。

3）机械设备和主要材料的供应及到货情况。

4）项目部可能投入的施工力量及资源情况。

5）工程项目所在地的水文、地质等方面自然情况。

6）工程项目所在地资源可利用情况。

7）影响施工的经济条件和技术条件。

8）工程项目的外部条件等。

（3）工程施工进度安排的作用。

1）规定各项工程的施工顺序和开、竣工时间。

2）为各施工过程指明一个确定的施工日期，以此为依据确定各作业施工所必需的劳

动力、机械设备和各种技术物质的供应计划。

3）组织施工现场的其他管理工作。

施工进度安排在项目施工组织设计中起着主导作用，它直接影响工程项目的施工成本、施工质量和安全。如果安排不当，会导致工期延误，增加施工现场各项费用的开支，使得工程项目的经济效益和社会效益受到严重影响。

3．资源、供应计划的作用及编制要求

（1）资源供应计划的作用。

施工方案确定后，施工顺序、施工方法、作业组织形式也就确定了。它指导所需资源、计划的编制。如需采用机械化施工时，提出所需的各种机械使用计划；若人力施工，提出劳动力使用计划。施工顺序确定之后，可以制定周转性材料等计划。施工进度安排确定之后，为了保证施工进度的实现，应编制资源的供应计划，以避免停工待料对施工进度产生影响。

资源供应计划与施工成本有着密切的关系，特别是材料供应计划，编制一定要切合实际，既要保证正常的施工需要，还要保证施工进度加快时的需要，否则计划过大增加施工成本，计划过小影响施工的正常进展。资源供应计划关系到项目流动资金的周转。资源供应计划编制的优劣与流动资金的周转率和利用率有直接关系。

（2）资源供应计划的编制要求。

1）明确编制资源供应计划的指导思想是以提高经济效益为中心，降低施工成本为目的。为此，编制资源供应计划时，工程项目部各职能部门都要参加编制，投标时由施工技术部门编制。做到按质、按量、适时、适地、适价、经济合理、成套齐备地供应工程项目建设所需的材料，保证施工活动顺利进行，完成项目建设。

2）按质就是按工程设计所提供的质量标准，正确选用品种、规格并能满足相应的质量要求。不能低于设计要求，否则工程质量不合格；高于要求，则材料费用增加，引起工程造价的增加。

3）按量指进货量、储存量和供应量要能满足施工需要，要有一定的余量，不能满打满算。否则，过少，造成停工待料；过多，造成积压和浪费资金。

4）适时就是按施工进度对材料需要量的要求，以最短的储存时间，分批、分期地均衡供应现场。过早，费用增加；过晚，造成窝工。

5）适价指购进材料单价，尽量不超过工程预算价格。

6）经济合理指质量好、价格低。

7）成套齐备指材料供应要符合项目建设的配套要求；不齐，则此配套项目不能一次性完成。

4．施工平面布置的内容和设计原则

（1）内容。

1）原有地形地物。

2）沿线的生产、行政、生活等区域的规划及其设施。

3）沿线的便道、便桥及其他临时设施。

4）基本生产、辅助生产、服务生产设施的平面布置。

5）安全消防设施。

6）施工防排水临时设施。

7）主要结构物平面位置等。

（2）设计原则。

1）充分利用原有地形、地物，少占农田，因地制宜，以降低工程成本。

2）充分考虑水文、地质、气象等自然条件的影响。

3）场区规划必须科学合理。

4）场内运输形式的选择及线路的布设，应尽量减少二次倒运和缩短运距。

5）一切设施和布局，必须满足施工进度、方法、工艺流程及科学组织生产的需要。

6）必须符合安全生产、保安防火和文明施工的规定和要求。

5. 技术组织措施

技术组织措施是工程项目施工组织设计的内容之一。技术组织措施是施工方案的补充内容，有些技术与组织方面的内容，在施工方案中不能完全反映出来，是通过技术组织措施将它们反映出来的。技术组织措施主要反映工程项目的质量、工期、安全、环境保护等方面的要求和做法。

（1）施工进度组织措施的主要内容。

1）施工进度的控制及动态管理。

2）施工各方的协调。

3）施工现场的管理。

4）施工进度管理的岗位责任制及管理制度。

5）项目各职能部门的保障工作等。

6）和施工进度有直接关系的协调控制。

（2）施工质量技术组织措施的主要内容。

1）建立和完善质量保障体系，落实质量管理组织机构，明确质量责任。

2）建立项目质量监控流程。

3）实行各项质量管理制度及岗位责任制。

4）设立重点、难点及技术复杂分部、分项工程质量的控制点。

5）技术复杂、易出质量问题的施工措施。

6）冬、夏两期施工措施。

7）工序作业指导书等。

（3）施工安全技术组织措施的主要内容。

1）安全施工组织落实。

2）安全施工监控。

3）安全施工目标。

4）安全施工技术措施计划。

5）重点工程施工安全要求。

6）施工安全制度及岗位责任制。

7）不安全因素控制点的设立。

8）安全教育、安全技术措施交底。

（4）施工环境保护组织措施的主要内容。

1）规范施工现场的场容，保持作业环境的整洁卫生。

2）减少施工对周围居民环境的影响。

3）环境保护的组织、落实及各种责任制。

4）施工现场固体废弃物的处理和处置。

5）严格控制强噪声作业时间。

6）严格控制人为噪声，如无故摔打模板、高音喇叭等。

7）施工废水、废油污染的处理等。

（5）其他有关方面的技术组织措施。

1）成品保护措施。

2）突发事故防范措施。

3）消防保卫措施。

4）与各协作单位配合服务承诺的措施。

5）拆迁配合承诺措施。

6）工程交验后服务措施。

2.2.3 施工组织设计编制准备

1. 施工导流

（1）工程所在河段水文资料、洪水特性、各种频率的流量及洪量、水位流量关系、冬季冰凌情况（北方河流）、施工各支沟各种频率洪水、泥石流以及上下游水利水电工程对本工程的影响情况。

（2）工程地点的气温、水温、地温、降水、风、冻层、冰情和雾等气象资料。

（3）工程地点的地形、地质、水文工程地质条件等资料。

（4）枢纽布置图、水工建筑物结构图、泄流能力曲线、水库特性水位及主要水能指标、水库蓄水分析计算、施工期的水库淹没资料等规划设计资料。

（5）有关试验资料。

2. 主体工程施工

（1）与各类工程施工有关的水文、气象实测资料和统计分析成果，地形图、工程地质和水文地质平、剖面图，各种数据指标和地质报告。

（2）施工对象的结构特征，布置型式、尺寸，分部位、分高程的细部工程量和平、剖面图。

（3）施工导流、施工总进度、施工总布置和各类施工工厂设施等有关图纸资料。

（4）料场的有关资料及施工需用的原材料、成品、半成品的有关试验数据、指标，各种新材料、新工艺、新技术、新设备的生产性试验或现场试验成果。

3. 施工交通运输

（1）铁路运输：①现有铁路对本工程可能承担的运输能力；②拟与接轨的铁路线及其车站的技术条件、车流情况、运输能力、机车、车辆修理设施规模；③现有桥梁、隧道的极限通过限界；④当地铁路有关部门对该地区的铁路规划和接轨要求。

(2) 公路运输：

1) 工程附近可利用的公路情况，如路况、等级标准、纵坡、路面结构、宽度、最小平曲线半径及昼夜最大行车密度等。

2) 桥、隧及其他建筑物设计标准、跨度、长度、结构型式和通行能力，最大装载限制尺寸。

3) 公路运输能力及费率。

(3) 水路运输：①通航河段、里程、船只吨位、吃水深度、船形尺寸，年运输能力，码头吞吐能力及航运有关费率；②利用现有码头的可能性及新建专用码头的地点和要求；③有关部门对航运的要求。

4. 施工工厂设施

(1) 工程建设地点及附近可能提供的施工场地情况。

(2) 当地可能提供修理、加工能力的情况。

(3) 建筑材料的来源和供应条件调查资料。

(4) 施工区水源、电源情况及供应条件。

5. 施工总布置

(1) 当地国民经济现状及其发展前景。

(2) 可为工程施工服务的建筑、加工制造、修配、运输等企业的规模，生产能力及其发展规划。

(3) 现有水陆交通运输条件和通过能力，近远期发展规划。

(4) 水、电以及其他动力供应条件。

(5) 邻近居民点、市政建设状况和规划。

(6) 当地建筑材料及生活物资供应情况。

(7) 施工现场土地状况和征地有关问题。

(8) 工程所在地区行政区划图、施工现场地形图及主要临时工程剖面图，三角水准网点等测绘资料。

(9) 施工现场范围内的工程地质与水文地质资料。

(10) 河流水文资料、当地气象资料。

(11) 规划、设计各专业设计成果或中间资料。

(12) 主要工程项目定额、指标、单价、运杂费率等。

6. 施工总进度

(1) 可行性研究报告及审查意见。

(2) 初步设计各专业阶段成果。

(3) 工程建设地点的对外交通现状及近期发展规划。

(4) 施工期（包括初期蓄水期）通航和下游用水等要求情况。

(5) 建筑材料的来源和供应条件调查资料。

(6) 施工区水源、电源情况及供应条件。

(7) 地方及各部门对工程建设期的要求和意见。

（8）当地可能提供修理、加工能力的情况。

（9）当地承包市场及可能提供的劳动力情况。

（10）当地可能提供的生活必需品的供应情况，居民的生活习惯。

（11）工程所在河段水文资料、洪水特性、各种频率的流量及洪量、水位流量关系、冬季冰凌情况（北方河流）、施工各支沟各种频率洪水、泥石流以及上下游水利水电工程对本工程的影响情况。

（12）工程地点的气温、水温、地温、降水、风、冻层、冰情和雾等气象资料。

想一想　练一练：

1. 水利工程施工组织设计编制的依据有哪些？
2. 水利工程施工组织设计编制的原则是什么？
3. 简述水利工程施工方案编制的内容。
4. 水利工程进度计划编制的基本原则是什么？
5. 水利工程总平面布置的原则是什么？

知识拓展：熟悉《水利水电工程施工组织设计规范》（SL 303—2004）的内容。

项目3　编制水利水电工程施工组织设计

任务3.1　施工导流方案编制

学习目标：

1. 知识目标：①导流的概念；②导流的方法、导流标准、导流设计流量；③导流建筑物级别的确定；④围堰的种类；⑤围堰平面位置与堰顶高程的确定；⑥施工截流的程序、方法；⑦截流的设计原则；⑧基坑排水的方法；⑨拦洪度汛与封堵蓄水。

2. 技能目标：①能做出一般高程的导、截流方案；②能确定围堰的类型、位置及围堰堰顶高程；③能基本确定基坑初期排水和经常性排水的方案；④能确定施工期拦洪度汛方案；⑤能确定封堵蓄水的时机和方案。

3. 素质目标：①认真仔细的工作态度；②严谨的工作作风；③使用规范的意识。

项目任务：学习在水利水电工程主体工程施工前，如何控制水流以及控制的规则，在水利水电工程施工期间，如何管控水流、如何规避水流风险以及如何利用水流获取合理利益。

项目描述：在水利水电工程主体工程施工前，能够确定导流方案、围堰方案以及工程截流方案；在水利水电工程施工期间，能够确定基坑排水方案、拦洪度汛方案、封堵蓄水的方案。

知识平台：

施工导截流及基坑排水通常也称为施工水流控制，是水利工程施工特有的部分，是作为解决施工与水流蓄泄之间矛盾的工程措施，是保证干地施工和施工工期的关键，是水利工程施工中全局性、战略性的问题，对水利水电工程施工具有重要的理论意义和现实价值。

3.1.1　施工导流的方法

水工建筑物一般都在河床上施工，为了避免河水对施工的不利影响，创造必要的干地施工条件并尽量满足各部门的用水要求，需要修建围堰围护基坑，将原河道中各个时期的水流按预定方式、时间、地点加以控制，并将部分或全部的水流安全地导泄向下游或拦蓄起来，这种工作就叫施工导流。

施工导流是水利水电工程建设中必须妥善解决的重要问题，它直接关系到工程的施工进度，影响到工程施工方法的选择、场地的布置及工程的造价。合理的导流方式，可以加快施工进度，缩短工期，降低造价；否则，不仅达不到导流目的，还有可能造成灾害。例如，选择导流流量过小，汛期可能导致围堰失事，轻则使建筑物、基坑、施工场地受淹，影响施工正常进行，重则会使主体建筑物遭到破坏，威胁下游居民生命和财产安全；如果选择流量过大，又必然增加导流建筑物的费用，提高工程造价，造成浪费。影响施工导流的因素比较多，通常有水文、地质及地形特点，所在河流施工期间的灌溉、通航、过木等要求，水工建筑物的组成和布置，施工方法与施工布置，当地材料供应条件等。

施工导流设计的主要任务就是在周密地分析研究水文、气象、地形、地质、枢纽布置及施工条件等基本资料前提下，划分导流时段，选定导流标准，确定导流设计流量，选择导流方案及导流挡水、泄水建筑物的型式，确定导流建筑物的布置、构造与尺寸；拟定导流挡水建筑物的修建、拆除与泄水建筑物的堵塞方法；制定河道截流、拦洪度汛与基坑排水措施等。

施工导流的基本方法大体可分为三类：一类是一次拦断河床围堰导流，即用围堰拦断河床，全部水流通过事先修好的导流泄水建筑物流走；第二类是分期围堰导流，即水流通过被束窄的河床下泄，后期通过坝体预留缺口、底孔或其他泄水建筑物下泄；第三类是淹没基坑法导流。但不管是分期围堰导流还是一次拦断河床围堰导流，当挡水围堰可过水时，也可采用淹没基坑的特殊导流方法。

3.1.1.1　一次拦断河床围堰导流

一次拦断河床围堰导流就是在河床主体工程的上、下游一定距离的地方分别各建一道拦河围堰，使河水经河床以外的临时或者永久性泄水道下泄，主体工程就可以在排干的基坑中施工，待主体工程建成或者接近建成时，再将临时泄水道封堵。该法一般应用在河床狭窄、流量较小的中小型河道上，在大流量的河道上，只有地形、地质条件受限，采用其他导流方法明显不利时才考虑此法导流。这种导流方式的基本特点是主河道被全段围堰一次拦断，水流被导向旁侧的泄水建筑物；其优点是施工现场的工作面比较大，主体工程在一次性围堰的围护下就可以建成。在枢纽工程中，如果能够利用永久泄水建筑物结合施工导流时，采用此法往往比较经济。

这种导流方法一般又根据其导流泄水建筑物的类型不同，可分为明渠导流、隧洞导流、涵管导流、渡槽导流等，由于这些泄水建筑物一般不占据主河道位置，而且多半位于河床旁侧或河床外，所以也可称其为河床外导流。

1. 明渠导流

明渠导流是在河岸或滩地上开挖渠道，在基坑上下游修筑围堰，河水经渠道下泄。它用于岸坡平缓或有宽广滩地的平原河道上。明渠导流适用于河流流量较大、河床一侧有较宽台地、垭口或古河道的坝址。后期导流需要时，混凝土坝可在明渠坝段设置导流底孔或缺口；土石坝可在明渠坝段设置泄水孔。

（1）导流明渠布置应遵守下列原则：

1）宣泄能力大，开挖量小。

2）弯道少，避开滑坡、崩塌体及高边坡开挖区。

3）便于布置进入基坑交通道路。

4）进出口与围堰接头满足堰基防冲要求。

5）避免横向水流对明渠导墙形成过大的水位差，避免泄洪时对下游沿岸及施工设施冲刷。

国内外工程实践证明，在导流方案比较过程中，如明渠导流和隧洞导流均可采用时，一般是倾向于明渠导流，这是因为明渠开挖可采用大型设备，加快施工进度，对主体工程提前开工有利。对于施工期间河道有通航、过木和排冰等要求时，明渠导流更是明显有利，见图 3.1。

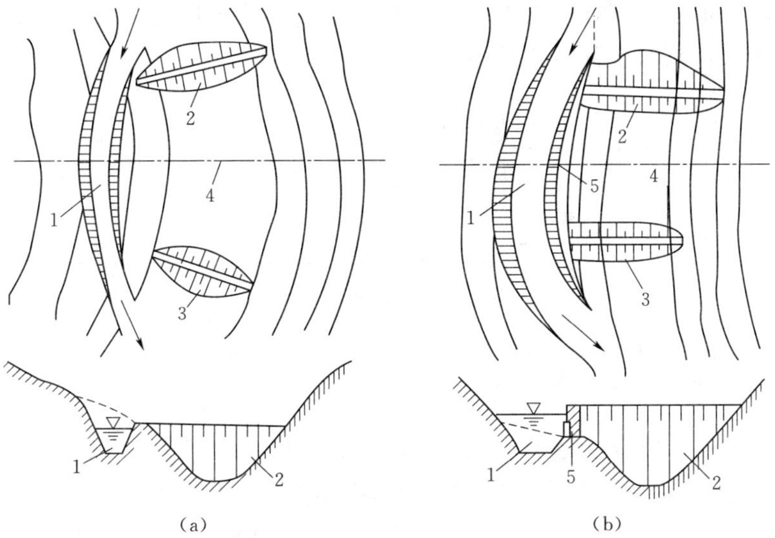

图 3.1　明渠导流示意图

(a) 在岸坡上开挖的明渠；(b) 在滩地上开挖并设有导墙的明渠

1—导流明渠；2—上游围堰；3—下游围堰；4—坝轴线；5—明渠外导墙

(2) 导流明渠的基本布置。导流明渠布置有在岸坡上和滩地上两种布置形式。

1) 导流明渠轴线的布置。导流明渠应布置在较宽台地、垭口或古河道一岸；渠身轴线要伸出上下游围堰外坡脚，水平距离要满足防冲要求，一般为 50～100m；明渠进出口应与上下游水流相衔接，与河道主流的交角以 30°为宜；为保证水流畅通，明渠转弯半径应大于 5 倍渠底宽；明渠轴线布置应尽可能缩短明渠长度和避免深挖方。

2) 明渠进出口位置和高程的确定。明渠进、出口力求不冲、不淤和不产生回流，可通过水力学模型试验调整进出口形状和位置，以达到这一目的；进口高程按截流设计选择，出口高程一般由下游消能控制；进、出口高程和渠道水流流态应满足施工期通航、过木和排冰等要求；在满足上述条件下，尽可能抬高进出口高程，以减少水下开挖量。

明渠底宽、底坡和进出口高程应使上、下游水流衔接条件良好，满足导、截流和施工期通航、排冰要求。设在软基上的明渠，宜通过动床水工模型试验，改善水流衔接和出口水流条件，确定冲坑形态和深度，采取有效消能抗冲设施。

(3) 明渠封堵。明渠结构型式应方便后期封堵。应在分析地质条件、水力条件并进行技术经济比较后确定衬砌方式。

2. 隧洞导流

一般山区河流，河谷狭窄，两岸地形陡峻，山岩坚实，采用隧洞导流较为普遍。但由于隧洞的泄水能力有限，造价比较昂贵和施工比较复杂，所以导流隧洞最好与永久隧洞相结合，统一布置，进行设计，一般在汛期泄水时均另找出路或采用淹没基坑方案。通常永久隧洞的进口高程较高，而导流隧洞的进口高程比较低，此时，可开挖一段低高程的导流隧洞与永久隧洞低高程部分相连，导流任务完成后的将导流隧洞进口段堵塞，不影响永久隧洞运行。这种布置，俗称“龙抬头”。例如我国陕西金盆水库的导流隧洞就与永久泄洪隧洞结合起来进行布置。只有当条件不允许时，才专为导流开挖隧洞，导流任务完成后还需将它封堵。隧洞导流的布置型式见图 3.2。

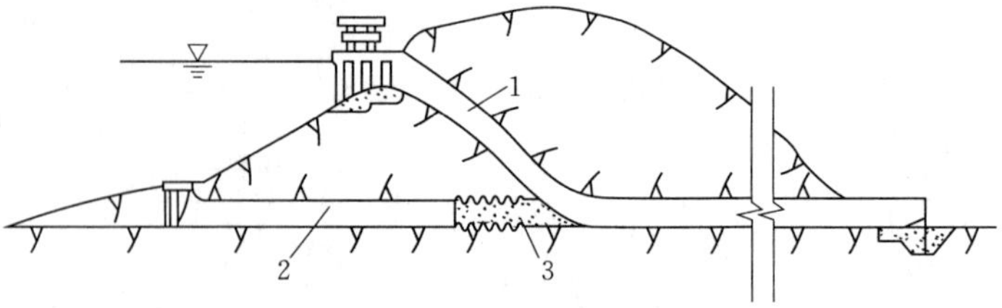

图 3.2　毛家村水库导流隧洞与永久隧洞结合布置

1—永久隧洞；2—导流隧洞；3—混凝土堵头

导流隧洞的布置，决定于地形、地质、枢纽布置以及水流条件等因素。具体要求和水工隧洞类似。但必须指出，为了提高隧洞单位面积的泄流能力，减小洞径，应注意与上下游水流相衔接，与河道主流的交角以 30°左右为宜；隧洞最好布置成直线，若有弯道，其转弯半径以大于 5 倍洞宽为宜，否则，因离心力作用会产生横波，或因流线折断而产生局部真空，影响隧洞泄流。隧洞进出口与上下游围堰之间要有适当距离，一般宜大于 50m，以防隧洞进、出口水流冲刷围堰的迎水面。一般临时的导流隧洞，若地质条件良好，多不作专门衬砌。为降低糙率，应推广光面爆破，以提高泄量，降低隧洞造价。

3. 涵管导流

涵管导流一般在修筑土坝、堆石坝中采用。涵管通常布置在河岸岩滩上，其位置在枯水位以上，这样可在枯水期不修围堰或只修一小围堰而先将涵管筑好，然后再修上下游全段围堰，将河水引经涵管下泄，如图 3.3 所示。

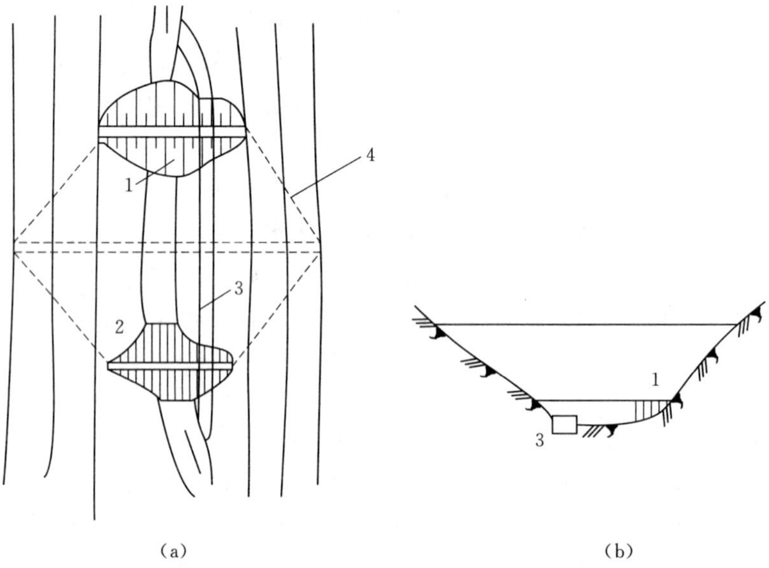

图 3.3　涵管导流示意图

(a) 平面图；(b) 上游立视图

1—上游围堰；2—下游围堰；3—涵管；4—坝体

涵管一般是钢筋混凝土结构。当有永久涵管可以利用或修建隧洞有困难时，采用涵管导流是合理的。在某些情况下，可在建筑物基岩中开挖沟槽，必要时予以衬砌，然后封上混凝土或钢筋混凝土顶盖，形成涵管。利用这种涵管导流往往可以获得经济可靠的效果。由于涵管的泄水能力较低，所以一般用于导流流量较小的河流上或只用来担负枯水期的导流任务。

为了防止涵管外壁与坝身防渗体之间的渗流，通常在涵管外壁每隔一定距离设置截流环，以延长渗径，降低渗透坡降，减少渗流的破坏作用。此外，必须严格控制涵管外壁防渗体的压实质量。涵管管身的温度缝或沉陷缝中的止水必须认真施工。

4. 渡槽导流

所谓渡槽导流就是在上下游围堰之间架设渡槽，用以宣泄河床水流。这种方式适用于河床窄、流量小、施工期短及无法利用输水建筑物的低坝。渡槽导流具有结构简单、建造迅速的优点，但对基坑施工有一定干扰，进出口和槽身连接处容易漏水。对于水闸，采用此法时，可将槽身设在闸孔中，以防干扰。渡槽一般采用木质矩形断面，用纵向铺设的木板拼制，其进、出口直接支撑在上下游围堰上，具体布置如图 3.4 所示。

图 3.4　渡槽导流具体布置图

3.1.1.2　分期围堰导流

分期围堰导流，就是用围堰将建筑物分段分期围护起来进行施工的方法。

所谓分段就是从空间上将河床围护成若干个干地施工的基坑段进行施工。所谓分期，就是从时间上将导流过程划分成阶段。导流分期和围堰分段有多种情况，导流的分期数和围堰的分段数并不一定相同，因为在同一导流分期中，建筑物可以在一段围堰内施工，也可以同时在不同段内施工。必须指出，段数分得的越多，围堰工程量愈大，施工也愈复杂；同样，期数分的愈多，工期有可能拖得愈长。因此在工程实践中，二段二期导流法采用得最多（图 3.5），如葛洲坝工程、三门峡工程等都采用。只有比较宽阔的通航河道上施工，不允许断航或其他特殊情况下，才采用多段多期导流法（如三峡工程施工导流就采用的是二段三期的导流法）。

分段围堰法导流一般适用于河床宽阔、流量大、施工期较长的工程，尤其在通航河流和冰凌严重的河流上。这种导流方法的费用较低，国内外一些大、中型水利水电工程采用较广。分段围堰法导流，前期由束窄的原河道导流，后期可利用事先修建好的泄水道导流，常见泄水道的类型有底孔、缺口等。

1. 束窄河床导流

束窄河床导流通常用于分期导流的前期阶段，特别是一期导流。其泄水道是被围堰束窄后的河床。当河床覆盖层是深厚的细土粒层时，则束窄河床不可避免地会产生一定的冲刷。对于非通航河道，只要这种冲刷不危及围堰和河岸的安全，一般都是许可的。分期围堰导流方式适用于河流流量大、河槽宽、覆盖层薄的坝址，并与枢纽布置及坝型有关。一

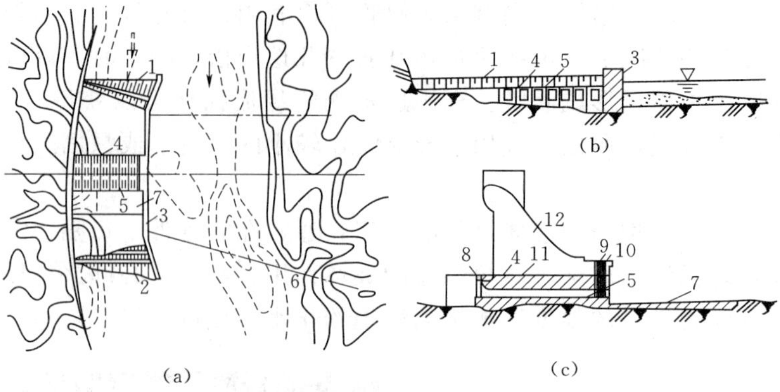

图 3.5 分段围堰法导流

(a) 平面图；(b) 下游立视图；(c) 导流底孔纵断面图

1——一期上游横向围堰；2——一期下游横向围堰；3——一、二期纵向围堰；4—预留缺口；5—导流底孔；6—二期上、下游围堰轴线；7—护坦；8—封堵闸门槽；9—工作闸门槽；10—事故闸门槽；11—已浇筑的混凝土坝体；12—未浇筑的混凝土坝体

期围堰位置应在分析水工枢纽布置、纵向围堰所处地形、地质和水力学条件、施工场地及进入基坑的交通道路等因素后确定。发电、通航、排冰、排沙及后期导流用的永久建筑物宜在第一期施工；河床束窄率（过水面积束窄率）可用 40%～60%，但各期工程量应大体平衡。

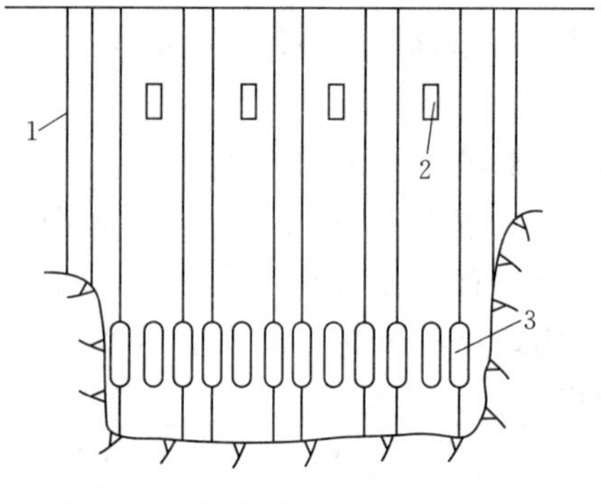

图 3.6 伊泰普工程的底孔导流

1—施工缝；2—电站进水口；3—导流底孔

2. 底孔导流

利用设置在混凝土坝体中的永久底孔或临时底孔作为泄水道，是二期导流经常采用的方法。导流时让全部或部分导流流量通过底孔宣泄到下游，保证后期工程的施工。如是临时底孔，则在工程接近完工或需要蓄水时要加以封堵。底孔导流的布置形式如图 3.6 所示。

采用临时底孔时，底孔的尺寸、数目和布置，要通过相应的水力学计算确定，其中底孔的尺寸在很大程度上取决于导流的任务（过水、过木和过鱼等），以及水工建筑物结构特点和封堵用闸门设备的类型。底孔的布置要满足截流、围堰工程以及本身封堵的要求。如底坎高程布置较高，截流时落差就大，围堰也高。但封堵时的水头较低，封堵措施就容易。一般底孔的底坎高程应布置在枯水位之下，以保证枯水期泄水。当底孔数目较多时可把底孔布置在不同的高程，封堵时从最低高程的底孔堵起，这样可以减少封堵时所承受的水压力。临时底孔的断面形状多采用矩形，为了改善孔周的应力状况，也可采用有圆角的矩形。按水工结构要求，孔口尺寸应尽量小，但某些工程由于导游流量较大，只好采用尺寸较大的底孔。

底孔导流的优点是挡水建筑物上部的施工可以不受水流的干扰，有利于均衡连续施工，这对修建高坝特别有利。若坝体内设有永久底孔可以用来导流时，更为理想。底孔导流的缺点是：由于坝体内设置了临时底孔，使钢材用量增加；如果封堵质量不好，会削弱坝体的整体性，还有可能漏水；在导流过程中底孔有被漂浮物堵塞的危险；封堵时由于水头较高，安放闸门及止水等均较困难。

3. 坝体缺口导流

混凝土坝施工过程中，当汛期河水暴涨暴落，其他导流建筑物不足以宣泄全部流量时，为了不影响坝体施工进度，使坝体在涨水时仍能继续施工，可以在未建成的坝体上预留缺口如图 3.7 所示，以便配合其他建筑物宣泄洪峰流量，待洪峰过后，上游水位回落，再继续修筑缺口。所留缺口的宽度和高度取决于导流设计流量、其他建筑物的泄水能力、建筑物的结构特点和施工条件。采用底坎高程不同的缺口时，为避免高底缺口单宽流量相差过大，产生高缺口向低缺口的侧向泄流，引起压力分布不均匀，需要适当控制高低缺口间的高差。根据湖南省柘溪工程的经验，其高差以不超过 4～6m 为宜。在修建混凝土坝，特别是大体积混凝土坝时，由于这种导流方法比较简单，常被采用。

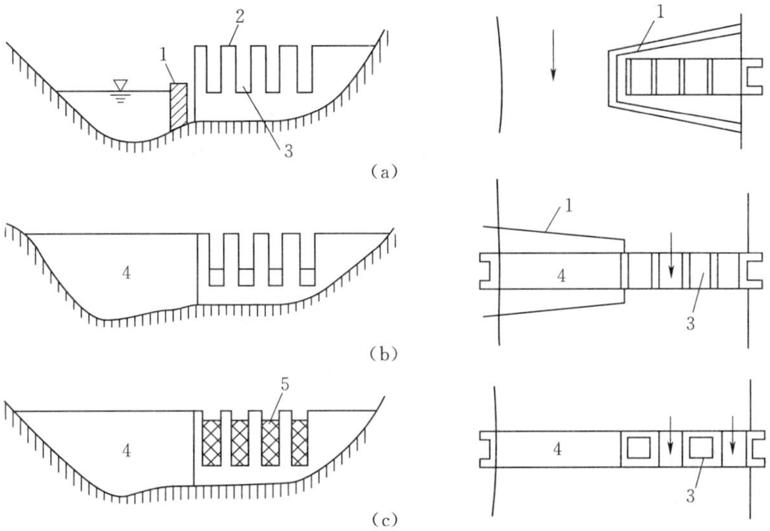

图 3.7 梳齿孔导流示意图

(a) 修建阶段的第一期；(b) 修建阶段的第二期；(c) 完建阶段

1—围堰；2—闸墩；3—梳齿孔；4—坝体；5—闸门

3.1.1.3 淹没基坑法导流

这是一种辅助导流方法，在全段围堰法和分段围堰法中均可使用。山区河流特点是洪水期流量大、历时短，而枯水期流量则很小，水位暴涨暴落、变幅很大。若按一般导流标准要求来设计导流建筑物，不是挡水围堰修得很高，就是泄水建筑物的尺寸要求很大，而使用期又不长，这显然是不经济的。在这种情况下，可以考虑采用允许基坑淹没的导流方法，即洪水来临时围堰过水，若基坑被淹没，河床部分停工，待洪水退落，围堰挡水时再继续施工。这种方法，基坑淹没所引起的停工天数不长，施工进度能保证，在河道泥沙含量不大的情况下，导流总费用较节省，一般是合理的。

另外，实际工程中所采用的导流方法和泄水建筑物的型式，除了上面提到的以外，还有其他多种型式。例如在平原河道河床式电站枢纽中，利用电站厂房导流；在有船闸的枢纽中，利用船闸闸室导流等。

3.1.2 导流标准

3.1.2.1 导流时段的划分

在水利工程施工过程中的不同阶段，可以采用不同类型和规模的挡水建筑物与泄水建筑物。这些不同导流方法组合的顺序，通常称为导流程序。按照导流程序划分的各施工阶段的延续时间，一般称为导流时段。在导流设计中具有重要意义的导流时段，通常是指由围堰挡水而保证基坑干地施工的时段，所以也有可称导流时段为挡水时段。导流时段的划分与选择，主要也是指枯水施工时段的选择。

导流时段的划分主要与河道水文特性、枢纽类型、导流方式、施工总进度及工期等有关。从施工角度对全年流量变化过程线所划分出的水文时段，是划分导流时段的基本依据，其目的是研究降低设计流量的可能性与合理性。对导流设计流量的确定而言，导流时段划分主要是指枯水期施工时段的选择，或围堰挡水时段的选择。为了尽量减小导流建筑物的规模，又尽可能争取较长的基坑干地施工时间，必须对若干时段划分方案进行技术经济比较。在拟订方案时，除了认真研究河道水文特性外，还应着重分析围堰挡水期内的基坑工作量与施工控制性进度。一般来说，枯水期应确保正常施工，中水期也是应当争取的。从施工角度划分的水文时段，往往只有洪、枯之分。所谓枯水施工时段，常包括部分或全部中水期在内，并不是严格对应于水文学中的枯水时段。

3.1.2.2 导流方案的选择

一个水利水电枢纽工程的施工，从开工到完建往往不是采用单一的导流方法，而是几种导流方法组合起来配合运用，以取得最佳技术经济效果。这种不同导流时段不同导流方法的组合，通常就称为导流方案。导流方案的选择受各种因素的影响。一个合理的导流方案，必须在周密研究各种影响因素的基础上，拟定几个可能的方案，进行技术经济比较，从中选择技术经济指标优越的方案。

选择导流方案时应考虑的主要因素分述如下：

（1）水文条件。河流的流量大小、水位变化的幅度、全年流量的变化情况、枯水期的长短、汛期洪水的延续时间、冬季的流水及冰冻情况等，均直接影响导流方案的选择。

（2）地形条件。坝区附近的地形条件，对导流方案的选择影响很大。对于河床宽阔的河流，尤其在施工期间有通航、过筏要求的河流，宜采用分段围堰法导流。当河床中有天然石岛或沙洲时，采用分段围堰法导流，更便于导流围堰的布置，特别是纵向围堰的布置。在河段狭窄、两岸陡峻、山岩坚实的地区，宜采用隧洞导流，至于平原河道，河流的两岸或一岸比较平坦，或有河湾、老河道可以利用时，则宜采用明渠导流。

（3）地质及水文地质条件。河道两岸及河床的地质条件对导流方案的选择与导流建筑物的布置有直接影响。若河流两岸或一岸岩石坚硬、风化层薄、且抗压强度足够时，则选用隧洞导流较有利。如果岩石的风化层厚且破碎，或有较厚的沉积滩地，则适合于采用明渠导流。因此，为了更好地进行导流方案的选择，要对地质和水文地质勘测工作提出专门要求。

（4）水工建筑物的型式及其布置。水工建筑物的形式和布置与导流方案选择相互影响，因此在决定水工建筑物形式和布置时，应该同时考虑并拟定导流方案，而在选定导流方案时，则应该充分利用建筑物型式和枢纽布置方面的特点。采用分段围堰法修建混凝土坝枢纽时，应当充分利用水电站与混凝土坝间或混凝土坝溢流段和非溢流段之间隔墙，作为纵向围堰的一部分，以降低导流建筑物的造价。就挡水建筑的形式来说，土坝、土石混合坝和堆石坝的抗冲能力小，除采用特殊措施外，一般不允许从坝身过水，所以多利用坝身以外的泄水建筑物如隧洞、明渠等或坝身范围内的涵管来泄流。这时，通常要求在一个枯水期内将坝身抢筑到拦洪高程以上，以免水流漫顶，发生事故。至于混凝土坝，特别是混凝土重力坝，由于抗冲能力较强，允许流速可达25m/s，故不但可以通过底孔泄流，而且还可以通过未完那部分的坝身过水，使导流方案选择的灵活性大大增加。

（5）施工期间河流的综合利用。施工期间，为了满足通航、筏运、供水、灌溉、渔业或水电站运行等的要求。在施工中后期，水库拦洪蓄水时，要注意满足下游供水、灌溉用水和水电站运行的要求。有时为了保证渔业的要求，还要修建临时的过鱼设施，以便鱼群能正常地回游。

（6）施工进度、施工方法及施工场地布置。水利水电工程的施工进度与导流方案密切相关。通常是根据导流方案安排控制性进度计划。例如，在混凝土坝枢纽中，采用分段围堰施工时，若导流底孔没有建成，就不能截断河床水流和全面修建第二期围堰；若坝体没有达到一定高程和没有完成基础及坝身纵缝接缝灌浆，就不能封堵底孔和水库蓄水等。因此，施工方法、施工进度与导流方案是密切相关的。

（7）导流方案的选择与施工场地的布置亦相互影响。例如，在混凝土坝施工中，将混凝土生产系统所在的一岸作为第一期工程，因为这样两岸施工交通运输问题比较容易解决。

在选择导流方案时，除了综合考虑以上各方面因素以外，还应使主体工程尽可能及早发挥效益，简化导流程序，降低导流费用，使导流建筑物既简单易行，又适用可靠。导流方案的比较选择，应在同精度、同深度的几种可行性方案中进行。首先研究分析采用何种导流方法，然后再研究什么类型，在此全面分析的基则上，排除明显不合理的方案，保留可行的方案或可能的组合方案。

3.1.2.3 导流标准

导流标准是选择导流设计流量进行施工导流设计的标准，以洪水重现期为指标。我国所采用的导流标准，按现行规范《水利水电工程等级划分及洪水标准》（SL 252—2017），需根据导流建筑物的保护对象、失事后果、使用年限和工程规模等指标，将导流建筑物划分为Ⅲ～Ⅴ级，见表3.1，再根据导流建筑物的级别和类型，按表3.2选定相应洪水标准。

表3.1　导流建筑物级别划分

项目级别	保护对象	失事后果	使用年限/年	临时性挡水建筑物规模	
				围堰高度/m	库容/亿 m^3
Ⅲ	有特殊要求的1级永久性水工建筑物	淹没重要城镇、工矿企业、交通干线或推迟工程总工期及第一台（批）机组发电，推迟工程发挥效益，造成重大灾害和损失	>3	>50	>1.0

续表

项目级别	保护对象	失 事 后 果	使用年限/年	临时性挡水建筑物规模	
				围堰高度/m	库容/亿 m^3
Ⅳ	1级、2级永久性水工建筑物	淹没一般城镇、工矿企业、或影响工程总工期及第一台（批）机组发电，推迟工程发挥效益，造成较大经济损失	≤3 ≥1.5	≤50 ≥15	≤1.0 ≥0.1
Ⅴ	3级、4级永久性水工建筑物	淹没基坑，但对总工期及第一台（批）机组发电影响不大，对工程发挥效益影响不大，经济损失较小	<1.5	<15	<0.1

注 1. 当导流建筑物根据表中指标分属不同级别时，应以其中最高级别为准。但列为Ⅲ级导流建筑物时，至少应有两项指标符合要求。
2. 导流建筑物包括挡水和泄水建筑物，两者级别相同。
3. 表列4项指标均按施工阶段划分。
4. 有、无特殊要求的永久建筑物均系针对施工期而言，有特殊要求的Ⅰ级永久建筑物系指施工期不允许过水的土坝及其他有特殊要求的永久建筑物。
5. 使用年限系指导流建筑物每一施工阶段的工作年限，两个或两个以上施工阶段共用的导流建筑物，如分期导流一、二期共用的纵向围堰，其使用年限不能叠加计算。

临时性水工建筑物洪水标准见表3.2。

表3.2　　临时性水工建筑物洪水标准　　单位：年

导流建筑物类型 \ 导流建筑物级别	3	4	5
土石结构	50～20	20～10	10～5
混凝土、浆砌石结构	20～10	10～5	5～3

3.1.2.4　导流设计流量的确定

根据历年的流量资料经过PⅢ适线法计算而来。

水利水电工程的设计中，需要根据工程的规模，确定其防洪标准。在设计报告里需要对坝（闸）址的流量资料进行统计，最后确定设计频率洪水的大小，同时也要确定施工期洪水的大小。导流设计流量就是施工期设计流量，它要根据施工期的时间（几月至几月，是否跨越汛期等）和设计标准来确定。

计算施工设计洪水时，分期既要考虑工程的设计要求，又要使起讫时期基本符合洪水的变化规律及成因特点，分期不宜太短，一般以不短于1个月为宜。施工洪水系列一般由分期时段内选取的该期内最大值组成。期内最大值也可适当跨期选取，跨期不宜超过5～10日，但跨期选样计算的分期洪水不应跨期使用。

导流设计流量的大小，取决于导流设计的洪水频率标准和导流时段。在同一导流时段内导流设计标准愈高导流设计流量就愈大，在同一导流设计标准内洪水期的流量要大于枯水期的流量，通常将导流时段内的最大值作为导流设计流量。

对于不过水围堰，如果围堰需全年挡水，只要按规范选定导流洪水重现期标准，即可确定相应的设计流量。导流挡水与泄水建筑物的设计流量相同。

对于低水围堰，按挡水时段内同频率洪水作为围堰和该时段导流泄水建筑物的设计流量。

对于过水围堰，过水围堰的特点是既挡水又过水，其工作条件包括挡水与过水两种工况（类似于溢流坝）。过水情况下的设计标准，显然应与一般不过水围堰挡全年洪水时的标准相同。此标准主要用于堰体稳定分析和结构计算，也用于所有导流泄水道的过水能力校核。挡水情况下的设计标准，一般以枯水期不过水为原则。但具体选用什么样的挡水流量，应通过技术经济比较才能决定。

3.1.3　围堰工程

围堰是导流工程中临时的挡水建筑物，用来围护施工中的基坑，保证水工建筑物能在干地施工。在导流任务结束后，如果围堰对永久建筑物的运行有妨碍或没有考虑作为永久建筑物的一部分时，应予拆除。

水利水电工程中经常采用的围堰，按其所使用的材料，可以分为土石围堰、混凝土围堰、钢板桩格型围堰和草土围堰等。按围堰与水流方向的相对位置，可分为横向围堰和纵向围堰。按导流期间基坑淹没条件，可以分为过水围堰和不过水围堰。过水围堰除需要满足一般围堰的基本要求，还要满足围堰顶过水的专门要求。

1. 土石围堰

土石围堰是水利水电工程中采用最为广泛的一种围堰形式，是用当地材料填筑而成的围堰，不仅可以就地取材和充分利用开挖弃料作围堰填料，而且构造简单，施工方便，易于拆除，工程造价低，可以在流水中、深水中、岩基或有覆盖层的河床上修建。但其工程量较大，堰身沉陷变形也较大。因土石围堰断面较大，一般用于横向围堰，但在宽阔河床的分期导流中，如果围堰束窄河床增加的流速不大，也可作为纵向围堰，但需注意防冲设计，以保围堰安全。土石围堰见图 3.8。

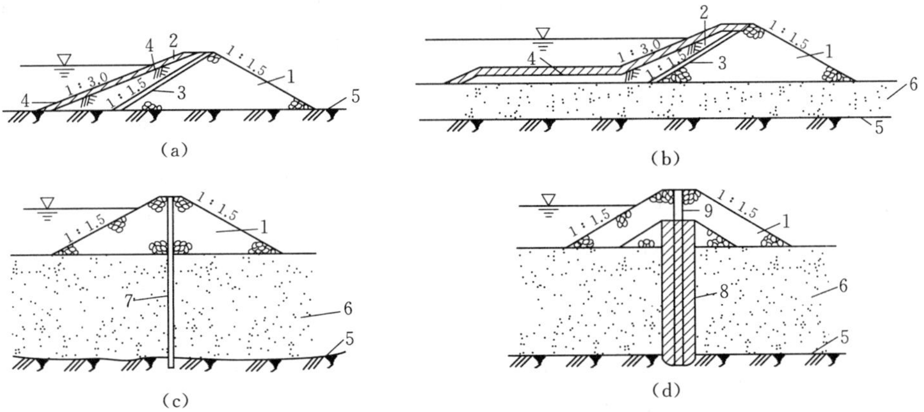

图 3.8　土石围堰

（a）斜墙式；（b）斜墙带水平铺盖式；（c）垂直防渗墙式；（d）灌浆帷幕式

1—堆石体；2—黏土斜墙、铺盖；3—反滤层；4—护面；5—隔水层；6—覆盖层；7—垂直防渗墙；8—灌浆帷幕；9—黏土心墙

土石围堰的设计与土石坝基本相同，但其结构形式在满足导流期正常运行的情况下应

力求简单，便于施工。

2. 混凝土围堰

混凝土围堰的抗冲与抗渗能力强，挡水水头高，底宽小，易于与永久混凝土建筑物相连接，必要时还可以过水，因此采用的比较广泛。在国外，采用拱形混凝土围堰的工程较多。近年，国内贵州省的乌江渡、湖南省凤滩等水利水电工程也采用过拱形混凝土围堰作为横向围堰，但多数还是以重力式围堰作纵向围堰，如我国的三门峡、丹江口、三峡工程的混凝土纵向围堰均为重力式混凝土围堰。混凝土围堰断面示意图见图 3.9。

(1) 拱形混凝土围堰。一般适用于两岸陡峻、岩石坚实的山区河流，常采用隧洞及允许基坑淹没的导流方案。通常围堰的拱座是在枯水期的水面以上施工的。对围堰的基础处理，当河床的覆盖层较薄时需进行水下清基，若覆盖层较厚，则可灌注水泥浆防渗加固。堰身的混凝土浇筑则要进行水下施工，因此，难度较高。在拱基两侧要回填部分砂砾料以利灌浆，形成阻水帷幕。拱形混凝土围堰由于利用了混凝土抗压强度高的特点，与重力式相比，断面较小，可节省混凝土工程量。

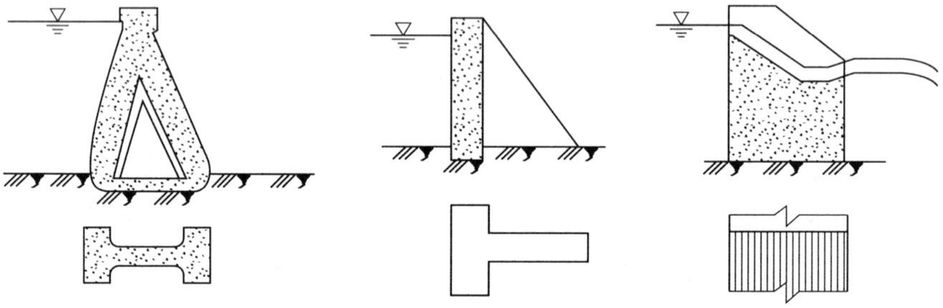

(a)　　(b)　　(c)

图 3.9　混凝土围堰断面示意图

(a) 双向挡水支墩式；(b) 撑墙式；(c) 溢流重力式

(2) 重力式混凝土围堰。采用分段围堰法导流时，重力式混凝土围堰往往可兼作第一期和第二期纵向围堰，两侧均能挡水，还能作为永久建筑物的一部分，如隔墙、导墙等。

重力式围堰可做成普通的实心式，与非溢流重力坝类似；也可做成空心式，如三门峡工程的纵向围堰。纵向围堰需抗御高速水流的冲刷，所以一般均修建在岩基上。为保证混凝土的施工质量，一般可将围堰布置在枯水期出露的岩滩上。如果这样还不能保证干地施工，则通常需另修土石低水围堰加以围护。重力式混凝土围堰现在有普遍采用碾压混凝土浇筑的趋势，如三峡工程三期游横向围堰及纵向围堰均采用碾压混凝土。

3. 钢板桩格型围堰

钢板桩格型围堰是重力式挡水建筑物，由一系列彼此相接的格体构成，按照格体的平面形状，可分为筒形格体、扇形格体和花瓣形格体。这些形式适用于不同的挡水高度，应用较多的是圆筒形格体。它是由许多钢板桩通过锁口互相连接而成为格形整体，见图 3.10。钢板桩的锁口有握裹式、互握式和倒钩式三种。格体内填充透水性强的填料，如砂、砂卵石或石渣等。在向格体内进行填料时，必须保持各格体内的填料表面大致均衡上升，因高差太大会使格体变形。

钢板桩格型围堰具有坚固、抗冲、抗渗、围堰断面小，便于机械化施工；钢板桩的回

图 3.10 钢板桩围堰

收率高，可达 70%以上；尤其适用于束窄度大的河床段作为纵向围堰，但由于需要大量的钢材，且施工技术要求高，我国目前仅应用于大型工程中。其平面形式见图 3.11。

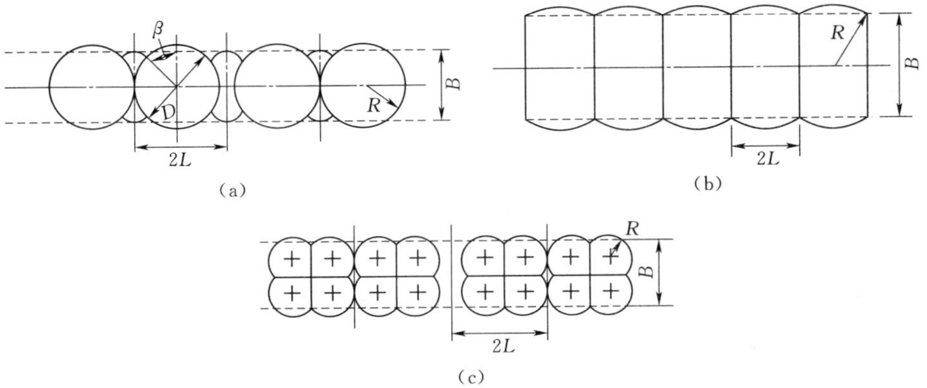

图 3.11 钢板桩格形围堰平面形式

(a) 圆筒形格体；(b) 扇形格体；(c) 花瓣形格体

圆筒形格体钢板桩围堰，一般适用的挡水高度小于 18m，可以建在岩基上或非岩基上，也可作为过水围堰用。圆筒形格体钢板桩围堰的修建由定位、打设模架支柱、模架就位、安插钢板桩、打设钢板桩、填充料渣、取出模架及其支柱和填充料碴到设计高程等工序组成。圆筒形格体钢板桩围堰一般需在流水中修筑，受水位变化和水面波动的影响较大，施工难度较大。

4. 草土围堰

草土围堰是一种以麦草、稻草、芦柴、柳枝和土为主要原料的草土混合结构，我国运用它已经有两千多年的历史。这种围堰主要用于黄河流域的渠道春修堵口工程中，新中国成立后，在青铜峡、盐锅峡、八盘峡等工程中，以及南方的黄坛口工程中均得到应用。草土围堰施工简单，速度快、取材容易、造价低、拆除也方便，具有一定的抗冲、抗渗能力，堰体的容重较小，特别适用于软土地基。但这种围堰不能承受较大的水头，所以仅限水深不超过 6m、流速不超过 3.5m/s，使用期两年以内的工程。草土围堰的施工方法比较特殊，就其实质来说也是一种进占法。按其所用草料型式的不同，可以分为散草法、捆草法、埽捆法三种。按其施工条件可分为水中填筑和干地填筑两种。由于草土围堰本身的特点，水中填筑质量比干填法容易保证，这是与其他围堰所不同的，实践中的草土围堰，普遍采用捆草法施工，见图 3.12。

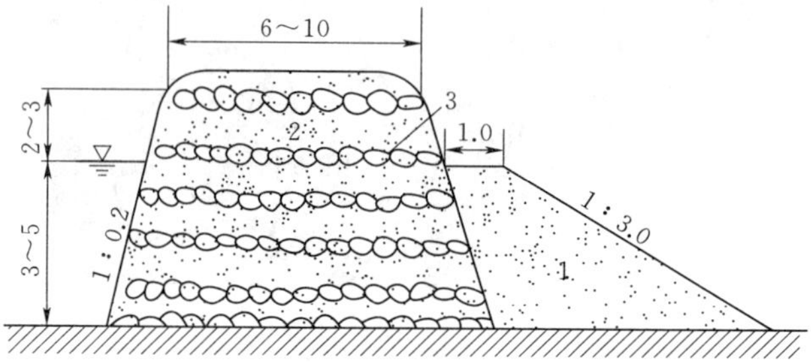

图 3.12　草土围堰示意图（单位：m）

3.1.4　围堰的平面布置及堰顶高程的确定

3.1.4.1　围堰的平面布置

围堰的平面布置主要包括堰内基坑范围确定和分期导流纵向围堰布置两个问题。

1. 围堰内基坑范围确定

堰内基坑范围大小主要取决于主体工程的轮廓和相应的施工方法。当采用一次拦断法导流时，围堰基坑是由上、下游围堰和河床两岸围成的。当采用分期导流时，围护基坑是由纵向围堰与上下游横向围堰围成。在上述两种情况下，上下游横向围堰的布置，都取决于主体工程的轮廓。通常基坑坡趾距离主体工程轮廓的距离，不应小于 20～30m，以便布置排水设施、交通运输道路、堆放材料和模板等。至于基坑开挖边坡的大小，则与地质条件有关。当纵向围堰不作为永久建筑物的一部分时，基坑坡趾距离主体工程轮廓的距离，一般不小于 2.0m，以便布置排水导流系统和堆放模板，如果无此要求，只需留 0.4～0.6m。实际工程的基坑形状和大小往往是很不相同的。有时可以利用地形以减少围堰的高度和长度；有时为照顾个别建筑物施工的需要，将围堰轴线布置成折线形；有时为了避开岸边较大的溪沟，也采用折线布置。为了保证基坑开挖和主体建筑物的正常施工，基坑范围应当留有一定富余。

2. 分期导流纵向围堰布置

在分期导流方式中，纵向围堰布置是施工中的关键问题，选择纵向围堰位置，实际上就是要确定适宜的河床束窄度。束窄度就是天然河流过水面积被围堰束窄的程度，一般可用下式表示：

$$K=\frac{A_2}{A_1}\times 100\%$$

式中　K——河床的束窄程度（一般取值在 47%～68%之间）；

A_1——原河床的过水面积，m^2；

A_2——围堰和基坑所占据的过水面积，m^2。

适宜的纵向围堰位置，与以下主要因素有关。

(1) 地形地质条件。河心洲、浅滩、小岛、基岩露头等，都是可供布置纵向围堰的有利条件，这些部位便于施工，并有利于防冲保护。例如，三门峡工程曾巧妙地利用了河心的几个礁岛布置纵、横围堰如图 3.13 所示。葛洲坝工程施工初期，也曾利用江心洲葛洲坝作为天然的纵向围堰。三峡工程利用江心洲三斗坪作为纵向围堰的一部分。

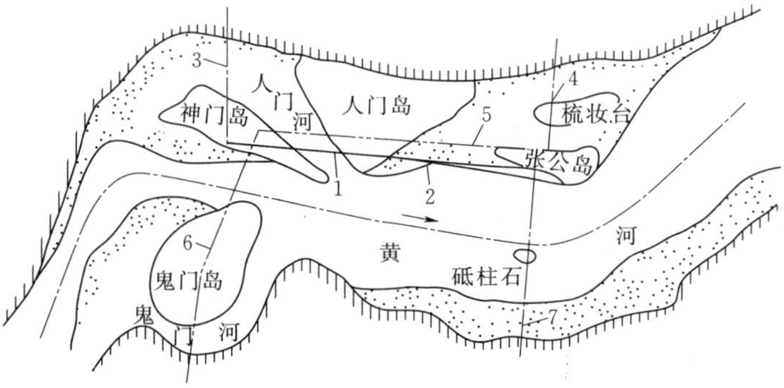

图 3.13 三门峡纵、横围堰示意图

1，2—一期纵向低水围堰；3—一期上游横向高水围堰；4—一期下游横向高水围堰；5—纵向混凝土围堰；6—二期上游横向围堰；7—二期下游横向围堰

(2) 水工布置。尽可能利用厂坝、厂闸、闸坝等建筑物之间的隔水导墙作为纵向围堰的一部分。例如，葛洲坝工程就是利用厂闸导墙，三峡、三门峡、丹江口等工程则利用厂坝导墙作为二期纵向围堰的一部分。

(3) 河床允许束窄度。允许束窄度主要与河床地质条件和通航要求有关。对于非通航河道，如河床易冲刷，一般均允许河床产生一定程度的变形，只要能保证河岸、围堰堰体和基础免受淘刷即可。束窄流速常可允许达到 3m/s 左右，岩石河床允许束窄度主要视岩石的抗冲流速而定。对于一般性河流和小型船舶，当缺乏具体研究资料时，可参考以下数据：当流速小于 2.0m/s 时，机动木船可以自航，当流速小于 3.0～3.5m/s，且局部水面集中落差不大于 0.5m 时，拖轮可自航，木材流放最大流速可考虑为 3.5～4.0m/s。

(4) 导流过水要求。进行一期导流布置时，不但要考虑束窄河道的过水条件，而且还要考虑二期截流与导流的要求。主要应考虑的问题是，一期基坑中能否布置下渲泄二期导流流量的泄水建筑物，由一期转入二期施工时的截流落差是否太大。

(5) 施工布局的合理性。各期基坑中的施工强度应尽量均衡。一期工程施工强度可比二期低些，但不宜相差太悬殊。如有可能，分期分段数应尽量少一些。导流布置应满足总工期的要求。

以上五个方面，仅仅是选择纵向围堰位置时应考虑的主要问题。如果天然河槽呈对称形状，没有明显有利的地形地质条件可供利用时，可以通过经济比较方法选定纵向围堰的适宜位置，使一、二期总的导流费用最小。分期导流时，上、下游围堰一般不与河床中心线垂直，围堰的平面布置常呈梯形，既可使水流顺畅，同时也便于运输道路的布置和衔接。当采用一次拦断法导流时，上、下游围堰不存在突出的绕流问题，为了减少工程量，围堰多与主河道垂直。纵向围堰的平面布置形状，对于过水能力有较大影响。但是，围堰的防冲安全，通常比前者更重要。实践中常采用流线型和挑流式布置。

3.1.4.2 围堰堰顶高程的确定

围堰堰顶高程的确定，不仅取决于导流设计流量和导流建筑物的型式、尺寸、平面位置、高程和糙率等，而要考虑到河流的综合利用和主体工程工期。

上游围堰的堰顶高程：

$$H_{上}=h_d+Z+\delta$$

式中 $H_{上}$——上游围堰堰顶高程，m；

h_d——下游水面高程，m，可直接由原河流水位流量关系曲线查得；

Z——上下游水位差，m；

δ——围堰的安全超高，m，按表3.3选用。

表3.3 **不过水围堰顶安全超高下限值** 单位：m

围堰型式 \ 围堰级别	Ⅲ	Ⅳ～Ⅴ
土石围堰	0.7	0.5
混凝土围堰	0.4	0.3

下游围堰堰顶高程：

$$H_{下}=h_d+\delta$$

式中 $H_{下}$——下游围堰堰顶高程，m；

h_d——下游水面高程，m；

δ——围堰的安全超高，m，按表3.3选用。

围堰拦蓄一部分水流时，则堰顶高程应通过水库调洪计算来确定。纵向围堰的堰顶高程，要与束窄河床中宣泄导流设计流量时的水面曲线相适应，其上下游顶部分别与上下游围堰同高，所以其顶面往往做成倾斜状。

3.1.5 施工截流

在水利水电工程建设的施工导流过程中，当导流泄水建筑物建成后，应抓住有利时机，迅速截断原河床水流，迫使河水经完建的导流泄水建筑物下泄，然后在河床中全面展开主体建筑物的施工，这就是施工截流。

3.1.5.1 施工截流的基本程序

在施工截流的过程中，基本程序一般是先在河床的一侧或两侧向河床中填筑截流戗堤，逐步缩窄河床，称为进占。戗堤进占到一定程度，河床束窄，形成流速较大的泄水缺口称为龙口。为了保证龙口两侧堤端和底部的抗冲稳定，通常采用工程防护措施，如抛投大块石、铅丝笼等，这种防护堤端称为裹头。封堵龙口的工作叫合龙。合龙以后，龙口段及戗堤本身仍然漏水，必须在戗堤全线设置防渗措施，这一工作称为闭气。所以整个截流过程包括戗堤进占、龙口裹头及护底、合龙、闭气等四项工作。截流后，对戗堤进一步加高培厚，修筑成设计围堰。

由此可见，截流在施工中占有重要地位，如不能按时完成，就会延误整个建筑物施工，河槽内的主体建筑物就无法施工，甚至可能拖延工期一年，所以在施工中常将截流作为关键性工程。为了截流成功，必须充分掌握河流的水文、地形、地质等条件，掌握截流过程中水流的变化规律及其影响。做好周密的施工组织，在狭小的工作面上用较大的施工强度在较短的时间内完成截流。

3.1.5.2　截流的基本方法

施工截流的基本方法可分为平堵法、立堵法及综合方式三种。

1. 立堵法

所谓立堵法截流是将截流材料从龙口一端或两端向中间抛投进占，逐渐束窄河床，直至全部拦断。立堵法截流不需架设浮桥，准备工作比较简单，造价较低。但截流时水力条件较为不利，龙口单宽流量较大，出现的流速也较大，同时水流绕截流戗堤端部使水流产生强烈的立轴漩涡，在水流分离线附近造成紊流，易造成河床冲刷，且流速分布很不均匀，需抛投单个重量较大的截流材料。截流时由于工作前线狭窄，抛投强度受到限制。立堵法截流示意图见图 3.14。

立堵法截流适用于大流量、岩基或覆盖层较薄的岩基河床，对于软基河床应采用护底措施后才能使用。立堵法截流又分为单戗、双戗和多戗立堵截流，单戗适用于截流落差不超过 3m 的情况。

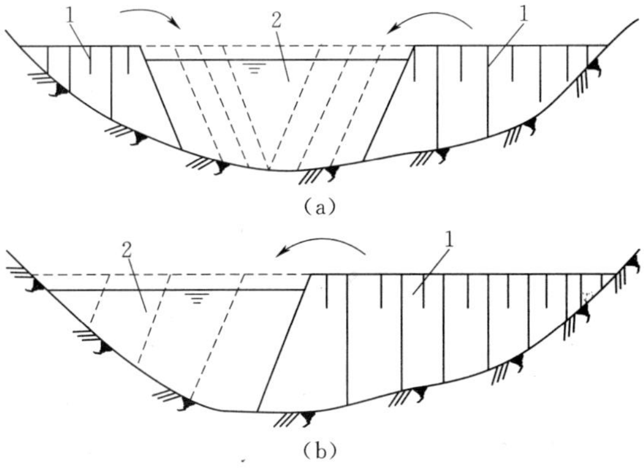

图 3.14　立堵法截流

(a) 双向进占；(b) 单向进占

1—截流戗堤；2—龙口

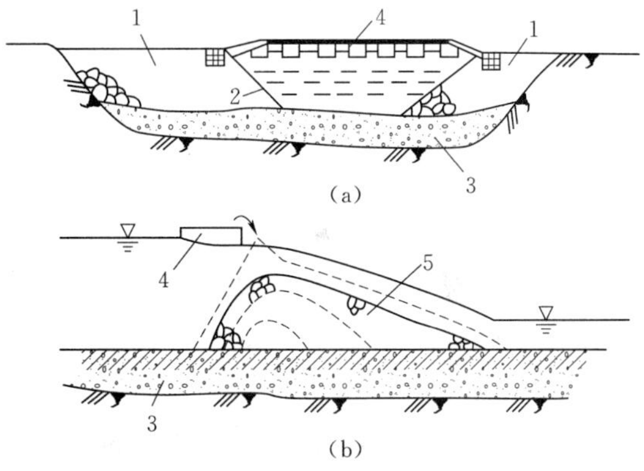

图 3.15　平堵法截流

(a) 立面图；(b) 横断面图

1—截流戗堤；2—龙口；3—覆盖层；4—浮桥；5—截流体

2. 平堵法

所谓平堵法截流是沿整个龙口宽度全线抛投，抛投料堆筑体全面上升，直至露出水面。这种方法的龙口一般是部分河宽，也可以是全河宽。因此，合龙前必须在龙口架设浮桥，由于它是沿龙口全宽均匀地抛投，所以其单宽流量小，出现的流速也较小，需要的单个材料的重量也较轻，抛投强度较大，施工速度快，但有碍于通航。平堵法适用于软基河床，河流架桥方便且对通航影响不大的河流。平堵法示意图见图 3.15。

3. 综合方式

为了充分发挥平堵水力学条件较好的优点，同时又降低架桥的费用，有的工程采用先立堵，后在栈桥上平堵的方式。苏联布拉茨克水电站，在截流流量 $3600m^3/s$、最大落差 3.5m 的条件下，采用先立堵进占，缩窄龙口至 100m，然后利用管柱栈桥全面平堵合龙。多瑙河上的铁门工程，经过方案比较，决定采取立、平堵方式，立堵进占结合管柱栈桥平堵。立堵段首先进占，完成长度 149.5m，平堵段龙口 100m，由栈桥上抛投完成截流，最终落差达 3.72m。

对于软基河床，单纯立堵易造成河床冲刷，采用先平抛护底，再立堵合龙，平抛多利用驳船进行。我国青铜峡、丹江口、大化及葛洲坝等工程均采用此法，三峡工程在二期大江截流时也采用了该方法，取得了满意的效果。由于护底均为局部性，故这类工程本质上同属立堵法截流。

除了以上三种常见的截流方法，还有其他截流方法，如爆破截流、下闸截流、浮运沉箱、沉船、水力冲填。每种截流方法都有一定的适用条件，根据我国的国情及国内外截流的发展趋势，一般情况下应优先考虑立堵法。如果河床易冲刷，可先平抛护底；如果河床基岩面过光滑，可先平抛一些抗冲性能好的材料加糙河床；如果龙口处有深坑或水深过大，可适当平抛一部分。

3.1.5.3 截流设计的原则

1. 截流时间及设计流量的确定

截流日期的选择，应该是既要把握截流时机，选择在最枯流量时段进行；又要为后续的基坑工作和主体建筑物施工留有余地，不致影响整个工程的施工进度。

（1）截流以后，需要继续加高围堰，完成排水、清基处理等大量基坑工作，并应把围堰或永久建筑物在汛期前抢修到一定高程以上。为了保证这些工作的完成，截流日期应尽量提前。

（2）在通航的河流上进行截流，截流日期最好选择在对航运影响较小的时段内。因为截流过程中，航运必须停止，即使船闸已经修好，但因截流时水位变化较大，亦需停航。

（3）在北方有冰凌的河流上，截流不应在流冰期进行。因为冰凌容易堵塞河道或导流泄水建筑物，壅高上游水位，给截流带来极大困难。

此外，在截流开始前，应修好导流泄水建筑物，并做好过水准备。如清除影响泄水建筑物运用的围堰或其他设施，开挖引水渠，完成截流所需的一切材料、设备、交通道路的准备等。据上所述，截流日期一般多选在枯水期初，流量已有明显下降的时候，而不一定选在流量最小的时刻。但是，在截流设计时，根据历史水文资料确定的枯水期和截流流量与截流时的实际水文条件往往有一定出入。因此，在实际施工中，还需根据当时的水文气象预报及实际水情分析进行修正，最后确定截流日期。龙口合龙所需的时间往往是很短的，一般从数小时到几天。为了估计在此时段内可能发生的水情，做好截流的准备，需选择合理的截流设计流量。一般可按工程的重要程度选用截流时期内 10%～20%频率的旬或月平均流量。如水文资料不足，可用短期的水文观测资料或根据条件类似的工程来选择截流设计流量。无论用什么方法确定截流设计流量，都必须根据当时实际情况和水文气象预报加以修正，按修正后的流量进行各项截流的准备工作，作为指导截流施工的依据。

2. 龙口位置与宽度

龙口在截流戗堤的轴线上，戗堤轴线应根据河床和两岸地形、地质、交通条件、主流流向、通航、过木要求等因素综合分析选定，戗堤宜为围堰堰体组成部分。一旦截流戗堤轴线确定后，即可确定龙口位置，龙口布置位置应视具体情况而定。从地形方面，龙口周围应宽阔，距临时堆料场较近，且有足够的回车场地，以保证运输方便；从地质方面考虑，应力求将龙口布置在覆盖层较薄的部位，或有天然岛礁作裹头的部位，以抗水流冲刷；从水流条件考虑，龙口应设置在正对主流处，以利洪水宣泄。

龙口宽度的确定，主要取决于戗堤束窄河床后形成的水力条件，对龙口底部和两侧裹头部位的冲刷影响，截流期通航河流对通航安全的要求。合理的龙口宽度应是满足龙口水力及通航条件的最小宽度。若龙口段河床覆盖层抗冲能力低，可预先在龙口段抛石或抛铅丝笼护底，增大糙率和抗冲能力，减少合龙工作量，降低截流难度。

3.1.5.4　截流材料及备料量

1. 截流材料尺寸

在截流中，合理选择截流材料的尺寸或重量，对于截流的成败和截流费用的节省具有重大意义。截流材料的尺寸或重量取决于龙口的流速。各种不同材料的适用流速，立堵截流时截流材料抵抗水流冲动的流速，可按下式估算。

$$v = K\sqrt{2g\frac{\gamma_1-\gamma}{\gamma}D}$$

式中　v——水流流速，m/s；

K——综合稳定系数；

g——重力加速度，m/s^2；

γ_1——石块密度，kg/m^3；

γ——水密度，kg/m^3；

D——石块折算成球体的化引直径，m。

2. 截流材料类型

截流材料类型的选择，主要取决于截流时可能发生的流速及开挖、起重、运输设备的能力，一般应尽可能就地取材。国内外大江大河截流的实践证明，块石是截流的最基本材料。此外，当截流水力条件较差时，还必须使用人工块体，如混凝土六面体、四面体、四脚体及钢筋混凝土构架等。

3. 备料量

备料量的计算，可按设计戗堤体积为准，另外还得考虑各项损失。平堵截流的设计戗堤体积计算比较复杂，需按戗堤不同阶段的轮廓计算。立堵截流戗堤断面为梯形，设计戗堤体积计算比较简单。戗堤顶宽视截流施工需要而定，通常取10～18m者较多，可保证2～3辆汽车同时卸料。

备料量的多少取决于对流失量的估计，实际工程的备料量与设计用量之比多在1.3～1.5之间，个别工程达到2.0。例如，铁门工程达到1.35，青铜峡工程采用1.5，实际合龙后还剩下很多材料。因此，初步设计时备料系数不必取得过大，实际截流前夕，可根据水情变化适当调整。

3.1.6　基坑排水

当围堰合龙闭气后，应立即进行排除基坑内的积水和渗水，以保证基坑开挖、地基处理和建筑物施工的正常进行。基坑积水的排除称为初期排水，以后基坑开挖及建筑物基础施工过程中排水称为经常性排水。初期排水采用明排法，经常性排水则有明排法和人工降低地下水位两种。中小型水利水电工程在经常性排水中，一般采用明排法，这种方法简单，易于操作。

3.1.6.1 初期排水

基坑积水主要是指围堰闭气后存于基坑内的水体，还要考虑排除积水过程中从围堰及地基渗入基坑的水量和降雨。初期排水的流量是选择水泵数量的主要依据，应根据地质情况、工期长短、施工条件等因素确定。初期排水流量可按下式估算：

$$Q = K\frac{V}{T}$$

式中 Q——初期排水流量，m^3/s；

V——基坑积水的体积，m^3；

K——积水系数，考虑了围堰、基坑渗水和可能降雨的因素，对于中小型工程，取 $K=2\sim3$；

T——初期排水时间，s。

初期排水时间与积水深度和允许的水位下降速度有关。如果水位下降太快，围堰边坡土体的动水压力过大，容易引起坍坡；如水位下降太慢，则影响基坑开挖工期。基坑水位下降的速度一般控制在 0.5～1.5m/d 为宜。在实际工程中，应综合考虑围堰型式、地基特性及基坑内水深等因素而定。对于土围堰，水位下降速度应小于 0.5m/d。

根据初期排水流量即可确定水泵工作台数，并考虑一定的备用量。水利工地常用离心泵或潜水泵。为了运用方便，可选择容量不同的水泵，组合使用。水泵站一般布置成固定式或移动式两种，当基坑水深较大时，采用移动式。

3.1.6.2 经常性排水

当基坑积水排除后，立即进行经常性排水。对于经常性排水，主要是计算基坑渗流量，确定水泵工作台数，布置排水系统。

1. 排水系统布置

经常性排水通常采用明式排水，排水系统包括排水干沟、支沟和集水井等。一般情况下，排水系统分为两种情况，一种是基坑开挖中的排水，另一种是建筑物施工过程中的排水。基坑开挖中的排水是根据土方分层开挖的要求，分次下降水位，通过不断降低排水沟高程，使每一个开挖土层呈干燥状态。排水系统排水沟通常布置在基坑中部，以利两侧出土；当基坑较窄时，将排水干沟布置在基坑上游侧，以利于截断渗水。沿干沟垂直方向设置若干排水支沟。基础范围外布置集水井，井内安设水泵，渗水进入支沟后汇入干沟，再流入集水井，由水泵抽出坑外。建筑物施工过程中的排水目的是控制水位低于坑底高程，保证施工在干地条件下进行。排水沟通常布置在基坑四周，离开基础轮廓线不小于 0.3～1.0m。集水井离基坑外缘的距离必须大于集水井深度。排水沟的底坡一般不小于 2‰，底宽不小于 0.3m，沟深为：干沟 1.0～1.5m，支沟为 0.3～0.5m。集水井的容积应保证水泵停止运转 10～15min 井内的水量不致漫溢。井底应低于排水干沟底 1～2m。经常性排水系统布置如图 3.16 所示。

图 3.16 经常性排水系统

2. 经常性排水流量

经常性排水的排水量包括围堰和基坑的渗水、降水、地层含水、地基岩石冲洗及混凝土养护用弃水等。关于围堰和基坑渗透流量的计算，在水力学、水文地质等课程中均有介绍。降水量可按抽水时段内最大日降雨量在当天抽干计算。地基岩石冲洗所用弃水，由于用水不多，可以忽略不计；混凝土养护所用弃水，可近似地按每方混凝土每次用水 5L、每天养护 8 次计算。但降水和施工弃水不应叠加。

排水水泵根据流量及扬程选择，并考虑一定的备用量。

3.1.6.3 人工降低地下水位

经常性排水过程中，为了保持基坑开挖工作始终在干地进行，常常要多次降低排水沟和集水井的高程，变换水泵站的位置，影响开挖工作的正常进行。此外，在开挖细砂土、砂壤土一类地基时，随着基坑底面的下降，坑底与地下水位的高差愈来愈大，在地下水渗透压力作用下，容易产生边坡脱滑、坑底隆起等事故，甚至危及临近建筑物的安全，对开挖工作带来不良影响。

采用人工降低地下水位，可以改变基坑内的施工条件，防止流沙现象的发生，基坑边坡可以陡些，从而可以大大减少挖方量。人工降低地下水位的基本做法是：在基坑周围钻设一些井，地下水渗入井中后，随即被抽走，使地下水位线降到开挖的基坑底面以下，一般应使地下水位降到基坑底部 0.5～1.0m 处。

人工降低地下水位的方法按排水工作原理可分为管井法和井点法两种。管井法是单纯重力作用排水，适用于渗透系数为 10～250m/d 的土层；井点法还附有真空或电渗排水的作用，适用于渗透系数为 0.1～50m/d 的土层。

1. 管井法降低地下水位

管井法降低地下水位时，在基坑周围布置一系列管井，管井中放入水泵的吸水管，地下水在重力作用下流入井中，被水泵抽走。管井法降低地下水位时，需先设置管井，管井通常由下沉钢井管而成，在缺乏钢管时也可用木管或预制混凝土管代替。

井管的下部安装滤水管节（滤头），有时在井管外还需设置反滤层，地下水从滤水管进入井内，水中的泥沙则沉淀在沉淀管中。滤水管是井管的重要组成部分，其构造对井的出水量和可靠性影响很大，要求它过水能力大，进入的泥沙少，有足够的强度和耐久性。

井管埋设可采用射水法、振动射水法及钻孔法下沉。射水下沉时，先用高压水冲土下沉套管，较深时可配合振动或锤击（振动水冲法），然后在套管中插入井管，最后在套管与井管的间隙中间填反滤层并拔套管，反滤层每填高一次便拔一次套管，逐层上拔，直至完成。

管井中抽水可应用各种抽水设备，但主要的是普通离心式水泵、潜水泵或深井水泵，分别可降低水位 3～6m、6～20m 和 20m 以上，一般采用潜水泵较多。用普通离心式水泵抽水，由于吸水高度的限制，当要求降低地下水位较深时，要分层设置管井，分层进行排水。

在要求大幅度降低地下水位的深井中抽水时，最好采用专用的离心式深井水泵。每个深井水泵都是独立工作，井的间距也可以加大。深井水泵一般深度大于 20m，排水效果高，需要井数少。

2. 井点法降低地下水位

井点法和管井法不同，它把井管和水泵的吸水管合而为一，简化了井的构造。井点法降低地下水位的设备，根据其降深能力分轻型井点（浅井点）和深井点等。其中最常用的轻型井点，轻型井点是由井管、集水总管、普通离心式水泵、真空泵和集水箱等设备所组成的一个排水系统，如图 3.17 所示。

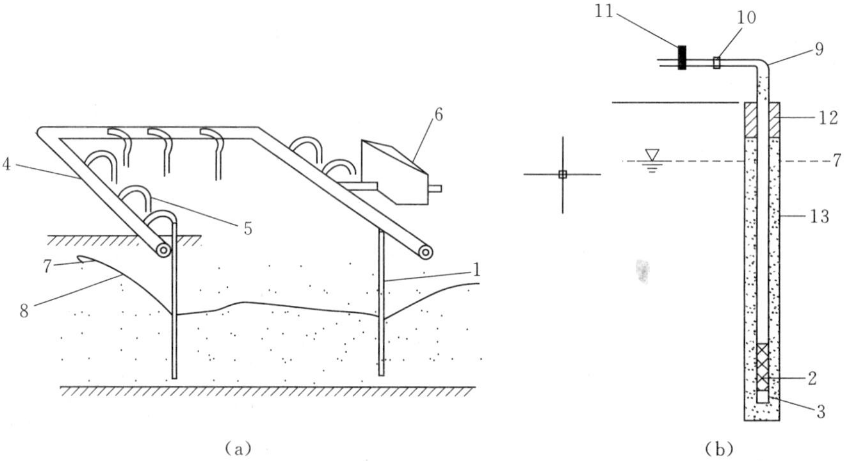

图 3.17　轻型井点系统

(a) 轻型井点系统总体布置图；(b) 单井点布置图

1—井点管；2—过渡器；3—沉淀管；4—集水总管；5—连接管；6—水泵房；7—静水位；8—动水位；9—弯头；10—由任；11—阀门；12—黏土；13—砾料

轻型井点系统的井点管为 ϕ38～50mm 的无缝钢管，间距为 0.6～1.8m，最大可到 3.0m。地下水从井管下端的滤水管借真空泵和水泵的抽吸作用流入管内，沿井管上升汇入集水总管，流入集水箱，由水泵排出。

轻型井点系统开始工作时，先开动真空泵，排除系统内的空气，待集水井内的水面上升到一定高度后，再启动水泵排水。水泵开始抽水后，为了保持系统内的真空度，仍需真空泵配合水泵工作。这种井点系统也叫真空井点。井点系统排水时，地下水位的下降深度，取决于集水箱内的真空度与管路的漏气和水位损失。一般集水箱内真空度80kPa，相应的吸水高度为5～8m，扣除各种损失后，地下水位的下降度深为4～5m。当要求地下水位降低的深度超过4～5m时，可以像管井一样分层布置井点，每层控制范围3～4m，但以不超过3层为宜。分层太多，基坑范围内管路纵横，妨碍交通。影响施工，同时也增加挖方量，而且当上层井点发生故障时，下层水泵能力有限，地下水位回升，基坑有被淹没的可能。

真空井点抽水时，在滤水管周围形成一定的真空梯度，加速了土的排水速度，因此即使在渗透系数小到0.1m/d的土层中，也能进行工作。布置井点系统时，为了充分发挥设备能力，集水总管、集水管和水泵应尽量接近天然地下水位。当需要几套设备同时工作时，各套总管之间最好接通，并安装开关，以便相互支援。井管的安设，一般用射水法下沉。距孔口1.0m范围内，应用黏土封口，以防漏气。排水工作完成后，可利用杠杆将井管拨出。

深井点与轻型井点不同，它的每一根井管上都装有扬水器（水力扬水器或压气扬水器），因此它不受吸水高度的限制，有较大的降深能力。深井点有喷射井点和扬水井点两种，喷射井点由集水池、高压水泵、输水干管和喷射井管等组成。通常一台高压水泵能为30～35个井点服务，其最适宜的降水位范围为5～18m。喷射井点的排水效率不高，一般用于渗透系数为3～50m/d，渗流量不大的场合。压气扬水井点是用压气扬水器进行排水。排水时压缩空气由输气管送来，由喷气装置进入扬水管，于是，管内容重较轻的水气混合液在管外水压力的作用下，沿水管上升到地面排走。为达到一定的扬水高度，就必须将扬水管沉入井中并达到足够的潜没深度，使扬水管内外有足够的压力差。压气扬水井点降低地下水位最大可达40m。

3.1.7 拦洪度汛与封堵蓄水

坝体拦洪度汛与导流临时泄水建筑物的封堵蓄水，是中后期施工导流的重要问题，也是施工总进度计划中的两个控制性环节。当临时围堰作用失效后，坝体在施工后期，能否按预定计划封堵蓄水，将决定整个工程如期受益的问题。因此，拦洪度汛与封堵蓄水也是导流设计的重要组成部分。

3.1.7.1 拦洪度汛的方法措施

根据施工进度安排，汛期到来之前若坝体不可能修筑到拦洪高程时，必须考虑拦洪度汛措施，尤其当主体建筑物为土坝或堆石坝且坝体填筑又相当高时，更应给予足够的重视，因为一旦坝身过水，就会造成严重的溃坝后果。

1. 混凝土坝的拦洪度汛

混凝土坝一般是允许过水的，若坝身在汛期前不可能浇筑到拦洪高程，为了避免坝身过水时造成停工，可以在坝面上预留缺口以度汛，待洪水过后再封填缺口，全面上升。此外，如果根据混凝土浇筑进度安排，虽然在汛前坝身可以浇筑到拦洪高程，但一些纵向施工缝尚未灌浆封闭时，可考虑用临时断面挡水。在这种情况下，必须提出充分论证，采取相应措施，以消除应力恶化的影响。如拓溪工程的大头坝为提前挡水就采用了调整纵缝位置、提高初期灌浆高程和改变纵缝形式等措施，以改善坝体的应力状态。

2. 土石坝拦洪度汛措施

土坝、堆石坝一般是不允许过水的。若坝身在汛期前不可能填筑到拦洪高程时，一般可以考虑采用降低溢洪道高程、设置临时溢洪道并用临时断面挡水，或经过论证采用临时坝体保护过水等措施。

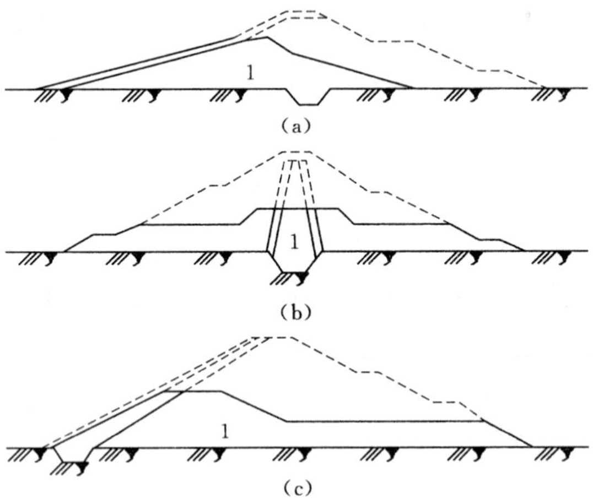

图 3.18　临时断面挡水

（1）采用临时断面挡水时，见图 3.18，应考虑以下因素。

1）临时断面顶部应有足够的宽度，以便在紧急情况下仍有余地抢筑子堰，确保安全。

2）临时断面的边坡应保证稳定，其安全系数一般应不低于正常设计标准。为防止施工期间由于暴雨冲刷和其他原因而坍坡，必要时应采取简单的防护措施和排水措施。

3）心墙坝的防渗体一般不允许采用临时断面。

4）上游垫层和块石护坡应按设计要求筑到拦洪高程，否则应考虑临时的防护措施。

下游坝体部位，为满足临时断面的安全要求，基础清理完毕后，应按全断面填筑几米后再收坡，必要时应结合反滤排水设施统一安排考虑。

（2）采用临时坝面过水时，应考虑以下因素。

1）为保证过水坝面下游边坡的稳定，应加强保护或做成专门的溢流堰，例如利用反滤体加固后作为过水坝面溢流堰体等，并应注意堰体下游的防冲保护。

2）靠近岸边的溢流体堰顶高程应适当抬高，以减小坝面单宽流量，减轻水流对岸披的冲刷。

3）坝面高程一般应低于溢流堰体顶 0.5～2.0m 或做成反坡式坝面，以避免过水坝面的冲淤。

4）根据坝面过流条件，合理选择坝面保护型式，防止淤积物渗入坝体，特别注意防渗体、反滤层等的保护。必要时上游设置拦污设施，防止漂木、杂物淤积坝面，撞击下游边坡。

3.1.7.2　初期蓄水

大型水利水电枢纽的工程量大，工期长，为了满足国民经济发展需要，往往采取边施工边蓄水，以便使枢纽提前受益的办法。国内已建的许多大型工程，如新安江、拓溪、乌江渡、丹江口和葛洲坝等均在施工期间开始蓄水。能否在施工期开始蓄水，起控制作用的因素是枢纽施工总进度计划。因为施工期蓄水前，大部分单项工程均应竣工或达到蓄水要求的程度，初期发挥效益的主体建筑物必须形成需要的规模。开始蓄水时，有关建筑物还应达到相应的防洪标准。蓄水后，全部工程应能顺利施工完建。在施工总进度计划中，对这些工作均应做出明确安排。采用分期导流的大流量、低水头枢纽，还可能利用围堰挡水提前发电受益。例如，葛洲坝工程利用二期上游围堰挡水发电和通航，就取得了巨大的经济效益。

水库施工期蓄水又称初期蓄水，通常是指临时导流建筑物封堵后至水库开始发挥效益为止的阶段。所谓水库开始发挥效益，一般是指达到发电或灌溉所要求的最低水位。进行初期蓄水规划时，必须考虑河道综合利用要求，合理扣除下游供水量。由于下游通航、灌溉、发电、工业用水和城镇居民生活用水多属重复利用，所以，不能将各部门用水量简单叠加，而应进行综合分析。

初期蓄水计算的主要内容有两点，第一是蓄水历时计算，据此确定临时泄水建筑物的最迟封堵日期；第二是校核库水位上升过程中大坝施工的安全性，据此拟定大坝施工进度及后期渡汛措施。对于混凝土坝，主要是拟定大坝浇筑的控制性进度计划和坝体接缝灌浆的进程。对于蓄水历时计算，常采用频率法或典型年法。采用频率法时，一般取保证率为75%～85%的流量。根据控制性进度计划上的初期发电日期或其他投产日期，按照计算出的蓄水历时，可得导流孔洞的封堵日期。如果已知封堵日期恰值洪水期，则应进一步研究洪水期封堵的可能性与合理性。一般来说，因洪水期封堵非常困难且技术复杂，故多改变为枯水期封堵，相应地调整坝体施工进度。

封堵蓄水后，必须校核坝体安全上升高程，要求各月末坝体前沿最低高程达到下月最高水位以上。除了不能让坝体过水外，还应校核临时挡水断面的稳定和应力。对于混凝土坝，为了不给后续工程施工造成困难和不良后果，校核坝体上升高程时，还要考虑预留不灌缝的高度，纵缝灌浆和坝体封拱灌浆均应达到相应高程。施工期蓄水前，坝前水库已具有一定库容，但枢纽尚未达到最终设计泄洪能力，在计算坝前水位和校核防洪渡汛安全时，应考虑水库调蓄作用。

3.1.7.3 封堵技术

导流用临时泄水建筑物封堵时的设计流量，应根据河流水文特征及封堵条件进行选择，一般可选用封堵期10～20年一遇月或旬的平均流量，也可根据实测水文资料分析确定。封孔日期与初期蓄水计划有关，一般均在枯水期进行。最常用的封堵方式是首先下闸封孔，然后浇筑封堵混凝土塞。

1. 下闸封孔

常用的封孔闸门有钢闸门、钢筋混凝土迭梁闸门、钢筋混凝土整体闸门等。我国新安江和柘溪工程的导流底孔封堵，成功地利用了多台5～10t的手摇绞车，顺利沉放了重达321t和540t的钢筋混凝土整体闸门，如图3.19所示。这种方式断流快，水封好，只要起吊下放时掌握平衡，下沉比较方便，不需重型运输起吊设备，特别在库水位上升较快的工程中，最后封孔时被广泛采用。

图3.19 下闸封孔

闸门安放以后，为了加强闸门的水封防渗效果，在闸门槽两侧填以细粒矿渣并灌注水泥砂浆，在底部填筑黏土麻包，并在底孔内把闸门与坝面之间的金属承压板互相焊接。

2. 浇筑混凝土塞

导流用底孔一般为坝体的一部分，因此封堵时需要全孔堵死，而导流用的隧洞或涵管则并不需要全洞堵死，常浇筑一定长度的混凝土塞，就足以起永久挡水作用。混凝土塞的最小长度可根据极限平衡条件确定。当导流隧洞的断面积较大时，混凝土塞的浇筑必须考虑降温措施，不然产生的温度裂缝会影响其止水质量。例如美国新伯拉斯巴坝的导流隧洞封堵，在混凝土塞中央部位设有冷却和灌浆用坑道，底部埋有冷却水管，待混凝土塞的平均温度降至12.8℃时进行接触灌浆，以保证混凝土塞与围岩的连接。

当临时泄水建筑物封堵以后，在一段时间内还有两个问题值得注意，一是下游工农业生产用水和居民生活用水如何解决；二是虽然封堵工程多选在洪水期后，但封堵以后万一发生意外大水，而溢洪道工程又未完成，则将出现紧张被动局面。故在提出封堵措施的同时，应对下游供水和预防意外大水作出相应的考虑和安排。

项目实施：

3.1.8 导流方案选择实例

长江三峡水利枢纽工程（以下简称三峡工程），位于长江干流三峡河段，三峡工程由大坝、水电站厂房、通航建筑物等主要建筑物组成。大坝坝顶高程185m，正常蓄水位175m，汛期防洪限制水位145m，枯季消落最低水位155m，相应的总库容、防洪库容和兴利库容分别为393亿m^3、221.5亿m^3和165亿m^3。安装单机容量70万kW的水轮发电机组26台，总装机容量1820万kW，年发电量847亿kW·h。选定的坝址位于西陵峡中的三斗坪镇。坝址地质条件优越，基岩为完整坚硬的花岗岩（闪云斜长花岗岩），地形条件也有利于布置枢纽建筑物和施工场地，是一个理想的高坝坝址。选定的坝线在左岸的坛子岭及右岸的白岩尖之间，并穿过河床中的一个小岛——中堡岛。该岛左侧为主河槽，右侧为支沟（称后河）。

施工导流方案：三斗坪坝址河谷宽阔，江中有中堡岛将长江分为主河床及后河，适于采用分期导流方案。长江为我国的水运交通动脉，施工期通航问题至关重要。分期导流方案设计必须结合施工期通航方案和枢纽布置方案一并研究。在可行性论证和初步设计阶段，对右岸导流明渠施工期通航和不通航两大类型的多种方案进行了大量的技术经济比较工作。1993年7月，经国务院三峡建设委员会批准，确定为“三期导流，明渠通航”方案如图3.20～图3.22所示。

第一期围右岸（图3.20）。一期导流的时间为1993年10月至1997年11月，计5年。在中堡岛左侧及后河上下游修筑一期土石围堰，形成一期基坑，并修建茅坪溪小改道工程，将茅坪溪水导引出一期基坑。在一期土石围堰保护下挖除中堡岛，扩宽后河修建导流明渠、混凝土纵向围堰，并预建三期碾压混凝土围堰基础部分的混凝土。水仍从主河床通过。

一期土石围堰形成后束窄河床约30%。汛期长江水面宽约1000m，当流量不大于长江通航流量45000m^3/s时，河床流速为3m/s左右，因此船只仍可在主航道航行。一期土石围堰全长2502.36m，最大堰高37m。堰体及堰基采用塑性混凝土防渗墙上接土工膜防

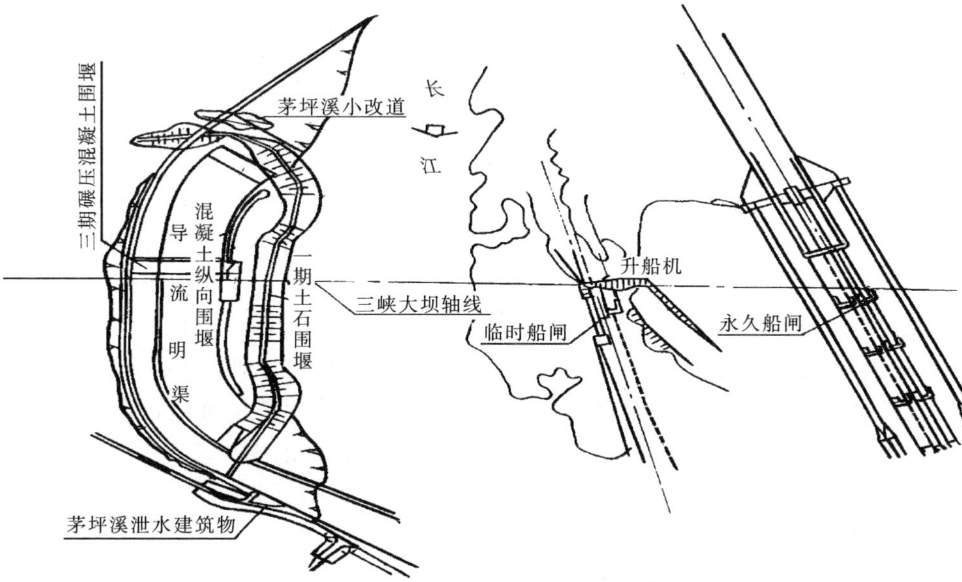

图 3.20　一期导流平面图

渗型式，局部地质条件不良地段的地基采用防渗墙下接帷幕灌浆或高压旋喷桩柱墙等措施。混凝土纵向围堰全长 1191.47m，分为上纵段、坝身段与下纵段。坝身段为三峡大坝的一部分，下纵段兼作右岸电站厂房和泄洪坝段间的导墙。导流明渠为高低渠复式断面，全长 3726m，最小底宽 350m；右侧高渠底宽 100m，渠底高程 58m（进口部位 59m）；左侧渠底宽 250m，渠底高程自上至下分别为 59m、58m、50m、45m、53m。

第二期围左岸（图 3.21）。二期导流时间为 1997 年 11 月至 2002 年 11 月，共计 5 年。

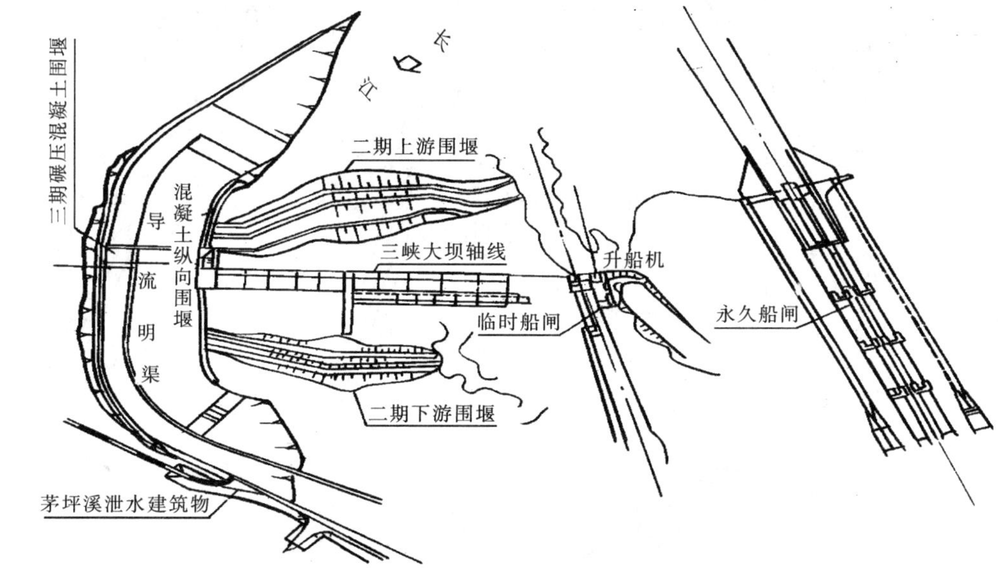

图 3.21　二期导流平面图

1997 年 11 月实现大江截流后，立即修建二期上下游横向围堰将长江主河床截断，并与混凝土纵向围堰共同形成二期基坑。在基坑内修建泄洪坝段、左岸厂房坝段及电站厂房等主体建筑物。二期导流时江水由导流明渠宣泄，船舶从导流明渠和左岸已建成的临时船闸通航。

二期上、下游土石围堰轴线长度分别为 1440m、999m，最大高度分别为 75.5m、57.0m，基本断面为石渣堤夹风化砂复式断面，防渗体为 1～2 排塑性混凝土防渗墙上接土工合成材料，基岩防渗采用帷幕灌浆。二期围堰是在 60m 水深中抛填建成，工程量大、基础条件复杂、工期紧迫、施工技术难度极高，是三峡工程最重要的临时建筑物之一。

第三期再围右岸（图 3.22）。三期导流时间为 2002—2009 年，共计 7 年。总进度安排于 2002 年汛末拆除二期土石横向围堰，在导流明渠内进行三期截流，建造上、下游土石围堰。在其保护下修建三期上游碾压混凝土围堰并形成右岸三期基坑，在三期基坑内修建右岸厂房坝段和右岸电站厂房。三期截流和三期碾压混凝土围堰施工是三峡工程施工中的又一关键技术问题。在导流明渠中截流时，江水从泄洪坝段内高程 56.5m 的 22 个 6.5m×8.5m 的导流底孔中宣泄，截流最大落差达 3.5m，龙口最大流速 6.13m/s，技术难度与葛洲坝大江截流相当。碾压混凝土围堰要求在截流以后的 120 天内，从高程 50m 浇筑到 140m，最大月浇筑强度达 39.8 万 m^3/月，最大日上升高度达 1.18m，且很快挡水并确保在近 90m 水头下安全运行，设计和施工难度为世所罕见。三期截流后到水库蓄水

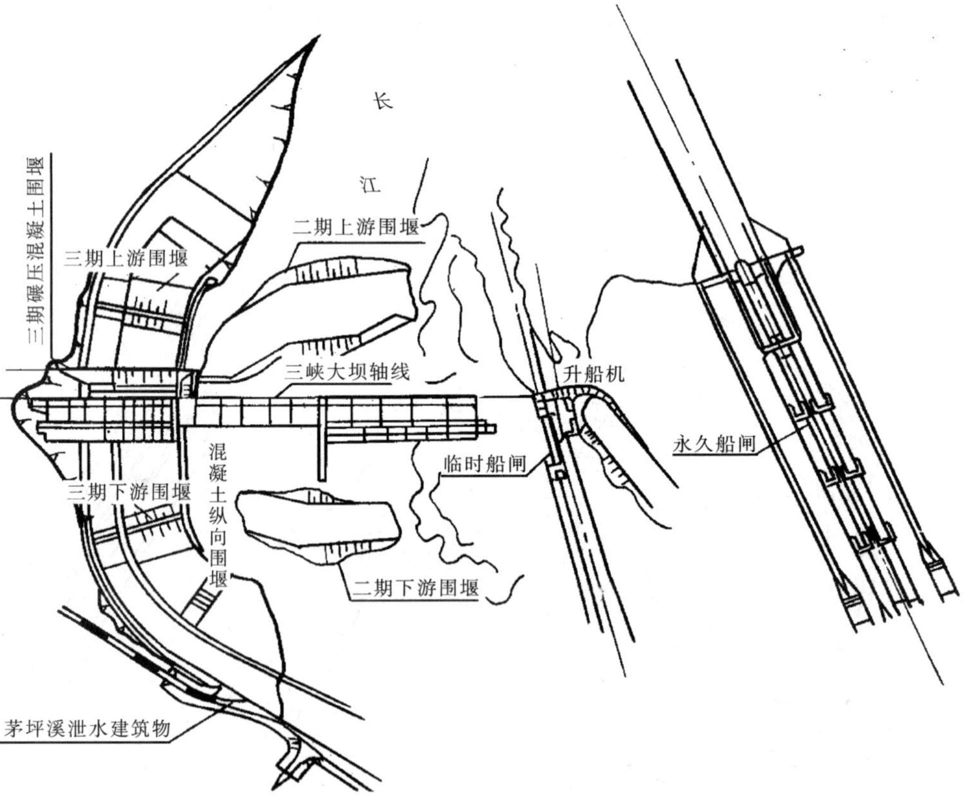

图 3.22　三期导流平面图

前，船只从临时船闸航行，当流量超过 12000m^3/s，上下游水位差超过 6m 时，临时船闸不能运行，长江断航。经测算断航时间发生在 5 月下半月至 6 月上半月内，共计 33 天。断航期间设转运码头用水陆联运解决客货运输问题。三期碾压混凝土围堰建成后，即关闭导流底孔和泄洪深孔，水库蓄水至 135m，第一批机组开始发电，永久船闸开始通航。水库蓄水以后，由三期碾压混凝土围堰与左岸大坝共同挡水（下游仍由三期土石围堰挡水），长江洪水由导流底孔及泄洪深孔宣泄。右岸基坑内继续建造大坝和电站厂房。左岸各主体建筑物上部结构同时施工，直至工程全部完建。

想一想　练一练：

1. 简述一次拦断河床围堰导流的特点和方法。
2. 简述导流明渠布置的原则。
3. 简述隧洞导流的适用条件？
4. 简述分段围堰法导流的试验情况。
5. 简述底孔导流的特点。
6. 简述淹没基坑发导流的适用条件及如何判断其合理性？
7. 简述导流建筑物的分级标准。
8. 如何确定导流设计流量？

任务 3.2　施工方案的确定

学习目标：

1. 知识目标：①水利工程施工方案的确定原则；②水利工程施工方案的主要内容；③施工方案确定的基本工作。

2. 技能目标：①土方开挖及基础处理工程施工方案的确定；②碾压式土石坝施工方案的确定；③混凝土工程施工方案的确定；④地下工程施工方案的确定。

3. 素质目标：①熟练掌握相关施工规范对施工方法的要求；②严谨的工作作风；③基本熟悉工程定额，可以熟练使用定额用于施工组织设计的编制。

项目任务：学习水利工程施工方案的确定方法和内容。

项目描述：基本了解常见水利工程土石方工程、地基处理工程、混凝土工程、地下洞室开挖工程的施工方案的确定，主要确定不同的工程如何施工。

知识平台：

施工方案是施工组织设计的核心部分。

3.2.1　施工方案的制订原则

（1）制定切实可行的施工方案，首先必须从实际出发，一切要切合当前的实际情况，有实现的可能性。

（2）施工期限满足规定要求。

（3）确保工程质量和安全生产“质量第一，安全生产”。在制订方案时，要充分考虑到工程的质量和安全，在提出施工方案的同时，要提出保证工程质量和安全的技术组织措施，使方案完全符合技术规范与安全规程的要求。

（4）施工费用最低。

3.2.2 施工方案的主要内容

施工方案主要内容包括施工方法的确定、施工机具的选择、施工顺序的确定，还应包括季节性措施、“四新”技术措施以及相应方法与技术措施等方面的内容。

（1）施工方法。施工方法（工艺）是施工方案的核心内容，具有决定性作用。施工方法（工艺）一经确定，机具设备和材料的选择就只能以满足它的要求为基本依据，施工组织也是在这个基础上进行。

（2）施工机械。正确拟定施工方法和选择施工机械是合理组织施工的关键，两者又有相互紧密的关系。

（3）施工组织。

（4）施工顺序。

（5）现场平衡布置。科学的布置现场可以减少材料二次搬运和频繁移动施工机械产生的现场搬运费用，从而节省开支。

（6）技术组织措施。

3.2.3 施工方案的确定

1. 施工方法选择的依据

选择施工方法的依据主要有以下几点。

（1）工程特点。

（2）工期要求。

（3）施工组织条件。

（4）标书、合同书的要求。

（5）设计图纸。

2. 施工方法的确定与机械选择的关系

施工方法一经确定，机械设备的选择就只能以满足其要求为基本依据，施工组织也只能在此基础上进行。

3. 施工机械的选择和优化

选择施工机械成为确定施工方案的一个重要内容，应主要考虑下列问题。

（1）在选用施工机械时，应尽量选用施工单位现有机械，以减少资金的投入，充分发挥现有机械效率。若现有机械不能满足工程施工需要，则可考虑租赁或购买。

（2）机械类型应符合施工现场的条件。

（3）在同一个工地上施工机械的种类和型号应尽可能少。

（4）要考虑所选机械的运行成本是否经济。

（5）施工机械的合理组合。

（6）选择施工机械时应从全局出发统筹考虑。

项目实施：

3.2.4 土石方明挖及地基处理工程施工方案的确定

3.2.4.1 土石方明挖工程施工方案

1. 施工程序

土石方明挖施工过程比较单一，即开挖、装车、运输。对于大范围的开挖（如坝基开挖）应首先根据施工特性和施工要求安排施工区（段），然后安排各区（段）的开挖施工顺序，施工顺序的安排可以按以下原则进行。

（1）工种多需要较长施工时间的区（段）应尽早施工；工种少，施工简单，又不影响整个工程或某部分完工日期的区（段）可滞后施工。

（2）工种不多但对整个工程或部位起控制作用的区（段），或施工时将给主要区（段）带来干扰，甚至损害，这样的区（段）应先期施工，如峡谷地区大坝的岸坡开挖。

（3）本身不是主要区（段），但它先施工可给整个工程或主要区（段）创造便利条件，或具有明显经济效益的区（段），也应尽早施工或一部分尽早施工。

（4）对其他部分或区（段）无大的影响，又不控制工期的区（段），应作为调节施工强度的区（段），安排于两个高峰之间的低强度时期施工。

（5）各区（段）的施工程序应与整个施工要求一致，与施工导流及施工总进度符合。

2. 开挖施工方法

（1）应考虑的因素。在确定施工方法和选定施工机械时，必须依据施工条件、施工要求和经济效果，进行综合考虑，具体考虑以下主要因素。

1）土质情况。依据土质坚硬程度和地下含水情况，选择施工开挖方法和机械。

2）施工地区的地势地形情况和气候条件，距离重要建筑物或居民区的远近，以此确定开挖的过程是否需要支护或防护。

3）工程情况，包括工程规模大小、工程数量、施工强度、工作场面大小、施工期长短等。

4）道路交通条件，包括修建道路的难易程度、运输距离远近。

5）工程质量要求。有些部位的开挖质量要求严格，如电站坝基等基础开挖，填筑应严格控制质量，对一般场地平整的挖填有时无质量要求，这对采用方法的技术要求至关重要。

6）机械设备。根据确定的施工方法和工程规模大小、施工强度的高低，选用相关的机械（即不同规格类型的钻孔机械、挖装机械等），同时应兼顾机械的供应或取得的难易程度，以及机械的可靠程度。

7）经济指标。当几个方案或施工方法均能满足施工要求时，一般应以完成工程施工所需费用低者为最好。有时，为了争取提前发电，经过经济比较后，也可选用工期短、费用较高的施工方案。

（2）不同部位开挖方法的特点。施工对象的不同，施工的要求不同，其施工方法的特点就不同。

1）建筑物基础开挖。如坝闸、电站放水塔等基础开挖的共同特点是：要符合建筑物要求的形态，对开挖边界线外保留的岩体不允许破坏其天然结构。对于土基开挖，一般多采用机械直接开挖的方法进行；对于石方开挖，主要是钻爆开挖方法，在施工组织设计中应进行钻爆设计（可参考施工技术内容）。河床开挖的特点是地形较平坦，施工较方便，施工时间短，强度较大；岸坡开挖，特别是山区、高坝的岸坡，其开挖高度大，施工条件差，技术复杂，故一般多在施工的前期开挖。

2）河床开挖。对于土方开挖可在基坑抽水之后，根据土壤性质采用不同的挖掘机械进行。对于岩石开挖，可采用预裂爆破控制壁面，设保护层或无保护层的一次爆破开挖方法。

3）岸坡开挖。可采用分层开挖或深孔开挖或辅射开挖等三类不同的方法。技术的难易不同，适用的条件和获得的效果均有差异，可参考有关施工技术内容。出渣方式，有道路出渣法、竖井出渣法、抛入河床法，由下而上分层开挖法。

4）高边坡开挖。应按照相应的原则进行，为了保持高边坡稳定，应采用微爆破技术，严格控制最大单段药量。

5）渠道开挖。依据土壤性质，渠道断面大小可采用各种方法，一般岩石渠道用钻孔松动爆破，松动后再用挖掘机、装载机或反铲挖取渣装车运走，边坡可采用预裂爆破控制。

3.2.4.2 地基处理施工方案

1. 地基处理工程施工组织设计编制的依据

（1）水工建筑物地基处理工程的设计图纸、工程量、质量要求及检查标准等。

（2）地基处理工程部位比较详细的工程地质、水文地质的勘测试验资料及报告。

（3）枢纽工程施工总进度计划确定的地基处理工程的起讫时间以及施工导流和拦洪度汛等有关设计资料。

（4）地基处理工程所在地区的地形地质、水文气象等自然条件以及与有关工程施工协调配合等技术条件。

（5）工程所在地区的当地建筑材料、风水电和劳动力供应等条件的调查分析资料以及施工场区内外交通运输条件。

（6）国家和主管部门颁布的有关规程规范以及国内外先进的施工经验等资料。

2. 地基处理工程施工组织设计内容

（1）分析研究基本资料和施工条件：主要是地基处理工程的结构型式、尺寸、工程量和技术要求；工程部位的工程地质和水文地质特性，交通运输、水文气象、导流渡汛、材料供应以及同其他土建施工要交叉进行的施工环境和作业条件等。

（2）编制施工进度计划：根据枢纽工程施工总进度要求，研究确定各项地基处理工程的施工进度计划；并就施工机械、劳动力等进行必要的平衡调整，绘制各期工程形象进度图表。施工进度计划图表，一般应包括各项施工准备的土建安装工程量及其施工进度、施工强度曲线和劳动力需要量曲线以及主要技术经济指标等。

（3）选择施工方案、拟定施工措施：根据各项地基处理工程的施工进度计划，安排施工程序，确定施工方法，选择主要施工机械设备，选择原材料并进行配合比设计，拟定冬夏季施工和特殊部位的技术措施。必要时，需提出补充勘测、室内及现场试验的计划或意见。

（4）制定具体的施工技术要求：根据各项地基处理工程特点和质量要求，按照有关规程规范，制定各项具体的施工规范和操作规程的实施细则、施工管理制度和施工技术要求。

（5）绘制施工布置图：根据选定的施工方案，绘制交通道路、风水电管线、各项附属设施（包括仓库、制浆站、混凝土拌和站，堆料场、修配间等生产设施和生活设施）和施工机械设备等平面布置图。

（6）编制技术供应计划：根据施工进度和定额资料，分别计算劳动力、主要建筑材料、机械设备及其零配件、器材和风水电等需要量，并提出分年度或各工程分期需要量计划。

（7）编写文字报告。

3.2.5 土石坝工程施工方案的确定

填筑体的施工过程包括运输、卸料、铺料、压实、检查等工序。对不同部位又分为砂砾料填筑、防渗体填筑、过渡反滤体垫层、护坡等施工过程。其方案选择就是针对各个施工过程所采取的方法的选择，另外方案还应包括在坝面上这些作业过程的组织形式、区段的划分及各作业过程在各区段上的施工顺序、在纵向断面上分块及各分块的填筑在时间上的顺序安排、机械设备的选择。

（1）大体积砂砾料施工方法包括卸料和铺料的方法、填料加水方法、坝体压实的参数选择和压实机械的运行方式、坝体分块填筑纵横缝处理及岸坡结合部位的压实处理。

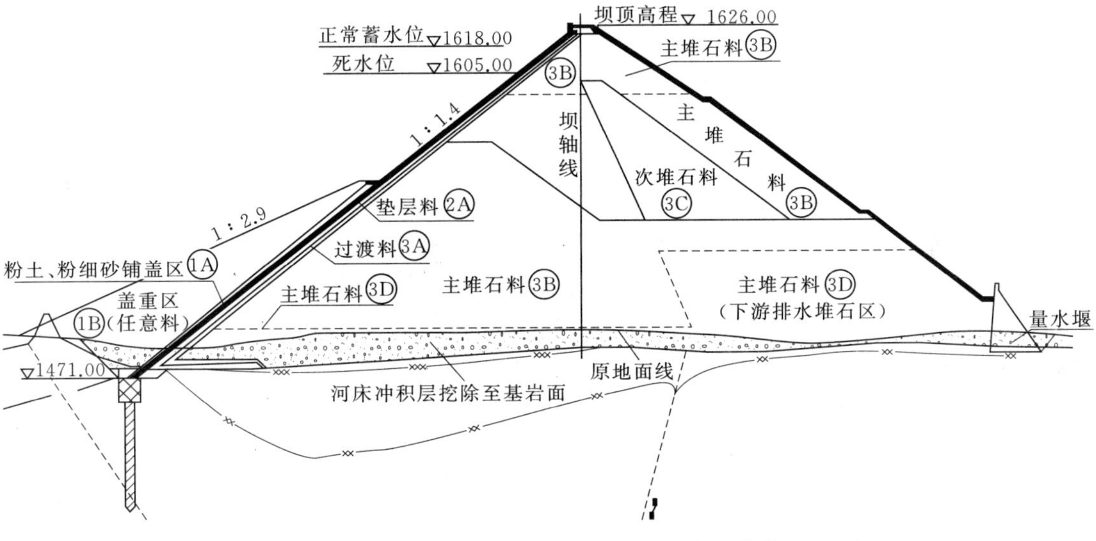

图 3.23 堆石坝坝体填筑分期示意图（高程单位：m）

（2）防渗心墙与砂砾料的施工过程和填筑方法，因填筑料的不同是有一定差异的，在方案选择中应予注意。

（3）坝体分期分块填筑方案应与导流、拦洪、度汛设计相结合，在单位工程施工组织设计中，重点应放在施工过程的划分和施工方法的选择以及组织方式上。

（4）土石坝施工机械设备选择应使所选机械的技术性能适应工作的要求以及施工对象的性质和施工场地的特征，能充分发挥机械效率，保证施工质量。所选施工机械应技术先进，生产效率高，操作灵活，机动性高，安全可靠，结构简单，易于检修保养，类型比较单一，通用性好，工艺流程中各工序所用机械应配套，设备购置费和运行费用较低，经济效果好。

土石坝施工中土料开挖、运输、填筑过程中常用的机械设备有正铲、反铲、装载机，拉铲、采砂船、推土机、铲运机、自卸车、带式运输机、拖式及自行式振动碾、平地机、小型振动碾、夯锤振冲碎石机、激光导向反铲摊铺机设备，具体各类机械的性能及选择在施工技术中有详细讨论。

3.2.6 混凝土工程施工方案的确定

混凝土工程设施类型很多，如混凝土挡水坝，各种形式的放水塔、水闸、隧洞衬砌，水电站混凝土结构等。这些建筑物的结构及构造形式不同，但无论何种类型的混凝土构筑物，其施工方案均包含混凝土浇筑块的划分及浇筑顺序安排、混凝土的浇筑振捣养护方案、机械选型方案、混凝土拌和及运输方式、模板工程及构件运输方案、接缝灌浆方案等内容。

在选择方案时应综合考虑如下因素：

（1）水工建筑物的结构及规模，工程量与浇筑部位的分布情况，施工分缝特点。

（2）按总进度拟定的各施工阶段的控制性浇筑进度及强度要求。

（3）施工现场的地形、地质和水文特点，导流方式及分期。

（4）混凝土搅拌楼的布置和生产能力。

（5）混凝土运输设备的形式、性能和生产能力。

（6）模板、钢筋、构件的运输、安装方案。

（7）施工队伍的技术水平，熟练程度和设备状况。

从混凝土运输浇筑角度看，建筑物的高度、体积（工程量）、场面大小和环境状况是决定混凝土施工方案的重要因素。对于高度大（50m以上）工程规模大，垂直运输占主要地位，常以缆机（用于中高坝中）塔机为主要方案，而以履带式起重机及其他较小型机械设备为辅助措施；对于高度小（50m以下），如低坝、水闸、护坦、厂房等可用门机、塔机和履带式起重机等作为主要方案，一般不设栈桥（针对坝体）。

整体施工过程的安排，一般按分缝分块单元划分，也可以按单元内的工序过程划分（即准备、铺料、平仓、振捣、养护）。每种类型的构筑物，各自都有不同的分缝分块要求和形式，如图3.24所示常见的几个建筑物的分缝分块方式。

分缝分块形式不同，施工过程及顺序的安排就有所不同，总体上施工程序应按划分的施工过程遵循由下向上、由低至高、先主体后围护、先结构后装饰的原则。

浇筑机械的布置方式与机械的选择配备有密切关系，也属于方案内容。

对于缆机，根据控制的范围大小和强度可有平移式、辐射式、平移与辐射混合布置。平移式缆机可同塔机错开布置或高低平台错开布置。

对于门塔机，有坝外坝内栈桥和蹲块三种布置形式。

对于其他浇筑机械，如汽车吊、胶带机、履带机、混凝土泵机比较灵活，就胶带机根据控制的仓位大小可设为固定式或移动式，履带式多在高度不大的水闸、消能工程及坝体

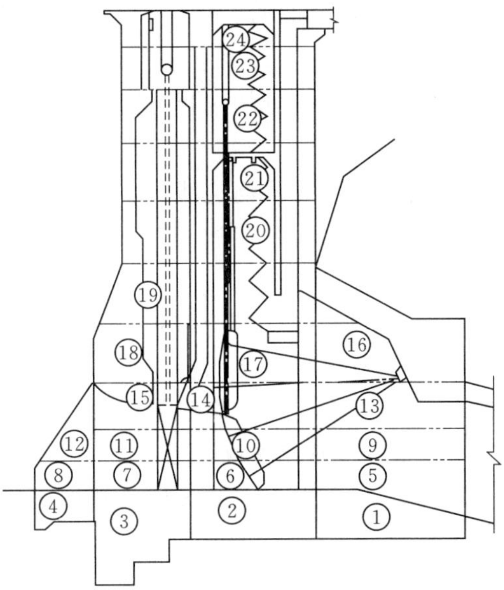

(a)

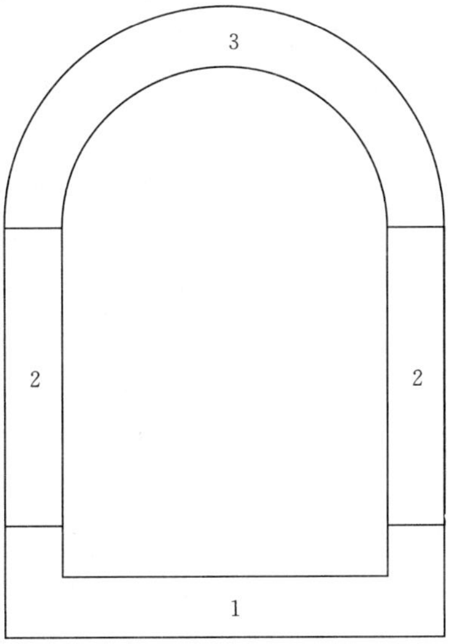

(b)

图 3.24　混凝土分块示意图（图中数字为浇注顺序）

(a) 隧洞衬砌分块；(b) 放水塔混凝土分层分块图

基础部位使用。

对于水电站厂房，就整体分为下部结构（包括尾水管、锥管、蜗壳、大的孔洞结构和大体积钢筋混凝土结构）及上部结构（由钢筋混凝土板、柱、梁组成）。在安排施工方案时应结合闸坝工程方案及布置统一考虑。门式和塔式起重机通常都布置在厂房上下游，沿厂房轴线方向移动，一般不设栈桥，后期视需要将门机移到尾水平台或厂坝之间。履带起重机可作为辅助机械，浇筑厂房下部及电站进水渠、尾水渠等板状结构物，对于起重机浇筑不到的部位也可采用胶带机械或混凝土泵进行施工。

对于大体积混凝土一般有温控要求，在拟定施工方案时，应明确分缝分块浇筑方法，按照分缝分块的具体方式、大小和厚度要求对全部浇筑体进行横断面与纵向的分区分块划分，并排列它们的浇筑顺序，在浇筑过程中及浇筑之后，有温控措施要求的，必然会增加施工环节，如浇筑后采用人工冷却或自然冷却都会存在冷却时间过程，所以在拟订方案时也应注意。对于混凝土浇筑中发生时间消耗的温控过程均应在方案中予以考虑。

对于结构较为复杂的厂房混凝土，在拟订方案时，其施工程序一般按基础填塘、弯管段和扩散段、底板、尾水弯管段、尾水扩散段、蜗壳侧墙、厂房上下游墙、厂房屋顶、二期混凝土、机组安装、厂房装修等几个施工区（块）和部分进行。这里应说明的问题是土建与安装是作为两种类型的工程对待，单位工程施工组织设计是分别编制的，但在编制时应互相照应，互相协调。

3.2.7　地下工程施工方案的确定

地下工程一般是指在岩土地下修建建筑物，地下工程开挖施工，受到工程地质、水文地质、水工结构特征和施工条件的制约。开挖方法对应不同地质条件，应有钻孔爆破法和机械开挖法、盾构法等。

地下工程开挖施工方案的选择主要体现在施工方法和机械的选择方面。

1. 钻孔爆破法开挖

采用钻孔爆破法开挖一般施工顺序为放线、钻孔、清孔装药连线、起爆、排烟、危石清理、支护等工序，但在特殊的不良地质地段，可采取超前支护、灌浆加固、反拱支撑法、地下水堵排法等非常规的工序过程。

(1) 对于平洞开挖有全断面开挖台阶法开挖、导洞法开挖，所以对于大断面隧洞还涉及断面的分区以及各区开挖的顺序问题，这在方案选择中都是要明确的。

(2) 对于竖井及斜井开挖。无论哪种类型的竖井（有门井、高压管道井、通风井、井水口竖井及施工竖井），其方法按开挖顺序有自上而下、开挖全断面开挖、自下而上开挖。对大中断面竖井开挖，可针对不同坡度采取自上而下或自下而上的分段钻孔爆破法，采用斗车箕斗出渣或导井留渣从底部出渣。

(3) 对于地下厂房开挖，由于地下厂房的构成复杂，有主厂房引水洞、高压管道、尾水洞、副厂房、主变室出线电缆洞、调压室、交通洞、通风洞等洞群组成。洞群相互平行交叉，施工技术复杂，开挖、支护、衬砌、安装平行交叉作业。因此在考虑施工方法时要统筹兼顾，根据围岩稳定状况、交通运输方式及支护方式等条件综合分析确定。厂房开挖的方法主要反映在各厂房断面各部位的顺序方面。一般情况下，先开挖和衬砌顶拱，即顶拱支撑法，但当地质条件较差的区段，可采用核心支撑法，先开挖两侧，浇混凝土边墙，然后开挖衬砌顶拱，再挖除厂房中间岩体，而中间岩体多采用深孔梯段爆破，台阶开挖顶拱部分采用分部开挖，其方法有三种：①先开挖中部，然后两侧分部开挖，一般在顶拱开挖完毕，再进行混凝土衬砌；②先开挖两侧，然后扩挖中部，可分部进行混凝土衬砌，先衬砌两侧，后衬砌中间拱部；③肋拱法。

(4) 开挖中的机械选用是编制开挖施工方案的主要内容之一，涉及钻孔、出渣、运输、装渣、通风等机械，最主要的还是钻孔机械的选用。近 20 年来，钻孔机械发展迅速，特别是液压凿岩台车，已得到普及。我国除小型隧洞仍采用手风钻孔开挖外，大中型隧洞大部分主要已采用液压凿岩台车钻孔，凿岩台车有不同的型号（有两臂钻、四臂钻），可用于不同断面大小的隧洞开挖。

2. 其他方法

除钻孔爆破法以外，还有针对软土层或流沙地带采取的盾构方法，还有适应各类围岩的掘井机开挖。

想一想　练一练：

1. 土方开挖工程中，施工机械选择应考虑什么问题？

2. 土方开挖在不同部位施工时分别使用什么方法进行？

3. 工程量的大小与施工方案的确定有何关系？

知识拓展：对于一个工程建设项目来讲，在进行工程施工方案编制的时候，如何考虑整个工程成本的控制，在满足使用先进技术的同时，如何考虑满足快速、高效的原则。

任务 3.3　施工总进度计划的编制

学习目标：

1. 知识目标：①水利工程进度的表现方式及特点；②水利工程进度计划编制的方法；③水利工程进度计划编制的步骤。

2. 技能目标：①知道水利工程进度计划编制的基本要求；②能熟练使用水利工程进度计划编制应采用的定额等资料。

3. 素质目标：①认真细致的工作态度；②严谨的工作作风；③有正确使用规范的工程意识。

项目任务：学习水利工程进度计划编制的基本要求。

项目描述：水利工程施工进度计划是水利工程施工组织设计的主要内容之一，正确理解水利工程进度计划编制的要求和方法，是准确编制水利工程进度计划的基础。该任务是掌握水利工程进度计划的表现形式及进度计划的编制方法和步骤。

知识平台：

3.3.1　施工总进度的类型

工程设计和施工阶段常采用的进度计划表达方法包括：横道图、工程进度曲线、施工进度管理控制曲线、形象进度图、工程网络计划等。

1. 横道图

用横道图表示的施工进度计划，一般包括两个基本部分，即左侧的工作名称及工作的持续时间等基本数据部分和右侧的横道线部分。图 3.25 所示为用横道图表示的某水闸工程的施工进度计划。该计划明确表示出各项工作的划分、工作的开始时间和完成时间、工作的持续时间、工作之间的相互搭接关系，以及整个工程项目的开工时间、完工时间等。

项次	工程项目	持续时间	第一年				第二年							
			9	10	11	12	1	2	3	4	5	6	7	8
1	基坑土方开挖	30												
2	C10 混凝土垫层	20												
3	C25 混凝土闸底板	30												
4	C25 混凝土闸墩	55												
5	C40 混凝土闸上公路桥板	30												
6	二期混凝土	25												
7	闸门安装	15												
8	底槛、导轨等埋件安装	20												

图 3.25　横道图表示的某水闸工程的施工进度计划

横道图的优点是形象、直观，且易于编制和理解，因而长期以来被广泛应用于建设工程进度控制中。但利用横道图表示工程进度计划，存在下列缺点：

（1）不能明确反映出各项工作之间错综复杂的相互关系，在计划执行的过程中，当某些工作的进度由于某种原因提前或拖延时，不便于分析其对其他工作及总工期的影响程度，不利于建设工程进度的动态控制。

（2）不能明确地反映出影响工期的关键工作和关键线路，无法反映出整个工程项目的关键所在，不便于进度控制人员抓住主要矛盾。

（3）不能反映出工作所具有的机动时间，看不到计划的潜力所在，无法进行最合理的组织和指挥。

（4）不能反映工程费用与工期之间的关系，不便于缩短工期和降低成本。

2. 工程进度曲线

该方法是以时间为横轴，以完成累计工作量（该工作量的具体表示内容可以是实物工程量的大小、工时消耗或费用支出额，也可以用相应的百分比来表示）为纵轴，按计划时间累计完成任务量的曲线作为预定的进度计划。从整个项目的实施进度来看，由于项目的初期和后期进度比较慢，因而进度曲线大体呈 S 形，如图 3.26 所示。

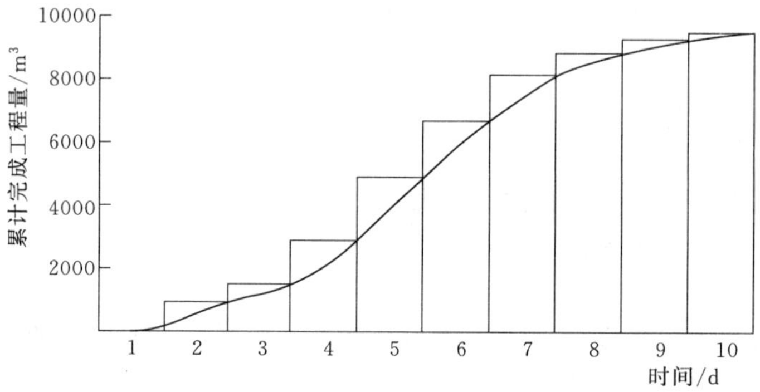

图 3.26　某项目的工程进度曲线图

按计划时间累计完成任务量的曲线作为预定的进度计划，将工程项目实施过程中各检查时间实际累计完成任务量的 S 曲线也绘制于同一坐标系中，对实际进度与计划进度进行比较，如图 3.27 所示。

通过比较可以获得如下信息：

（1）实际工程进展速度。

（2）进度超前或拖延的时间。

（3）工程量的完成情况。

（4）后续工程进度预测。

3. 工程网络计划

网络计划应在确定技术方案与组织方案的基础上，工程项目划分的粗细程度按工程进度编制的实际需要划分，确定工作之间的逻辑关系及各工作的持续时间的基础上进行编制。

编制成的网络计划应满足预定的目标，否则应修改原技术方案与组织方案，对计划做出调整。经反复修改方案和调整计划均不能达到原定目标时，应对原定目标重新审定。

关键工作和关键线路的确定原则如下。

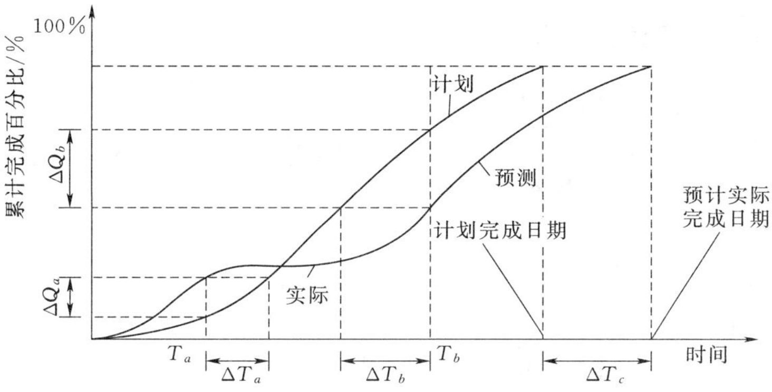

图 3.27　S形曲线比较图

ΔT_a—T_a 时刻实际进度超前的时间；ΔQ_a—T_a 时刻超额完成的任务量；ΔT_b—T_b 时刻实际进度拖后的时间；ΔQ_b—T_b 时刻拖欠的任务量；ΔT_c— 工期拖延预测值

（1）双代号网络计划。

1）总时差为最小的工作应为关键工作。

2）自始至终全部由关键工作组成的线路或线路上总的工作持续时间最长的线路应为关键线路。该线路在网络图上应用粗线、双线或彩色线标注。

（2）单代号网络计划。

1）总时差为最小的工作应为关键工作。

2）从起点节点开始到终点节点均为关键工作，且所有工作的时间间隔仅为零的线路应为关键线路。该线路在网络图上应用粗线、双线或彩色线标注。

（3）双代号时标网络计划。

1）自终点节点逆箭线方向朝起点节点观察，自始至终不出现波形线的线路为关键线路。

2）时标网络计划的计算工期，应是其终点节点与起点节点所在位置的时标值之差。

3）按最早时间绘制的时标网络计划，每条箭线箭尾和箭头所对应的时标值应为该工作的最早开始时间和最早完成时间。

4）时标网络计划中工作的自由时差应为表示该工作的箭线中波形线部分在坐标轴上的水平投影长度。

（4）单代号搭接网络计划。

1）总时差为最小的工作应为关键工作。

2）从起点节点开始到终点节点均为关键工作，且所有工作的时间间隔仅为零的线路应为关键线路。该线路在网络图上应用粗线、双线或彩色线标注。

（5）网络计划优化。

网络计划的优化目标，应按计划任务的需要和条件选定。包括工期目标、费用目标和资源目标。

网络计划优化时选择应缩短持续时间的关键工作宜考虑下列因素：

1）缩短持续时间对质量和安全影响不大的工作。

2）有充足备用资源的工作。

3）缩短持续时间所需增加的费用最少的工作。

3.3.2 施工总进度编制方法

（1）工程建设全过程可划分四个施工时段。

1）工程筹建期：工程正式开工前，业主应完成的对外交通、施工供电和通信系统、征地、移民以及招标、评标、签约等工作，为主体工程施工承包商具备进场开工条件所花费的时间。

2）工程准备期：自准备工程开工起，至关键线路上的主体工程开工或河道截流闭气前的工期，一般包括："四通一平"、导流工程、临时房屋和施工工厂设施建设等。

3）主体工程施工期：自关键线路上的主体工程开工或一期截流闭气后开始，至第一台机组发电或工程开始发挥效益为止的工期。

4）工程完建期：自水电站第一台发电机组投入运行或工程开始受益起，至工程竣工的工期。

编制施工总进度时，工程施工总工期应为后三项工期之和。工程建设相邻两个阶段的工作可交叉进行。

（2）编制施工总进度应遵守下列原则。

1）遵守基本建设程序。

2）采用国内平均先进施工水平合理安排工期。

3）资源（人力、物资和资金等）均衡分配。

4）单项工程施工进度与施工总进度相互协调，各项目施工程序前后兼顾、衔接合理、干扰少、施工均衡。

5）在保证工程施工质量、总工期的前提下，充分发挥投资效益。

（3）施工总进度应突出关键工程及关键工作、重要项目，明确开工、截流、蓄水、首台机组发电和工程完工日期之间的正确关系。

（4）施工总进度的表达形式应采用横道图和工程网络计划。

3.3.3 施工总进度的编制步骤

施工总进度计划的编制应根据施工部署中分期分批投产顺序，将每个交工系统的各项工程分别列出，在控制的期限内进行各项工程的具体安排。总进度计划的编制方法和步骤，各行业和具体编制人员的经验而有所不同，一般可按下述方法进行编制。

1. 计算工程量

根据批准的总承建工程项目一览表，分别计算各工程项目的工程量。由于施工总进度计划主要起控制性作用，因此项目划分不宜过细，可按确定的工程项目的开展程序排列，应突出主要项目，一些附属、辅助工程及小型工程、临时建筑物工程可以合并。

计算各工程项目的工程量的目的是为了正确选择施工方案和主要的施工、运输安装机械；初步规划各主要工作任务或项目的流水施工顺序，计算各项资源的需要量。因此工程量计算只需粗略计算，可按初步设计图纸并根据各种定额手册进行计算。常用的定额、资料有以下几种：

（1）概算指标。概算指标按水工建筑物的结构类型、规模大小、工程级别或建筑物的重要程度等条件，给出了工程量计算的一些指标，比如混凝土中的含筋量等。

（2）万元、十万元投资工程量、劳动力及材料消耗扩大指标。这种定额规定了某一种结构类型建筑、每万元或十万元投资中劳动力、主要材料等消耗数量。根据设计图纸中的结构类型，即可求得拟建工程各分项需要的劳动力和主要材料的消耗数量。

（3）标准设计或已建的同类型建筑物、构筑物的资料。在缺乏上述几种定额手册的情况下，可采用标准设计或已建成的类似工程实际所消耗的劳动力及材料，加以类推，按比例估算。但是，由于和拟建工程完全相同的已建工程是极为少见的，因此在采用已建工程资料时，一般都要进行换算调整。这种消耗指标都是各单位多年积累的经验数据，实际工作中常用这种方法计算。

2. 确定各建筑物或构筑物的施工期限

建筑物或构筑物的施工期限，应根据施工单位的施工技术力量、管理水平、施工项目的建筑结构特征、建设规模或体积大小、现场施工条件、资金与材料供应等情况综合确定。确定时，还应参考工期定额。工期定额是根据我国各部门多年来的施工经验，在调查统计的基础上，经分析对比后制定的。

3. 确定各建筑物或构筑物的开竣工时间和相互搭接关系

在施工部署中已确定总的施工期限、总的展开程序，再通过上面对各建筑物或构筑物施工期限进行分析确定后，就可以进一步安排各建筑物或构筑物的开竣工时间和相互搭接关系及时间。在安排各项工程搭接施工时间和开竣工时间时，应考虑下列因素：

（1）同一时间进行的项目不宜过多，避免人力物力分散。

（2）要先安排主体工程施工所必需的一部分辅助工程，如动力系统、给排水系统、钢木加工厂、混凝土生产系统、仓库系统、道路交通运输系统及办公宿舍临时建筑工程、机修车间等，这样就可以为主体工程施工服务，然后再安排主体工程施工，并将后期需要使用的临时工程安排在主体工程施工过程的中后期施工。这样既可以满足工程施工的需要，又可以适当节约临时设施费用。

（3）安排施工进度时，应尽量使各工种施工人员、施工机械在全工地内连续施工，尽量组织流水施工，从而实现人力、材料和施工机械的综合平衡。

（4）要考虑季节影响，以减少施工措施费。一般大规模土方和深基础施工应避开雨季，大批量的现浇混凝土工程应避开在冬季施工，寒冷地区入冬前应尽量做好保温防护措施，也可以考虑在冬季安排室内作业或设备安装工程等。

（5）确定一些附属工程或零星项目作为调节项目（如宿舍、商店、附属或辅助车间、以及其他非紧急使用的临时设施等项目），可以穿插在主要项目的流水施工中进行，以使施工连续均衡。

（6）应考虑施工现场空间布置的影响。

4. 编制施工总进度计划表

施工总进度计划既可以用横道图表达，也可以用工程网络计划表达。由于施工总进度计划只是起控制性作用，因此不必太细，若把计划编得过细，由于在实施过程中情况复杂多变，调整计划反而不便。当用横道图表达总进度计划时，项目的排列可按施工总体方案所确定的工程开展程序排列。横道图上应表达出各施工项目的开竣工时间及其施工持续时间。表3.4所示为施工总进度计划的表格形式。

表 3.4　　×××工程施工总进度计划表

序号	项目名称	工程量	开工时间	结束时间	施工进度				
					20××年度				20××年度
					1季度	2季度	3季度	4季度	1季度
1									
2									

3.3.4 施工进度安排的有关具体要求

1. 导流工程

（1）河道截流宜安排在枯水期或汛后期进行，但不宜安排在封冻期和流冰期，截流时间应根据围堰施工所需施工时段和安全度汛要求，结合所选时段各月或旬的平均流量大小，合理分析确定。

（2）围堰闭气和堰基防渗完成后，即可进行基坑抽水作业。对土石围堰与软质基础的基坑，应考虑对排水下降速度的控制。

（3）导流泄水建筑物完成导流任务后，封堵时段宜选在汛后，使封堵工程能在一个枯水期内完成。如汛前封堵，应有充分论证和确保工程安全度汛措施。

2. 基础处理工程

不良地质基础处理宜安排在建筑物覆盖前完成。固结灌浆宜在混凝土浇筑1～2层后进行，但经过论证，也可在混凝土浇筑前进行。帷幕灌浆应在本坝段和相邻坝段基础固结灌浆完成后进行。帷幕灌浆宜在坝基混凝土浇筑面或廊道内进行，不宜占直线工期。

3. 混凝土工程

（1）混凝土浇筑进度有两个主要指标，一个是浇筑强度，它是反映机械设备容量与混凝土不均匀系数的指标；另一个是坝体平均升高速度，它是反映形象面貌和施工程序的指标。这两个指标都能满足要求，才能实现工程进度计划。

常态混凝土的平均升高速度与坝型、浇筑块数量、浇筑高度、浇筑设备能力及温度控制要求等因素有关，宜通过浇筑块或工程类比确定。

碾压混凝土平均升高速度应综合浇筑仓面面积、铺筑层厚度、混凝土生产和运输能力、碾压等因素后确定。

（2）对于混凝土工程是关键工程的情况，应重点分析三大系统建设的施工工期。

（3）混凝土的接缝灌浆进度（包括厂坝间接缝灌浆）应满足施工期度汛与水库蓄水安全要求。

（4）应对施工总进度进行资源优化，提出劳动力、主要施工设备总表和主要材料分年度供应计划表。

项目实施：

3.3.5 进度计划案例

（1）某河道堤防工程的进度计划见图3.28。

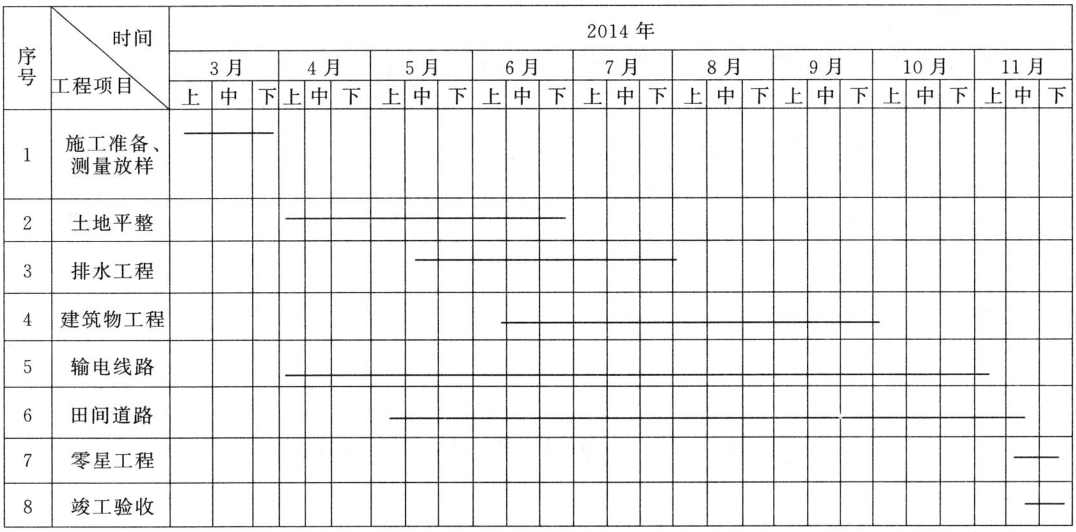

图 3.28 某河道堤防工程的进度计划

（2）某水利工程混凝土浇筑部分的双代号网络图见图 3.29。

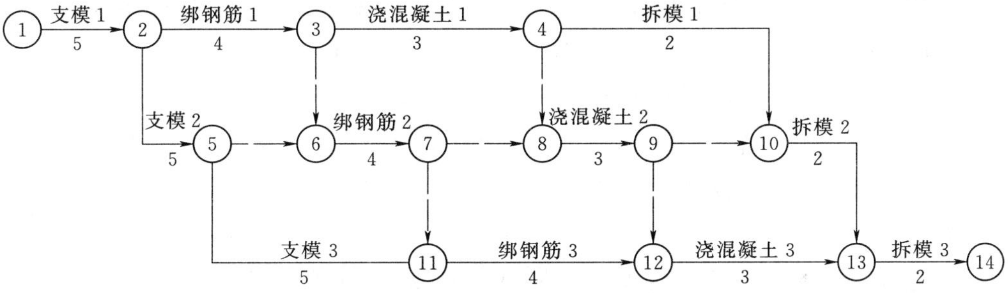

图 3.29 某水利工程混凝土浇筑部分的双代号网络图

（3）某水电工程的时标网络进度计划见图 3.30。

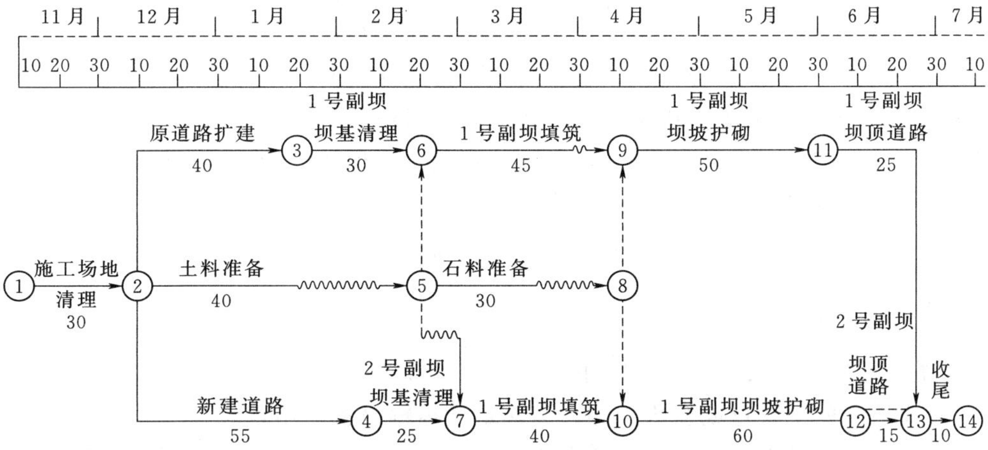

图 3.30 某水电工程的时标网络进度计划

想一想　练一练：

1. 水利工程施工进度计划表现方式多样，各有什么优缺点？

2. 横道图进度计划的优缺点是什么？

3. 通过工程进度曲线可以获得的工程信息有哪些？

4. 网络进度的优化应考虑的因素有哪些？

5. 工程建设过程可以分为哪几个时段？工期应包括哪些时段？

6. 施工进度计划表编制完成后应从哪几个方面进行检查？

知识拓展：还有其他可以表达进度计划的方法吗？其他行业的建设项目进度计划如何表达。

任务 3.4　施工总平面布置

学习目标：

1. 知识目标：①施工总平面布置的原则和内容；②施工交通的布置原则和要求；③施工辅助工厂的具体内容及布设要求。

2. 技能目标：①能进行简单的场内外交通布置；②能进行施工工厂的布置。

3. 素质目标：①认真仔细的工作态度；②严谨的工作作风；③遵守规范的要求。

项目任务：学习水利工程施工总平面布置的原则和要求。

项目描述：通过学习，首先了解水利工程工地总平面布置的内容，并根据规范要求，知道总平面布置应遵守的原则，知道总平面布置优化的原因。

知识平台：

施工总布置的任务是解决施工现场空间（平面与立面）的总组织问题，具体的说，就是根据枢纽布置和地区附近的地形地貌，研究和解决施工场地的分期分区规划，对施工期间所需的交通运输、施工工厂设施、仓库、房屋、动力给排水管线以及其他施工设施进行平面立面布置。设计阶段不同，施工总布置设计的任务不同。

施工总布置应综合分析水工枢纽布置、主体建筑物规模、型式、特点、施工条件和工程所在地区社会、自然条件等因素，妥善处理好环境保护和水土保持与施工场地布局的关系，合理确定并统筹规划为工程施工服务的各种临时设施。

施工总布置方案应贯彻执行十分珍惜和合理利用土地的方针，遵循因地制宜、因时制宜、有利生产、方便生活、易于管理、安全可靠、注重环境保护、减少水土流失、充分体现人与自然和谐相处以及经济合理的原则，经全面系统比较论证后选定。

3.4.1　施工总布置

（1）施工总布置方案比较应包括下列指标。

1）交通道路的工程量或造价指标，运输量及运输设备需用量。

2）各方案土石方平衡计算成果及弃渣场规划，场地平整的土石方估算工程量。

3）风、水、电系统各方案管线布置的主要工程量、材料和设备等。

4）生产设施、生活营区建筑物面积和占地面积。

5）各方案施工征地移民的各种指标。

6）施工工厂设施的土建、安装工程量。

7）站场、码头和仓库装卸设备需要量。

8）其他临建工程量。

（2）施工总布置方案比较应分析下列内容。

1）施工总布置方案能否满足施工总进度和施工强度的要求。

2）施工设施、站场、临时建筑物的协调和干扰情况。

3）当地现有企业为工程施工服务的可能性和合理性。

（3）主要施工工厂设施和临时设施的布置应考虑施工期洪水的影响，防洪标准根据工程规模、工期长短、河流水文特性等情况，分析不同标准洪水对其危害程度，在5～20年重现期范围内酌情采用。高于或低于上述标准，应有充分论证。

（4）施工总布置及场地选择。施工总布置应根据施工需要分阶段逐步形成，满足各阶段施工需要，做好前后衔接。初期场地平整范围宜按施工总布置最终要求确定。

（5）施工总布置应在施工导流方案和主体工程施工分区确定后，着重研究下列内容：

1）施工临时设施项目的组成、规模和布置。

2）对外交通衔接方式、站场位置、主要交通干线及跨河设施的布置情况。

3）可资利用场地的相对位置、高程、面积。

4）供生产、生活设施布置的场地。

5）临建工程和永久设施的结合。

（6）应根据各处地形、地质条件和枢纽布置情况，以分区规划为重点，结合场内外主要交通运输线路布置条件，研究各种可能的布置方案，经比较选定。工程附近场地狭窄、施工布置困难时，可采取下列措施：

1）适当利用库区场地，布置前期施工临建工程。

2）充分利用山坡进行小台阶式布置。

3）提高临时房屋建筑层数和适当缩小间距。

4）重复利用场地。

5）利用弃渣填平洼地或冲沟作为施工场地。

（7）施工总布置应做好土石方挖填平衡，统筹规划堆、弃渣场地；弃渣应符合环境保护及水土保持要求。

下列地点不应设置施工临时设施：

1）严重不良地质区或滑坡体危害区。

2）泥石流、山洪、沙暴或雪崩可能危害区。

3）重点保护文物、古迹、名胜区或自然保护区。

4）与重要资源开发有干扰的区域。

5）受爆破或其他因素影响严重的区域。

（8）设在河道沿岸的主要施工场地应按《水利水电工程施工组织设计规范》7.1.5所规定的防洪标准采取防护措施，论证场地防护范围。

施工场地排水应遵守下列规定：

1）确定场内冲沟、小溪的洪水流量，合理选择排洪或拦蓄措施。

2）相邻场地宜减少相对高差、避免形成洼地积水；台阶式布置的高差较大时，应设挡护和排水设施。

3）排水系统完善、畅通、衔接合理。

4）污水、废水处理满足排放要求。

（9）施工分区规划。施工总布置可按下列分区：

1）主体工程施工区。

2）施工工厂设施区。

3）当地建材开采区。

4）仓库、站、场、厂、码头等储运系统。

5）机电、金属结构和大型施工机械设备安装场地。

6）工程弃料堆放区。

7）施工管理及生活营区。

（10）施工分区规划布置应遵守下列原则：

1）以混凝土建筑物为主的枢纽工程，施工区布置宜以砂、石料开采、加工、混凝土拌和、浇筑系统为主；以当地材料坝为主的枢纽工程，施工区布置宜以土石料采挖、加工、堆料场和上坝运输线路为主。

2）机电设备、金属结构安装场地宜靠近主要安装地点。

3）施工管理及生活营区的布置应考虑风向、日照、噪声、绿化、水源水质等因素，与生产设施应有明显界限。

4）主要物资仓库、站场等储运系统宜布置在场内外交通衔接处。

5）施工分区规划布置应考虑施工活动对周围环境的影响，应避免噪声、粉尘等污染对敏感区（如学校、住宅区等）的危害。

（11）火工材料、油料等特种材料仓库应根据《建筑设计防火规范》（GBJ 16—1987）、《水利水电工程防火设计规范》（SL 278—1990）、《水利水电建筑安装安全技术工作规程》（SD 267—1988）和《水利水电工程劳动安全与工业卫生设计规范》（DL 5061—1996）等标准的有关要求布置。

（12）工程所需施工生产建筑面积及占地面积由施工工厂设施设计确定。各种仓库、堆料的储存量、建筑面积和占地面积，可按《水利水电工程施工组织设计规范》附录 H 估算。

（13）办公及生活营区房屋建筑面积可按施工总工期年平均劳动人数乘以人均建筑面积综合指标计算。人均建筑面积的综合指标可取 12～15m^2/人。

3.4.2 施工交通运输

1. 一般规定

（1）施工交通运输可划分为对外交通和场内交通两部分。设计中应结合施工总布置及施工总进度要求，经比较选择对外交通运输方案，合理解决超限运输，进行场内交通规划。确定对外交通和场内交通的范围应符合下列规定：

1）对外交通方案应确保施工工地与国家或地方公路、铁路车站、水运港口之间的交通联系，具备完成施工期间外来物资运输任务的能力。

2）场内交通方案应确保施工工地内部各工区、当地材料产地、堆渣场、各生产、生活区之间的交通联系，主要道路与对外交通衔接。

（2）场内、外交通干线及其主要建筑物设计标准应结合水利水电工程施工特点，参照国家、有关行业现行相应的技术标准确定。当采用公路运输方式时，还应遵守下列原则：

1）主要交通干线的最大纵坡、最小平、竖曲线半径和视距等技术指标应根据施工运输特性在现行有关标准规定的范围内合理选用；场内非主要道路标准在满足安全运行和施工要求的前提下，经过充分论证，可适当降低。

2）路基、路面和建筑物的设计标准除根据道路等级确定外，尚应满足施工期主要车型和运输强度的运行要求。少数重大件的运输，可采取临时措施解决。

3）场内主要临时交通道路的防洪标准应与施工场区的防洪标准一致。

（3）施工交通运输系统应设置安全、交通管理、维修、保养、修配等专门设施。

2. 对外交通

（1）对外交通运输应进行技术经济比较，选定技术可靠、经济合理、运行方便、干扰较少、施工期短、便于与场内交通衔接的方案。

（2）运输方案选择应考虑下列因素：

1）工程所在地区可资利用的交通运输设施情况。

2）施工期总运输量、分年度运输量及运输强度。

3）重大件运输条件。

4）与国家（地方）交通干线的连接条件以及场内、外交通的衔接条件。

5）交通运输工程的施工期限及投资。

6）转运站以及主要桥涵、渡口、码头、站场、隧道等的建设条件。

（3）运输方案选择应遵守下列原则：

1）线路运输能力能满足工程施工期间大宗物资、材料和设备的需求，能满足超重超限件运输的要求。

2）运输物资的中转环节少、运费省，及时、安全、可靠。

3）应结合当地运输发展规划，充分利用已有国家、地方交通道路和其他工矿企业专用线。

（4）对外交通宜采用公路运输方式，有条件时可论证水路、铁路运输方式或几种运输方式的组合。

（5）重大件设备运输方案，应了解现有运输道路路况、建筑物技术标准及通行条件，拟定相应的改善措施，并与有关单位取得协议后确定。必要时，应专题报有关主管部门审批。宜减少重大件设备运输转运次数。

（6）外来物资的运输方式变换地点可设置转运站。转运站规模根据物资来源、种类和到货情况等与有关部门洽商确定。

3. 场内交通

(1) 场内交通应根据施工总进度确定的运输量和运输强度，结合施工总布置进行统筹规划，并应分析计算。确定各条运输道路的技术标准宜按《水利水电工程施工组织设计规范》附录E选用。

(2) 场内交通的一般性附属设备（如供水、供电、照明以及生产、生活用房屋等）宜统一规划，专业性附属设施（如准轨机车、车辆检修、保养、车站站场等）可按有关专业标准设计。

(3) 场内跨河设施（桥梁、渡口等）位置选择应能适应永久工程、导流工程施工需要，宜设在河道顺直、水流稳定、地形、地质条件较好的河段，必要时可进行水工模型试验验证。

3.4.3 施工工厂设施

1. 一般规定

(1) 施工工厂设施应确保制备施工所需的建筑材料，供应水、电和压缩空气，建立工地内外通信联系，维修和保养施工设备。加工制作少量的非标准件和金属结构。

(2) 施工工厂的规划布置应遵守以下原则：

1) 施工工厂设施规模的确定，应研究利用当地工矿企业进行生产和技术协作以及结合本工程及梯级电站施工需要的可能性和合理性。

2) 厂址宜靠近服务对象和用户中心，设于交通运输和水电供应方便处，力求避免物资逆向运输。

3) 生活区应该与生产区分开，协作关系密切的施工工厂宜集中布置，集中布置和分散布置距离均应满足防火、安全、卫生和环境保护要求。

(3) 施工工厂的设计宜逐步推广装配式结构，选用通用和多功能设备。

(4) 应计算各种施工工厂生产规模、占地面积、建筑面积、用电负荷、生产人员等指标。

2. 砂石加工系统

(1) 砂石加工系统设计应遵守下列原则：

1) 砂石原料需用量应根据混凝土和其他有级配要求的砂石用料，涉及开采、加工、运输过程等损耗和弃料量确定。加工处理能力可按混凝土高峰时段月平均骨料所需用量及其他砂石需用量计算。

2) 砂石厂主要生产车间（单元）工作制度，宜采用二班制，制砂可采用三班制，粗碎或超径处理工作班次宜与采料场作业相一致。并符合下列规定：月工作日数为25d；日工作时数为二班制14h；三班制为20h。

(2) 砂石厂厂址选择应遵守下列原则：

1) 设在料场附近。多料场供应时，设在主料场附近；经论证亦可分别设厂；砂石利用率高、运距近、场地许可时，亦可设在混凝土工厂附近。

2) 砂石厂人工骨料加工的粗碎车间宜设在离采石场1～2km范围内。

3) 主要设施的地基稳定，有足够的承载能力。

4）厂址宜靠近已有的交通运输线路、水源和输电线路。

5）在生活区附近设厂时应保持必要的防护距离，并采取降低噪声和粉尘的措施。

6）厂址占用耕地时，应考虑工程完建后是否有条件恢复耕地，以便保存表土，复土还地。

（3）砂石厂各车间布置应遵守下列原则：

1）有一定灵活性，既能提前形成生产能力，满足施工前砂石料需要；还可以及时调整生产方式，适应原料粒度变化及不同骨料级配要求。

2）避免骨料级配失调，减少超逊径；同一作业的多台同规格设备宜对称或同轴线配置在同一高程上，以便必要时变换流程或互换设备。

3）利用地形简化内部成品运输和场地排水。

4）除寒冷地区外，破碎、筛分、制砂车间可露天设置，但应适当保护电气设备。

（4）重要的大型工程，如其料源岩性无同类岩性可供借鉴，宜进行破碎试验，作为平衡计算及工艺流程设计的基础依据。一般工程可根据典型粒度方程计算破碎产品粒度。

（5）砂石料的总储量可按高峰时段月平均值的50%～80%考虑，汛期、冰冻期停采时须按停采期骨料需用量外加20%裕度校核。且成品堆料场容量应满足砂石自然脱水要求。当堆料场总容量较大时，宜多堆毛料或半成品；毛料或半成品可采用较大的堆料高度。

（6）成品骨料堆存应设置隔墙并有良好的排水系统。

（7）大中型砂石系统堆料场宜采用地弄取料。

（8）砂石加工系统人工骨料中，细碎前的带式输送机应有金属探测器或金属处理设备；成品骨料出厂宜通过计量设备计量。

（9）砂石加工系统设计中应采取除尘、降低或减少噪声措施，废水处理应符合《污水综合排放标准》（GB 8978—1996）的有关规定。砂石加工生产过程中产生的弃渣应运至指定地点堆存。

3. 混凝土生产系统

（1）混凝土生产应满足质量、品种、出机口温度和浇筑强度的要求，小时生产能力可按月高峰强度计算，月有效生产时间可按500h计，不均匀系数按1.5考虑，并按充分发挥浇筑设备的能力校核。

（2）拌和加冰和掺和料以及生产干硬性或低坍落度混凝土时，均应核算拌和楼的生产能力。

（3）混凝土生产系统布置应遵守下列原则：

1）宜靠近浇筑地点，合理利用地形，主要建筑物应设在稳定、坚实、承载能力满足要求的地基上。

2）统筹兼顾前、后期施工需要，避免中途搬迁，不与永久性建筑物干扰；高层建筑物或料堆应与输电设备及线路保持足够的安全距离。

3）原材料进料方向与混凝土出料方向错开。

4）系统分期建成投产或先后拆迁，能满足不同施工期混凝土浇筑要求。

（4）混凝土生产系统宜集中布置，下列情况可分散布置：

1）水工建筑物分散或高低悬殊、浇筑强度过大及混凝土级配要求相差悬殊，集中布置使混凝土运距过远、供应有困难。

2）两岸混凝土运输线不能沟通。

3）砂石料场分散，集中布置时骨料运输不便或不经济。

（5）混凝土生产系统成品堆料场总储量不宜超过混凝土浇筑月高峰日平均3～5天的需用量。特别困难时，可减少到1天的需用量。

（6）沥青拌和厂生产率可按设备额定生产率的65%～75%计算。沥青拌和厂宜远离生活区和易燃建筑物，靠近铺筑现场集中设置，沥青混合料运输时间不宜超过0.5h。

（7）沥青储存量应根据供应方式、运输情况和日需用量确定。

（8）水泥应以散装为主，水泥和粉煤灰在工地的储备量宜按可供工程使用日数而定。

4. 混凝土预冷、预热系统

（1）混凝土的拌和出机口温度较高、不能满足温度控制要求时，拌和料应进行预冷。预冷方式应根据预冷要求经技术经济比较确定。

（2）混凝土原材料自然温度的计算值可按以下规定取值：

1）成品堆场表面湿润、堆高保持在6m以上、地弄取料时，按当地月平均气温取值；在堆场顶加盖遮阳棚或喷水、相对湿度较低时，可较当地月平均气温低1～2℃。

2）水泥温度根据出厂温度、出厂时间、运输及储存方式、当地气温等因素分析确定。夏季施工取40～50℃；冬天施工取10～15℃。

3）片冰或冰屑的计算温度可取0℃，冰的冷量利用率为85%～100%。

（3）制冷设计应符合《采暖通风与空气调节设计规范》（GBJ 19—87）有关规定。制冷容量应根据混凝土浇筑高峰年的最大热负荷确定，制备冷水和冷风所需的热负荷应根据不同温度的低温混凝土的小时浇筑量计算，制冰可考虑冰库的调节作用。制冷设备按实际工况选择，但制冷容量应按标准工况折算。

（4）低温季节混凝土施工按规定执行。提高混凝土拌和料温度宜用热水拌和及进行骨料预热，水泥不应直接加热。

（5）混凝土材料加热温度应根据混凝土出机口温度通过热平衡计算确定。拌和水温不宜超过60℃。预热骨料宜用蒸汽排管间接加热法。

5. 压缩空气、供水、供电和通信系统

（1）压缩空气系统宜根据用气对象的分布、负荷特点、施工进度安排及管网压力损失和管网设置的经济性等综合分析确定集中或分散供气方式。

（2）压气站位置宜靠近耗气负荷中心、接近供电和供水点，处于空气洁净、通风良好、交通方便、远离需要安静和防振的场所。

（3）工地施工用水、生活用水和消防用水的水质、水压可参照《水利水电工程施工组织设计规范》附录F中F.3执行。施工供水量应满足不同时期日高峰生产用水和生活用水需要，并按消防用水量进行校核。

（4）水源选择应遵守下列原则：

1）水量充沛可靠，靠近用户。

2）满足水质要求，或经过适当处理后能满足要求。

3）符合卫生标准的自流或地下水宜作为生活饮用水源。

4）冷却水或其他施工废水应根据环境保护要求与经济论证结果确定回收净化作为施工循环用水水源。

(5) 生活和生产用水宜根据水质要求、用水量、用户分布、水源、管道和取水建筑物设置等情况通过技术经济比较后确定集中或分散供水。

(6) 各施工阶段用电最高负荷宜按需要系数法计算；当资料缺乏时，用电高峰负荷可按全工程用电设备总容量的25%～40%估算。

对工地因停电可能造成人身伤亡或设备事故、引起国家财产严重损失的一类负荷应保证连续供电，设两个以上电源。

(7) 自备电源容量确定应遵守下列原则：

1）用电负荷全由自备电源供给时，其容量应能满足施工用电最高负荷要求。

2）作为系统补充电源时，其容量为施工用电最高负荷与系统供电容量的差值。

3）事故备用电源，其容量应满足系统供电中断时工地一类负荷用电要求。

4）自备电源除满足施工供电负荷和大型电动机启动电压要求外，尚应考虑适当的备用容量或备用机组。

(8) 供电系统中的输、配电电压等级采用电压等级，应根据输送半径及容量确定。

(9) 施工通信系统应符合迅速、准确、安全、方便的原则。

6. 机械修配、加工厂

(1) 机械修配厂的厂址应靠近施工现场，便于施工机械和原材料运输，附近有足够场地存放设备、材料并靠近汽车修配厂。

(2) 汽车保养站宜集中设置，保养数量宜在50～300辆之间；汽车数量多或工区较分散时，一级保养可分散设置，二级保养宜集中设置。

(3) 压力钢管加工制作场地宜根据钢管直径、管壁厚度、加工运输条件等因素确定。大型钢管宜在工地制作；直径较小且管壁较厚的钢管可在专业工厂内加工成节或瓦片，运至工地组装。

(4) 木材加工厂规模宜根据工程所需原木总量、木材来源及其运输方式，锯材、构件、木模板的需要量和供应计划，场内运输条件等确定。

(5) 钢筋加工厂规模可按高峰月的日平均需用量确定。

(6) 混凝土构件预制厂规模宜根据构件的种类、规格、数量、最大重量、供应计划、原材料来源及供应运输方式等计算确定。

(7) 当工程附近地区制氧厂的供应能力不能满足或运距远、运输困难时，方可在工地设制氧厂。

项目实施：

以三峡二期主体工程施工总布置为例，了解项目实施全过程。三峡工程业主单位在总布置上采取划定部位、由施工承包单位自己负责的方式，使施工现场的总布置大大简化。

3.4.4 布置方案

(1) 生活福利区布置在左右岸已形成的东岳庙、十四（瓦窑坪）、十五等小区内。

（2）生产设施充分利用一期工程已形成的机械修配系统、综合加工厂、油库、设备停放厂等，在二期工程施工各阶段，根据土石方、混凝土、金属结构及机电设备安装的施工特点，就近增布机械修配系统、设备停放厂、设备保养厂、油库、综合加工厂（包括预制厂、模板加工厂等）、钢管厂、金结机电安装基地及其他施工工厂等临时设施。

（3）主要建筑材料包括钢材、木材、水泥、粉煤灰、汽料、柴油、炸药、其他火工材料等由施工承包单位办理相关手续后、直接从业主单位工区已建柳树湾、田秋渔等材料库或宜昌的中转站领取。

（4）骨料加工系统布置在古树岭，毛料堆场布置在陈家冲，成品料堆场布置在高程115.0m公共骨料系统，由皮带机直接运输至拌和楼。砂料及部分粗骨料从下岸溪人工砂石料加工系统通过汽车运输至各拌和楼。

（5）混凝土拌和系统分别布置在混凝土纵向围堰下纵段高程79.0m、左岸电站厂房下游高程82.0m、左岸栈桥路上下游高程90.0m、高程120.0m、永久船闸下航道右侧高程98.7m等部位。

（6）施工供水水源分别为左岸鹰子嘴水厂、覃家沱水上水厂船、下岸溪水上水厂船、右岸白庙子水厂、右岸1万t/d取水泵站，各施工区可就近在业主已提供的供水点接线。

（7）施工供电电源为陈家冲、瓦窑坪、坝河口、坛子岭、永久船闸箱变、覃家沱、王陵庙、高程79.0m、上纵、白庙子、高家溪、浸水湾等变电站，各施工区可就近在业主已提供的接点接线。

（8）弃渣场布设在左岸上游五相庙、屈家湾。

3.4.5 实施规模

3.4.5.1 对外交通及场内交通

对外交通专用公路设计标准为山岭重丘准一级，桥涵设计荷载汽—36、校核荷载挂—200，混凝土路面，全长28.64km，有特大桥4座、总长1297.8延米、其中两座主跨为160m的上承式钢管混凝土拱桥、一座主跨为114m的中承式钢管混凝土拱桥，另有大桥7座、长1276.54延米，中桥23座、长1218.34延米，双管隧洞5座、总长14634.29m、其中木鱼槽隧洞左线长3610m、为当时国内运营的最长公路隧道。工程于1994年1月开工，1996年10月全线贯通，1997年5月完工。

3.4.5.2 砂石骨料系统

三峡二期工程砂石料均为人工料，自1995年3月—1996年6月，先后在左岸下岸溪、古树岭建成了人工砂石料加工系统，并在古树岭加工系统与混凝土拌合系统间建成了粗骨料的堆存转运系统。

（1）下岸溪人工砂石料加工系统是三峡二、三期工程人工砂、人工碎石生产基地。二期工程需生产人工砂910万m^3、人工碎石826万m^3，三期工程需生产人工砂261万m^3、人工碎石590万m^3，该系统设计人工砂石料生产总量2587万m^3，需开采石料1988万m^3，所需石料来自下岸溪毛料采场、有效储量2720万m^3。该系统设计满足混凝土生产能力55.59万m^3，采用三班制20h工作制，人工碎石生产能力1400t/h，人工砂782t/h。为增加二期工程826万m^3人工碎石生产能力，将该系统规划用于三期工程的人工碎石生产线提前投入，于1998年5月开工，1998年10月1日投产供料，1999年6月1日完工。人工碎石通过自卸汽车向高程98.7m混凝土系统供料，人工砂通过自卸汽车向各混凝土系统供应。

（2）古树岭人工骨料加工系统的料源为左岸基坑开挖微新岩石。系统由陈家冲利用料堆场和碎石加工系统组成，设计满足混凝土生产能力45.40万m^3、利用料处理能力2650t/h、成品碎石生产能力2175t/h，采用二班制14h工作制，并按采用三班制20h工作制、满足混凝土生产能力53.9万m^3校核，系统于1995年3月18日开工建设，1996年3月25日单线投产，1996年9月全部建成投产。陈家冲利用料堆场占地面积52万m^3、东西向长1420m、南北向宽700m，堆料容量1486万m^3，堆场至加工系统运距2km，1995年3月18日开工建设，1995年6月20日完工。

（3）高程115m公共骨料堆场位于三峡临时船闸下航道右侧栈桥路、江峡大道、苏覃一路之间的高程115m平台上，承担三峡二期工程混凝土用粗骨料堆存、调节和输送任务，负责向高程82.0m、120.0m、90.0m、98.7m（前期，后期由下岸溪供料）及高程79.0m等5座混凝土系统供料。系统设计堆料能力2000t/h，堆料活容积3.93万m^3，堆场长200m、宽48m、最大堆料高度18m，可满足高程82.0m混凝土系统、高程120.0m混凝土系统、高程90.0m混凝土系统重叠高峰月强度20.76万m^3，平均日强度4天的混凝土粗骨料的供应能力。

加工系统至公共骨料堆场的场外胶带机运输线由全长1250m、带宽1200mm、带速2.5m/s的11条胶带机组成，设计输送能力2000t/h。供应高程79.0m混凝土系统的场外胶带机运输线由全长2000m、带宽1200mm、带速3.15m/s的10条胶带机组成，设计输送能力2400t/h。系统于1997年6月6日开工建设，1998年4月全部建成投产。

3.4.5.3 混凝土拌和系统

三峡二期工程施工过程中，先后投用了高程98.7m、高程120m、高程82.0m、高程90.0m、高程79.0m及三联公司共6座混凝土拌和系统。

3.4.5.4 施工供水

三峡工程水源均取自长江。

1. *左岸*

生活水：鹰子嘴水厂（3.5万t/d）取水→高程140.0m二级调配泵站及水池（2000m^3）→高程175.0m高位水池（500m^3）生产水。

（1）鹰子嘴水厂（3.5万t/d）取水→永久船闸北岸高程120.0m二级调配泵站及水池（1000m^3）→永久船闸北岸高程170.0m水池（2000m^3）及三级调配泵站→永久船闸北岸高程230.0m高位水池（2000m^3），该线路在前期为主供水线路，后期仅作为调剂。

（2）隔流堤上游侧2艘9万t/d水上水厂船→永久船闸南岸高程98.0m水池（1000m^3）及二级调配泵站→永久船闸北岸高程170.0m水池（200m^3）及三级调配泵站→永久船闸北岸高程230.0m高位水池（2000m^3）。

（3）隔流堤上游侧2艘9万t/d水上水厂船→永久船闸南岸高程98.0m水池（1000m^3）及二级调配泵站→永久船闸南岸高程165.0m水池（2000m^3）及三级调配泵站→永久船闸南岸高程215.0m高位水池（20000m^3）。

(4) 隔流堤上游侧 2 艘 9 万 t/d 水上水厂船→永久船闸南岸高程 116.0m 二级调配泵站及水池（10000m^3）→永久船闸南岸高程 215.0m 高位水池（20000m^3）。该线路与（2）、（3）线互通。

(5) 下岸溪 1 艘 3 万 t/d 水上水厂船→下岸溪人工砂石料加工系统。

2. *右岸*

生活用水：1 艘 2 万 t/d 水上水厂船→下游高程 155.0m 高位水池（500m^3）。

生产用水：1 万 t/d 取水泵站→上游高程 120.0m 二级调配泵站及水池（2000m^3）。

3.4.5.5 施工供电

施工区主供电源为陈家冲 220kV 变电站，该变电站通过 12 个 35/6kV 变电站向全工区供电。陈家冲变电站主电源来自葛陈 220kV 线路，供电容量可满足全工区需要。备用电源来自莲陈 110kV 线路，备用电源因受地方 110kV 电网限制，一般供电 2 万 kW，当附近小水电发电较多时，可供电 4 万 kW。保安电源通过坝白 35kV 线路取自地方三斗坪 35kV 变电站，可供容量 8000kW。

施工区左岸 35/6kV 变电站有：瓦窑坪变电站、坝河口变电站、下岸溪变电站、坛子岭变电站、永久船闸变电站、王陵庙变电站、上纵变电站、下纵变电站、覃家沱变电站。施工区右岸 35/6kV 变电站有：白庙子变电站、高家溪变电站、浸水湾变电站。各变电站供电范围、容量简况如下。

瓦窑坪变电站：永久船闸北侧施工区，办公生活小区，水厂。供电容量 2×10MVA，6kV 出线间隔 12 个。

坝河口变电站：办公生活小区，水厂。供电容量 2×5MVA，6kV 出线间隔 10 个。

下岸溪变电站：对外交通公路，下岸溪砂石系统。供电容量 10+6.3HVA，6kV 出线间隔 6 个。

坛子岭变电站：永久船闸施工，缆机主塔。供电容量 2×5MVA，6kV 出线间隔 6 个。

永久船闸变电站：高程 98.7m 混凝土拌和系统，供水系统，临时船闸通航，永久船闸施工，古树岭人工骨料加工系统。供电容量 2×16MVA，6kV 出线间隔 18 个。

王陵庙变电站：高程 90.0m 混凝土拌和、浇筑系统，高程 120.0m 混凝土拌和系统备用电源，上游基坑排水、照明。供电容量 2×12.5MVA，6kV 出线间隔 14 个。

上纵变电站：上游基坑排水、照明，缆机副塔。供电容量 4+5MVA，6kV 出线间隔 6 个。

下纵变电站：高程 79.0m 混凝土拌和、浇筑系统，下游基坑，缆机副塔，泄洪坝段。供电容量 2×12.5MVA，6kV 出线间隔 14 个。

覃家沱变电站：高程 82.0m 混凝土拌和系统，高程 120.0m 混凝土拌和、浇筑系统，9 万 t 水上水厂船及加压泵站，下游基坑排水、照明，高程 90.0m 混凝土拌和系统备用电源，临时船闸通航，高程 115m 公共骨料系统场外砂石骨料输送系统，供电容量 2×16MVA，6kV 出线间隔 18 个。

3.4.5.6 综合加工厂

Ⅰ&ⅡB 标综合加工厂位于刘家河渣场，高程 130.0m。1998 年 12 月 6 日完工。

3.4.5.7 金属结构、机电设备安装基地

Ⅰ&ⅡB标金结机电设备安装基地位于左坝头高程185.0m平台，总占地面积8.1万m^3，主要承担本标段所有金结、机电设备一期埋件的制作和金结设备、启闭机械设备、机电设备的存放、检查、预拼装、试验。基地于1999年7月15日整体完建投入使用。基地设计生产规模：结构制作能力2000t/年，设备拼装13000t/年，液压设备试验能力25台套/年，大件运输装卸能力36000t/年，原材料存放能力：钢板2000t/年、型钢1700t/年。

3.4.5.8 施工机械设备修配系统

Ⅰ&ⅡB标施工机械设备修配系统主要利用葛洲坝集团在右岸一期工程施工期建设的右岸机修系统，在二期工程施工过程中在左岸大坝上游苏家坳设置了设备停放及拼装场，场地高程129.0m，占地面积5.3万m^3。

3.4.5.9 施工栈桥

（1）高程45.0m栈桥：实际施工时分轨顶高程45.63m（基岩）和42m两段布置，总长约480m。高程45.63m段中心位于坝轴线下游20+124.5m，长151.95m，钢筋混凝土地基梁上直接铺设轨道，其上布设轨距15m的MQ2000型上海港机1台。高程42m段中心位于坝轴线下游20+123.5m，长326.9m，其上布设轨距13.5m的KROLL－1800型塔机1台。栈桥于1999年1月15日开工，1999年7月31日全线贯通。

（2）高程120.0m栈桥：左岸非溢流坝13号坝段～左岸厂房6号坝段部分栈桥于1997年8—12月建成，左岸厂房11号坝段～泄水段23号坝段于2001年1月1日开工，2001年9月28日贯通。

（3）高程82.0m厂坝平台：高程82.0m厂坝平台在安Ⅱ～左岸厂房14号坝段之间布置专用门机，门机中心线距坝轴线约92～93m。标书要求承包者应作出专用门机有栈桥运行和无栈桥运行两种布置方案，并对相应的吊装方案及进度计划进行比较。无论采用哪种方案，均必须满足压力钢管及机组埋件等金属结构安装和土建进度要求，并选定一种方案报价。1998年8月开始吊装压力钢管。

3.4.5.10 仓储系统

施工区仓储系统实施概况（略）。

3.4.5.11 生活小区

三峡二期主体工程施工各生活小区（略）。

3.4.6 二期主体工程施工总布置评价

二期主体工程施工总布置合理地解决了生产、生活、环保等诸方面的矛盾，满足了二期主体工程施工总进度的要求，保障了工程施工的顺利进展。

（1）临时与永久、近期与远期做到了较好的结合。三峡工程区生产、生活设施在一、二、三期工程中均可利用，工程区按环保标准建设，永久护岸工程提前实施，坝区公共交通直通宜昌，为工程区创造了良好的工作、生活环境，达到了近期与远期较好的结合。

（2）施工分区合理、生产组织协调、相互干扰少。三峡坝区生活福利区，主体工程施工区，施工工厂设施区，当地建材开采区，工程弃渣堆放区，库、站、场、码头等堆料、转料、储运系统区布局合理，相互干扰少，保证了工程施工的协调进展。

（3）生产生活设施基本布置在下游，均在永久防洪高程以上，坝头及上游仅布置少许临时设施，亦满足工程防洪要求，生产生活设施重复利用率高。

（4）在工程实施过程中，根据施工现场的实际情况，对混凝土拌和系统的布置位置、生产能力进行了适当调整，满足了工程施工的需要。

（5）根据现场施工实际，对高程45.0m栈桥的布置位置进行了适当调整，在桥上布设了上海港机、KROLL塔机、高架门机等设备，满足了工程施工的需要。高程120.0m栈桥轴线20＋060.5。

（6）在二期主体工程施工过程中，提前投产了下岸溪人工骨料系统，保障了二期主体混凝土高峰施工的顺利进展。

想一想　练一练：

1. 根据以上知识，确定所见到的身边的中小型水利工程的总平面布置情况。
2. 论述水利工程施工总平面布置要解决的主要问题是什么？
3. 水利工程施工分区规划布置的原则是什么？
4. 混凝土生产系统布置的原则是什么？

知识拓展：建筑工程、公路工程、铁路工程、桥梁工程等的总平面布置应考虑的因素和水利工程施工组织设计中的总平面布置原则是否一致。

任务3.5　资源使用计划

学习目标：

1. 知识目标：①水利工程施工用人工数量计划的编制内容；②水利工程施工用材料计划的编制内容；③水利工程施工用机械计划的编制内容。

2. 技能目标：①能够编制简单工程的人工需求量；②能够编制简单工程的材料需求量；③能够编制简单工程的机械需求量。

3. 素质目标：①认真仔细的工作态度；②严谨的工作作风；③遵守规范的要求。

项目任务：学习如何计算水利工程资源需求量的。

项目描述：水利工程在施工期间，需要大量的人工参与，且需要大量的材料和施工机械，在不同的工程项目及不同时段投入的人工、材料、机械的数量应做出清晰的计划，以利于工程施工期间组织参与施工的人员，适时组织材料进货，适时进行机械进场。

知识平台：

3.5.1　人力资源使用计划编制

劳动力需要量计划是确定暂设工程规模和组织劳动力进场的依据。编制时首先根据工种工程量汇总表中分别列出的各个建筑物专业工种的工程量，查相应定额，即可得到各个建筑物几个主要工种的劳动量，再根据总进度计划表中各单位工程专业工种工人的施工持续时间，即可得到某单位工程在某段时间里的平均劳动力数。按同样方法可计算出各个建筑物的主要工种在各个时期的平均劳动力数。将总进度计划表纵坐标方向上各单位工程同工种的人数叠加在一起并连成一条曲线，即为某工种的劳动力动态曲线图，如图 3.31 所示。

项次	分项工程名称	劳动量/工日	人数/台班	班制	天数	施工进度 3月/d（5 10 15 20 25）	施工进度 4月/d（5 10 15 20 25）
1	土方开挖	12	3	1	4	1 2	
2	基础垫层	150	25	1	6	1 2	
3	基础钢筋	200	20	1	10	1 2	
4	基础模板	520	30	1	18	1 2	
5	基础混凝土	640	27	1	24		1 2
6	基础回填	300	30	1	10		1 2

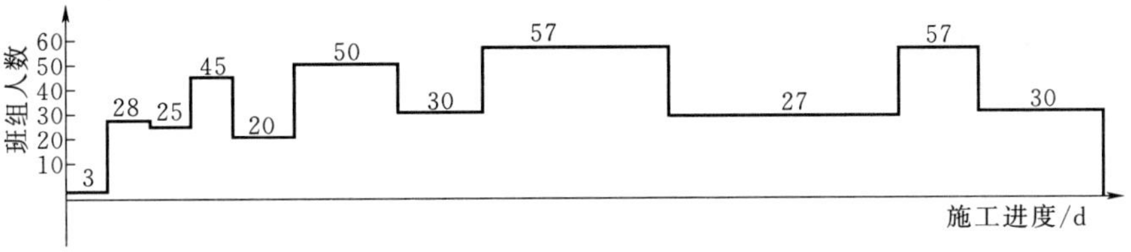

图 3.31 某工种的劳动力动态曲线

其他几个工种也可用同样方法绘成曲线图。从而可根据劳动力曲线图，列出各主要工种劳动力需要量计划表。

3.5.2 材料使用计划编制

根据各工种工程量汇总表所列各建筑物或构筑物的工程量，查万元定额或概算指标等有关资料，便可得出各建筑物或构筑物所需的建筑材料、构件和半成品的数量。然后再根据总进度计划表，大致估计出某些建筑材料在某季度内的需要量，从而编制出建筑材料、构件和半成品的需要量计划。它是材料、构件及半成品等落实组织货源、签订供应合同、确定运输方式、编制运输计划、组织材料进场、确定暂设工程规模的依据。

3.5.3 施工机械使用计划编制

主要施工机械，如挖土机、起重机等的需要量，可按照施工部署、主要建筑物施工方案的要求，根据施工总进度计划及机械施工工程的工程量，并套用机械产量定额求得；辅助机械可以根据建筑安装工程每 10 万元扩大概算指标求得；运输机械的需要量根据运输量计算。最后编制施工机具需要量计划，施工机具需要量计划除为组织机械供应外，还可作为施工用电、选择变压器容量等的计算和确定停放场地面积的依据。

3.5.4 资金使用计划编制

前期阶段的资金投入与策划直接影响到后序工作的进程与效果，资金的不断投入过程即是工程造价的逐步实现过程。施工阶段工程造价的计价与控制与其前序阶段的众多因素密切相关。

可行性研究报告、设计方案、施工图预算是施工阶段造价计价与控制的重要关键因素。

与施工阶段造价计价与控制有直接关系的是施工组织设计，其任务是实现建设计划和实际要求，对整个工程施工选择科学的施工方案和合理安排施工进度，是施工过程控制的依据，也是施工阶段资金使用计划编制的依据之一。

总进度计划的相关因素为：项目工程量，建设总工期，单位工程工期，施工程序与条件，资金资源和需要与供给的能力与条件。总进度计划成为确定资金使用计划与控制目标、编制资源需求与调度计划的最为直接的重要依据。

确定施工阶段资金使用计划时还应考虑施工阶段出现的各种风险因素对于资金使用计划的影响。在制定资金使用计划时要考虑计划工期与实际工期，计划投资与实际投资，资金供给与资金调度等多方面的关系。

项目实施：

以下为某水利工程编制的资源需求计划。

3.5.5 人力资源使用计划编制

劳动力需要量计划表，如表3.5所示。此表分别按工程项目统计了各个人工类别的数量。该工程主体建筑使用的是某省颁定额计算得到技工和普工的数量，金属结构安装工程中使用了部颁定额计算人工消耗量。下面以建筑工程中挡水工程为例说明人工消耗量计算方法，挡水工程包括土方开挖、石方开挖、浆砌石、混凝土浇筑、固结灌浆、帷幕灌浆等工程，各工程项目的人工消耗量首先应查阅定额中单位工程量的人工消耗量，再用定额中单位工程量的人工消耗量乘以工程量即得到各项工程的人工消耗量，所有人工消耗量相加即可得要挡水工程的30559.5348工日（或工时）消耗量。

材料消耗量和机械使用量的统计计算方法与人工消耗量计算方法相同，不再赘述。

表3.5　　某水利工程施工劳动力汇总表

编号	名称	合计	普工	技工	安装人工	工长	高级工	中级工	初级工
	一～四部分合计	78060.3525	38690.91	23193.5771	10579.782	236.6667	1184.1667	2991.0833	1184.1667
	第一部分　建筑工程	57045.1296	35496.71	21548.4196					
一	挡水工程	30559.5348	16672.3069	13887.2279					
二	泄洪工程	5004.9473	3179.2922	1825.6551					
三	引水工程	13389.1272	9778.11	3611.0172					
四	防护工程	7702.2203	5556.5009	2145.7194					

续表

编号	名称	合计	普工	技工	安装人工	工长	高级工	中级工	初级工
五	房屋建筑工程	389.3	310.5	78.8					
六	其他工程								
	第二部分　机电设备安装工程	157.4395		4.0575	153.382				
一	公用设备及安装工程	157.4395		4.0575	153.382				
	第三部分　金属结构安装工程	16943.5834		921.1	10426.4	236.6667	1184.1667	2991.0833	1184.1667
一	挡水工程	15375.7834		781.3	8998.4	236.6667	1184.1667	2991.0833	1184.1667
二	引水工程	1567.8		139.8	1428				
	第四部分　施工临时工程	3914.2	3194.2	720					
一	导流工程	3914.2	3194.2	720					
二	施工交通工程								
三	房屋建筑工程								
四	其他临时工程								

3.5.6　材料使用计划编制

有关材料、构件及半成品需要量计划见表3.6。

表3.6　　　　　　某水利工程所需构件、半成品及主要建筑材料汇总表

编号	名称	水泥/t	钢筋/t	钢材/t	木材/m^3	炸药/t	汽柴油/t	块石/m^3	砂子/m^3	石子/m^3
	一～四部分合计	3860.1703	503.4684	12.0653	52.2721	5.2828	50.4462	1047.84	7304.061	15811.8157
	第一部分　建筑工程	3860.1703	503.4684	3.0184	41.3121	5.2828	45.312	1047.84	7304.061	15811.8157
一	挡水工程	2373.6187	317.655	1.1381	15.4941	4.6233	23.3905		4369.0234	9851.8039
二	泄洪工程	396.7591	49.572	0.0379	0.4856	0.1176	0.3051		666.822	1600.3728
三	引水工程	472.2652	63.3114	1.3682	18.1849	0.4929	18.7552		887.3573	2028.3627
四	防护工程	617.5273	72.93	0.4742	7.1475	0.049	1.2434	1047.84	1380.8583	2331.2763
五	房屋建筑工程						1.6178			
	第二部分　机电设备安装工程			0.0354			0.0896			
一	公用设备及安装工程			0.0354			0.0896			
	第三部分　金属结构安装工程			9.0115	10.96		5.0446			
一	挡水工程			8.4603	8.76		5.0166			
二	引水工程			0.5512	2.2		0.028			

3.5.7 施工机械使用计划编制

主要施工机具、设备需用量计划见表3.7。

表3.7　　施工机具需要量计划汇总表

序号	机具名称	型号	单位	数量	需要量计划				备　注	
					一季度	二季度	三季度	四季度		
1	单斗挖掘机	$1m^3$	台	2	1	2	2	1		
2	推土机	59kW	台	1	1	1	1	1		
3	拖拉机	59kW	台	4	1	2	4	2		
4	拖拉机	74kW	台	1	1	1	1	1		
5	轮胎碾	9～16t	台	2	1	2	2	1		
6	羊脚碾	8～12t	台	1	1	1	1	1		
7	风钻	手持式	台	10	2	10	10	4		
8	潜孔钻	80型	台	5	1	5	5	3		

注　机具设备名称可按土方、钢筋混凝土、起重、金属加工、运输、木材加工、动力、测试机、脚手等机具设备分类别填列。

想一想　练一练：给一小型水利灌溉工程的施工做各种资源计划。

任务3.6　施　工　措　施

学习目标：

1. 知识目标：①大气污染的防治措施；②水污染的防治措施；③噪声的防治措施；④固体废物的防治措施；⑤冬雨期施工措施。

2. 技能目标：①能编制水利工程大气污染、水污染、噪声污染及固体废物防治的措施；②能编制冬、雨期施工措施的具体内容。

3. 素质目标：①认真仔细的工作态度；②严谨的工作作风；③遵守规范的要求。

项目任务：学习水利工程施工期间的相关措施。

项目描述：施工措施是水利工程施工组织设计中的内容之一，大气污染、水污染、噪声污染及固体废物防治的措施是不可缺少的内容，同时应该编制冬、雨期施工措施。

知识平台：

文明施工是保持施工现场良好的作业环境、卫生环境和工作秩序。加强环境保护是保护和改善作业现场的环境，控制现场的各种粉尘、废水、固体废弃物、噪声、振动等对环境的污染和危害。因此，在工程施工时应倡导文明施工，采取各种措施加强对环境的保护。

3.6.1 现场文明施工的基本要求

（1）施工现场必须设置明显的标牌，标明工程项目名称、建设单位、设计单位、施工单位、项目经理和施工现场总代表人的姓名、开竣工日期、施工许可证批准文号等。施工单位负责现场标牌的保护工作。

（2）施工现场的管理人员在施工现场应当佩戴能证明其身份的证卡。

（3）应当按照施工总平面布置图设置各项临时设施。现场堆放的大宗材料、成品、半成品和机具设备不得侵占场内道路及安全防护等设施。

（4）施工现场的用电线路、用电设施的安装和使用必须符合安装规范和安全操作规程，并按照施工组织设计进行架设，严禁任意拉线接电。

（5）施工机械应当按照施工总平面布置图规定的位置和线路设置，不得任意侵占场内道路。

（6）应保证施工现场道路的畅通，排水系统处于良好的使用状态；保持场容场貌的整洁，随时清理建筑垃圾。

（7）施工现场的各种安全设施和劳动保护器具，必须定期进行检查和维护，及时消除隐患，保证其安全有效。

（8）施工现场应当设置各类必要的职工生活设施，并符合卫生、通风、照明等要求。职工的膳食、饮水供应等应符合卫生要求。

（9）应当做好施工现场安全保卫工作，采取必要的防盗设施，在现场周边设立围护设施。

（10）应当严格依据《中华人民共和国消防法》的规定，在施工现场建立和执行防火管理制度，设置符合消防要求的消防设施，并保持完好的备用状态。

3.6.2 施工现场空气污染的防治措施

大气污染物的种类有数千种，已发现有危害作用的有100多种，其中大部分是有机物。大气污染物通常以气体状态和粒子状态存在于空气中。施工中，防治施工对大气污染的措施主要有：

（1）施工现场垃圾渣土要及时清理出现场。

（2）对于细颗粒散体材料（如水泥、粉煤灰、白灰等）的运输、储存要注意遮盖、密封，防止和减少飞扬。

（3）车辆开出工地要做到不带泥沙，基本做到不洒土、不扬尘，减少对周围环境的污染。

（4）除设有符合规定的装置外，禁止在施工现场焚烧油毡、橡胶、塑料、皮革、树叶、枯草、各种包装物等废弃物品以及其他会产生有毒、有害烟尘和恶臭气体的物质。

（5）机动车都要安装减少尾气排放的装置，确保符合国家标准。

（6）工地茶炉应尽量采用电热水器。若只能使用烧煤茶炉和锅炉时，应选用消烟除尘型茶炉和锅炉，大灶应选用消烟节能回风炉灶，使烟尘降至允许排放范围为止。

（7）大城市市区的建设工程已不容许搅拌混凝土。在容许设置搅拌站的工地，应将搅拌站封闭严密，并在进料仓上方安装除尘装置，采用可靠措施控制工地粉污染。

（8）拆除旧建筑物时，应适当洒水，防止扬尘。

3.6.3 施工现场水污染的防治措施

施工中，防治现场污水对环境的污染措施主要有：

（1）禁止将有毒有害废弃物作土方回填。

（2）施工现场搅拌站废水、现制水磨石的污水、电石（碳化钙）的污水必须经沉淀池沉淀合格后再排放，最好将沉淀水用于工地洒水降尘或采取措施回收利用。

（3）现场存放油料，必须对库房地面进行防渗处理，如采用防渗混凝土地面、铺油毡等措施。使用时，要采取防止油料跑、冒、滴、漏的措施，以免污染水体。

（4）施工现场100人以上的临时食堂，污水排放时可设置简易有效的隔油池，定期清理，防止污染。

（5）工地临时厕所、化粪池应采取防渗漏措施。中心城市施工现场的临时厕所可采用水冲式厕所，并有防蝇、灭蛆措施，防止污染水体和环境。

（6）化学用品、外加剂等要妥善保管，库内存放，防止污染环境。

3.6.4 施工现场的噪声控制

1. 施工现场噪声的限值

声音是由物体振动产生的，当频率在20～20000Hz时，作用于人的耳膜而产生的感觉，称之为声音。由声构成的环境称为“声环境”。当环境中的声音对人类、动物及自然物没有产生不良影响时，就是一种正常的物理现象。相反，对人的生活和工作造成不良影响的声音就称之为噪声。

根据国家标准《建筑施工场界噪声限值》（GB 12523—2011）的要求，对不同施工作业的噪声限值见表3.8。在工程施工中，特别注意不得超过国家标准的限值，尤其是夜间禁止打桩作业。

表3.8　　建筑施工场界噪声限值

施工阶段	主要噪声源	噪声限值/dB（A）	
		昼间	夜间
土石方	推土机、挖掘机、装载机等	75	55
打桩	各种打桩机等	85	禁止施工
结构	混凝土搅拌机、振捣棒、电锯等	70	55
装修	吊车、升降机等	65	55

2. 施工现场的噪声控制措施

施工现场的噪声控制可从声源、传播途径、接收者防护等方面来考虑。

（1）声源控制。从声源上降低噪声，这是防止噪声污染的最根本的措施。尽量采用低噪声设备和工艺代替高噪声设备与加工工艺，如采用低噪声振捣器、风机、电动空压机、电锯等。

在声源处安装消声器消声，如在通风机、鼓风机、压缩机、燃气机、内燃机及各类排气放空装置等进出风管的适当位置设置消声器。

（2）传播途径的控制。其控制方法主要有以下几种。

吸声：利用吸声材料（大多由多孔材料制成）或由吸声结构形成的共振结构（如金属或木质薄板钻孔形成的空腔体等）吸收声能，降低噪声。

隔声：应用隔声结构，阻碍噪声向空间传播，将接收者与噪声声源分隔。隔声结构包括隔声室、隔声罩、隔声屏障、隔声墙等。

消声：利用消声器阻止噪声传播。允许气流通过的消声降噪是防治空气动力性噪声的主要装置。如对空气压缩机、内燃机产生的噪声等就采用这种装置。

减振降噪：对来自振动引起的噪声，通过降低机械振动减小噪声，如将阻尼材料涂在振动源上，或改变振动源与其他刚性结构的连接方式等。

（3）接收者的防护。让处于噪声环境下的人员使用耳塞、耳罩等防护用品，减少相关人员在噪声环境中的暴露时间，以减轻噪声对人体的危害。

（4）严格控制人为噪声。进入施工现场不得高声喊叫、无故甩打模板、乱吹哨，限制高音喇叭的使用，最大限度地减少噪声扰民。

（5）控制强噪声作业的时间。凡在人口稠密区进行强噪声作业时，需严格控制作业时间，一般晚 10 点到次日早 6 点之间停止强噪声作业。确系特殊情况必须昼夜施工时，尽量采取降低噪声措施，并会同建设单位找当地居委会、村委会或当地居民协调，出安民告示，求得当地群众的谅解。

3.6.5 施工现场固体废物的处理

固体废物是生产、建设、日常生活和其他活动中产生的固态、半固态废弃物质。固体废物是一个极其复杂的废物体系。按照其化学组成可分为有机废物和无机废物，按照其对环境和人类健康的危害程度可以分为一般废物和危险废物。

1. 施工工地上常见的固体废物

（1）建筑渣土：包括砖瓦、碎石、渣土、混凝土碎块、碎玻璃、废屑、废弃装饰材料等。

（2）废弃的散装建筑材料包括散装水泥、石灰等。

（3）生活垃圾：包括炊厨废物、丢弃食品、废纸、生活用具、玻璃、陶瓷碎片、废电池、废旧日用品、废塑料制品、煤灰渣、废交通工具等。

（4）设备、材料等的废弃包装材料。

2. 施工现场固体废物的处理

（1）回收利用：回收利用是对固体废物进行资源化、减量化的重要手段之一。对建筑渣土可视其情况加以利用。废钢可按需要做金属原材料，对废电池等废弃物应分散回收，集中处理。

（2）减量化处理：减量化是对已经产生的固体废物进行分选、破碎、压实浓缩、脱水等减少其最终处置量，减低处理成本，减少对环境的污染，在减量化处理的过程中，也包括和其他处理技术相关的工艺方法，如焚烧、热解、堆肥等。

(3) 焚烧技术：焚烧用于不适合再利用且不宜直接予以填埋处置的废物，尤其是对于受到病菌、病毒污染的物品，可以用焚烧进行无害化处理。焚烧处理应使用符合环境要求的处理装置，注意避免对大气的二次污染。

(4) 稳定和固化技术：利用水泥、沥青等胶结材料，将松散的废物包裹起来，减小废物的毒性和可迁移性，使得污染减少。

(5) 填埋：填埋是固体废物处理的最终技术，经过无害化、减量化处理的废物残渣集中到填埋场进行处置。填埋场应利用天然或人工屏障。尽量使需处置的废物与周围的生态环境隔离，并注意废物的稳定性和长期安全性。

3.6.6 冬期施工措施

根据当地多年气温资料，室外日平均气温连续5天稳定低于5℃时，混凝土及钢筋混凝土结构工程的施工应采取冬期施工措施。

(1) 根据工程所在地冬期气温的经验数据和气象部门的天气预报，由项目技术负责人编制该工程的冬期施工方案，经业主和监理工程师审查通过后进行实施。

(2) 对现场临时供水管、电源、火源及上下人行通道等设施做好防滑、防冻、防雪措施，加强管理，确保冬期施工顺利进行。为保证给水和排水的管线避免冻结的影响，施工中的临时管线埋设深度应在冰冻线以下；外露的水管，应用草绳包扎起来，免遭冻裂。排水管线应保持畅通，现场和道路应避免积水和结冰；必要时应设临时排水系统，排除地面水和地下水。

(3) 冬期施工前，应修整道路，注意清除积雪，保证冬期施工时道路畅通。

(4) 冬期施工前，要尽可能储备足够的冬期施工所需的各种材料、构件、备品、物资等。

(5) 冬期施工时，所需保温、取暖等火源大量增多，因此应加强防火教育及防火措施，布置必要的防火设施和消防龙头、灭火器等，并应安排专人检查管理。

(6) 冬期施工需增加一些特殊材料，如促凝剂、保温材料（稻草、炉渣、麻袋、锯末等）及为冬期施工服务的一系列设备以及劳动保护、防寒用品等。

(7) 加强冬防保安措施，抓好职工的思想技术教育和专职人员的培训工作。

3.6.7 雨季施工措施

1. 日常防备措施

(1) 合理布置现场，做到现场有组织排水，排水通道畅通；严格按照《施工现场临时用电安全技术规范》(JGJ46—2005) 敷设电线路和配置电气设备，防止雨季触电；水泥等防潮、防雨材料库应架空，屋面应防水或用布覆盖。

(2) 现场清理干净，防雨材料堆码整齐、统一，悬挂物、标志牌固定牢靠，施工道路通畅。

(3) 储备水泵、铅丝、篷布、塑料薄膜等备用。

(4) 注意天气预报，了解天气动态。

2. 防风雨措施

（1）做好汛前和暴风雨来临前的检查工作，及时认真整改存在的隐患，做到防患于未然。汛期和暴风雨期间要组织昼夜值班，做好记录。

（2）加固临时设施，大标志牌、临时围墙等处设警告牌。

（3）基坑周围应挖排水沟，与市政雨排管网接通，防止地表雨水直接汇入基坑、冲刷边坡；基坑底应修集水沟和集水坑并及时排水，集水明沟、集水坑沿现成地四周布置，配备足够水泵。

（4）雨天作业必须设专人看护边坡，防止塌方，存在险情的地方未采取可靠的安全措施之前禁止作业施工。

（5）钢筋要用枕木或木枋、地垄等架高，防止沾泥、生锈。

（6）雨量较大时，禁止浇筑大面积混凝土，较小面积浇筑时应准备充足的覆盖材料。

（7）在特大暴雨来临前，应停止施工，对简易架子采取加固或拆除处理；对新浇筑的混凝土采取塑料薄膜和麻袋保护。

（8）雨天或风力达四级以上时，禁止外墙涂料施工。

项目实施：

施工相关措施基本上都是严格按强制性标准执行，在施工组织设计中的内容基本一样，只是根据项目特点有所调整。

想一想　练一练：如果需编制一个施工组织设计，应如何编写这一部分内容。

知识拓展：施工组织设计中除这些措施外，想想还应该包括哪些措施。

项目4　解读网络进度计划

任务4.1　网络计划技术的基本概念

学习目标：

1. 知识目标：①网络图的概念；②网络逻辑关系；③关键线路和关键工作。

2. 技能目标：①知道网络图的要素；②知道网络逻辑关系的具体内容。

3. 素质目标：①认真仔细的工作态度；②严谨的工作作风。

项目任务：学习网络图的概念。

项目描述：网络进度计划是进度计划重要的变现形式，网络图的概念是网络进度计划计算的基础，首先应该掌握网络进度计划的基本内容。

知识平台：

网络计划技术是一种科学的计划管理方法，它是随着现代科学技术和工业生产的发展而产生的。20世纪50年代，为了适应科学研究和新的生产组织管理的需要，国外陆续出现了一些计划管理的新方法。1956年，美国杜邦公司研究创立了网络计划技术的关键线路方法（CPM），并试用于一个化学工程上，取得了良好的经济效果。1958年美国海军武器部在研制“北极星”导弹计划时，应用了计划评审方法（PERT）进行项目的计划安排、评价、审查和控制，获得了巨大成功。20世纪60年代初期，网络计划技术在美国得到了推广，一切新建工程全面采用这种计划管理新方法，并开始将该方法引入日本和西欧其他国家。随着现代科学技术的迅猛发展、管理水平的不断提高，网络计划技术也在不断发展和完善。目前，它已广泛地应用于世界各国的工业、国防、建筑、运输和科研等领域，已成为发达国家盛行的一种现代生产管理的科学方法。

我国对网络计划技术的研究与应用起步较早，1965年，著名数学家华罗庚教授首先在我国的生产管理中推广和应用这些新的计划管理方法，并根据网络计划统筹兼顾、全面规划的特点，将其称为统筹法。多年来，网络计划技术作为一门现代管理技术已逐渐被各级领导和广大科技人员所重视。改革开放以后，网络计划技术在我国的工程建设领域也得到迅速的推广和应用，尤其是在大中型工程项目的建设中，对其资源的合理安排、进度计划的编制、优化和控制等应用效果显著。目前，网络计划技术已成为我国工程建设领域中正在推行的项目法施工、工程建设监理、工程项目管理和工程造价管理等方面必不可少的现代化管理方法。

1992年，国家技术监督局和国家住房和城乡建设部先后颁布了国家标准《网络计划技术》（GB/13400.1、13400.2、13400.3—92）和行业标准《工程网络计划技术规程》（JGJ/T 121—99），使工程网络计划技术在计划的编制与控制管理的实际应用中有了一个可遵循的、统一的技术标准，保证了计划的科学性，对提高工程项目的管理水平发挥了重大作用。

4.1.1 网络图的概念与要素

网络图是由箭线和节点组成的，用来表示工作流程的方向，是有序网状图形。网络图是由作业（箭线）、事件（又称节点）和线路三个因素组成的。

作业，是指一项工作或一道工序，需要消耗人力、物力和时间的具体活动过程。在网络图中作业用箭线表示，箭尾 i 表示作业开始，箭头 j 表示作业结束。作业的名称标注在箭线的上面，该作业的持续时间（或工时）T_{ij} 标注在箭线的下面。有些作业或工序不消耗资源也不占用时间，称为虚作业，用虚箭线表示。在网络图中设立虚作业主要是表明一项事件与另一项事件之间的相互依存、相互依赖的关系，是属于逻辑性的联系。

事件，是指某项作业的开始或结束，它不消耗任何资源和时间，在网络图中用“○”表示，“○”是两条或两条以上箭线的交结点，又称为节点。网络图中第一个事件（即○）称网络的起始节点，表示一项计划或工程的开始；网络图中最后一个事件称网络的终点事件，表示一项计划或工程的完成；介于始点与终点之间的事件叫做中间事件，它既表示前一项作业的完成，又表示后一项作业的开始。为了便于识别、检查和计算，在网络图中往往对事件编号，编号应标在“○”内，由小到大，可连续或间断数字编号。编号原则是：每一项事件都有固定编号，号码不能重复，箭尾的号码小于箭头号码（即 $i<j$，编号从左到右，从上到下进行）。

线路，是指自网络始点开始，顺着箭线的方向，经过一系列连续不断的作业和事件直至网络终点的通道。一条线路上各项作业的时间之和是该线路的总长度（路长）。在一个网络图中有很多条线路，其中总长度最长的线路称为“关键线路”，关键线路上的各事件为关键事件，关键事件的周期等于整个工程的总工期。有时一个网络图中的关键线路不止一条，即若干条线路长度相等。除关键线路外，其他的线路统称为非关键线路。关键线路并不是一成不变的，在一定的条件下，关键线路与非关键线路可以相互转化。例如，当采取一定的技术组织措施，缩短了关键线路上的作业时间，就有可能使关键线路发生转移，即原来的关键线路变成非关键线路，与此同时，原来的非关键线路却变成关键线路。

根据我国《工程网络计划技术规程》（JGJ/T 121—99）推荐常用的工程网络计划类型包括：①双代号网络计划；②单代号网络计划；③双代号时标网络计划；④单代号时标网络计划。

4.1.2 网络图的逻辑关系

网络图中工作之间相互制约或相互依赖的关系称为逻辑关系，它包括工艺关系和组织关系，在网络中均应表现为工作之间的先后顺序。

网络图必须正确地表达整个工程或任务的工艺流程和各工作开展的先后顺序及它们之间相互依赖、相互制约的逻辑关系，因此，绘制网络图时必须遵循一定的基本规则和要求。

1. 工艺关系

生产性工作之间由工艺过程决定的、非生产性工作之间由工作程序决定的先后顺序叫工艺关系。

2. 组织关系

工作之间由于组织安排需要或资源（人力、材料、机械设备和资金等）调配需要而规定的先后顺序关系叫组织关系。

根据网络图中有关作业之间的相互关系，可以将作业划分为紧前作业、紧后作业、平行作业和交叉作业。

（1）紧前作业，是指紧接在该作业之前的作业。紧前作业不结束，则该作业不能开始。

（2）紧后作业，是指紧接在该作业之后的作业。该作业不结束，紧后作业不能开始。

（3）平行作业，是指能与该作业同时开始的作业。

（4）交叉作业，是指能与该作业相互交替进行的作业。

4.1.3 关键线路的关键工作

总时差最小的工作是关键工作。自始至终全部由关键工作组成的线路为关键线路，或线路上总的工作持续时间最长的线路为关键线路。

关键线路是关键工序连接而成的线路，也即网络图所有线路中最长的线路。

（1）根据关键工序确定关键线路：首先确定关键工序，由关键工序所组成的线路就是关键线路。

（2）根据关键节点确定关键线路：凡节点的最早时间与最迟时间相等，或者最迟时间与最早时间的差值等于计划工期与计算工期的差值，该节点就称为关键节点。关键线路上的节点一定是关键节点，但关键节点组成的线路不一定是关键线路。因此，仅凭关键节点还不能确定关键线路。当一个关键节点与多个关键节点相连时，对其连接箭线需根据最大路径的原则一一加以判别。

（3）根据自由时差确定关键线路：关键工序的自由时差一定最小，但自由时差最小的工序不一定是关键工序。若从起始节点开始，沿着箭头的方向到终止节点为止，所有工序的自由时差都最小，则该线路是关键线路，否则就是非关键线路。

想一想 练一练：

1. 举例说明应如何理解网络图中的逻辑关系。
2. 说明网络图中节点、工作和线路之间的关系。
3. 关键线路和关键工作的判别依据是什么？

知识拓展：如何理解常用的工程网络计划类型。

任务 4.2 网络图的绘制

学习目标：

1. 知识目标：①双代号网络图的绘制规则；②单代号网络图的绘制规则。

2. 技能目标：①能绘制双代号网络图；②能读懂单代号网络图。

3. 素质目标：①认真仔细的工作态度；②严谨的工作作风。

项目任务：学习双代号网络图的绘制。

项目描述：通过学习，掌握双代号网络图的绘制步骤。

知识平台：

4.2.1 双代号网络图的绘制

4.2.1.1 双代号网络图

双代号网络图是以箭线及其两端节点的编号表示工作的网络图，如图 4.1 所示。从图 4.1 中可以看出双代号网络图由箭线、节点、线路三个基本要素组成。

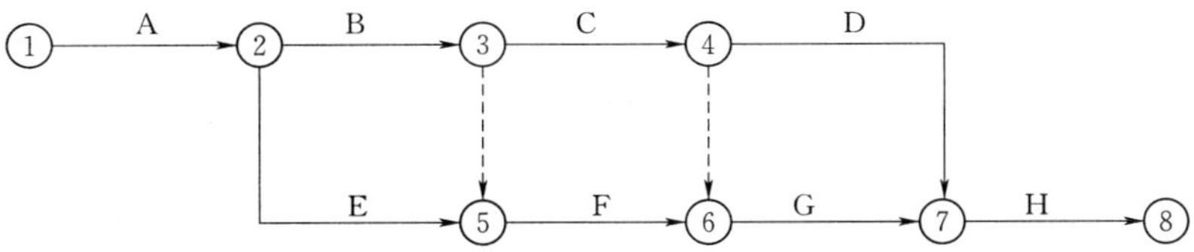

图 4.1 双代号网络图

1. 箭线（工作）

（1）在双代号网络图中，每一条箭线表示一项工作。箭线的箭尾节点表示该工作的开始，箭头节点表示该工作的结束。工作的名称标注在箭线的上方，完成该项工作所需要的持续时间标注在箭线的下方，如图 4.2 所示。由于一项工作需用一条箭线和其箭尾和箭头处两个圆圈中的号码来表示，故称为双代号表示法。

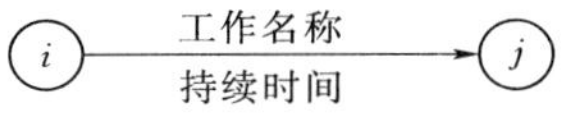

图 4.2 双代号表示法

（2）在双代号网络图中，任意一条实箭线都要占用时间、消耗资源（有时，只占时间，不消耗资源，如混凝土的养护）。在建筑工程中，一条箭线表示项目中的一个施工过程，它可以是一道工序、一个分项工程、一个分部工程或一个单位工程，其粗细程度、大小范围的划分根据计划任务的需要来确定。

（3）在双代号网络图中，为了正确地表达图中工作之间的逻辑关系，往往需要应用虚箭线，其表示方法如图 4.3 所示。

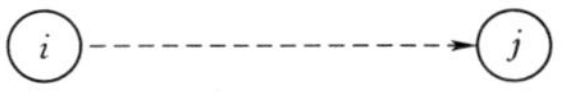

图 4.3 双代号表示法

虚箭线是实际工作中并不存在的一项虚拟工作，故它们既不占用时间，也不消耗资源，一般起着工作之间的联系、区分和断路三个作用。联系作用是指应用虚箭线正确表达工作之间相互依存的关系；区分作用是指双代号网络图中每一项工作都必须用一条箭线和两个代号表示，若两项工作的代号相同时，应使用虚工作加以区分，如图 4.4 所示；断路作用是用虚箭线断掉多余联系（即在网络图中把无联系的工作联接上了时，应加上虚工作将其断开）。

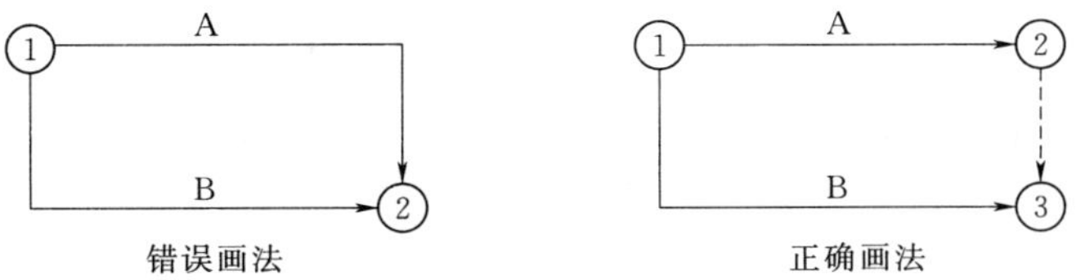

图 4.4 虚箭线的区分作用

（4）在无时间坐标限制的网络图中，箭线的长度原则上可以任意画，其占用的时间以下方标注的时间参数为准。箭线可以为直线、折线或斜线，但其行进方向均应从左向右，如图 4.5 所示。在有时间坐标限制的网络图中，箭线的长度必须根据完成该工作所需持续时间的大小按比例绘制。

图 4.5　箭线的表达形式

（5）在双代号网络图中，通常将被研究的对象称为本工作，用 $i—j$ 工作表示，紧排在本工作之前的工作称为紧前工作，紧排在本工作之后的工作称为紧后工作，与之平行进行的工作称为平行工作。

2. 节点（又称结点、事件）

节点是网络图中箭线之间的连接点。在双代号网络图中，节点既不占用时间、也不消耗资源，是个瞬时值，即它只表示工作的开始或结束的瞬间，起着承上启下的衔接作用。网络图中有三种类型的节点。

（1）起点节点。网络图的第一个节点叫“起点节点”，它只有外向箭线，一般表示一项任务或一个项目的开始，如图 4.6 所示。

（2）终点节点。网络图的最后一个节点叫“终点节点”，它只有内向箭线，一般表示一项任务或一个项目的完成，如图 4.7 所示。

（3）中间节点。网络图中即有内向箭线，又有外向箭线的节点称为中间节点，如图 4.8 所示。

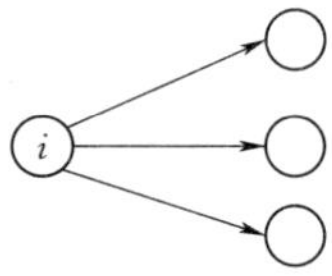

图 4.6　起点节点的类型示意图

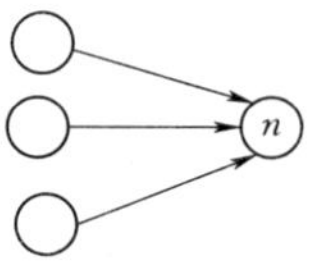

图 4.7　终点节点的类型示意图

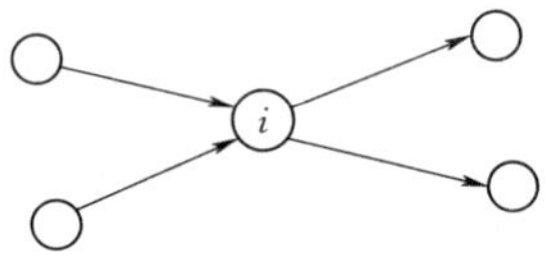

图 4.8　中间节点的类型示意图

（4）在双代号网络图中，节点应用圆圈表示，并在圆圈内编号。一项工作应当只有惟一的一条箭线和相应的一对节点，且要求箭尾节点的编号小于其箭头节点的编号。例如在图 4.9 中，应有：$i<j<k$。网络图节点的编号顺序应从小到大，可不连续，但不允许重复。

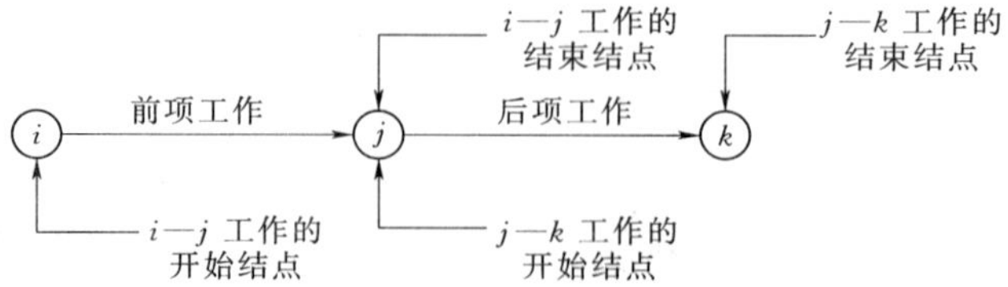

图 4.9　箭尾节点和箭头节点

3. 线路

网络图中从起点节点开始，沿箭头方向顺序通过一系列箭线与节点，最后达到终点节点的通路称为线路。线路上各项工作持续时间的总和称为该线路的计算工期。一般网络图有多条线路，可依次用该线路上的节点代号来记述，例如网络图 4.1 中的线路有：①—②—③—④—⑦—⑧，①—②—⑤—⑥—⑦—⑧等，①—②—③—④—⑥—⑦—⑧，①—②—③—⑤—⑥—⑦—⑧等，其中最长的一条线路被称为关键线路，这里最长的线路是指以上四条线路上各工作历时之和最大的线路，不一定是工作数量最多的线路，位于关键线路上的所有工作都是关键工作。

4.2.1.2 绘图规则

(1) 双代号网络图必须正确表达已定的逻辑关系。

(2) 双代号网络图中，严禁出现循环回路。所谓循环回路是指从网络图中的某一个节点出发，顺着箭线方向又回到了原来出发点的线路，如图 4.10 所示。

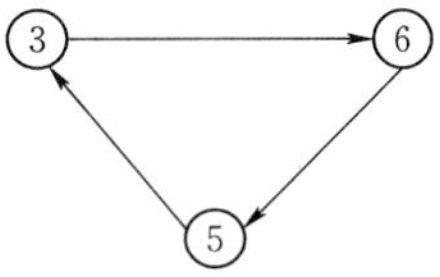

图 4.10　循环线路示意图

(3) 双代号网络图中，在节点之间严禁出现带双向箭头或无箭头的连线，如图 4.11 所示。

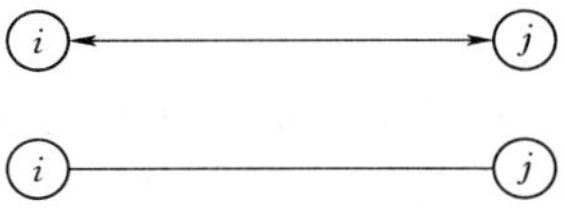

图 4.11　箭线的错误画法

(4) 双代号网络图中，严禁出现没有箭头节点或没有箭尾节点的箭线，如图 4.12 所示。

图 4.12　没有箭头和箭尾节点的箭线

(5) 当双代号网络图的某些节点有多条外向箭线或多条内向箭线时，为使图形简洁，可使用母线法绘制（但应满足一项工作用一条箭线和相应的一对结点表示），如图 4.13 所示。

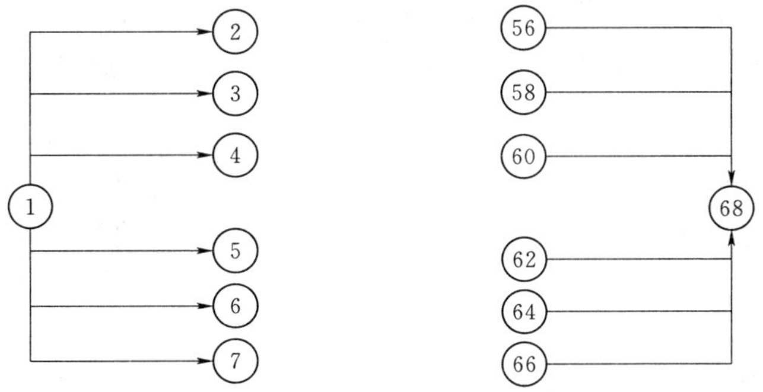

图 4.13　母线的表示方法

(6) 绘制网络图时，箭线不宜交叉；当交叉不可避免时，可用过桥法或指向法，如图 4.14 所示。

(7) 双代号网络图中应只有一个起点节点和一个终点节点（多目标网络计划除外），而其他所有节点均应是中间节点，如图 4.15 所示。

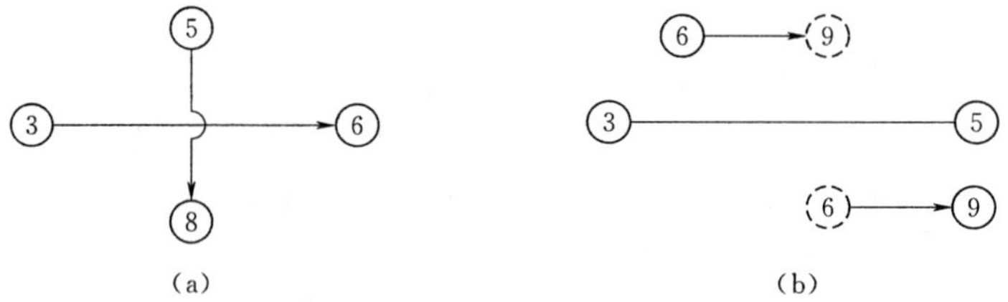

图 4.14　箭线交叉的表示方法

(a) 过桥法；(b) 指向法

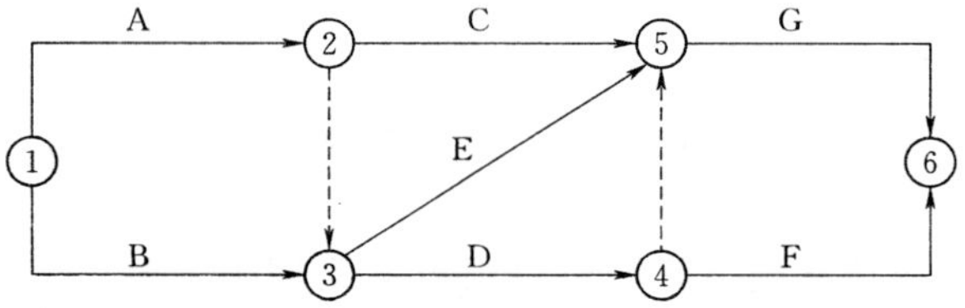

图 4.15　一个起点节点、一个终点节点的网络图

4.2.2　单代号网络图的绘制简介

单代号网络图是以节点及其编号表示工作，以箭线表示工作之间逻辑关系的网络图。在单代号网络图中加注工作的持续时间，以便形成单代号网络计划。

单代号网络图与双代号网络图相比，具有以下特点：

(1) 工作之间的逻辑关系容易表达，且不用虚箭线，故绘图较简单。

(2) 网络图便于检查和修改。

(3) 由于工作的持续时间表示在节点之中，没有长度，故不够形象直观。

(4) 表示工作之间逻辑关系的箭线可能产生较多的纵横交叉现象。

4.2.2.1　单代号网络图的基本符号

1. 节点

单代号网络图中的每一个节点表示一项工作，节点宜用圆圈或矩形表示。节点所表示的工作名称、持续时间和工作代号等应标注在节点内，如图 4.16 所示。

图 4.16　单代号网络图中工作的表示方法

单代号网络图中的节点必须编号。编号标注在节点内，其号码可间断，但严禁重复。箭线的箭尾节点编号应小于箭头节点的编号。一项工作必须有唯一的一个节点及相应的一个编号。

2. 箭线

单代号网络图中的箭线表示紧邻工作之间的逻辑关系，既不占用时间、也不消耗资源。箭线应画成水平直线、折线或斜线。箭线水平投影的方向应自左向右，表示工作的行进方向。工作之间的逻辑关系包括工艺关系和组织关系，在网络图中均表现为工作之间的先后顺序。

3. 线路

单代号网络图中，各条线路应用该线路上的节点编号从小到大依次表述。

4.2.2.2 单代号网络图的绘图规则

（1）单代号网络图必须正确表达已定的逻辑关系。

（2）单代号网络图中，严禁出现循环回路。

（3）单代号网络图中，严禁出现双向箭头或无箭头的连线。

（4）单代号网络图中，严禁出现没有箭尾节点的箭线和没有箭头节点的箭线。

（5）绘制网络图时，箭线不宜交叉，当交叉不可避免时，可采用过桥法或指向法绘制。

（6）单代号网络图只应有一个起点节点和一个终点节点；当网络图中有多项起点节点或多项终点节点时，应在网络图的两端分别设置一项虚工作，作为该网络图的起点节点（S_t）和终点节点（F_{in}），如图 4.17 所示。

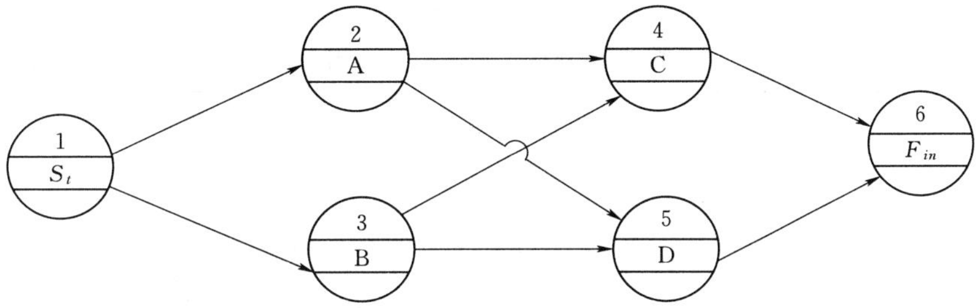

图 4.17　单代号网络图

单代号网络图的绘图规则大部分与双代号网络图的绘图规则相同，故不再进行解释。

项目实施：

绘制某水利工程中某砌筑块石挡土墙工程网络图，该挡土墙施工时分为三段，各段施工均包括基础开挖（A 工作）、浆砌石砌筑（B 工作）和土方填筑（C 工作）三项工作，该三项工作分别由专业施工队伍流水作业，挡土墙工程任务明细表如表 4.1 所示，表 4.1 中给出了各项工作之间的逻辑关系。绘制该项目的双代号网络图。

表 4.1　　工 作 明 细 表

序号	工作名称	工作代号	紧前工作	工作历时	序号	工作名称	工作代号	紧前工作	工作历时
1	土方开挖Ⅰ	A1	—	4	6	浆砌块石Ⅲ	B3	A3、B2	12
2	土方开挖Ⅱ	A2	A1	4	7	土方回填Ⅰ	C1	B1	6
3	土方开挖Ⅲ	A3	A2	4	8	土方回填Ⅱ	C2	C1、B2	6
4	浆砌块石Ⅰ	B1	A1	12	9	土方回填Ⅲ	C3	C2、B3	6
5	浆砌块石Ⅱ	B2	A2、B1	12					

此项目的网络图见图 4.18。该工程关键线路为 A1—B1—B2—B3—C3，线路长度为 46 天，即该工程工期为 46 天。

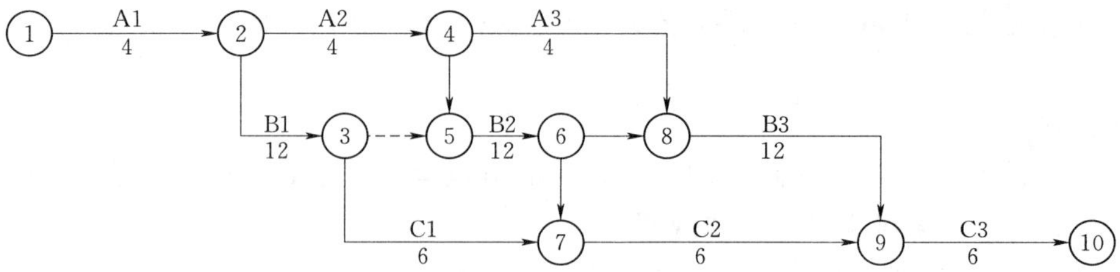

图 4.18　某分部工程网络图

想一想　练一练：

1. 试找出以上网络图中的其他线路，并计算各条线路的长度？

2. 请绘制表 4.2 和表 4.3 所示工程的双代号网络图，并确定其工程工期。

表 4.2　　某工程网络计划的有关资料

项目名称	A	B	C	D	E	F	G	H
紧前工作	—	—	—	A	B	BC	E	EF
工作历时	6	4	2	5	5	6	3	5

表 4.3　　某工程网络计划的有关资料

项目名称	A	B	C	D	E	F	G	H	I	J	K
紧前工作	—	—	BE	ACH	—	BE	E	FG	FG	ACIH	FG
工作历时	10	12	13	11	5	7	5	6	7	12	8

知识拓展：根据单代号网络图的绘图规则，将以上条件的项目绘制成单代号网络图。

任务 4.3　网络计划时间参数的计算

学习目标：

1. 知识目标：①网络图时间参数的概念，特别要了解时差的概念；②双代号网络图网络时间参数的图上计算法。

2. 技能目标：能计算双代号网络时间参数。

3. 素质目标：①认真仔细的工作态度；②严谨的工作作风；③遵守规范的要求。

项目任务：计算双代号网络图时间参数。

项目描述：使用图上计算法，计算双代号网络图的 6 个时间参数。

知识平台：

4.3.1　时间参数的概念

所谓时间参数，是指网络计划、工作及节点所具有的各种时间值。

网络图的时间参数包括工作持续时间、工期、工作的最早、最迟开始时间；工作的最早、最迟完成（结束）时间；工作的自由时差和总时差等，下面分别叙述。

1. 工作持续时间（D_{i-j}）

工作持续时间是对一项工作规定的从开始到完成的时间。在双代号网络计划中，工作 $i—j$ 的持续时间用 D_{i-j} 表示。

2. 工期（T）

工期泛指完成任务所需要的时间，一般有以下三种。

（1）计算工期：根据网络计划时间参数计算出来的工期，用 T_C 表示。

（2）要求工期：任务委托人所要求的工期，用 T_r 表示。

（3）计划工期：在要求工期和计算工期的基础上综合考虑需要和可能而确定的工期，用 T_P 表示。网络计划的计划工期 T_P 应按下列情况分别确定。

1）当已规定了要求工期 T_r 时

$$T_P \leqslant T_r$$

2）当未规定要求工期时，可令计划工期等于计算工期。

$$T_P = T_C$$

3. 网络计划中工作的 6 个时间参数

工作时间参数标注形式见图 4.9。

ES_{i-j}	LS_{i-j}	TF_{i-j}
EF_{i-j}	LF_{i-j}	FF_{i-j}

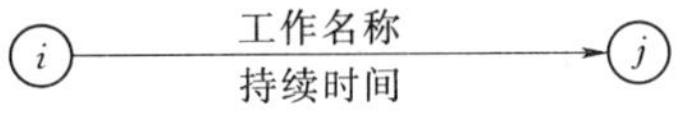

图 4.19　工作时间参数标注形式

（1）最早开始时间（ES_{i-j}）是指在各紧前工作全部完成后，本工作有可能开始的最早时刻。工作 $i—j$ 的最早开始时间用 ES_{i-j} 表示。

（2）最早完成时间（EF_{i-j}）是指在各紧前工作全部完成后，本工作有可能完成的最早时刻。工作 $i—j$ 的最早完成时间用 EF_{i-j} 表示。

（3）最迟开始时间（LS_{i-j}）是指在不影响整个任务按期完成的前提下，工作必须开始的最迟时刻。工作 $i—j$ 的最迟开始时间用 LS_{i-j} 表示。

（4）最迟完成时间（LF_{i-j}）是指在不影响整个任务按期完成的前提下，工作必须完成的最迟时刻。工作 $i—j$ 的最迟完成时间用 LF_{i-j} 表示。

（5）总时差（TF_{i-j}）是指在不影响总工期的前提下，本工作可以利用的机动时间。工作 $i—j$ 的总时差用 TF_{i-j} 表示。

（6）自由时差（FF_{i-j}）是指在不影响其紧后工作最早开始的前提下，本工作可以利用的机动时间。工作 $i—j$ 的自由时差用 FF_{i-j} 表示。

4.3.2　双代号网络计划时间参数的计算

双代号网络计划时间参数计算的目的在于通过计算各项工作的时间参数，确定网络计划的关键工作、关键线路和计算工期，为网络计划的优化、调整和执行提供明确的时间参数。双代号网络计划时间参数的计算方法很多，一般常用的有：按工作计算法和按节点计算法进行计算，在计算方式上又有分析计算法、表上计算法、图上计算法、矩阵计算法和电算法等。本节只介绍按工作计算法在网络图上进行计算的方法（图上计算法）。

按工作计算法在网络图上计算 6 个工作时间参数，必须在清楚计算顺序和计算步骤的基础上，列出必要的公式，以加深对时间参数计算的理解。时间参数的计算步骤如下。

1. 最早开始时间和最早完成时间的计算

综上所述，工作最早时间参数受到紧前工作的约束，故其计算顺序应从起点节点开始，顺着箭线方向依次逐项计算。

（1）以网络计划的起点节点为开始结点的工作的最早开始时间为零。如网络计划起点节点的编号为1，则：

$$ES_{i-j}=0(i=1)$$

（2）顺着箭线方向依次计算各个工作的最早完成时间和最早开始时间。

1）最早完成时间等于最早开始时间加上其持续时间：

$$EF_{i-j}=ES_{i-j}+D_{i-j}$$

2）最早开始时间等于各紧前工作的最早完成时间 EF_{h-i} 的最大值：

$$ES_{i-j}=\text{Max}[EF_{h-i}]$$

或
$$ES_{i-j}=\text{Max}[ES_{h-i}+D_{h-i}]$$

2. 确定计算工期 T_C

计算工期等于以网络计划的终点节点为箭头节点的各个工作的最早完成时间的最大值。当网络计划终点节点的编号为 n 时，计算工期：

$$T_C=\text{Max}[EF_{i-n}]$$

当无要求工期的限制时，取计划工期等于计算工期，即取：$T_P=T_C$。

3. 最迟开始时间和最迟完成时间的计算

工作最迟时间参数受到紧后工作的约束，故其计算顺序应从终点节点起，逆着箭线方向依次逐项计算。

（1）以网络计划的终点节点（$j=n$）为箭头节点的工作的最迟完成时间等于计划工期 T_P，即：

$$LF_{i-n}=T_P$$

（2）逆着箭线方向依次计算各个工作的最迟开始时间和最迟完成时间。

1）最迟开始时间等于最迟完成时间减去其持续时间：

$$LS_{i-j}=LF_{i-j}-D_{i-j}$$

2）最迟完成时间等于各紧后工作的最迟开始时间 LS_{j-k} 的最小值：

$$LF_{i-j}=\text{Min}[LS_{j-k}]$$

或
$$LF_{i-j}=\text{Min}[LF_{j-k}-D_{j-k}]$$

4. 计算工作总时差

总时差等于其最迟开始时间减去最早开始时间，或等于最迟完成时间减去最早完成时间：

$$TF_{i-j}=LS_{i-j}-ES_{i-j}$$

$$TF_{i-j}=LF_{i-j}-EF_{i-j}$$

5. 计算工作自由时差

当工作 i—j 有紧后工作 j—k 时，其自由时差应为：

$$FF_{i-j}=ES_{j-k}-EF_{i-j}$$

或
$$FF_{i-j}=ES_{j-k}-ES_{i-j}-D_{i-j}$$

以网络计划的终点节点（$j=n$）为箭头节点的工作，其自由时差 FF_{i-n} 应按网络计

划的计划工期 T_P 确定，即：

$$FF_{i-n}=T_P-EF_{i-n}$$

项目实施：

已知网络计划的资料如表 4.4 所示，试绘制双代号网络计划；若计划工期等于计算工期，试计算各项工作的 6 个时间参数并确定关键线路，标注在网络计划上。

表 4.4　　网络计划资料表

工作名称	A	B	C	D	E	F	H	G
紧前工作	—	—	B	B	A，C	A，C	D，F	D，E，F
持续时间/d	4	2	3	3	5	6	5	3

【解】（1）根据表 4.3 中网络计划的有关资料，按照网络图的绘图规则，绘制双代号网络图如图 4.20 所示。

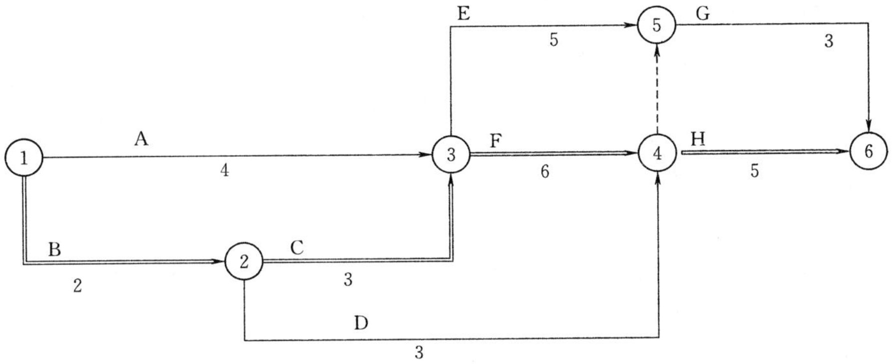

图 4.20　双代号网络计划计算实例

（2）计算各项工作的时间参数，并将计算结果标注在箭线上方相应的位置。

1）计算各项工作的最早开始时间和最早完成时间。从起点节点（①节点）开始顺着箭线方向依次逐项计算到终点节点（⑥节点）。

（a）以网络计划起点节点为开始节点的各工作的最早开始时间为零。

$$ES_{1-2}=ES_{1-3}=0$$

（b）计算各项工作的最早开始和最早完成时间：

$$EF_{1-2}=ES_{1-2}+D_{1-2}=0+2=2$$

$$EF_{1-3}=ES_{1-3}+D_{1-3}=0+4=4$$

$$ES_{2-3}=ES_{2-4}=EF_{1-2}=2$$

$$EF_{2-3}=ES_{2-3}+D_{2-3}=2+3=5$$

$$EF_{2-4}=ES_{2-4}+D_{2-4}=2+3=5$$

$$ES_{3-4}=ES_{3-5}=\text{Max}[EF_{1-3},\ EF_{2-3}]=\text{Max}[4,\ 5]=5$$

$$EF_{3-4}=ES_{3-4}+D_{3-4}=5+6=11$$

$$EF_{3-5}=ES_{3-5}+D_{3-5}=5+5=10$$

$$ES_{4-6}=ES_{4-5}=\text{Max}[EF_{3-4},\ EF_{2-4}]=\text{Max}[11,\ 5]=11$$

$$EF_{4-6}=ES_{4-6}+D_{4-6}=11+5=16$$
$$EF_{4-5}=11+0=11$$
$$ES_{5-6}=\text{Max}[EF_{3-5}，EF_{4-5}]=\text{Max}[10，11]=11$$
$$ES_{5-6}=11+3=14$$

2）确定计算工期 T_C 及计划工期 T_P。

计算工期：$T_C=\text{Max}[EF_{5-6}，EF_{4-6}]=\text{Max}[14，16]=16$

已知计划工期等于计算工期，即：

计划工期：$T_P=T_C=16$

3）计算各项工作的最迟开始时间和最迟完成时间。从终点节点（⑥节点）开始逆着箭线方向依次逐项计算到起点节点（①节点）。

（a）以网络计划终点节点为箭头节点的工作的最迟完成时间等于计划工期：

$$LF_{4-6}=LF_{5-6}=16$$

（b）计算各项工作的最迟开始和最迟完成时间：

$$LS_{4-6}=LF_{4-6}-D_{4-6}=16-5=11$$
$$LS_{5-6}=LF_{5-6}-D_{5-6}=16-3=13$$
$$LF_{3-5}=LF_{4-5}=LS_{5-6}=13$$
$$LS_{3-5}=LF_{3-5}-D_{3-5}=13-5=8$$
$$LS_{4-5}=LF_{4-5}-D_{4-5}=13-0=13$$
$$LF_{2-4}=LF_{3-4}=\text{Min}[LS_{4-5}，LS_{4-6}]=\text{Min}[13，11]=11$$
$$LS_{2-4}=LF_{2-4}-D_{2-4}=11-3=8$$
$$LS_{3-4}=LF_{3-4}-D_{3-4}=11-6=5$$
$$LF_{1-3}=LF_{2-3}=\text{Min}[LS_{3-4}，LS_{3-5}]=\text{Min}[5，8]=5$$
$$LS_{1-3}=LF_{1-3}-D_{1-3}=5-4=1$$
$$LS_{2-3}=LF_{2-3}-D_{2-3}=5-3=2$$
$$LF_{1-2}=\text{Min}[LS_{2-3}，LS_{2-4}]=\text{Min}[2，8]=2$$
$$LS_{1-2}=LF_{1-2}-D_{1-2}=2-2=0$$

4）计算各项工作的总时差 TF_{i-j}。可以用工作的最迟开始时间减去最早开始时间或用工作的最迟完成时间减去最早完成时间：

$$TF_{1-2}=LS_{1-2}-ES_{1-2}=0-0=0$$

或

$$TF_{1-2}=LF_{1-2}-EF_{1-2}=2-2=0$$
$$TF_{1-3}=LS_{1-3}-ES_{1-3}=1-0=1$$
$$TF_{2-3}=LS_{2-3}-ES_{2-3}=2-2=0$$
$$TF_{2-4}=LS_{2-4}-ES_{2-4}=8-2=6$$
$$TF_{3-4}=LS_{3-4}-ES_{3-4}=5-5=0$$
$$TF_{3-5}=LS_{3-5}-ES_{3-5}=8-5=3$$
$$TF_{4-6}=LS_{4-6}-ES_{4-6}=11-11=0$$
$$TF_{5-6}=LS_{5-6}-ES_{5-6}=13-11=2$$

5）计算各项工作的自由时差 TF_{i-j}。等于紧后工作的最早开始时间减去本工作的最早完成时间：

$$FF_{1-2}=ES_{2-3}-EF_{1-2}=2-2=0$$
$$FF_{1-3}=ES_{3-4}-EF_{1-3}=5-4=1$$
$$FF_{2-3}=ES_{3-5}-EF_{2-3}=5-5=0$$
$$FF_{2-4}=ES_{4-6}-EF_{2-4}=11-5=6$$
$$FF_{3-4}=ES_{4-6}-EF_{3-4}=11-11=0$$
$$FF_{3-5}=ES_{5-6}-EF_{3-5}=11-10=1$$
$$FF_{4-6}=T_P-EF_{4-6}=16-16=0$$
$$FF_{5-6}=T_P-EF_{5-6}=16-14=2$$

将以上计算结果标注在图 4.21 中的相应位置。

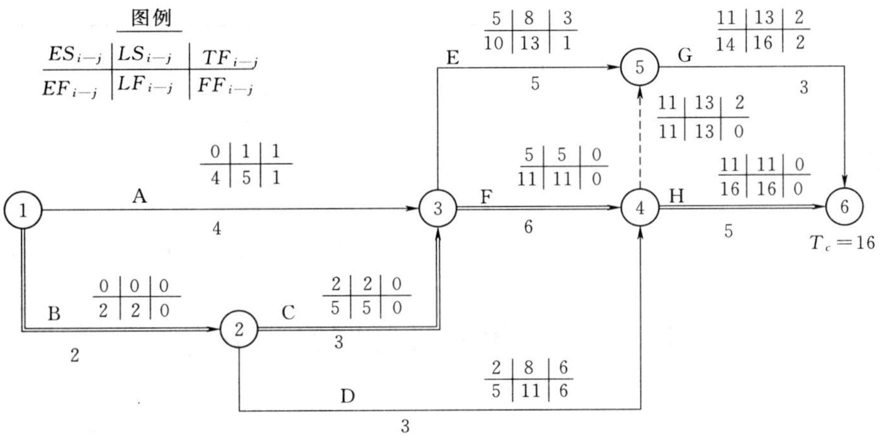

图 4.21　双代号网络计划计算实例

（3）确定关键工作及关键线路。在图 4.22 中，最小的总时差是 0，所以，凡是总时差为 0 的工作均为关键工作。该例中的关键工作是：①—②，②—③，③—④，④—⑥

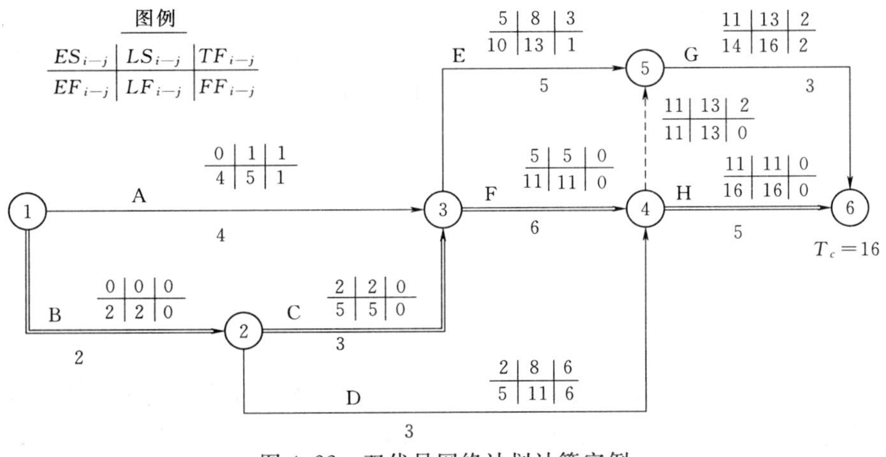

图 4.22　双代号网络计划计算实例

(或关键工作是：B、C、F、H)。

在图 4.22 中，自始至终全由关键工作组成的关键线路是：①—②—③—④—⑥，关键线路用双箭线进行标注。

想一想　练一练：

1. 更换表 4.4 中 G、H 工作的逻辑关系，即 G 工作的紧前工作为 D、F，工作时间为 5，H 工作的紧前工作为 D、E、F，工作时间为 3，请重新绘制网络图并计算网络图的时间参数，看看有什么变化。

2. 计算表 4.5 和表 4.6 所示网络计划的时间参数，并标注于图上。

表 4.5　　某网络计划的有关资料

工作名称	A	B	C	D	E	F	G
紧前工作	—	—	—	B	B	B	CD
工作历时	9	8	6	7	6	7	3

表 4.6　　某网络计划的有关资料

工作名称	A	B	C	D	E	F	G	H	I	J	K
紧前工作	—	A	A	A	B	A	CD	D	B	EGH	G
工作历时	4	3	4	5	6	2	3	4	7	2	3

知识拓展：单代号网络时间参数如何计算，和双代号网络时间参数有哪些不同。

任务 4.4　双代号时标网络计划介绍

学习目标：

1. 知识目标：①双代号时标网络图的概念；②双代号时标网络图的判读方法。

2. 技能目标：①能依据网络图绘制双代号时标网络图；②能判读双代号时标网络图。

3. 素质目标：①认真仔细的工作态度；②严谨的工作作风；③遵守规范的要求。

项目任务：学习双代号时标网络图的判读。

项目描述：双代号时标网络图在工程中的用途非常广泛，准确判读双代号时标网络图是工程技术人员的一项基本技能，通过判读可以很好的控制工程进度。

知识平台：

4.4.1　双代号时标网络计划的概念

双代号时标网络计划（简称时标网络计划）必须以水平时间坐标为尺度表示工作时间。时标的时间单位应根据需要在编制网络计划之前确定，可以是小时、天、周、月或季度等。

在时标网络计划中，以实箭线表示工作，实箭线的水平投影长度表示该工作的持续时间；以虚箭线表示虚工作，由于虚工作的持续时间为零，故虚箭线只能垂直画；以波形线表示工作与其紧后工作之间的时间间隔（以终点节点为完成节点的工作除外，当计划工期等于计算工期时，这些工作箭线中波形线的水平投影长度表示其自由时差）。

1. 双代号时标网络计划的主要特点

（1）时标网络计划兼有网络计划与横道计划的优点，它能够清楚地表明计划的时间进程，使用方便。

（2）时标网络计划能在图上直接显示出各项工作的开始与完成时间、工作的自由时差及关键线路。

（3）在时标网络计划中可以统计每一个单位时间对资源的需要量，以便进行资源优化和调整。

（4）由于箭线受到时间坐标的限制，当情况发生变化时，对网络计划的修改比较麻烦，往往要重新绘图。但在使用计算机以后，这一问题已较容易解决。

2. 双代号时标网络计划的一般规定

（1）时间坐标的时间单位应根据需要在编制网络计划之前确定，可为季、月、周、天等。

（2）时标网络计划应以实箭线表示工作，以虚箭线表示虚工作，以波形线表示工作的自由时差。

（3）时标网络计划中所有符号在时间坐标上的水平投影位置，都必须与其时间参数相对应。节点中心必须对准相应的时标位置。

（4）虚工作必须以垂直方向的虚箭线表示，有自由时差时加波形线表示。

4.4.2 双代号时标网络图的绘制与判读

时标网络计划宜按各项工作的最早开始时间编制。为此，在编制时标网络计划时应使每一个节点和每一项工作（包括虚工作）尽量向左靠，直至不出现从右向左的逆向箭线为止。

在编制时标网络计划之前，应先按已经确定的时间单位绘制时标网络计划表。时间坐标可以标注在时标网络计划表的顶部或底部。当网络计划的规模比较大，且比较复杂时，可以在时标网络计划表的顶部和底部同时标注时间坐标。必要时，还可以在顶部时间坐标之上或底部时间坐标之下同时加注日历时间。时标网络计划表如表 4.7 所示。表中部的刻度线宜为细线。为使图面清晰简洁，此线也可不画或少画。

表 4.7　　　　时 标 计 划 表

日历																
（时间单位）	1	2	3	4	5	6	7	8	9	10	11	12	13	14	15	16
网络计划																
（时间单位）	1	2	3	4	5	6	7	8	9	10	11	12	13	14	15	16

表 4.7 中日历应为某月某日，时间单位可以是小时、天、周、旬、月等，中间的网络计划是双代号时标网络图的主体。

双代号时标网络计划的编制方法有两种。

1. 间接法绘制

先绘制出标时网络计划，计算各工作的最早时间参数，再根据最早时间参数在时标计划表上确定节点位置，连线完成，某些工作箭线长度不足以到达该工作的完成节点时，用波形线补足。

2. 直接法绘制

根据网络计划中工作之间的逻辑关系及各工作的持续时间，直接在时标计划表上绘制时标网络计划。绘制步骤如下：

（1）将起点节点定位在时标表的起始刻度线上。

（2）按工作持续时间在时标计划表上绘制起点节点的外向箭线。

（3）其他工作的开始节点必须在其所有紧前工作都绘出以后，定位在这些紧前工作最早完成时间最大值的时间刻度上，某些工作的箭线长度不足以到达该节点时，用波形线补足，箭头画在波形线与节点连接处。

（4）用上述方法从左至右依次确定其他节点位置，直至网络计划终点节点定位，绘图完成。

项目实施：

4.4.3 双代号时标网络图的绘制

已知网络计划的资料如表 4.8 所示，试用直接法绘制双代号时标网络计划。

表 4.8 网络计划资料表

工作名称	A	B	C	D	E	F	G	H	J
紧前工作	—	—	—	A	A，B	D	C，E	C	D，G
持续时间/d	3	4	7	5	2	5	3	5	4

【解】（1）将网络计划的起点节点定位在时标表的起始刻度线上位置上，起点节点的编号为 1，如图 4.23 所示。

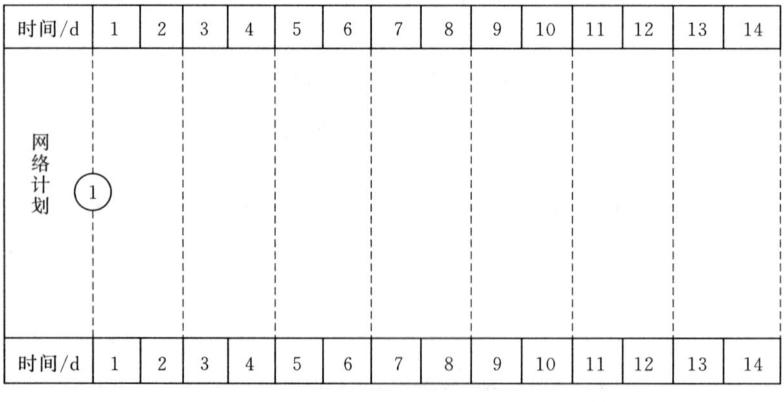

图 4.23　双代号时标网络计划

（2）画节点①的外向箭线，即按各工作的持续时间，画出无紧前工作的 A、B、C 工作，并确定节点②、③、④的位置，如图 4.24 所示。

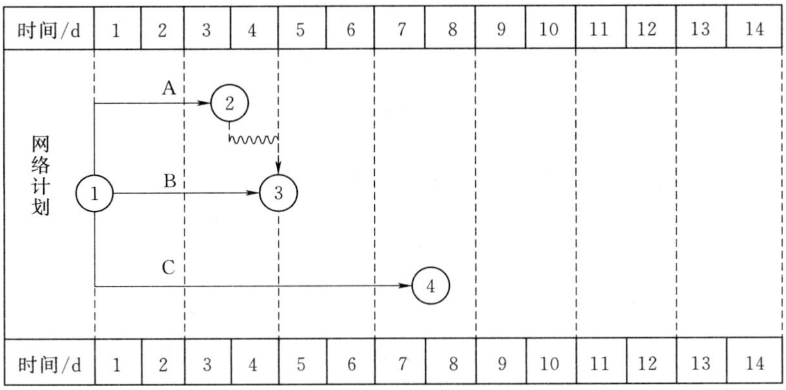

图 4.24　双代号时标网络计划

（3）依次画出节点②、③、④的外向箭线工作 D、E、H，并确定节点⑤、⑥的位置。节点⑥的位置定位在其两条内向箭线的最早完成时间的最大值处，即定位在时标值 7 的位置，工作 E 的箭线长度达不到⑥节点，则用波形线补足，如图 4.25 所示。

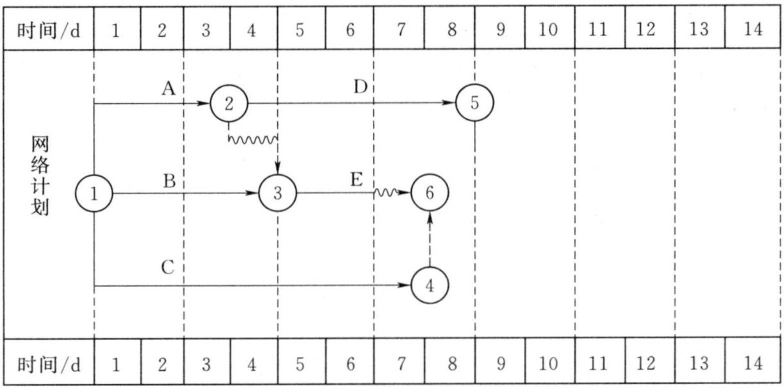

图 4.25　双代号时标网络计划

（4）按上述步骤，直到画出全部工作，确定出终点节点⑧的位置，时标网络计划绘制完毕，如图 4.26 所示。

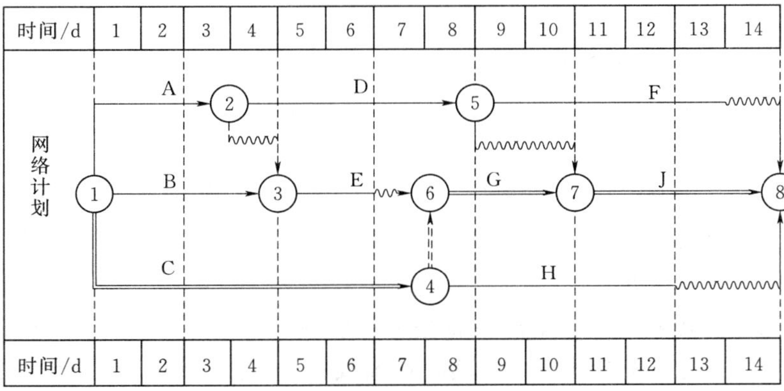

图 4.26　双代号时标网络计划

时标网络计划既具有网络计划的优点，又具有横道计划直观易懂的优点，它将网络计划的时间参数直观地表达出来。

4.4.4 双代号时标网络计划时间参数的判定

4.4.4.1 关键线路和计算工期的判定

1. 关键线路的判定

时标网络计划中的关键线路可从网络计划的终点节点开始，逆着箭线方向进行判定。凡自始至终不出现波形线的线路即为关键线路。因为不出现波形线，就说明在这条线路上相邻两项工作之间的时间间隔全部为零，也就是在计算工期等于计划工期的前提下，这些工作的总时差和自由时差全部为零。如图 4.27 中，关键线路是：①—④—⑥—⑦—⑧，用双箭线表示。

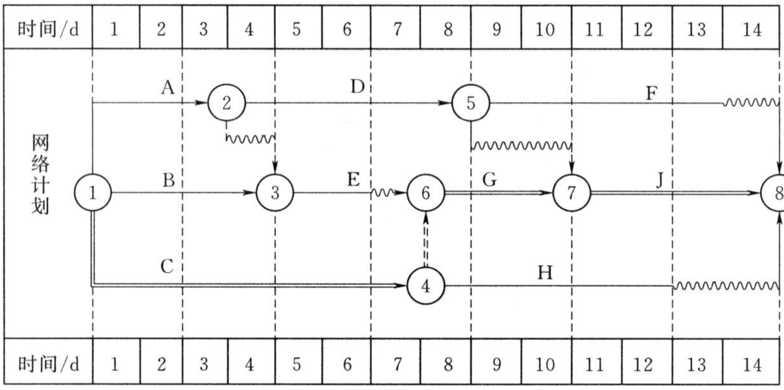

图 4.27 双代号时标网络计划

2. 计算工期的判定

网络计划的计算工期应等于终点节点所对应的时标值与起点节点所对应的时标值之差。如图 4.27 中，计算工期 $T_C = 14 - 0 = 14(\mathrm{d})$。

4.4.4.2 相邻两项工作之间时间间隔的判定

除以终点节点为完成节点的工作外，工作箭线中波形线的水平投影长度表示工作与其紧后工作之间的时间间隔。

4.4.4.3 工作 6 个时间参数的判定

在时标网络计划中，6 个工作时间参数的确定步骤如下。

1. 最早时间参数的确定

按最早开始时间绘制时标网络计划，最早时间参数可以从网络图上直接确定。

(1) 最早开始时间 ES_{i-j}。每条实箭线左端箭尾节点（i 节点）中心所对应的时标值，即为该工作的最早开始时间。

(2) 最早完成时间 EF_{i-j}。如箭线右端无波形线，则该箭线右端节点（j 节点）中心所对应的时标值为该工作的最早完成时间；如箭线右端有波形线，则实箭线右端末所对应的时标值即为该工作的最早完成时间。

如图 4.27 中可知：$ES_{1-3}=0$，$EF_{1-3}=4$；$ES_{3-6}=4$，$EF_{3-6}=6$。以此类推确定。

2. 自由时差的确定

时标网络计划中各工作的自由时差值应为表示该工作的箭线中波形线部分在坐标轴上的水平投影长度。

如图 4.27 中可知：工作 E、H、F 的自由时差分别为：$FF_{3-6}=1$，$FF_{4-8}=2$，$FF_{5-8}=1$。

3. 总时差的确定

时标网络计划中工作的总时差的计算应自右向左进行，且符合下列规定。

(1) 以终点节点 ($j=n$) 为箭头节点的工作的总时差 TF_{i-n} 应按网络计划的计划工期 T_P 计算确定，即：

$$TF_{i-n}=T_P-EF_{i-n}$$

如图 4.27 中可知，工作 F、J、H、的总时差分别为：

$$TF_{5-8}=T_P-EF_{5-8}=14—13=1$$

$$TF_{7-8}=T_P-EF_{7-8}=14-14=0$$

$$TF_{4-8}=T_P-EF_{4-8}=14-12=2$$

(2) 其他工作的总时差等于其紧后工作 $j—k$ 总时差的最小值与本工作的自由时差之和，即：

$$TF_{i-j}=\text{Min}[TF_{j-k}]+FF_{i-j}$$

图 4.28 中，各项工作的总时差计算如下：

$TF_{6-7}=TF_{7-8}+FF_{6-7}=0+0=0$

$TF_{3-6}=TF_{6-7}+FF_{3-6}=0+1=1$

$TF_{2-5}=\text{Min}[TF_{5-7}，TF_{5-8}]+FF_{2-5}=\text{Min}[2，1]+0=1+0=1$

$TF_{1-4}=\text{Min}[TF_{4-6}，TF_{4-8}]+FF_{1-4}=\text{Min}[0，2]+0=0+0=0$

$TF_{1-3}=TF_{3-6}+FF_{1-3}=1+0=1$

$TF_{1-2}=\text{Min}[TF_{2-3}，TF_{2-5}]+FF_{1-2}=\text{Min}[2，1]+0=1+0=1$

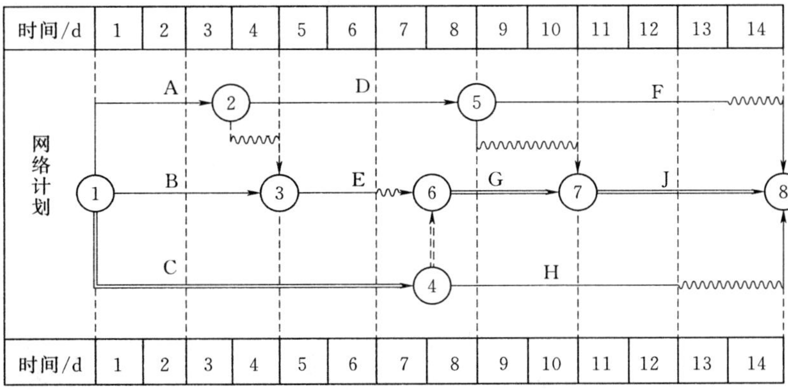

图 4.28 双代号时标网络计划

4. 最迟时间参数的确定

时标网络计划中工作的最迟开始时间和最迟完成时间可按下式计算：

$$LS_{i-j}=ES_{i-j}+TF_{i-j}$$

$$LF_{i-j}=EF_{i-j}+TF_{i-j}$$

如图 4.28 中，工作的最迟开始时间和最迟完成时间为：

$$LS_{1-2}=ES_{1-2}+TF_{1-2}=0+1=1$$

$$LF_{1-2}=EF_{1-2}+TF_{1-2}=3+1=4$$

$$LS_{1-3}=ES_{1-3}+TF_{1-3}=0+1=1$$

$$LF_{1-3}=EF_{1-3}+TF_{1-3}=4+1=5$$

由此类推，可计算出各项工作的最迟开始时间和最迟完成时间。由于所有工作的最早开始时间、最早完成时间和总时差均为已知，故容易计算，此处不再一一列举。

想一想　练一练：

1. 双代号网络图与双代号时标网络图的主要区别是什么？
2. 绘制表 4.4 和表 4.5 所示网络计划的双代号时标网络图，并判断其六个时标。

任务 4.5　网络计划的优化

学习目标：

1. 知识目标：①工期优化的含义；②资源优化的含义；③费用优化的含义。

2. 技能目标：①能进行工程网络图的工期优化；②知道资源优化和费用优化在工程建设中的作用。

3. 素质目标：①认真仔细的工作态度；②严谨的工作作风。

项目任务：学习网络计划优化的概念，并掌握进度计划优化的步骤。

项目描述：网络进度计划的优化，始终伴随水利工程的建设全过程，网络计划的优化包括工期优化、资源优化、费用优化，这三种优化在工程建设中非常重要，掌握三种优化的内涵非常重要，且要求掌握进度计划的优化方法和步骤。

知识平台：

通过绘制网络图，计算网络时间参数，以及确定关键路线，得到的仅是一个初步计划方案。为了得到一个各方面都较好的方案，一般一项工程或任务的网络计划，往往要根据项目的要求综合考虑进度、资源利用和降低费用等目标，进行调整和改善，综合地考虑时间、资源和费用等目标，进行网络优化，确定最优的方案。

4.5.1　工期优化

欲对工程项目进行工期优化，必须抓住网络的关键路径，从各项关键活动中设法提出改进方案。关键路径上各工序如果拖期，就会影响整个工程的如期完成，若想压缩工程项目的完工期限，也必须从关键路径入手才能奏效，有时甚至要在初步网络图上修订几次才能达到要求。

1. 工期的调整和优化方法

（1）采取技术措施，主要是利用新技术、新工艺、高质量的原材料，或投入更多的人力、物力和设备，缩短工程完工时间。

（2）在工艺流程许可的情况下，对关键路线上的各道工序组织平行作业或交叉作业。

（3）采取组织措施，充分利用非关键工序的总时差，考虑放慢非关键工序的进度，合理调配人财物等资源去支援关键工序，缩短关键工序的作业时间。

2. 工期的调整步骤

（1）确定初始网络计划的计划工期和关键线路。

（2）将计划工期与指令工期比较，求出需要缩短的时间。

（3）采用适当的优化措施压缩关键线路的长度，并求出网络计划新的关键线路和工期。

（4）若调整后的工期符合规定要求，则优化结束，否则重复步骤（3）直到符合要求为止。

4.5.2 费用优化

一项工程或计划都是由许多必要的工作或工序组成的。这些工作或工序都有着各自的施工方法、施工机械材料及持续时间等；根据这些因素和实际条件，一项工程可组合成若干方案。而成本就是确定最优组合方式的一个重要技术经济指标。但是，在一定范围内，成本是随着工期的变化而变化的，在工期与成本之间就应存在最优解的平衡点。工期-成本优化就是应用前述的网络计划方法，在一定约束条件下，综合考虑成本与工期两者的相互关系，以期达到成本低，工期短。

工程成本包括直接费用和间接费用两部分。在一定范围内，直接费用随着时间的延长而减少，而间接费用则随着时间延长而增加。曲线上的最低点就是工程计划的最优方案之一。此方案工程成本最低，相对应的工程持续时间称为最优工期。

间接费曲线：表示间接费用和时间成正比关系的曲线，通常用直线表示。其斜率表示间接费用在单位时间内的增加（或减少）值。间接费用是与施工单位的管理水平、施工条件、施工组织等有关。

直接费曲线：表示直接费用在一定范围内和时间成反比关系的曲线。一般在施工时为了加快作业速度，必须突击作业，也即采取加班加点和多班制作业，增加许多非熟练工人，并且增加了高价的材料及劳动力，采用高价的施工方法及机械设备等。这样，尽管工期加快了但其直接费用也增加了。然而，在施工中存在着一个极限工期。另外，也同样存在着，不管怎样延长工期也不能使得直接费用再减少，此时的费用称为最低费用亦称正常费用。相应的工期称为正常工期。表示某工作（工序）的时间-直接费关系。

直接费用曲线实际上并不像图中那样圆滑，而是由一系列线段组成的折线，并且越接近最高费用（极限费用），其曲线越陡。确定其曲线是一件很麻烦的事，而且就工程而言，也不需要这样精确，所以，为了简化计算，一般都将其曲线近似表示为直线。其斜率称为费用斜率，表示单位时间内直接费用的增加（或减少）。

根据各项工作的性质不同，其工作持续时间和费用之间的关系通常有以下两种情况。

（1）连续型变化关系。有些工作的直接费用随着工作持续时间的改变而改变。介于正常持续时间和最短时间（极限）之间的任意持续时间的费用可根据其费用斜率，用数学算式推算出来。这种时间和费用之间的关系是连续变化的，称为连续型变化关系。

（2）非连续型变化关系。有些工作的直接费用与持续时间之间的关系是根据不同施工方案分别估算的，所以，介乎于正常持续时间与最短持续时间之间的关系不能用线性关系表示，不能通过数学算式计算，只能存在几种情况供选择。

网络计划时间-费用优化的步骤：

（1）按正常工期编制网络计划，并计算计划的工期和完成计划的直接费。

（2）列出构成整个计划的各项工作在正常工期和最短工期时的直接费，以及缩短单位时间所增加的费用，即单位时间费用变化率。

（3）根据费用最小原则，找出关键工作中单位时间费用变化率最小的工序首先予以压缩。这样使直接费增加的最少。

（4）计算加快某关键工作后，计划的总工期和直接费，并重新确定关键线路。

重复（3）、（4）的内容，直到网络计划中关键线路上的工序都达到最短持续时间不能再压缩为止。

（5）根据以上计算结果可以得到一条直接费曲线，如果间接费曲线已知，叠加直接费与间接费曲线得到总费用曲线。

（6）总费用曲线上的最低点所对应的工期，就是整个项目的最优工期。

4.5.3 资源优化

1. 资源优化的意义和目的

（1）意义：一项计划要按期完成往往会受到资源的限制，在实际任务的计划中，还需要考虑实现这项计划的客观物质条件。一项好的工程计划安排，一定要合理地使用现有的资源。如果工作进度安排的不得当，就会在某些阶段出现资源需求的高峰，而在另一些阶段则出现资源需求低谷。这种高峰与低谷的存在是一种资源没有得到很好利用的浪费现象。

（2）目的：合理地安排工作进度，解决资源的供需矛盾或实现资源的均衡利用。

2. 资源优化的类型。

（1）工期限定，资源消耗均衡。

（2）资源有限，工期最短。

3. 资源优化的方法

（1）工期限定，资源消耗均衡。

目标：在工期限定的条件下，安排工作进度，实现资源的均衡利用。

步骤：

1）绘制时标网络图。

2）绘制资源图。

3）求资源高峰值 R_m、平均值 R、不均衡系数 K。

4）调整各工序的开竣工时间，使物资供应均衡。

5）计算调整后的资源高峰值 R_m、平均值 R、不均衡系数 K，并与调整前进行比较。

（2）资源有限，工期最短。

目标：在资源有限的情况下，安排工作进度，力求使工期增加最少。

资源调整步骤：

绘制时标网络图，绘制资源需要量图，找出超过规定值的时间，调整相关工序的开竣工时间，使满足资源限制的条件，而工期又最短。

项目实施：

已知某工程双代号网络计划如图 4.29 所示，图 4.29 中箭线下方括号外数字为工作正常持续时间，括号内数字为最短持续时间；箭线上方括号内数字为优选系数。压缩工作持续时间时，应将工作的优选系数（或组合优选系数，即优选系数之和）最小者作为优先压缩对象。现假设要求工期为 15 天，试对其工期进行优化。

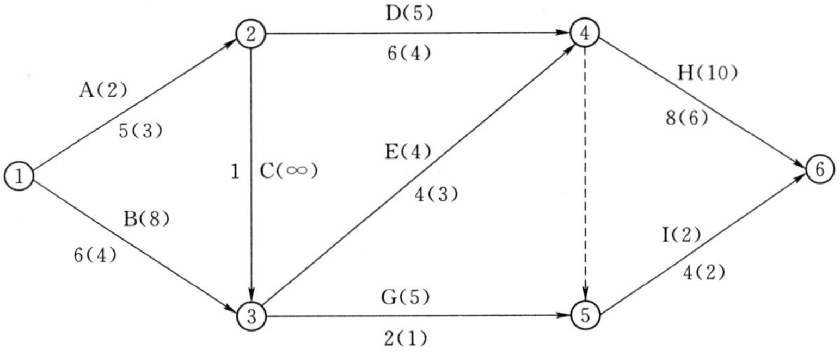

图 4.29　初始网络计划

【解】该网络计划的工期优化步骤如下：

（1）根据各项工作的正常持续时间，用标号法确定网络计划的计算工期和关键线路，如图 4.30 所示，此时关键线路为①—②—④—⑥。

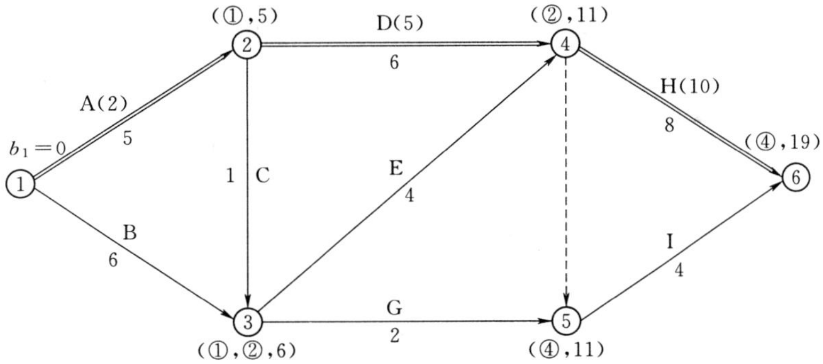

图 4.30　初始网络计划中的关键线路

（2）计算应缩短的时间：

$$\Delta T = T_C - T_r = 19 - 15 = 4$$

式中　T_C ——网络计划的计算工期；

　　　T_r ——要求工期。

（3）此时关键工作为 A、D 和 H，其中 A 工作的优选系数最小，因此应将 A 工作作为优先压缩对象。

（4）将关键工作 A 的持续时间压缩至最短持续时间 3，确定新的计算工期和关键线路，如图 4.31 所示，此时关键工作 A 被压缩成非关键工作，故将其持续时间 3 延长为 4，使之成为关键工作。此时，网络计划中有两条关键线路，即：①—②—④—⑥和①—③—④—⑥。

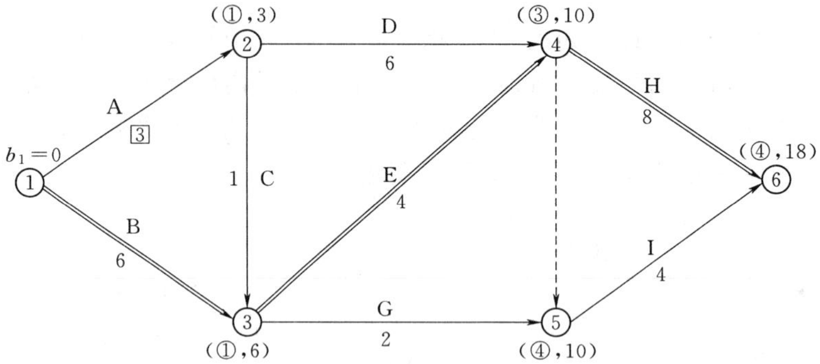

图 4.31　工作压缩最短时的关键线路

（5）此时计算工期为 18，仍大于要求工期，故需继续压缩。在图 4.32 所示的网络计划中，有以下 5 个压缩方案。

1）同时压缩工作 A 和 B，组合优选系数为：2＋8＝10。

2）同时压缩工作 A 和 E，组合优选系数为：2＋4＝6。

3）同时压缩工作 B 和 D，组合优选系数为：8＋5＝13。

4）同时压缩工作 D 和 E，组合优选系数为：5＋4＝9。

5）压缩工作 H，优选系数为 10。

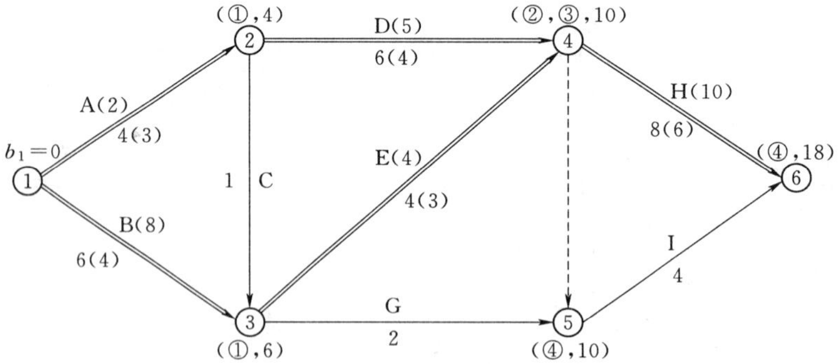

图 4.32　第一次压缩后的网络计划

在上述方案中，组合优选系数最小的为方案 2），故应同时压缩工作 A 和 E，各压缩 1 天（压缩至最短），再确定计算工期和关键线路，如图 4.33 所示，此时，网络计划中仍有两条关键线路，即：①—②—④—⑥和①—③—④—⑥。

（6）此时计算工期为 17，仍大于要求工期，故需继续压缩。由于关键工作 A 和 E 的

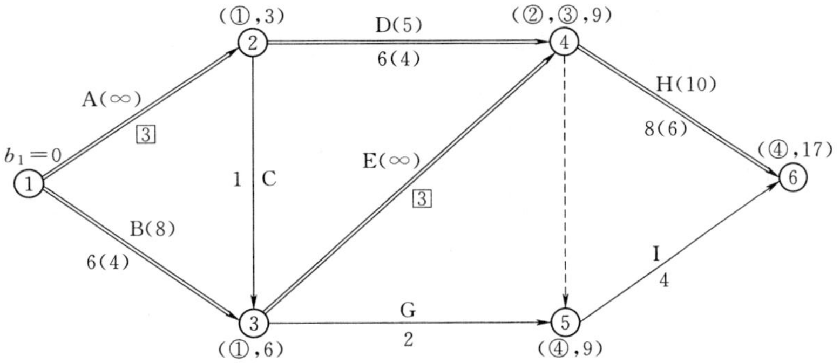

图 4.33　第二次压缩后的网络计划

持续时间已达最短，不能再压缩。故此时压缩方案只有两个。

1）同时压缩工作 B 和 D，组合优选系数为：8+5=13。

2）压缩工作 H，优选系数为 10。

根据上述原则，应选择压缩工作 H，将其持续时间缩短 2，再确定计算工期和关键线路，如图 4.34 所示。此时计算工期为 15，已等于要求工期，故图 4.34 所示网络计划即为优化方案。

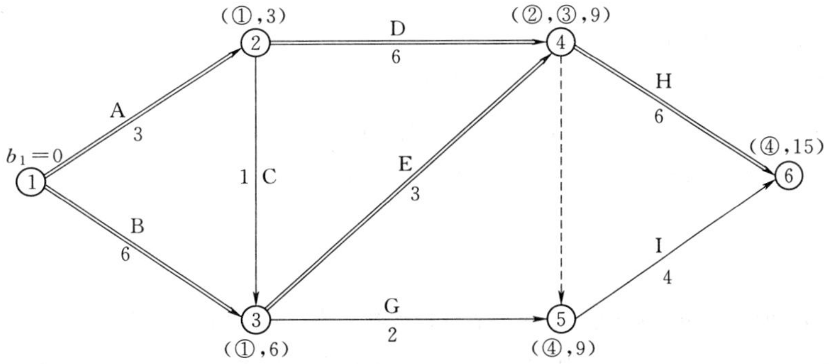

图 4.34　工期优化后的网络计划

想一想　练一练：

1. 某网络计划的有关资料见表 4.9，试对该计划进行“工期固定，资源均衡”的优化。

表 4.9　　某网络计划的有关资料

工作名称	A	B	C	D	E	F	G	H
持续时间/d	6	2	3	7	8	5	3	10
紧前工作	—	—	B	AC	AC	B	D	EF
每日资源消耗量	8	10	12	9	8	12	10	6

2. 已知某工程双代号网络计划如图 4.35 所示，图 4.35 中箭线下方括号外数据为工作正常持续时间，括号内数字为最短持续时间，箭线上方括号内数据为优选系数，该系数综合考虑质量、安全和费用增加情况而确定。选择关键工作压缩其持续时间时，应选择优

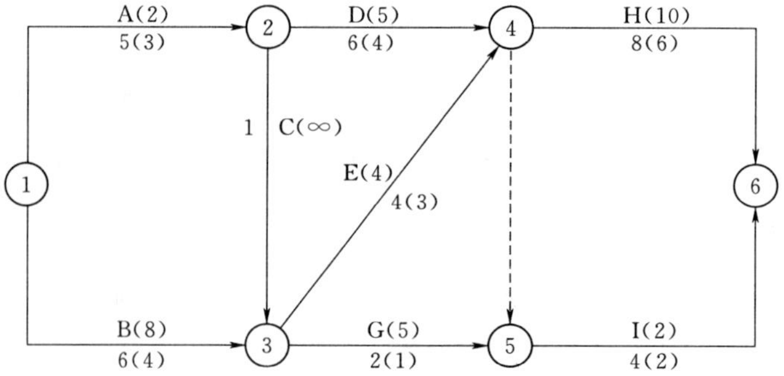

图 4.35　某工程双代号网络计划

选系数最小的关键工作。若需要同时压缩多个关键工作的程序时间时，则它们的优选系数之和最小者应优先作为压缩对象。现要求工期为 15 天，试对其进行工期优化。

知识拓展：资源优化和费用优化如何进行。

任务 4.6　网络计划软件介绍

学习目标：

1. **知识目标**：了解进度计划软件。
2. **技能目标**：能简单使用网络进度计划软件。
3. **素质目标**：①认真仔细的工作态度；②有工程意识。

项目任务：了解项目进度计划软件的作用和使用。

项目描述：了解国内常用的各种进度计划软件。

知识平台：

网络计划软件是工程项目管理软件的重要组成部分。20 世纪 70 年代开始，随着计算机在工程建筑行业的逐步应用，用于工程项目上的网络计划管理软件越来越多。网络计划管理软件是以项目的施工环节为核心，以工程进度控制为出发点，利用网络计划技术，对施工过程中的进度、费用、资源等进行综合管理的一类应用软件。它包括 5 个主要功能模块：进度计划管理功能、资源管理功能、费用管理功能、报告生成与输出功能、辅助功能（主要指与其他软件的接口、二次开发、数据保密等）。

现在国外项目管理软件有：Primavera 公司的 P3、Artemis 公司 Artemis Viewer、NIKU 公司的 Open WorkBench、Welcom 公司的 OpenPlan 等软件，这些软件适合大型、复杂项目的项目管理工作；而 Sciforma 公司的 ProjectScheduler（PS）、Primavera 公司的 SureTrak、Microsoft 公司的 Project、IMSI 公司的 TurboProject 等则是适合中小型项目管理的软件。值得一提的是，SAP 公司的 ProjectSystems（PS）Module 也是一款不错的企业级项目管理软件。国内的工程项目管理软件功能较为完善的有：新中大软件、邦永科技 PM2、建文软件、三峡工程管理系统 TGPMS、易建工程项目管理软件等，基本上是在借鉴国外项目管理软件的基础上，按照我国标准或习惯实现上述功能，并增强了产品的易用性。

目前世界上比较著名的网络计划软件包括：Time Line，Harvard，Primavar Project Planner（P3）及 Microsoft 公司的 Ms-Project。另外国内也出现了一些相似的软件，如梦龙公司推出的软件等。

（1）Time Line 项目管理软件是美国 Symantec 公司 1990 年推出的，可以自动生成时标横道图、网络图、项目分解图等，具有先进的图形自动生成、显示、预演、打印和绘制功能、强大的编程功能以及使用方便等特点；而由美国哈佛大学开发的“工程项目管理”（Harvard Project Manager）和“工程项目综合管理系统”（Harvard Total Project Manager）系列软件，具有功能齐全、效率高、实用性强的特点。

（2）P3 软件是 Primavera Project Planner 的简称，是由美国 Primavera System Inc. 开发的一个基于计算机技术和网络计划技术的工程项目管理软件，在国际上有着极高的知名度和普及程度，主要功能是进度、费用和资源管理。主要特点是软件之中融合了先进的项目管理思维和方法，使得长期以来困扰工程管理人员的工期进度、费用和资源投入情况等无法整体性地动态管理的问题得到了很好的解决。此外，软件还能将工程的现行进度与目标管理有机地联系到一起，从而使得项目管理的思想和方法变为一种可操作性很强的、切实可行的手段。P3 软件是用于项目进度计划、动态控制、资源管理和成本控制的优秀项目管理软件，在国际上具有极高的知名度，逐渐成为工程项目管理行业的标准软件。世界银行也在大型项目上推荐使用 P3 软件。

（3）Microsoft Ms-Project 是基于关键路径法（CPM）和计划评审技术（PERT）两种技术，主要用于大中型项目的计划制定、评审、优化、资源合理调配和现场动态跟踪的通用的肯定型网络计划软件包。它具有：①分析和预测功能，包括工期变动分析、不可预见事件分析（如恶劣气候、汇率变动、市场物价变动、分包商情况变动等），在分析基础上产生预测功能，主要包括进度预测、投资预测、资金需求预测等，并有相应的数学模型；②计算机网络的使用和通信功能，主要是局域网上的多用户操作和多项目管理，以及借助 Internet、Intranet、电子邮件等先进的通信工具和手段，减少项目管理组开展工作所受的地域限制。

此外，国外网络计划软件还有 HTPM 和德国 Acos 推出的 PLRSEINS 等。

自 20 世纪 80 年代开始，国内项目管理软件经过 30 多年的发展，已经研制出适用于公司和项目两个层次的产品，而且部分软件的技术水平达到新的高度，令外国同行刮目相看，为发展适合国情的信息产品奠定了技术基础，如北京梦龙公司的智能管理系统 Pert、大连同洲公司的项目计划管理系统 TZ-Project。

项目5 认 识 工 程 造 价

任务5.1 工程造价的概念和作用

学习目标：

1. 知识目标：①水利工程造价文件的概念；②水利工程造价的类型；③水利工程造价的编制方法。

2. 技能目标：①知道水利工程造价的特点；②知道水利工程造价的计价特征。

3. 素质目标：①认真仔细的工作态度；②严谨的工作作风；③遵守编制规定的要求。

项目任务：学习水利工程造价的概念和造价文件的类型。

项目描述：通过学习，对水利工程造价有一个基本的认识。

知识平台：

5.1.1 工程造价的概念

5.1.1.1 工程造价的含义

工程造价的直接含义就是工程的建造价格，这里所说的工程，泛指一切建设工程。工程造价有两层含义：一是指建设项目的建设成本，即是完成一个建设项目所需费用的总和，包括建筑工程费、安装工程费、设备费，以及其他相关的必需费用；二是指建设项目中承发包工程的承发包价格，即是发包方与承包方签订的合同价。

工程造价的两种含义最主要的区别在于需求主体和供给主体在市场追求的经济利益不同，因而管理的性质和管理目标不同。从管理性质看，前者属于投资管理范畴，后者属于价格管理范畴，但两者又互相交叉。从管理目标看，作为项目投资或投资费用，投资者在进行项目决策和项目实施中，首先追求的是决策的正确性。其次，在项目实施中完善项目功能，提高工程质量，降低投资费用，按期或提前交付使用，是投资者始终关注的问题。

建设工程造价是指一项建设工程项目预计开支或实际开支的全部固定资产投资费用，即是建设工程项目按照确定的建设内容、建设规模、建设标准、功能要求和使用要求等全部建成并验收合格、交付使用所需的全部费用。

5.1.1.2 工程造价的特点

1. 大额性

任何一项建设工程，不仅工程实物形体庞大，而且造价花费高昂，动辄数百万元、上千万元，特大的工程项目可达数百亿元、千亿元造价，工程造价的大额性关系到多方面的经济利益，同时对社会宏观经济有重大影响，这就决定了工程造价的特殊地位。

2. 动态性和阶段性

由于每项建设工程特别是大型水利建设工程从决策到竣工交付使用，都要经历一个漫长的建设阶段，在这个建设期间如工程变更、材料价格、费率、利率、汇率等都有可能发生调整和变化，这种变化势必影响到工程造价的变动，所以整个工程造价在阶段内还处于不确定状态，直至竣工决算后才能确定最终工程造价，建设周期越长，资金的时间价值越突出；由于工期长，变动因素大，不能一次确定工程造价，也就确定了在建设工程各个阶段进行计价，以保证工程造价的确定和控制的科学性。

3. 个别性、差异性

任何一项建设工程都有特定的用途、其功能和规模各不相同，因而使得每一项工程的结构、造型、平面布置、设备配置和装饰等有不同要求工程，同时因为工程所处地区等因素，所以产品的内容和形态具有差异性，产品的差异性决定了工程造价的个别性差异，同时决定了工程造价的单个性。

4. 层次性

工程造价的层次性取决于工程的层次性，一个建设项目是由若干个单项工程组成，而一个单项工程又是由若干个单位工程组成，与此相适应，工程造价也由三个层次相对应，即建设项目总造价、单项工程总造价和单位工程造价。

5. 兼容性

工程造价的兼容性一是表现在它具有两种含义，二是表现在工程造价构成因素的广泛性和复杂性。

5.1.1.3 工程造价的计价特征

1. 单独性计价

项目的单个性导致了建设工程造价的差异性，因此每个工程必须单独计算其工程造价。

2. 多次性计价

建设项目周期长、不确定因素多、规模大造价高，很难一次性确定其价格，因此按建设程序要分阶段进行、分阶段计价，以保证工程造价的确定与控制的科学性，图 5.1 表示了其特点和过程。

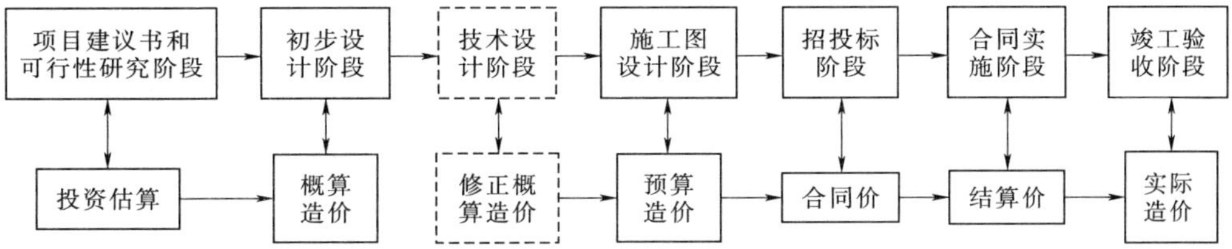

图 5.1　工程多次性计价示意

3. 分解、组合计价

建设项目的规模一般比较大，在计价时一般采用逐步分解的方式，即单项工程、单位工程、分部工程和分项工程等，以便于用适量的计量单位计算并测定和计算工程基本构成要素。分项计价后，逐步汇总就可形成各部分造价。

4. 计价方法的多样性

工程的多次计价有各不相同的计价依据，每次计价的精确度要求也各不相同，由此决定了计价方法的多样性。例如，投资估算的方法有设备系数法、生产能力指数估算法等。

5. 计价依据的复杂性

由于影响造价的因素多，决定了计价依据的复杂性。计价依据主要可分为以下 7 类。

（1）设备和工程量计算依据，包括项目建议书、可行性研究报告、设计文件等。

（2）人工、材料、机械等实物消耗量计算依据，包括投资估算指标、概算定额、预算定额等。

（3）工程单价计算依据，包括人工单价、材料价格、材料运杂费、机械台班费等。

（4）设备单价计算依据，包括设备原价、设备运杂费、进口设备关税等。

（5）措施费、间接费和工程建设其他费用计算依据，主要是相关的费用定额和指标。

（6）政府规定的税、费。

（7）物价指数和工程造价指数。

工程计价依据的复杂性不仅使计算过程复杂，而且需要计价人员熟悉各类依据，并加以正确应用。

5.1.2 造价文件的类型和作用

水利水电工程在基本建设程序的不同阶段，由于工作深度不同，要求不同，其工程造价文件类型也不同，各阶段要分别编制相应的造价文件（见图 5.1），以保证工程造价的确定与控制的科学性，下面简单介绍下现行的工程造价文件的类型和作用。

1. 投资估算

投资估算是在项目建议书和可行性研究阶段，根据投资估算指标、类似工程造价资料、现行设备材料价格并结合工程实际情况，对拟建项目的投资进行预测和确定。投资估算是可行性研究阶段对建设工程造价的预测，是控制拟建项目投资的最高限额，应充分考虑各种可能的需要、风险、价格上涨等因素，要打足投资，不留缺口，适当留有余地，投资估算是判断项目可行性、进行项目决策的主要依据之一，投资估算是工程造价全过程管理的“龙头”，抓好这个“龙头”有十分重要的意义。

2. 设计概算

设计概算是初步设计阶段对建设工程造价的预测，是初步设计文件的重要组成部分。初设概算在已经批准的可行性研究阶段投资估算静态总投资的控制下进行编制。

由于初步设计阶段对建筑物的布置、结构型式、主要尺寸以及机电设备的型号、规格等均已确定，所以概算对建设工程造价不是一般意义上的测算，而是带有定位性质的测算。因此，初步设计概算经批准以后是建设项目成本管理、成本控制的依据，是确定和控制基本建设投资、编制基本建设计划、编制利用外资概算和业主预算、编制工程标底、实行建设项目包干、考核工程造价和验核工程经济合理性以及建设单位向银行贷款的依据。概算经批准后，相隔两年或两年以上工程未开工的，工程项目法人应委托设计单位对概算进行重新编制，并报原审查单位进行审批。

工程开工后，由于设计有重大修改，遇有不可抗拒的重大自然灾害、国家有较大的政策性调整、物价有较大幅度的上涨等原因造成投资大幅度突破原概算时，项目法人可以要求编制调整概算。

利用外资建设的水利水电工程项目，设计单位应编制包括内资和外资全部工程投资的总概算（简称外资概算）。外资概算的编制一般应按两个步骤进行：第一步按国内概算的编制办法和规定，完成全内资概算的编制；第二步再按已确定的外资来源、额度和投向，可参照水利水电工程利用外资概算编制办法有关规定编制外资概算。

3. 项目管理预算

由项目法人（或建设单位）委托具备相应资质的水利工程造价咨询单位，在批准的初步设计概算静止态投资限额之内，依据水利部《水利工程建设实施阶段造价管理办法》中的附件1《水利工程项目管理预算编制办法》，编制项目管理预算。在编制项目管理预算时，执行“总量控制、合理调整”的原则，根据工程建设情况、分标项目，对初步设计概算各单项、单位、分部工程的量、价进行合理调整，以利于在工程建设中对工程造价进行管理和控制。

4. 标底与报价

根据我国现行法规规定，施工单项合同估算价在200万元以上，勘测设计、监理单项合同估算价在50万元以上或项目总投资额在3000万元以上的项目均需实行招标。对水利工程，除了个别不宜招标的项目外，所有列入国家和地方水利建设计划的水利基本建设工程项目，都要通过招标来选定施工单位。

标底是招标人对发包工程的预期价格，它可用来测算和科学评价投标报价的合理性，是业主委托具有相应资质的单位，根据招标文件、图纸，按有关规定，结合该工程具体情况，计算出的合理工程价格，作为发包的工程的标准价格。

标底的主要作用是招标单位对招标工程所需投资的自我测算，明确自己在发包工程上应承担的财务义务。标底也是衡量投标单位标价的准绳和评标的重要尺度。

报价，即投标报价，是施工企业（或厂家）对建安工程施工产品（或机电、金属结构设备）的自主定价。相对于国家定价、标准价而言，它反映的是市场价，体现了企业的经营管理和技术、装备水平。中标的报价是基本建设的成交价格。

5. 施工图预算

施工图预算是根据施工图纸、施工组织设计、按照国家或省（直辖市、自治区）颁发的预算定额和工程量计算规则、地区材料预算价格、施工管理费标准、利润等，计算每项工程所需人力、物力和投资额的文件。它是施工前组织物资、机具、劳动力，编制施工计划，统计完成工作量，办理工程价款结算，实行经济核算，考核工程成本，实行建筑工程包干和建设银行拨（贷）工程费用的依据。施工图预算应在已批准的设计概算控制下进行编制。施工图预算是设计阶段控制工程造价的重要环节，是控制施工图设计不突破设计概算的重要措施，是编制或调整固定资产投资计划的依据，对于实行施工招标的工程不属《水利工程工程量清单计价规范》（GB 50501—2007）规定执行范围的，可用施工图预算作为编制标底的依据，此时它是承包企业投标报价的基础，对于不宜实行招标而采用施工图预算加调整价结算的工程，施工图预算可作为确定合同价款的基础或作为审查施工企业提出的施工图预算的依据。

6. 施工预算

施工预算是由施工单位在工程开工前编制，施工单位为了加强企业内部经济核算，节约人工和材料，合理使用机械，在施工图预算的控制下，通过工、料分析，计算拟建工程工、料和机具等需用量，并直接用于生产的经济性文件。它是直接用于施工生产管理的技术经济文件。施工预算是企业进行劳动调配，物资技术供应，反映企业个别劳动量与社会平均劳动量之间的差别，控制成本开支，进行成本分析和班组经济核算的依据。

7. 竣工结算和竣工决算

竣工决算是建设单位向国家（或业主）汇报建设成果和财务状况的总结性文件，是竣工验收报告的重要组成部分，它反映了工程的实际造价。竣工决算由建设单位负责编制。

竣工决算的作用主要是建设单位向管理单位移交财产、考核工程项目投资、分析投资效果的依据。编好竣工决算对促进竣工投产、积累技术经济资料有重要意义。

竣工结算是指工程完工、交工验收合格后，施工单位与建设单位对承建工程项目的最终结算（施工过程中的结算属中间结算）。

竣工结算与竣工决算的主要区别有两点：①范围，竣工结算的范围只是承建工程项目，是基本建设项目的局部，而竣工决算的范围是基本建设项目的整体；②成本内容，竣工结算只是承包合同范围内的预算成本，而竣工决算是完整的预算成本，它还要计入工程建设的其他费用开支、水库淹没处理、水土保持及环境保护工程费用、临时工程设施费和建设期融资利息等工程成本和费用。由此可见，竣工结算是竣工决算的基础，只有先办理竣工结算，才有条件编制竣工决算。

综上所述，从投资估算、设计总概算、项目管理预算到最后的竣工决算，整个计划是一个由粗到细、由浅到深，最后确定工程实际造价的过程。以上是国内工程造价成果的类型，与国外的工程造价成果类型不大相同，以英国、美国为例，从规划选点到招标阶段，工程造价成果分5种类型：概念性估算、初步估算、控制性估算、工程师估算（或工程师概算）、标底估算。工程深度由粗到精，允许误差由大到小，分别约为±20%、±15%、±10%、±5%左右。

5.1.3 工程造价编制的基本方法

随着社会主义市场经济体制的建立，要求对项目投资进行预测和控制，合理确定和有效调控建设工程造价，提高工程造价编制水平，反映工程的实际造价，目前国内外预测工程造价的方法有以下几种。

1. 综合指标法

在工程建设项目建议书阶段和可行性研究阶段，因工作深度不足，无法确定具体项目和工程量。此时可采用综合指标法对工程造价进行预测。综合指标法所采用的综合指标应由专门机构、专业人员，通过对已建成或在建的工程项目的有关资料进行综合分析得到。综合指标应具有权威性、概括性，并能反映不同行业、不同类型工程项目的特点。综合指标法的特点是概括性强，不需做具体分析。如大坝混凝土综合指标，包括坝体、溢流面、闸墩、胸墙、导流墙、工作桥、消力池、护坦、海漫等；综合指标中包括人工费、材料费、机械使用费及其他费用并考虑了一定的扩大系数。在编制设计概算时水利水电工程的其他永久性专业工程，如铁路、公路、桥梁、供电线路、房屋建筑工程等，也可采用综合指标法编制设计概算。

2. 单价法

单价法是新中国成立至今一直沿用的一种编制建安工程造价的方法，单价法适用于设计概（预）算、施工预算等。由于此方法多采用套定额计算工程单价，故又称定额法。本书主要介绍的工程造价的编制方法为单价法。日本、德国也采用单价法，但无统一的定额和规定的取费标准。

单价法是将建安工程按工程性质、部位，划分为若干个分部分项工程，其划分的粗细程度应与所采用的定额相适应，根据定额给定的分部分项工程所需的人工、材料、机械台时数量乘以相应人、材、机的价格，求得人工费、材料费和机械使用费，再按有关规定的其他直接费、间接费、利润和税金的取费标准，计算出工程单价。各分部分项工程的工程量分别乘以相应的工程单价，然后，合计求得工程造价。

单价法计算简单、方便。但由于定额标准反映的是一定时期和一定地区范围的“共性”，与各个具体工程项目的自然条件、施工条件及各种影响因素的“个性”之间存在有差异，有时甚至差异还很大。

3. 实物量法

实物量法预测工程造价是根据确定的工程项目、施工方案及劳动组合，计算各种资源（人、材、机）的消耗量，用当地资源的预算价格分别乘以相应的消耗量，求得完成工程项目的基本直接费用。其他费用的计算过程和单价法类似。实物量法编制工程造价的关键是施工规划，该方法编制工程造价的一般程序如下。

（1）直接费分析。

1）把工程中的各个建筑物划分为若干个工程项目，如土方工程、石方工程、混凝土工程等。

2）把每个工程项目再划分为若干个施工工序，如石方工程的钻孔、爆破、出渣等工序。

3）根据施工条件选择施工方法和施工设备，确定施工设备的生产率。

4）根据所要求的施工进度确定各个工序的施工强度，由此确定施工设备、劳动力的组合，根据进度计算出人员、材料、机械的总数量。

5）将人、材、机的总数量分别乘以相应的基础单价，计算出工程直接费用。

6）工程直接费用除以该工程项目的工程量即得直接费单价。

（2）间接费分析。根据施工管理单位的人员配备、车辆和间接费包括的范围，计算施工管理费和其他间接费。

（3）承包商加价分析。根据工程施工特点和承包商的经营状况、市场竞争状况等因素，具体分析承包商的总部管理费、中间商的佣金、承包人不可预见费以及利润和税金等费用。

（4）工程风险分析。根据工程规模、结构特点、地形地质条件、设计深度以及劳动力、设备材料等市场供求状况，进行工程风险分析，确定工程不可预见准备金。

（5）工程总成本计算。工程总成本为直接成本、间接成本、承包商加价之和，再加上施工准备工程费、设备采购工程、技术采购工程及有关公共费用、保险、不可预见准备金、建设期融资利息等。

大多数欧洲国家采用实物量法，该方法计算比较麻烦、复杂，要求造价人员有较高的业务水平和丰富的工程经验，且要掌握大量的基本资料。但这种方法是针对每个工程项目的具体情况预测工程造价，对设计深度满足要求，施工方法符合实际的工程采用此方法比较合理、准确，这也是国外普遍采用此方法的缘故。

采用实物量法预测工程造价改变了单价法采用国内平均先进水平、宏观控制投资的基本观点，而是与工程和市场实际情况以及适合本工程施工的施工企业水平直接挂钩，根据工程施工条件、工程进度、施工方法等编制更切合每个工程具体情况的合理造价，这种方法是“逐个量体裁衣”，因而切合实际、合理、准确。目前国际社会，特别是英国、美国等发达国家普遍采用这种方法编制工程造价，在某种程度上来说，已成为当今国际社会的一种惯例，将对加快我国水电工程造价改革起到积极推动作用。

想一想　练一练：

1. 工程造价的含义是什么？
2. 工程造价的特点有哪些？
3. 工程造价的计价特征有哪些？
4. 各类不同造价文件的作用是什么？
5. 简述工程造价编制的基本方法。

任务5.2　工　程　定　额

学习目标：

1. 知识目标：①工程定额的概念和分类；②工程定额的表现形式；③工程定额的作用；④工程定额的编制原则和方法；⑤工程定额的使用。

2. 技能目标：①知道水利工程工程定额的表现形式；②知道水利工程工程定额的使用情况；③能利用工程定额进行工程施工机械的配置和工程历时的计算。

3. 素质目标：①认真仔细的工作态度；②严谨的工作作风；③遵守编制规定的要求。

项目任务：学习水利工程工程定额的概念和作用。

项目描述：通过学习，掌握工程定额中数据的涵义和来历，知道不同阶段工程定额的类型，能正确使用工程定额中的数据计算工程机械配置及工程历时。

知识平台：

5.2.1　工程定额的概念与表现形式

5.2.1.1　工程定额的概念

定额是一种规定的额度，广义地说就是处理特定事物的数量界限。定额就是在一定的技术与组织条件下，生产质量合格的单位产品所消耗的人力、物力、财力的数量标准。它反映一定时期的社会生产力水平的高低。

在社会生产中，要生产出合格产品，就必须消耗掉一定数量的人力、材料和机具等，由于受各种因素影响，生产出一定数量相同类型产品，消耗量并不相同，消耗量越大，产品成本也就越高，根据一定时期的生产力水平和对产品质量要求，规定在产品生产中人力、物力或资金消耗数量标准，这种标准就是定额。

定额中规定资源消耗的多少反映定额水平，定额水平是一定时期社会生产力水平的反映，它与操作人员的技术水平、机械化程度及新材料、新工艺、新技术的发展和应用有关，所以定额不是一成不变的，它是随着生产力水平变化而变化的。一定时期定额水平必须坚持平均先进的原则，就是在一定生产条件下，大多数企业、班组和个人，经过努力可以达到或超过的标准。

定额的产生和发展是与社会生产力分不开的，人类在与大自然的斗争过程中逐步形成了定额的概念，定额作为一门科学，它伴随着资本主义企业管理而产生。定额产生于19世纪末资本主义企业管理的科学管理发展时期，20世纪初美国泰勒推出的实行标准操作方法，采用计件工资，以提高劳动生产效率的被称为“泰勒制”的方法，形成了最初的定额，使资本主义生产管理发生了重大的改变。

我国工程定额是随着国民经济的恢复和发展逐步建立起来的，工程定额从无到有，从不健全到健全经历了一个复杂的发展阶段。1958—1966年由于中央管理权限部分下放，劳动定额体制也进行了探讨性改革，1959年国务院有关部委做出联合决定，将定额管理权限收回中央，1962年正式修订颁发了全国建筑安装工程统一劳动定额，这一时期有关部委相继颁发了适合行业特点的定额，中华人民共和国成立以来水利部、水利电力部和能源部以及各省水利厅颁发了若干水利水电工程概预算有关的标准和定额（见表5.1），这些标准和定额具有行业特点，只适用于水利水电行业的概预算文件的编制。

表5.1　水利电力部、水利部和能源部颁发的有关水利水电概预算的有关标准和定额

颁发年份	标准和定额	颁发部门
1954	《水利水闸工程预算定额（草案）》 《水力发电建筑安装工程施工定额（草案）》 《水力发电建筑安装工程预算定额（草案）》	水利电力部
1956	《水力发电建筑安装工程预算定额》	水利电力部
1957	《水利工程施工定额（草案）》	水利电力部
1958	《水利水电建筑工程预算定额》	水利电力部
1958	《水力发电设备安装价目表》	水利电力部
1964	《水利水电建筑安装工、料、机械施工指标》 《水利水电建筑安装工程预算指标（征求稿）》 《水力发电设备安装价目表（征求稿）》	水利电力部
1973	《水利水电建筑工程定额（讨论稿）》	水利电力部
1975	《水利工程概算指标》	水利电力部
1980	《水利水电工程设计预算定额（试行）》	水利电力部
1983	《水利水电建筑安装工程统一劳动定额》	水利电力部
1985	《水利水电建筑安装工程机械台班定额》	水利电力部
1987	《水利水电建筑工程预算定额》 《水利水电设备安装工程预算定额》 《水利水电设备安装工程概预算定额》 《水利水电建筑工程概算定额》	水利电力部

续表

颁发年份	标准和定额	颁发部门
1989	《水利水电工程设计概（估）算费用构成及计算标准》 《水利水电工程执行概算编制办法》	能源部 水利部
1990	《水利水电工程可行性研究投资估算编制办法》 《水利水电枢纽工程项目建设工期定额》 《水利水电工程投资估算指标（试行）》	能源部 水利部
1991	《水利水电施工机械台班费定额》 《水利水电工程设计收费定额》 《水利水电工程勘测收费定额》	能源部 水利部
1991	《水利工程设计概（估）算费用构成及计算标准（试行）》	水利部
1994	《水利水电施工机械台班费定额的补充规定》	水利部
1998	《水利水电工程设计概（估）算费用构成及计算标准》	水利部
2002	《水利建筑工程预算定额》 《水利建筑工程概算定额》 《水利水电设备安装工程预算定额》 《水利水电设备安装工程概算定额》 《水利工程施工机械台时费定额》 《水利工程设计概（估）算编制规定》	水利部
2014	《水利工程设计概（估）算编制规定》	水利部

工程建设定额是指在工程建设中，消耗在单位产品上人工、材料、机械、资金和工期的规定额度，是建筑安装工程预算定额、综合预算定额、概算定额、概算指标、投资估算指标、施工定额和工期定额等的总称。

工程定额具有科学性、权威性、统一性、时效性与稳定性的特点。

目前普遍所用的标准是2014年水利部颁发的《水利工程设计概（估）算编制规定》和2002年颁发的《水利建筑工程概算定额》《水利建筑工程预算定额》《水利工程机械台时费定额》，以及1999年颁发的《水利水电设备安装工程概算定额》《水利水电设备安装工程预算定额》等，另外各省（直辖市、自治区）结合自身地域特点，各省（直辖市、自治区）水利厅颁发了若干水利水电工程概预算有关的标准和定额，按各地区有关规定参照执行。

5.2.1.2 工程定额的表现形式

定额一般有实物量式、价目表式、百分率式和综合式四种表示形式。

1. 实物量式

实物量式是以完成单位工程（工作）量所消耗的人工、材料及施工机械台时的数量表示的定额，如水利部《水利建筑工程概预算定额》、《水利水电设备安装工程概预算定额》等。这种定额使用时要用工程所在地编制年的价格水平计算工程单价，它不受物价上涨因素的影响，使用时间较长。现行水利部《水利建筑工程概预算定额》是实物量式定额。现行《水利水电设备安装工程概算定额》是以实物量式和百分率或两种形式表示的定额，实物量式定额表示形式见表5.2。

表 5.2　　　　　　　　　　　1m³ 装载机装土自卸汽车运输

适用范围：Ⅲ类土、露天作业　　　　工作内容：挖装、运输、卸除、空回　　　　单位：100m³

项目		单位	运 离/m					增运 1km
			1	2	3	4	5	
工长		工时						
高级工		工时						
中级工		工时						
初级工		工时	8.8	8.8	8.8	8.8	8.8	
合计		工时	8.8	8.8	8.8	8.8	8.8	
零星材料费		%	3	3	3	3	3	
装载机	1m³	台时	1.66	1.66	1.66	1.66	1.66	
推土机	59kW	台时	0.83	0.83	0.83	0.83	0.83	
自卸汽车	5t	台时	10.58	13.63	16.43	19.07	21.60	2.33
	8t	台时	7.21	9.11	10.86	12.51	14.09	1.46
	10t	台时	6.75	8.36	9.84	11.24	12.58	1.23
编号			10395	10396	10397	10398	10399	10400

2. 价目表式

价目表式是以编制年（部颁的以北京，省颁的以省会所在地）的价格水平给出完成单位产品的价格。该定额使用比较简便，但必须进行调整，否则很难适应工程建设动态发展的需要，已逐步被实物量定额所取代。

3. 百分率式

百分率式是以某取费基础的百分率表示的定额，如水总〔2014〕429 号文中其他直接费费率和间接费费率定额。

4. 综合式

如《水利水电工程施工机械台时费定额》是一种综合式定额，其一类费用是价目表式，二类费用是实物量式。综合式表示形式见表 5.3。

表 5.3　　　　　　　　　　　　土 石 方 机 械

项　目		单位	单 斗 挖 掘 机				
			油　动		电　动		
			斗　容/m³				
			0.5	1.0	2.0	3.0	4.0
（一）	折　旧　费	元	21.97	28.77	41.56	68.28	175.15
	修理及替换设备费	元	20.47	29.63	43.57	55.67	84.67
	安装拆卸费	元	1.48	2.42	3.08		
	小　计	元	43.92	60.82	88.21	123.95	259.82

续表

项目		单位	单斗挖掘机				
			油动		电动		
			斗容/m^3				
			0.5	1.0	2.0	3.0	4.0
（二）	人工 汽油 柴油 电 风 水 煤	工时 kg kg kW·h m^3 m^3 kg	2.7 10.7	2.7 14.2	2.7 100.6	2.7 128.1	2.7 166.8
备注						※	※
编号			1001	1002	1003	1004	1005

5.2.2 工程定额的分类

建设工程定额是工程建设活动中各类计价依据的总称，可以按照不同的原则和方法对其进行科学分类。

5.2.2.1 按照定额反映的物质消耗的内容划分

1. *劳动定额*

劳动定额是指在一定的生产和技术条件下，具有某种专长和技术水平的工人生产单位产品或完成一定工作量应该消耗的劳动量（一般用劳动或工作时间来表示）标准或在单位时间内生产产品或完成工作量的标准，称为人工定额、工时定额或工日定额，蕴涵着生产效益和劳动合理运用的标准，它是计算完成单位合格产品或单位工程量所需人工的依据。

劳动定额是表示建筑工人劳动生产率的指标，时间定额与产量定额是同一劳动定额的两种表现形式，各有其用途。时间定额是生产单位产品或完成一定工作量所规定的时间消耗量，以工日或工时为单位，便于计算分部、分项工程所需的总工日数，易于编制施工进度计划。产量定额是在单位时间内（如小时、工作日或班次）规定的应生产产品的数量或应完成的工作量，以产品数量的计量单位表示，便于班组分配任务及考核工人劳动生产率。“时间定额”和“产量定额”互为倒数。如表 5.4 中数据，横线上方为时间定额，下方是产量定额。所以根据表 5.4 可以得知人工挖Ⅱ类土装汽车时间定额为 0.19 工日/m^3，产量定额为 5.26m^3/工日。

表 5.4　　人工挖装土方每 1m^3 自然方的劳动定额

土质级别 / 项目	Ⅰ	Ⅱ	Ⅲ	Ⅳ
挖装筐、双轮车	$\frac{0.0925}{10.80}$	$\frac{0.144}{6.94}$	$\frac{0.241}{4.15}$	$\frac{0.370}{2.70}$

续表

项目 \ 土质级别	Ⅰ	Ⅱ	Ⅲ	Ⅳ
挖装斗车、机动翻斗车	$\frac{0.102}{9.80}$	$\frac{0.158}{6.33}$	$\frac{0.265}{3.77}$	$\frac{0.407}{2.46}$
挖装汽车	$\frac{0.122}{8.20}$	$\frac{0.190}{5.26}$	$\frac{0.318}{3.14}$	$\frac{0.490}{2.04}$

2. 材料消耗定额

材料消耗定额是指在合理使用材料的条件下，生产单位合格建筑产品所必须消耗的建筑材料、成品、半成品或配件的数量标准。

制定材料消耗量定额，主要就是为了利用定额这个经济杠杆，对物资消耗进行控制和监督，达到降低物耗和工程成本的目的。定额的材料消耗量既包括构成产品实体净用的材料数量和施工场内运输及操作过程不可避免的损耗量。如表5.5为钢筋搭接电焊条消耗定额，由表5.5可知钢筋直径为16mm搭接采取立焊的方式，焊缝1m需要0.36kg的电焊条。

表5.5　　　　钢筋搭接电焊条消耗定额　　　　单位：kg/m

项目 \ 钢筋直径/mm	12	16	19	22	25	28	32	36	40
平焊	0.2	0.3	0.38	0.48	0.6	0.7	0.95	1.2	1.5
立焊	0.24	0.36	0.46	0.57	0.72	0.84	1.14	1.34	1.78
仰焊	0.26	0.39	0.49	0.62	0.78	0.91	1.28	1.58	1.99

3. 机械台时（班）使用定额

机械台时（班）使用定额是在一定的生产技术和生产组织条件及合理使用机械的条件下，完成单位合格产品所必须消耗的机械台时（班）数量的标准，以“台班”或“台时”表示，它由机械的有效工作时间、不可避免的无效工作时间和工艺中断时间三部分组成。机械台时（班）使用定额的表达形式有机械时间定额和机械产量定额两种，机械时间定额是指在正常的施工条件下，生产单位合格产品所必须消耗的机械台时（班）数量。机械产量定额指某种机械在合理的施工组织的条件和正常的施工条件下，单位时间内完成合格产品的数量。机械时间定额和产量定额互为倒数。如表5.6为油压正铲挖掘机装车定额，由表5.6可知，挖掘机斗容为1.5m^3，挖土高度2m以上，Ⅲ类土的装车时间定额为0.170台班/100m^3，产量定额为5.87×100m^3/台班。

表5.6　　　　油铲挖掘机挖土装车定额

挖掘机斗容量/m^3	挖土高度	装车		
		Ⅰ、Ⅱ类土	Ⅲ类土	Ⅳ类土
1.0	1.5m以上	$\frac{0.181}{5.54}$	$\frac{0.217}{4.60}$	$\frac{0.249}{4.01}$
	1.5m以下	$\frac{0.212}{4.71}$	$\frac{0.256}{3.91}$	$\frac{0.293}{3.41}$

续表

挖掘机斗容量/m³	挖土高度	装车		
		Ⅰ、Ⅱ类土	Ⅲ类土	Ⅳ类土
1.5	2m 以上	$\frac{0.139}{7.20}$	$\frac{0.170}{5.87}$	$\frac{0.192}{5.20}$
	2m 以下	$\frac{0.167}{5.98}$	$\frac{0.205}{4.87}$	$\frac{0.231}{4.32}$

4. 综合定额

综合定额指在一定施工组织条件下，完成单位合格产品所需的人工、材料、机械台时数量。

5.2.2.2 按专业性质划分

1. 一般通用定额

一般通用定额指工程性质、施工条件、方法相同的建设工程、各部门都应共同执行的定额。如工业与民用建筑工程的预算定额。

2. 专业通用定额

专业通用定额指某些工程项目，具有一定的专业性质，但又是几个专业部门共同使用的定额，如煤炭冶金、化工、建材等部门共同编制的矿山、巷井工程预算定额。

3. 专业专用定额

专业专用定额指一些专业性工程，只在某一专业部门内使用的定额，如水利建筑工程概（预）算定额、邮电工程定额、化工工程定额等。

5.2.2.3 按照编制阶段、测定对象和用途划分

1. 投资估算指标

投资估算指标，是在编制项目建议书可行性研究报告和编制设计任务书阶段进行投资估算、计算投资需要量时使用的一种定额。它具有较强的综合性、概括性，往往以独立的单项工程或完整的工程项目为计算对象。它的概略程度与可行性研究阶段相适应。它的主要作用是为项目决策和投资控制提供依据，是一种扩大的技术经济指标。

投资估算指标是确定和控制建设项目全过程各项投资支出的技术经济指标。其范围涉及建设前期、建设实施期和竣工验收交付使用期等各个阶段的费用支出，内容因行业不同而各异，一般可分为建设项目综合指标、单项工程指标和单位工程指标 3 个层次。建设项目综合指标一般以项目的综合生产能力单位投资表示。单项工程指标一般以单项工程生产能力单位投资表示。单位工程指标按专业性质的不同采用不同的方法表示。

2. 概算指标

考虑到初步设计阶段，受设计深度的影响，建设工程的细部结构难以分项提出完整的工程量，为保证工程概算不漏掉这些内容，将它们综合起来制定细部概算指标。

概算指标是比概算定额综合性、扩大性更强的一种定额指标。是以整个建筑物或构筑物为编制对象，以更为扩大的计量单位来编制的。它是设计单位编制工程概算或建设单位编制年度任务计划、申请贷款和主要材料计划的依据，也是设计单位进行设计方案技术经济分析、考核投资效果的标准。

3. 概算定额

概算定额是在预算定额的基础上，将项目再进一步综合扩大后，按扩大后的工程项目为单位进行计算的定额。一般是编制初步设计概算或进行投资包干计算的依据。

概算定额是初步设计阶段编制建设项目设计概算和技术阶段编制修正概算的依据，概算定额的编制应贯彻社会平均水平和简明适用原则，概、预算定额之间要保持适当幅度差，并在概算定额的编制过程中严格控制。

4. 预算定额

预算定额是在编制施工图预算时，计算工程造价和计算工程中劳动量、机械台班、材料需要量而使用的一种定额。它以工程中的分项工程，即在施工图纸上和工程实体上都可以区别开的产品为测定对象，其内容包括人工、材料和机械台时使用量三个部分，经过计价后编制成为建筑安装工程单位估价表（手册）。它是编制施工图预算（设计预算）的依据，也是编制概算定额、估算指标的基础。预算定额在施工企业内部被广泛用于编制施工组织计划、编制工程材料预算、确定工程价款、考核企业内部各类经济指标等方面。

预算定额是以分项工程或结构构件为对象，以施工定额为基础编制综合、简化、补充、扩大、过渡并采用一次扩大系数所编制的，预算定额与施工定额的定额水平确定原则是不同的，预算定额是按社会平均消耗水平确定其定额水平的。

5. 施工定额

施工定额，是施工企业为组织生产和加强管理在企业内部使用的一种定额，属于企业生产定额的性质。它是建筑安装工人在合理的劳动组织或工人小组在正常施工条件下，为完成单位合格产品，所需劳动、机械、材料消耗的数量标准。它由劳动定额、机械定额和材料定额三个相对独立的部分组成。施工定额是施工企业内部经济核算的依据，也是编制预算定额的基础。

施工定额的编制要体现平均先进、简明适用、独立自主的原则。独立自主地制定定额，主要是自主地确定定额水平，自主地划分定额项目，自主地根据需要增加新的定额项目，既有利于企业自主经营，又有利于推行现代企业财务制度，也有利于施工企业摆脱过多的行政干预，更好地面对建筑市场竞争环境，更有利于促进新的施工技术和施工方法的采用。但是，企业定额毕竟是一定时期企业生产力水平的反映，它不可能也不应该割断历史。因此企业定额应注意与国家政策规定保持衔接。

6. 工序定额

工序定额是以个别工序为测定对象的定额。它是组成一切工程定额的基本元素，在施工中除了为计算个别工序的用工量外很少采用，但却是劳动定额形成的基础。

5.2.2.4 按我国现行管理体制和执行范围划分

1. 全国统一定额

全国统一定额是指工程建设中，各主管部门、各行业普遍使用，需要全国统一执行的定额。一般由国家计委或授权主管部门组织编制颁发，如全国市政工程预算定额、电气工程预算定额、通信设备安装预算定额等。

2. 全国行业定额

全国行业定额指工程建设中，部分专业工程在某一个部门或几个部门使用的专业定额，经国家计委批准由一个主管部门或几个主管部门编制颁发，在有关行业中执行，如水利水电建筑工程预算定额、公路工程预算定额、铁路工程预算定额等。

3. 地区定额

地区定额一般指省、自治区、直辖市，根据地方工程特点编制的地方通用定额和地方专业定额，在该地区执行。

4. 企业定额

企业定额是建筑、安装企业在其生产经营过程中根据自己的累积经验结合企业具体情况自行编制，只限于本企业内部使用的定额。

5.2.2.5 按照构成工程费用性质划分

1. 基本直接费用定额

基本直接费用定额是指直接用于施工生产的人工、材料、成品、半成品、机械消耗的定额，如水利水电建筑工程预算定额、水利水电设备安装工程预算定额等。

2. 间接费用定额

间接费用定额是指施工企业经营管理所需费用定额。

3. 其他基本建设费用定额

其他基本建设费用定额是指不属于建筑安装工作量的独立费用定额，如勘测设计费定额等。

5.2.3 工程定额的作用

在现代社会经济生活中，定额几乎是无处不在。就生产领域来说，工时定额、原材料消耗定额、原材料和成品、半成品储备定额，流动资金定额等，都是企业的重要基础。在工程建设领域也存在多种定额，它是工程造价的重量依据，不论定额的表现形式如何，其基本性质是一种规定的额度和计算规则。这种规定的额度和规则，是人们遵循一定的编制原则，通过某种计算方法制定出来的，是主观对客观事物的反映。人们利用它对复杂多样的事物进行评价和管理，同时利用它提高生产效率增加产量，利用它调控经济决定分配，维护社会公平。具体来说，定额主要有以下几个方面的作用。

1. 定额是宏观调控的有效手段

我国社会主义经济制度是以公有制为主体又要充分发展市场经济且有计划调节，政府宏观调控的手段有行政的、经济的、技术的，但用技术的、经济的手段来调控经济，是最有效也是最可靠的办法。建设工程定额就是一种技术经济手段的综合体现，它是一种衡量标准，是一种计算规则。如果同一建设工程使用的衡量标准不同，计算规则各异，标准和规则就没有比较的实际意义，使用上就会造成混乱。例如，建筑物的面积是一个重要的经济技术指标，如果人们所用的标准不一规则各异，那就不存在可比性，国家若放弃了这种制定权、解释权就会造成标准、规则上的混乱，社会公正就会受到严重挑战，这时政府应充分利用建设工程定额调控作用，在统一计算规则、统一技术标准、统一计量单位、统一定额名称、统一工作内容的基础上，实行强制性与指导性相结合、政策导向与市场调节相互补的调控机制，有效地指导市场价格，规范计价行为。

2. 定额是投资决策的依据

定额是工程计价的主要依据，当建设单位或其招标代理机构在确定和控制工程造价，进行经济合理性评价时，必须以定额为基础，影响工程造价的重要因素是设计内容，而设计内容又是根据工程所需要的劳动力、材料、机械设备等消耗来确定的，而这些消耗数量都是根据定额计算出来的，定额是确定基本建设投资和建筑工程造价的依据。

3. 定额是确定产品成本的依据和价格评判的社会尺度

建筑产品的价格是由其生产单位合格产品所消耗的人力、材料和机械台时数量等所决定的，这些消耗因素构成了产品的成本，而消耗量又是根据定额计算的，所以定额是确定产品成本的依据。由于现在大多数施工企业都没有编制自己的企业定额，其工程计价活动还是离不开现行建设工程定额，建设工程定额仍然起着不可替代的作用。建设工程定额是根据工程建设不同阶段和用途，按照一定的程序和编制方法，制定的不同用途和适用范围的定额标准和计价方式，这种定额标准和计价方式通过公开发布的方式公布执行，具有一定的社会公信力和约束力。

4. 定额是执法监督的技术依据

市场经济是法制经济，不是无序经济，建设工程的社会全面监督应该依法办事，需要监督依据和评判尺度，只有依据事先公开发布的建设工程定额作为监督依据和评判尺度，才有公信力和约束力，得出的结论和解释才具有权威性。一般处理争议的原则是“有约定按照约定，没有约定按照有关规定”，这个规定就是建设工程定额。

5. 定额是编制计划的基础

无论是国家计划还是企业计划，在计划管理中所需编制施工进度计划、年度计划、月旬作业计划以及下达生产任务单等，都是按照定额，合理地平衡调配人力、财力、物力等各项资源，以保证提高经济效益，把计划落到实处。

6. 定额是保证按劳分配原则的手段

由于工时消耗定额反映了生产产品和劳动量的关系，可以根据定额来对应每个劳动者的工作，从而根据所完成的劳动量的多少来支付报酬，体现了“多劳多得，按劳分配”的基本原则。

7. 定额是提高企业经济效益的重要工具

定额是一种法定的额度，具有严格的经济监督作用，它要求每个执行定额的人，必须严格遵守定额的规定，并且尽可能有效降低人力、物力、财力等资源的消耗，使其不超过定额的标准，从而提高劳动生产率，降低劳动成本。企业在进行计算和平衡资源需要量、组织材料供应、编制施工进度计划等一系列管理工作时都要以定额为标准，因此定额是增强企业管理、提高企业经济效益的重要工具。

8. 定额是总结推广先进生产方法的手段

定额是在先进合理的条件下，通过对生产和施工过程的观察、实测、分析而综合制定的，它可以准确反映出生产技术和劳动组织的先进合理程度。因此，我们可以用定额标定的方法，对同以产品在同一操作条件下的不同生产方法进行观察、分析，从而总结出比较完善的生产方法，并经过试验、试点，然后在生产过程中予以推广，使生产效率提高。

5.2.4 工程定额的编制原则与编制方法

5.2.4.1 工程定额编制原则

1. 平均合理原则

定额水平是一定时期社会生产力水平的反映，体现社会必要劳动消耗，也就是在正常施工条件下，通过努力大多数工人和企业能达到或超过的水平，既不能采用少数先进生产者、先进企业所达到的水平，也不能以落后的生产者和企业的水平为依据，既不过低而达不到促进生产的目的，也不过高而挫伤工人的生产积极性和使企业亏损。

2. 基本准确原则

定额是对千差万别的个别实践进行概括、抽象出一般的数量标准。因此定额的“准”是相对的，定额的“不准”是绝对的，我们不能要求定额编制的与自己实际完全一致，只能要求它基本准确。定额项目按主要参数划分，要项目齐全、粗细得当，步距合理。定额的计量单位、调整系数应设置科学。

定额步距是指同类型产品或同类工作过程、相邻定额工作标准项目之间的水平间距。定额步距大项目就减少，精确度就会降低，定额步距小，定额项目就会增多，精确度会增高。

3. 简明适用原则

定额能否得到广泛使用，主要取决于定额的质量和水平的确定以及项目划分是否简明适用等，在保证各项指标相对基本准确的基础上，要做到简明扼要、合理简化，定额换算内容和方法要简化合理，定额计量单位和有效数字要简单、适用和准确，定额文字说明和注解要简单明了、通俗易懂，定额项目不宜过细过繁，定额步距不宜过小过密，对影响定额的次要参数可采用调整系数等办法简化定额项目做到粗而准确、细而不繁便于使用。比如当采用挖掘机挖土自卸汽车运土施工方案，编制土方运输定额时，当运距不同时不需要根据每个运距来划分子目，这样会很繁杂，按合理定额步距比如 1km 以内、2km 以内、3km 以内、5km 以内，超过 5km 每增运 1km 来划分，通过内插法和相应换算公式就可把每种运距的定额值计算出来。

4. 结合实际情况适当灵活原则

定额的权威性是指国家、部委、地区统一定额在其规定的相应范围必须遵守，但我国幅员辽阔、各个工程情况复杂又要求定额具有必要的灵活性。定额中规定按实际调整换算就是定额的灵活性，它是对权威性的补充。

5. 统一性和差别性相结合的原则

统一性是由中央主管部门归口，考虑到国家的方针政策和经济发展需要，统一制定定额的编制原则和方法，具体组织和颁发全国统一定额、办法有关规章制度和条例细则。培育全国统一市场规范计价行为差别性，就是在统一性基础上，各部门和省、自治区、直辖市主管部门可以在自己的管辖范围内，根据本部门和地区的具体情况，制定部门和地区性定额、补充性制度和管理办法。

6. 以专家为主的原则

定额对工程造价的管理工作至关重要，所以定额的编制要求有一支经验丰富、技术与管理知识全面，有一定政策水平的专家队伍。

5.2.4.2 工程定额编制方法

编制水利工程建设定额以施工定额为基础，施工定额由劳动定额、材料消耗定额和机械使用定额组成，在施工定额的基础上，编制预算定额和概算定额。根据施工定额综合编制预算定额时，考虑到各种因素的影响，人工工时和机械台时分别按施工定额乘以1.10和1.07的幅度差系数，以预算定额为基础综合扩大编制概算定额时，一般对人工工时和机械台时乘以不大于1.05的扩大系数。工程定额的编制方法很多，常用的有以下几种，实际应用中常兼并使用、互相补充。

1. 经验估计法

由定额人员、工程技术人员、工人结合，根据个人或集体的在施工实践中累积的经验和资料，经过图纸分析和现场观察，了解施工工艺，分析施工的生产技术组织条件和操作方法的繁简难易等情况，进行座谈讨论，加以分析整理而成定额。

经验估计优点：方法简单，速度快。缺点：容易受参加制定人员主观因数的局限和影响，因此定额会出现偏高或偏低的现象。此法只适用于企业内部，作为某些局部项目的补充定额，为了提高经验估计法的精确度，使取定的定额水平适当。可以用概率论的方法来估算定额。

2. 统计分析法

把过去施工中同类工程或同类产品的工时消耗的统计资料和原始记录，采用数理统计方法进行分析，再与当前生产技术、组织条件的变化因素结合，进行分析研究，对比类推来合理制定定额的方法。

统计分析法反映了工人过去已达到的水平，在统计时没有也不可能剔除施工过程中不合理的因素，因而此水平偏于保守。为了克服统计分析资料的这个缺陷，使确定的定额水平保证平均先进的性质。采用“二次平均法”计算平均值，作为确定定额水平的依据。

3. 比较类推法

比较类推法是指以同类型或相似类型的产品或工序的典型定额项目的定额水平为标准，经过分析比较，类推出同一种定额各相邻定额水平的方法。

用来对比的两种产品必须是相似或同类型、同系列的，具有明显的可比性。如果缺乏可比性，就不能采用类推比较法来制定定额。类推比较法含有经验估计法的成分，因为对比分析时，会有凭主观经验估计和推算的成分。比较类推法的主要优点是制定定额的工作量不大，只要运用的依据恰当，对比分析细致，可保证劳动定额水平的平衡和提高。产品的系列化、标准化、通用化程度越高，产品的相似件越多，越能显示出这种方法的优点。

4. 技术测定法

技术测定法是制定定额的常用方法之一。这种方法是指实际深入正常生产条件下的施工现场，分析各工序技术组织条件和工艺规程的基础上，对定额各部分时间的组成进行分析计算和测定来确定定额的方法。这是制定劳动定额的比较科学的一种方法。技术测定法制定定额的步骤是：①把制定定额的工序初步分解为若干组成部分（如工步、操作、动作等）；②分析工序结构和操作方法的合理性及组成部分的时间消耗因素，如能否取消不必要的动作，有无可合并，简化代替，交叉的动作，以达到工时消耗的经济合理；③计算确定各组成部分和整个工序时间的定额。技术测定法的优点是能使定额的制订建立在分析各种影响因素的基础上，有较充分的科学依据，劳动定额水平容易做到先进合理；使用统一的时间定额标准，可以使定额水平达到统一平衡，使复杂的劳动定额制定工作条理化，便于掌握劳动定额水平，有利于下级的贯彻执行。技术测定法的缺点是制订劳动定额方法复杂，工作量大，耗费时间长，不易做到迅速及时。它对生产工艺过程要求稳定，对企业各项管理工作和管理组织形式要求比较完善。所以，它的应用范围受到一定的限制。

5.2.5 工程定额的内容

水利水电工程建设中现行的各种定额一般由总说明、分册分章说明、目录、定额表和有关附录组成。其中定额表是各种定额的主要组成部分。

分册分章说明阐述了适用范围、换算系数和计算规则以及注意事项，附录主要由、土石方分级表、混凝土砂浆配合比及材料用量表、水利工程混凝土建筑物立模面系数参考表等表格组成，工程概（预）算定额的定额表的主要内容有表号及定额表名称、工程内容、工程项目计量单位、顺序号、项目、工程细目、定额值、列注等。

《水利水电建筑安装工程统一劳动定额》（以下简称《统一劳动定额》）包括各种建筑工程和设备安装工程等 20 个分册。各册的定额表内列有各定额项目的不同子目的劳动定额或机械台班定额，均以时间定额与产量定额双重表示。一般横线上方为时间定额，横线下方为产量定额（表 5.4）。

现行《水利建筑工程概算定额》（以下简称《概算定额》）和《水利建筑工程预算定额》（以下简称《预算定额》）的定额表内列出了各定额项目完成不同子目单位工程量所必要的人工、主要材料和主要机械台时消耗量，对完成不同子目单位工程量所必需的零星材料费、其他材料费和其他机械费，以费率百分比形式表示，各项费用的计费基数和费率按有关规定和说明执行。

《概算定额》和《预算定额》各定额项目的定额表上方一般都注明了该定额项目的适用范围、工作内容和工程项目计量单位。例如表 5.7 为一般石方开挖（风钻钻孔）预算定额。下面以表 5.7 为例，简单讲解下定额表的组成。

（1）表号及定额表名称，表 5.7 中定额编号：20001，定额名称：一般石方开挖（风钻钻孔，岩石级别Ⅴ～Ⅷ）。

（2）工作内容，主要说明本定额表所包括的操作内容。查定额时，必须将实际发生的项目操作内容与表中的工程内容进行比较，若不一致时应进行调整或抽换。表 5.7 项目工作内容为钻孔、爆破、撬移、解小、翻渣、清面。

（3）工程项目计量单位，如 $10m^3$、$100m^3$、$1000m^3$。表 5.7 中项目计量单位为 $100m^3$。

（4）顺序号，表示人工、材料、机械及费用的顺序号。起简化说明的作用，如 1 代表人工、2 代表钢钎等（表 5.7 中未列顺序栏）。

（5）项目，即定额表中的工程所需人工材料、机械费用的名称、规格，如表 5.7 中雷管、炸药、合金钻头等。

（6）工程细目，表征本表中所包括的工程细目。如表 5.7 中定额编号 20001：岩石级别Ⅴ～Ⅷ等。

（7）定额值，表中各种资源的消耗数量。如表 5.7 中定额编号 20001，中级工：10.8 工时，初级工：57.7 工时，人工合计 69.9 工时。

（8）注，有些定额表中，有列注，使用时注意仔细阅读，以免发生错误。

表 5.7　　一般石方开挖（风钻钻孔）预算定额

适用范围：一般明挖　　工作内容：钻孔、爆破、撬移、解小、翻渣、清面　　单位：100m³

项目	单位	岩石级别			
		Ⅴ～Ⅷ	Ⅸ～Ⅹ	Ⅺ～Ⅻ	ⅩⅢ～ⅩⅣ
工长	工时	1.4	1.8	2.3	3.0
高级工	工时				
中级工	工时	10.8	17.6	26.7	42.3
初级工	工时	57.7	70.1	84.3	105.8
合计	工时	69.9	89.5	113.3	151.1
合金钻头	个	0.99	1.69	2.48	3.55
炸药	kg	25.03	33.17	39.56	45.90
雷管	个	22.85	30.34	36.32	42.06
导线　火线	m	61.94	82.12	97.96	113.68
电线	m	113.01	149.80	178.67	207.33
其他材料	%	18	18	18	18
风钻　手持式	台时	4.34	7.89	13.03	22.07
其他机械费	%	10	10	10	10
编号		20001	20002	20003	20004

现行《水利水电设备安装工程概算定额》（以下简称《安装工程概算定额》）和《水利水电设备安装工程预算定额》（以下简称《安装工程预算定额》）的定额表以实物量或以设备原价为计算基础的安装费率两种形式表示，其中实物量定额占 97.1%。定额包括的内容为设备安装和构成工程实体的主要装置性材料安装的基本直接费。以实物量形式表现的定额中，人工工时、材料和机械台时都以实物量表示，其他材料费和其他机械费按占主要材料费和主要机械费的百分率计列，构成工程实体的装置性材料（即被安装的材料，如电缆、管道、母线等）安装费不包括装置性材料本身的价值；以费率形式表现的定额中，人工费、材料费、机械费及装置性材料费都以占设备原价的百分率计列，除人工费率外，使用时均不予调整。例如，表 5.8 为发电电压设备的安装概算定额。

表 5.8　　发电电压设备的安装概算定额

定额编号	项　目	单位	安装费/%				装置性材料费/%
			合计	人工费	材料费	机械使用费	
06001	电压（kV）　6.3	项	12.1	7.2	3.0	1.9	5.3
06002	10.5	项	8.9	4.9	2.6	1.4	3.3
06003	>10.5	项	7.1	3.7	2.2	1.2	3.0

现行《水利工程施工机械台时费定额》列出了水利工程施工中常见的施工机械每工作一个台时所花的费用。定额内容包括一类费用和二类费用两部分。其中一类费用包括折旧费、修理及替换设备费和安装拆卸费，按2000年度价格水平计算并用金额表示，使用时根据主管部门规定的系数进行调整；二类费用包括机上人工费、动力燃料费，以实物量给出，其费用按国家规定的人工工资计算办法和工程所在地的物价水平分别计算，其中人工费按中级工计算，见表5.3。

5.2.6 工程定额的使用原则

1. 专业对口原则

工程定额种类有很多，根据不同的划分方式可以划分不同的定额种类，而每种定额根据有关规定又有其使用范围。水利水电工程除水工建筑物和水利水电设备外，一般还有房屋建筑、公路、铁路、输电线路等永久性设施，水工建筑物和水利水电设备安装应采用水利、电力主管部门颁发的定额，其他永久性工程应分别采用所属主管部门颁发的相关定额，比如公路工程采用交通部颁发的公路工程定额，铁路工程采用铁道部颁发的铁路工程定额。

2. 定额种类与设计阶段相适应的原则

遵循基本建设程序实行多次性计价，保证工程造价管理的准确与科学性，每个阶段工程造价文件的编制依据都不同，可行性研究阶段编制投资估算采用估算指标，初设阶段编制概算采用概算定额，施工图设计阶段编制施工图预算应采用预算定额，如因本阶段定额缺项，需采用下一阶段定额时，应按规定乘以过渡系数。

3. 工程定额与费用定额配套使用的原则

在计算各类永久性工程费用时，采用的工程定额除应执行专业对口的原则外，其费用定额也要遵照专业对口的原则，与工程定额相适。如采用公路定额计算永久性公路投资时，应相应采用交通部门颁发的费用定额。对于实行招投标承包制的工程，编制工程标底时，应按主管部门批准颁发的综合定额和扩大指标以及相应的间接费定额的规定执行。施工企业投标、报价可根据条件适当浮动。

项目实施：

进行造价文件的编制和造价管理工作都离不开工程定额，能否正确掌握和使用工程定额，是在水利水电工程建设经济管理工作比较关键的一步。

5.2.7 定额使用的一些注意事项

（1）首先要认真阅读定额的总说明和分册分章说明，对说明中指出的编制原则、依据、适用范围、使用方法、已经考虑和未考虑的因素以及有关问题的说明等，都要通晓和熟悉。

（2）要了解定额项目的工作内容。因为定额子目的选择主要是根据工程部位、施工方法、施工机械和其他施工条件来确定的，要根据实际情况正确地选用定额项目，做到不错项、不漏项、不重项。

（3）要学会查找、使用定额的各种附录。定额表中的很多数据是需要参考附录的，对建筑工程要掌握土壤与岩石分级、砂浆与混凝土配合材料用量的确定；对于安装工程要掌握安装费调整和各种装置性材料用量的确定等。

(4) 套定额时，根据实际工作内容要注意定额修正的各种换算关系。当施工条件与定额项目规定条件不符时，应按定额说明和定额表附注中有关规定换算修正。例如，水利建筑工程概预算定额说明中规定，各章的汽车运输定额，适用于水利工程施工路况 10km 以内的场内运输，运距超过 10km 时，超过部分按增运 1km 台时数乘 0.75 系数计算。使用时还要区分修正系数是全面修正还是只在人工工时、材料消耗或机械台时的某一项或几项上修正。

(5) 要注意定额单位和定额中数字表示的适用范围。概预算工程项目的计算单位要和定额项目的计量单位一致。要注意区分土石方工程中的自然方和压实方，砂石备料中的成品方、自然方与堆方码方，砌石工程中的砌体方与石料码方，沥青混凝土的拌和方与成品方等。定额中凡数字后用“以上”、“以外”表示的都不包括数字本身。凡数字后用“以下”、“以内”表示的都包括数字本身。凡用数字上下限表示的，如 1000～2000，相当于 1000 以上至 2000 以下。

(6) 查找定额时，应注意概预算的项目与工程量应与定额项目的设置、定额单位相一致，要根据施工组织设计确定的施工方法和施工条件等确定定额表中对应的子目表，如果定额表中对应的子目表的材料或施工机械与实际使用情况不一致时，可以按实调整，分项工程在定额中缺项的，可以根据需要编制补充定额，但必须报当地造价部门审批和备案。

5.2.8 实例

【例 5.1】 陕西省咸阳市某水利枢纽工程基础土方开挖施工采用 $1m^3$ 挖掘机挖装（Ⅲ类土），8t 自卸汽车运输，平均运距 3km，土方开挖工程量为 27.35 万 m^3，每天三班作业。根据施工单位安排的施工进度计划，该基础土方开挖共需要 30 天完成。根据以上条件确定该项目应配置的机械设备种类及数量分别是多少？

解：查《水利建筑工程概算定额》$1m^3$ 挖掘机挖土自卸汽车运输一节，定额编号 [10624]（见表 5.9），例 5.1 只是要求计算机械配置，所以根据定额可以看出：每完成 $100m^3$ Ⅲ类土方开挖，8t 自卸汽车运输 3km，需要 $1m^3$ 液压挖掘机 1.04 台时，需要 59kW 推土机 0.52 台时，需要 8t 自卸汽车 10.56 台时。下面给出两种计算方法：

(1) 根据施工生产强度计算。根据以上对定额的解读，开挖 $100m^3$ 土方需要 $1m^3$ 液压挖掘机 1.04 台时，则 $1m^3$ 液压挖掘机生产率为：

$$\frac{100}{1.04}=96.15\ (m^3/台时)\ (自然方)$$

每台每天完成的工程量为：$96.15\times8\times3=2307.6$ [m^3/(台·d)]（自然方）

工期要求 30 天完成 27.35 万 m^3，则每天应该完成的工程量为：$\frac{27.35\times10^4}{30}=9116.67\ (m^3/d)$

则需要的挖掘机台数为：$\frac{9116.67}{2307.6}=3.95$（台）　取 4 台。

用相同的方法可以计算出需要的 59kW 推土机为 8 台，需要的 8t 自卸汽车为 41 台。

（2）根据比例计算。首先计算 $1m^3$ 挖掘机的配置数量，根据以上对定额的解读，开挖 $100m^3$ 土方需要 $1m^3$ 液压挖掘机 1.04 台时，则完成 27.35 万 m^3 土方开挖需要的挖掘机台时数量为：

$$\frac{100}{1.04}=\frac{273500}{x}\text{（自然方）}\quad \text{可以计算出 } x=2844.4\text{（台时）}$$

由于工期为 30 天，即 30×24=720（h）

自卸汽车数量为：$\frac{2844.4}{720}=3.95$（台）　取 4 台。

用相同的方法可以计算出需要的 59kW 推土机为 8 台，需要的 8t 自卸汽车为 41 台。

表 5.9　　$1m^3$ 挖掘机挖土自卸汽车运输

适用范围：露天作业（Ⅲ类土）

工作内容：挖装、运输、卸除、空回。　　单位：$100m^3$ Ⅲ类土

项目		单位	运　离/m					增运 1km
工长		工时						
高级工		工时						
中级工		工时						
初级工		工时	7.0	7.0	7.0	7.0	7.0	
合计		工时	7.0	7.0	7.0	7.0	7.0	
零星材料费		%	4	4	4	4	4	
挖掘机	液压 $1m^3$	台时	1.04	1.04	1.04	1.04	1.04	
推土机	59kW	台时	0.52	0.52	0.52	0.52	0.52	
自卸汽车	5t	台时	10.23	13.39	16.30	19.05	21.68	2.42
	8t	台时	6.76	8.74	10.56	12.28	13.92	1.52
	10t	台时	6.29	7.97	9.51	10.96	12.36	1.28
编号			10622	10623	10624	10625	10626	10627

【例 5.2】某浆砌块石平面护坡工程，设计砂浆强度等级为 M12.5，砌石所需材料已运到距工作面 20m 以内，求每立方米浆砌石所需人工、主要材料、机械台时预算耗用量。

解：（1）查《水利建筑工程概算定额》。可得平面护坡浆砌块石定额，见表 5.10。由表 5.10 可见，根据施工特征该定额项目编号定额编号 [30029]，每 $100m^3$ 砌体需消耗人工 863.9 工时、块石 $108m^3$（码方）、砂浆 $35.3m^3$、$0.4m^3$ 砂浆搅拌机 6.54 台时、胶轮车 163.44 台时。

表 5.10　　浆 砌 块 石 定 额

工作内容：选石、修石、冲洗、拌浆、砌石、勾缝。　　单位：$100m^3$ 砌体方

项　目	单位	护　坡		护底	基础	挡土墙	桥闸墩
		平面	曲面				
工　长	工时	17.3	19.8	15.4	13.7	16.7	18.2

续表

项　目	单位	护　坡		护底	基础	挡土墙	桥闸墩
		平面	曲面				
中级工	工时	356.5	436.2	292.6	243.3	339.4	387.8
初级工	工时	490.1	531.2	457.2	427.4	478.5	504.7
合　计	工时	863.9	987.2	765.2	684.4	834.6	910.7
块　石	m^3	108	108	108	108	108	108
砂　浆	m^3	35.3	35.3	35.3	35.3	35.3	35.3
其他材料费	%	0.5	0.5	0.5	0.5	0.5	0.5
砂浆搅拌机 $0.4m^3$	台时	6.54	6.54	6.54	6.30	6.38	6.45
胶轮车	台时	163.44	163.44	163.44	160.19	161.18	162.18
编　号		30029	30030	30031	30032	30033	30034

(2) 确定砂浆材料预算用量。根据设计砂浆标号，查附录砂浆材料配合比表（表5.11），可知强度为M12.5的砂浆每立方米主要材料预算用量有：32.5水泥352kg，砂$1.08m^3$、水$0.211m^3$。

(3) 综合计算每立方米浆砌石人工与材料、机械耗用量。每立方米浆砌石人工为8.639工时，块石$1.08m^3$（码方），水泥为$352\times35.3/100=124.26$（kg），砂$1.08\times35.3/100=0.382m^3$，水$0.211\times35.3/100=0.075m^3$，砂浆搅拌机0.064台时，胶轮车1.59台时。

表5.11　　水泥砌筑砂浆材料配合表　　单位：m^3浆砌石

砂浆类别	砂浆强度等级	32.5水泥/kg	砂/m^3	水/m^3
水泥砂浆	M5	211	1.13	0.127
	M7.5	261	1.11	0.157
	M10	305	1.10	0.183
	M12.5	352	1.08	0.211
	M15	405	1.07	0.243
	M20	457	1.06	0.274
	M25	522	1.05	0.313
	M30	606	0.99	0.364
	M40	740	0.97	0.444

想一想　练一练：某堤防工程需要开采自然方土料80万m^3，工程施工采用$1m^3$挖掘机挖，装8t自卸汽车运输2km卸料。①如果要求2个月完成土方开挖工程项目，计算需要配备多少台何种工程机械？②如果承包商现有4台$1m^3$的挖掘机，计算工程需要多少天可以完工，且需要配备多少台其他工程机械？

知识拓展：地方定额与部颁定额的区别。

任务 5.3 水利工程项目划分

学习目标：

1. 知识目标：①水利工程的三大类型；②水利工程的五个部分；③水利工程三级项目划分。

2. 技能目标：①根据水利工程具体情况可以判断其类型；②可以进行各类型工程五个部分的三级项目划分。

3. 素质目标：①认真仔细的工作态度；②严谨的工作作风；③遵守编制规定的要求。

项目任务：学习水利工程建项目划分。

项目描述：水利工程分为三个类型、五个部分和三级项目，它们与水利工程施工组织设计及水利工程概算之间有密不可分的关系。

知识平台：

根据基本项目的内部组成，一般把基本建设划分为建设项目、单项工程、单位工程、分部工程、分项工程，这样便于编制基本建设计划、编制工程概预算文件、控制投资、进行经济核算等。由于水利水电工程是个复杂的建筑群体，包含的建筑群体种类多，涉及范围大，很难像一般的基本建设工程严格按单项工程、单位工程来确切划分工程项目。根据现行水利部 2014 年颁发的《水利工程设计概（估）算编制规定》中的有关规定，按水利工程的性质，将水利工程划分为三种类型：第一类是枢纽工程，包括水库、水电站和其他大型独立建筑物；第二类是引水工程，包括供水工程、灌溉工程（1）；第三类是河道工程，包括灌溉工程（2）、河湖整治工程和堤防工程。其中灌溉工程（1）是指设计流量≥$5m^3/s$ 的灌溉工程，灌溉工程（2）是指设计流量＜$5m^3/s$ 的灌溉工程和田间工程。

在编制水利基本建设项目投资时，按照组成内容，将水利工程项目划分为 5 个大的部分，即建筑工程、机电设备及安装工程、金属结构设备及安装工程、施工临时工程和独立费用。每一部分下设一级、二级、三级项目，各级项目可根据工程需要设置，但一级项目和二级项目按项目划分的规定，不得合并，三级项目可根据工程具体情况进行调整。

（1）一级项目（相当于单项工程或扩大单位工程）：指竣工后能够独立发挥功能的工程项目。例如，枢纽工程下设的一级项目有挡水工程、泄洪工程等，引水及河道工程下设的一级项目有渠道工程、房屋建筑工程等。

（2）二级项目（相当于单位工程）：一级项目的组成部分。它不能独立发挥生产能力而具有独立施工条件，可以单独作为成本计算对象的工程项目。如枢纽工程一级项目中的挡水工程，其二级项目划分为混凝土坝、土石坝等工程。

（3）三级项目（相当于分部或者分项工程）：在二级项目中，为了便于计算工料费用，按其结构性质及施工特点，可进一步划分为若干个三级项目。如溢洪道工程中的土方开挖、石方开挖等工程均为三级项目。

需要注意的是，水利工程的概（估）算包括四部分，即工程部分、水库移民征地补偿费、环境保护工程、水土保持工程（见图 5.2）。由于工程部分可按市场机制运作，而移

- 水利水电工程概算
  - 工程部分
    - 建筑工程
    - 机电设备及安装工程
    - 金属结构设备及安装工程
    - 施工临时工程
    - 独立费用
  - 水库移民征地补偿费
  - 环境保护工程
  - 水土保持工程

图 5.2 水利工程概算项目组成表

民问题政策性非常强，需具体情况具体处理，移民部分必须由政府按政策实施，两者管理方式差别较大，因此按现行规定，工程部分分别执行不同的编制方法和标准。上述项目划分只适用于水利工程部分。

5.3.1 建筑工程

1. 枢纽工程

枢纽工程是指水利枢纽建筑物、大型泵站、大型拦河水闸和其他大型独立建筑物（含引水工程的水源工程），包括挡水工程、泄洪工程、引水工程、发电厂（泵站）工程、升压变电站工程、航运工程、鱼道工程、交通工程、房屋建筑工程、供电设施工程和其他建筑工程。其中挡水工程等前 7 项为主体建筑工程。

（1）挡水工程，包括挡水的各类坝（闸）工程。

（2）泄洪工程，包括溢洪道、泄洪洞、冲砂孔（洞）、放空洞、泄洪闸等工程。

（3）引水工程，包括发电引水明渠、进水口、隧洞、调压井、高压管道等工程。

（4）发电厂（泵站）工程，包括地面、地下各类发电厂（泵站）工程。

（5）升压变电站工程，包括升压变电站、开关站等工程。

（6）航运工程，包括上下游引航道、船闸、升船机等工程。

（7）鱼道工程，根据枢纽建筑物布置情况，可独立列项。与拦河坝相结合的，也可作为拦河坝工程的组成部分。

（8）交通工程，包括上坝、进厂、对外等场内外永久公路，以及桥梁、交通隧洞、铁路、码头等工程。

（9）房屋建筑工程，包括为生产运行服务的永久性辅助生产建筑、仓库、办公、值班宿舍及文化福利等房屋建筑工程和室外工程。

（10）供电设施工程，指工程生产运行供电需要架设的输电线路及变配电设施工程。

（11）其他建筑工程，包括安全监测设施工程，照明线路，通信线路，厂坝（闸、泵站）区供水、供热、排水等公用设施，劳动安全与工业卫生设施，水文、泥沙监测设施工程，水情自动测报系统工程及其他。

2. 引水工程

引水工程是指供水工程、调水工程和灌溉工程（1），包括渠（管）道工程、建筑物工程、交通工程、房屋建筑工程、供电设施工程和其他建筑工程。

（1）渠（管）道工程，包括明渠、输水管道工程，以及渠（管）道附属小型建筑物（如观测测量设施、调压减压设施、检修设施）等。

（2）建筑物工程，指渠系建筑物、交叉建筑物工程，包括泵站、水闸、渡槽、隧洞、箱涵（暗涵）、倒虹吸、跌水、动能回收电站、调蓄水库、排水涵（槽）、公路（铁路）交叉（穿越）建筑物等。

建筑物类别根据工程设计确定。工程规模较大的建筑物可以作为一级项目单独列示。

（3）交通工程，指永久性对外公路、运行管理维护道路等工程。

（4）房屋建筑工程，包括为生产运行服务的永久性辅助生产建筑、仓库、办公用房、值班宿舍及文化福利建筑等房屋建筑工程和室外工程。

（5）供电线路工程，指为工程生产运行供电需要架设的输电线路及变配电设施工程。

（6）其他建筑工程，包括安全监测设施工程，照明线路，通信线路，厂坝（闸、泵站）区供水、供热、排水等公用设施工程，劳动安全与工业卫生设施，水文、泥沙监测设施工程，水情自动测报系统工程及其他。

3. 河道工程

河道工程是指堤防修建与加固工程、河湖整治工程以及灌溉工程（2）。包括河湖整治与堤防工程、灌溉及田间渠（管）道工程、建筑物工程、交通工程、房屋建筑工程、供电设施工程和其他建筑工程。

（1）河湖整治与堤防工程，包括堤防工程、河湖整治工程、清淤疏浚工程等。

（2）灌溉及田间渠（管）道工程，包括明渠、输配水管道、排水沟（渠、管）工程、渠（管）道附属小型建筑物（如观测测量设施、调压减压设施、检修设施）、田间土地平整等。

（3）建筑物工程，包括水闸、泵站工程，田间工程机井、灌溉塘坝工程等。

（4）交通工程，指永久性对外公路、运行管理维护道路等工程。

（5）房屋建筑工程，包括为生产运行服务的永久性辅助生产建筑、仓库、办公用房、值班宿舍及文化福利建筑等房屋建筑工程和室外工程。

（6）供电线路工程，指工程生产运行供电需要架设的输电线路及变配电设施工程。

（7）其他建筑工程，包括安全监测设施工程，照明线路，通信线路，厂坝（闸、泵站）区供水、供热、排水等公用设施工程，劳动安全与工业卫生设施，水文、泥沙监测设施工程及其他。

5.3.2 机电设备及安装工程

1. 枢纽工程

枢纽工程是指构成枢纽工程固定资产的全部机电设备及安装工程。本部分由发电设备及安装工程、升压变电设备及安装工程和公用设备及安装工程三项组成。大型泵站和大型拦河水闸的机电设备及安装工程项目划分参考引水工程及河道工程划分方法。

（1）发电设备及安装工程，包括水轮机、发电机、主阀、起重机、水力机械辅助设备、电气设备等设备及安装工程。

（2）升压变电设备及安装工程，包括主变压器、高压电气设备、一次拉线等设备及安装工程。

（3）公用设备及安装工程，包括通信设备、通风采暖设备、机修设备、计算机监控系统、工业电视系统、管理自动化系统、全厂接地及保护网，电梯，坝区馈电设备，厂坝区供水、排水、供热设备，水文、泥沙监测设备，水情自动测报系统设备，视频安防监控设备，安全监测设备，消防设备，劳动安全与工业卫生设备，交通设备等设备及安装工程。

2. 引水工程及河道工程

引水工程及河道工程是指构成该工程固定资产的全部机电设备及安装工程，一般包括泵站设备及安装工程、水闸设备及安装工程、电站设备及安装工程、供变电设备及安装工程和公用设备及安装工程四项组成。

（1）泵站设备及安装工程，包括水泵、电动机、主阀、起重设备、水力机械辅助设备、电气设备等设备及安装工程。

（2）水闸设备及安装工程，包括电气一次设备及电气二次设备及安装工程。

（3）电站设备及安装工程，其组成内容可参照枢纽工程的发电设备及安装工程和升压变电设备及安装工程。

（4）供变电设备及安装工程，包括供电、变配电设备及安装工程。

（5）公用设备及安装工程，包括通信设备、通风采暖设备、机修设备、计算机监控系统、工业电视系统、管理自动化系统、全厂接地及保护网，厂坝（闸、泵站）区供水、排水、供热设备，水文、泥沙监测设备，水情自动测报系统设备，视频安防监控设备，安全监测设备，消防设备，劳动安全与工业卫生设备，交通设备等设备及安装工程。

灌溉田间工程还包括首部设备及安装工程、田间灌水设施及安装工程。

（1）首部设备及安装工程，包括过滤、施肥、控制调节、计量等设备及安装工程等。

（2）田间灌水设施及安装工程，包括田间喷灌、微灌等全部灌水设施及安装工程。

5.3.3 金属结构设备及安装工程

金属结构设备及安装工程是指构成枢纽工程、引水工程和河道工程固定资产的全部金属结构设备及安装工程，包括闸门、启闭机、拦污设备、升船机等设备及安装工程，水电站（泵站等）压力钢管制作及安装工程和其他金属结构设备及安装工程。

金属结构设备及安装工程的一级项目应与建筑工程的一级项目相对应。

5.3.4 施工临时工程

施工临时工程是指为辅助主体工程施工所必须修建的生产和生活用临时性工程。本部分组成内容如下。

（1）导流工程，包括导流明渠、导流洞、施工围堰、蓄水期下游断流补偿设施、金属结构设备及安装工程等。

（2）施工交通工程，包括施工现场内外为工程建设服务的临时交通工程，如公路、铁路、桥梁、施工支洞、码头、转运站等。

(3) 施工场外供电工程，包括从现有电网向施工现场供电的高压输电线路（枢纽工程35kV及以上等级，引水工程、河道工程10kV及以上等级，掘进机施工专用供电线路）、施工变（配）电设施设备（场内除外）工程。

(4) 施工房屋建筑工程，指工程在建设过程中建造的临时房屋，包括施工仓库，办公及生活、文化福利建筑及所需的配套设施工程。

(5) 其他施工临时工程，指除施工导流、施工交通、施工场外供电、施工房屋建筑、缆机平台、掘进机泥水处理系统和管片预制系统土建设施以外的施工临时工程，主要包括施工供水（大型泵房及干管）、砂石料系统、混凝土拌和浇筑系统、大型机械安装拆卸、防汛、防冰、施工排水、施工通信等工程。

根据工程实际情况可单独列示缆机平台、掘进机泥水处理系统和管片预制系统土建设施等项目。

施工排水指基坑排水、河道降水等，包括排水工程建设及运行费。

5.3.5 独立费用

本部分由建设管理费、工程建设监理费、联合试运转费、生产准备费、科研勘测设计费和其他等六项组成。

(1) 建设管理费。

(2) 工程建设监理费。

(3) 联合试运转费。

(4) 生产准备费。包括生产及管理单位提前进厂费、生产职工培训费、管理用具购置费、备品备件购置费、工器具及生产家具购置费。

(5) 科研勘测设计费。包括工程科学研究试验费和工程勘测设计费。

(6) 其他。包括工程保险费、其他税费。

项目划分的具体情况见2014年版《水利工程设计概（估）算编制规定》第三章第二节的项目划分。

5.3.6 项目划分注意事项

(1) 划分时要注意项目划分要适合所编制的各阶段造价文件，对于招标文件和业主预算要根据工程分包和合同管理的情况来调整项目划分。

(2)《水利工程设计概（估）算编制规定》中，工程部分二、三级项目中，仅列了代表性子目，编制概算时，二、三级项目可根据《水利水电工程初步设计报告编制规程》(SL 619—2013) 的工作深度要求和工程情况增减或再划分，以三级项目为例。

1) 土方开挖工程，应将土方开挖与砂砾石开挖分列。

2) 石方开挖工程，应将明挖与暗挖，平洞与斜洞（井）、竖井分列。

3) 土石方回填工程，应将土方回填与石方回填分列。

4) 砌石工程，应将干砌石、浆砌石、抛石、钢筋（铁丝）笼块石等分列。

5) 混凝土工程，应将不同工程部位、不同强度等级、不同级配的混凝土分列。

6) 模板工程，应将不同规格形状和材质的模板分列。

7）钻孔工程，应按使用不同钻孔机械及钻孔的不同用途分列。

8）灌浆工程，应按不同灌浆种类分列。

9）机电、金属结构设备及安装工程，应根据设计提供的设备清单，按分项要求逐一分列。

10）钢管制作及安装工程，应将不同管径的钢管、叉管分列。

（3）建筑安装工程三级项目的设置深度除应满足《水利工程设计概（估）算编制规定》的规定外还应与定额相适应，对有关部门提供的工程量和预算资料，要注意按项目划分和费用构成正确处理，比如施工临时工程，根据不同的规模、性质，有的在施工临时工程（1）～(4）项里单独列项，有的包括在“其他施工临时工程”中，有的包括在建安工程直接工程费里的现场经费中。

（4）注意设计单位的习惯与概算项目划分的差异。如施工导流用的闸门及启闭设备大多由金属结构设计人员提供，但应列在第四部分施工临时工程内，而不是第三部分金属结构内。

项目实施：

请对实习时见到的中小型水利枢纽工程，进行项目划分。

想一想　练一练：

1. 项目划分中容易出现重项和漏项，如何解决这个问题？
2. 水利工程概算包括哪些部分？
3. 水利建筑工程中的主要建筑工程包括哪些？

知识拓展：征地移民工程、水土保持工程、环境保护工程如何进行项目划分？

任务5.4　水利工程费用构成

学习目标：

1. 知识目标：①水利工程费用相关概念；②水利工程费用之间的层次关系。

2. 技能目标：①知道水利工程费用中各概念的内涵；②熟悉水利工程费用之间的层次关系。

3. 素质目标：①认真仔细的工作态度；②严谨的工作作风；③遵守编制规定的要求。

项目任务：学习水利工程费用的概念、层次关系。

项目描述：水利工程费用构成中，有众多的概念，而且众多的费用名称之间有复杂的层次关系，熟练掌握这些概念和关系，是做好工程造价与工程施工组织的基础。

知识平台：

建设项目费用是指工程项目从筹建到竣工验收、交付使用所需要的费用总和。水利水电建设项目一般投资多、规模大、涉及范围广，建设项目的划分也是比较细致，水利工程建设项目费用包括工程部分、移民和环境两个部分。移民和环境部分的费用包括水库移民征地补偿费、水土保持工程费、环境保护工程费，其费用构成按《水利工程建设征地移民补偿投资概（估）算编制规定》、《水利工程环境保护设计概（估）算编制规定》、《水土保持工程概

（估）算编制规定》执行，根据水利部颁发的《水利工程设计概（估）算编制规定》，工程部分的费用包括工程费（建筑及安装工程费、设备费）、独立费用、预备费、建设期融资利息组成。建筑安装工程费由直接工程费、间接费、利润和税金组成（图 5.3）。

- 工程部分费用
  - 工程费
    - 建筑及安装工程费
    - 设备费
  - 独立费用
  - 预备费
  - 建设期融资利息

图 5.3　工程部分费用组成表

5.4.1　建筑及安装工程费

根据《水利工程营业税改征增值税计价依据调整办法》（水总〔2016〕132 号），建筑及安装工程费由直接费、间接费、利润、材料补差及税金组成。营业税改征增值税后，税金指增值税销项税额，间接费增加城市维护建设税、教育费附加和地方教育附加，并计入企业管理费。

5.4.1.1　直接费

直接费指建筑安装工程施工过程中直接消耗在工程项目上的活劳动和物化劳动。由基本直接费、其他直接费组成。

基本直接费包括人工费、材料费、施工机械使用费。

其他直接费包括冬雨季施工增加费、夜间施工增加费、特殊地区施工增加费、临时设施费、安全生产措施费和其他。

1. 基本直接费

（1）人工费

人工费指直接从事建筑安装工程施工的生产工人开支的各项费用，内容包括基本工资和辅助工资。

（2）材料费

材料费指用于建筑安装工程项目上的消耗性材料、装置性材料和周转性材料摊销费，包括定额工作内容规定应计入的未计价材料和计价材料。

材料预算价格一般包括材料原价、运杂费、运输保险费和采购及保管费四项。

1）材料原价，指材料指定交货地点的价格。

2）运杂费，指材料从指定交货地点至工地分仓库或相当于工地分仓库（材料堆放场）所发生的全部费用。包括运输费、装卸费及其他杂费。

3）运输保险费，指材料在运输途中的保险费。

4）采购及保管费，指材料在采购、供应和保管过程中所发生的各项费用，主要包括：材料的采购、供应和保管部门工作人员的基本工资、辅助工资、职工福利费、劳动保护费、养老保险费、失业保险费、医疗保险费、工伤保险费、生育保险费、住房公积金、教育经费、办公费、差旅交通费及工具用具使用费，仓库、转运站等设施的检修费、固定资产折旧费、技术安全措施费，材料在运输、保管过程中发生的损耗等。

（3）施工机械使用费

施工机械使用费指消耗在建筑安装工程项目上的机械磨损、维修和动力燃料费用等，包括折旧费、修理及替换设备费、安装拆卸费、机上人工费和动力燃料费等。

1）折旧费，指施工机械在规定使用年限内回收原值的台时折旧摊销费用。

2）修理及替换设备费。

a. 修理费指施工机械使用过程中，为了使机械保持正常功能而进行修理所需的摊销费用和机械正常运转及日常保养所需的润滑油料、擦拭用品的费用，以及保管机械所需的费用。

b. 替换设备费指施工机械正常运转时所耗用的替换设备及随机使用的工具附具等摊销费用。

3）安装拆卸费，指施工机械进出工地的安装、拆卸、试运转和场内转移及辅助设施的摊销费用。部分大型施工机械的安装拆卸不在其施工机械使用费中计列，包含在其他施工临时工程中。

4）机上人工费，指施工机械使用时机上操作人员人工费用。

5）动力燃料费用，指施工机械正常运转时所耗用的风、水、电、油和煤等费用。

2. 其他直接费

（1）冬雨季施工增加费。冬雨季施工增加费指在冬雨季施工期间为保证工程质量所需增加的费用，包括增加施工工序，增设防雨、保温、排水等设施增耗的动力、燃料、材料以及因人工、机械效率降低而增加的费用。

（2）夜间施工增加费。夜间施工增加费指施工场地和公用施工道路的照明费用。照明线路工程费用包括在“临时设施费”中；施工附属企业系统、加工厂、车间的照明费用，列入相应的产品中，均不包括在本项费用之内。

（3）特殊地区施工增加费。特殊地区施工增加费指在高海拔、原始森林、沙漠等特殊地区施工而增加的费用。

（4）临时设施费。临时设施费指施工企业为进行建筑安装工程施工所必需的但又未被划入施工临时工程的临时建筑物、构筑物和各种临时设施的建设、维修、拆除、摊销等，如：供风、供水（支线）、供电（场内）、照明、供热系统及通信支线，土石料场，简易砂石料加工系统，小型混凝土拌和浇筑系统，木工、钢筋、机修等辅助加工厂，混凝土预制构件厂，场内施工排水，场地平整、道路养护及其他小型临时设施等。

（5）安全生产措施费。安全生产措施费指为保证施工现场安全作业环境及安全施工、文明施工所需要，在工程设计已考虑的安全支护措施之外发生的安全生产、文明施工相关费用。

（6）其他。包括施工工具用具使用费、检验试验费、工程定位复测及施工控制网测设，工程点交、竣工场地清理，工程项目及设备仪表移交生产前的维护费，工程验收检测费等。

1）施工工具用具使用费，指施工生产所需，但不属于固定资产的生产工具，检验、试验用具等的购置、摊销和维护费。

2）检验试验费，指对建筑材料、构件和建筑安装物进行一般鉴定、检查所发生的费用，包括自设实验室所耗用的材料和化学药品费用，以及技术革新和研究试验费，不包括新结构、新材料的试验费和建设单位要求对具有出厂合格证明的材料进行试验、对构件进行破坏性试验，以及其他特殊要求检验试验的费用。

3）工程项目及设备仪表移交生产前的维护费，指竣工验收前对已完工程及设备进行保护所需的费用。

4）工程验收检测费，指工程各级验收阶段为检测工程质量发生的检测费用。

5.4.1.2　间接费

间接费指施工企业为建筑安装工程施工而进行组织与经营管理所发生的各项费用。间接费构成产品成本，由规费和企业管理费组成。

1. 规费

规费指政府和有关部门规定必须缴纳的费用，包括社会保险费和住房公积金。

（1）社会保险费

1）养老保险费，指企业按照规定标准为职工缴纳的基本养老保险费。

2）失业保险费，指企业按照规定标准为职工缴纳的失业保险费。

3）医疗保险费，指企业按照规定标准为职工缴纳的医疗保险费。

4）工伤保险费，指企业按照规定标准为职工缴纳的工伤保险费。

5）生育保险费，指企业按照规定标准为职工缴纳的生育保险费。

（2）住房公积金

住房公积金指企业按照规定标准为职工缴纳的住房公积金。

2. 企业管理费

企业管理费指施工企业为组织施工生产经营活动所发生的费用。

（1）管理人员工资，指管理人员的基本工资、辅助工资。

（2）差旅交通费，指施工企业管理人员因公出差、工作调动的差旅费，误餐补助费，职工探亲路费，劳动力招募费，职工离退休、退职一次性路费，工伤人员就医路费，工地转移费，交通工具运行费及牌照费等。

（3）办公费，指企业办公用文具、印刷、邮电、书报、会议、水电、燃煤（气）等费用。

（4）固定资产使用费，指企业属于固定资产的房屋、设备、仪器等的折旧、大修理、维修费及租赁费等。

（5）工具用具使用费，指企业管理使用不属于固定资产的工具、用具、家具、交通工具和检验、试验、测绘、消防用具等的购置、维修和摊销费。

（6）职工福利费，指企业按照国家规定支出的职工福利费，以及由企业支付离退休职工的易地安家补助费、职工退职金、月以上的病假人员工资、按规定支付给离休干部的各项经费。职工发生工伤时企业依法在工伤保险基金之外支付的费用，其他在社会保险基金之外依法由企业支付给职工的费用。

（7）劳动保护费，是企业按照国家有关部门规定标准发放的一般劳动防护用品的购置及修理费、保健费、防暑降温费、高空作业及进洞津贴、技术安全措施以及洗澡用水、饮用水的燃料费等。

（8）工会经费，指企业按职工工资总额计提的工会经费。

（9）职工教育经费，指企业为职工学习先进技术和提高文化水平按职工工资总额计提的费用。

（10）保险费，指企业财产保险、管理用车辆等保险费用，高空、井下、洞内、水下、水上作业等特殊工种安全保险费、危险作业意外伤害保险费等。

（11）财务费用，指施工企业为筹集资金而发生的各项费用，包括企业经营期间发生的短期融资利息净支出、汇兑净损失、金融机构手续费，企业筹集资金发生的其他财务费用，以及投标和承包工程发生的保函手续费等。

（12）税金，指企业按规定缴纳的房产税、管理用车辆使用税、印花税等。

（13）其他，包括技术转让费、企业定额测定费、施工企业进退场费、施工企业承担的施工辅助工程设计费、投标报价费、工程图纸资料费及工程摄影费、技术开发费、业务招待费、绿化费、公证费、法律顾问费、审计费、咨询费、技术开发费、业务招待费、绿化费、公证费、法律顾问费、审计费、咨询费等。

5.4.1.3 利润

利润指按规定应计入建筑安装工程费用中的利润。

5.4.1.4 材料补差

材料补差指根据主要材料消耗量、主要材料预算价格与材料基价之间的差值，计算的主要材料补差金额。材料基价是指计入基本直接费的主要材料的限制价格。

5.4.1.5 税金

根据《水利工程营业税改征增值税计价依据调整办法》（办财务函〔2019〕448号），按“价税分离”的计价规则计算建筑及安装工程费，即直接费（含人工费、材料费、施工机械使用费和其他直接费）、间接费、利润、材料补差均不包含增值税进项税额，并以此为基础计算增值税税金。

税金指应计入建筑安装工程费用内的增值税销项税额，税率为9%。自采砂石料税率为3%。

5.4.2 设备费

设备费包括设备原价、运杂费、运输保险费和采购及保管费。

1. 设备原价

（1）国产设备。其原价指出厂价。

（2）进口设备。以到岸价和进口征收的税金、手续费、商检费及港口费等各项费用之和为原价。

（3）大型机组及其他大型设备分瓣运至工地后的拼装费用，应包括在设备原价内。

2. 运杂费

运杂费指设备由厂家运至工地现场所发生的一切运杂费用，包括运输费、装卸费、包装绑扎费、大型变压器充氮费及可能发生的其他杂费。

3. 运输保险费

运输保险费指设备在运输过程中的保险费用。

4. 采购及保管费

采购及保管费指建设单位和施工企业在负责设备的采购、保管过程中发生的各项费用。

（1）采购保管部门工作人员的基本工资、辅助工资、职工福利费、劳动保护费、养老保险费、失业保险费、医疗保险费、工伤保险费、生育保险费、住房公积金、教育经费、办公费、差旅交通费、工具用具使用费等。

（2）仓库、转运站等设施的运行费、维修费、固定资产折旧费、技术安全措施费和设备的检验、试验费等。

5.4.3 独立费用

独立费用由建设管理费、工程建设监理费、联合试运转费、生产准备费、科研勘测设计费和其他6项组成。

5.4.3.1 建设管理费

建设管理费指建设单位在工程项目筹建和建设期间进行管理工作所需的费用，包括建设单位开办费、建设单位人员费和项目管理费3项。

1. 建设单位开办费

建设单位开办费指新组建的工程建设单位，为开展工作所必须购置的办公设施、交通工具等以及其他用于开办工作的费用。

2. 建设单位人员费

建设单位人员费指建设单位从批准组建之日起至完成该工程建设管理任务之日止，需开支的建设单位人员费用，主要包括工作人员的基本工资、辅助工资、职工福利费、劳动保护费、养老保险费、失业保险费、医疗保险费、工伤保险费、生育保险费、住房公积金等。

3. 项目管理费

项目管理费指建设单位从筹建到竣工期间所发生的各种管理费用。

（1）工程管理建设过程中用于资金筹措、召开董事（股东）会议、视察工程建设所发生的会议和差旅等费用。

（2）工程宣传费。

（3）土地使用费、房产税、印花税、合同公证费。

（4）审计费。

（5）施工期间所需的水情、水文、泥沙、气象监测费和报汛费。

（6）工程验收费。

（7）建设单位人员的教育经费、办公费、差旅交通费、会议费、交通车辆使用费、技术图书资料费、固定资产折旧费、零星固定资产购置费、低值易耗品摊销费、工具用具使用费、修理费、水电费、采暖费等。

（8）招标业务费。

（9）经济技术咨询费。包括勘测设计成果咨询、评审费、工程安全鉴定、验收技术鉴定、安全评价相关费用，建设期造价咨询，防洪影响评价、水资源论证、工程场地地震安全性评价、地质灾害危险性评价及其他专项咨询等发生的费用。

（10）公安、消防部门派驻工地补贴费及其他工程管理费用。

5.4.3.2 工程建设监理费

工程建设监理费指建设单位在工程建设过程中委托监理单位，对工程建设的质量、进度、安全和投资进行监理所发生的全部费用。

5.4.3.3 联合试运转费

联合试运转费指水利工程的发电机组、水泵等安装完毕，在竣工验收前，进行整套设备带负荷联合试运转期间所需的各项费用，主要包括联合试运转期间所消耗的燃料、动力、材料及机械使用费，工具用具购置费，施工单位参加联合试运转人员的工资等。

5.4.3.4 生产准备费

生产准备费指水利建设项目的生产、管理单位为准备正常的生产运行或管理发生的费用，包括生产及管理单位提前进厂费、生产职工培训费、管理用具购置费、备品备件购置费和工器具及生产家具购置费。

1. 生产及管理单位提前进厂费

生产及管理单位提前进厂费指在工程完工之前，生产、管理单位有一部分工人、技术人员和管理人员提前进厂进行生产筹备工作所需的各项费用。内容包括提前进场人员的基本工资、辅助工资、职工福利费、劳动保护费、养老保险费、失业保险费、医疗保险费、工伤保险费、生育保险费、住房公积金、教育经费、办公费、差旅交通费、会议费、技术图书资料费、零星固定资产购置费、低值易耗品摊销费、工具用具使用费、修理费、水电费、采暖费等，以及其他属于生产筹建期间应开支的费用。

2. 生产职工培训费

生产职工培训费指生产及管理单位为保证生产、管理工作能顺利进行，需对工人、技术人员和管理人员进行培训所发生的费用。

3. 管理用具购置费

管理用具购置费指为保证新建项目的正常生产和管理所必须购置的办公和生活用具等费用，包括办公室、会议室、资料档案室、阅览室、文娱室、医务室等公用设施需要配置的家具器具。

4. 备品备件购置费

备品备件购置费指工程在投产运行初期，由于易损件损耗和可能发生的事故，而必须准备的备品备件和专用材料的购置费。不包括设备价格中配备的备品备件。

5. 工器具及生产家具购置费

工器具及生产家具购置费指按设计规定，为保证初期生产正常运行所必须购置的不属于固定资产标准的生产工具、器具、仪表、生产家具等的购置费，不包括设备价格中已包括的专用工具。

5.4.3.5 科研勘测设计费

科研勘测设计费指为工程建设所需的科研、勘测和设计等费用，包括工程科学研究试验费和工程勘测设计费。

1. 工程科学研究试验费

工程科学研究试验费指为保障工程质量，解决工程建设技术问题，而进行必要的科学研究试验所需的费用。

2. 工程勘测设计费

工程勘测设计费指工程从项目建议书阶段开始至以后各设计阶段发生的勘测费、设计费和为勘测设计服务的常规科研试验费，不包括工程建设征地移民设计、环境保护设计、水土保持设计各设计阶段发生的勘测设计费。

5.4.3.6 其他

1. 工程保险费

工程保险费指工程建设期间，为使工程能在遭受水灾、火灾等自然灾害和意外事故造成损失后得到经济补偿，而对工程进行投保所发生的保险费用。

2. 其他税费

其他税费指按国家规定应缴纳的与工程建设有关的税费。

5.4.4 预备费

预备费包括基本预备费和价差预备费。

1. 基本预备费

基本预备费主要为解决在工程建设过程中，设计变更和有关技术标准调整增加的投资以及工程遭受一般自然灾害所造成的损失和为预防自然灾害所采取的措施费用。

2. 价差预备费

价差预备费主要为解决在工程项目建设过程中，因人工工资、材料和设备价格上涨以及费用标准调整而增加的投资。

5.4.5 建设期融资利息

根据国家财政金融政策规定，工程在建设期内需偿还并应计入工程总投资的融资利息。

想一想 练一练：

1. 水利工程项目划分与费用构成之间有什么关系？
2. 简述建筑及安装工程费用的组成。
3. 简述基本直接费的组成部分。
4. 简述其他直接费的组成部分。
5. 简述检验试验费的具体内容。
6. 简述规费的内容。
7. 简述材料补差如何计算？
8. 简述设备费的组成部分。
9. 简述独立费用的内容。
10. 简述预备费解决的主要问题。

知识拓展：其他工程费用构成与水利工程一样吗？

项目6　编制水利水电工程基础单价

基础单价是编制工程单价的基本依据之一，也是编制工程概预算的最基本资料，它包括人工预算单价，材料预算价格，电、风、水价格，施工机械台时费，砂石料单价等。基础单价编制的准确与否，将直接影响工程单价的正确程度，从而影响工程概预算编制的质量。

任务6.1　人 工 预 算 单 价

学习目标：

1. 知识目标：①人工预算单价的概念；②水利水电工程人工预算单价的组成与类型；③水利水电工程人工预算单价的确定步骤。

2. 技能目标：①知道水利水电工程人工预算单价的组成与类型；②能根据水利水电工程背景确定人工预算单价。

3. 素质目标：①认真仔细的工作态度；②严谨的工作作风；③遵守编制规定的要求。

项目任务：学习水利水电工程人工预算单价的确定方法。

项目描述：准确确定水利水电工程人工预算单价是编制水利工程单价的基础，通过学习，可以根据水利水电工程背景准确确定其人工预算单价。

知识平台：

按照我国现行工资制度，职工劳动报酬是根据工人劳动熟练程度、工程技术要求的复杂程度、劳动繁重程度和责任大小划分等级，按照等级工资标准发放的。建筑安装工人基本工资是以工人技术等级、工资等级和工资等级系数、工资标准为基础确定的。人工预算单价是计算建筑与安装工程人工费的重要基础。人工预算单价应根据国家有关规定，和不同时期、不同部门、不同地区的人工单价组成内容和标准，按水利水电施工企业工人工资标准和工程所在地工资区类别结合水利工程特点准确进行计算。水利部在2014年制订了新的人工预算单价计算办法，现分别介绍如下。

6.1.1　人工预算单价的组成

人工预算单价是指生产工人单位时间（工时）的工资和其他各项费用之和。人工预算单价由基本工资和辅助工资组成。

（1）基本工资。由岗位工资和年应工作天数内非作业天数的工资组成。

1）岗位工资，指按照职工所在岗位各项劳动要素测评结果确定的工资。

2）生产工人年应工作天数以内、非作业天数的工资，包括生产工人开会学习、培训期间的工资，调动工作、探亲、休假期间的工资，因气候影响的停工工资，女工哺乳期间的工资，病假在6个月以内的工资及产、婚、丧假期的工资。

（2）辅助工资，指在基本工资之外，以其他形式支付给职工的工资性收入，包括根据国家有关规定属于工资性质的各种津贴，主要包括艰苦边远地区津贴、施工津贴、夜餐津贴、节假日加班津贴等。

6.1.2 人工预算单价的计算标准

根据2014年水利部颁布的《水利工程设计概（估）算编制规定》及人力资源和社会保障部的相关规定，计算标准及方法如下。

1. 有效工作时间

年应工作天数：250工日（年日历天数365天减去双休日104天、法定节日11天）。

日工作时间：8工时/工日。

2. 工人的人工等级

根据国家有关规定和水利部水利企业工资制度改革办法，并结合水利工程特点，确定了水利工程定额人工等级分为工长、高级工、中级工和初级工四个等级。

3. 工资地区分级

艰苦边远地区划分执行人力资源和社会保障部、财政部《关于印发〈完善艰苦边远地区津贴制度实施方案〉的通知》（国人部发〔2006〕61号）及各省（直辖市、自治区）关于艰苦边远地区津贴制度实施意见。

4. 人工工资按工程类别划分

对不同的工程类别，水利工程的人工预算单价计算标准也是不同的，见表6.1。

表6.1　　人工预算单价计算标准　　单位：元/工时

工程类别 \ 等级 \ 地区分类		一般地区	一类区	二类区	三类区	四类区	五类区 西藏二类	六类区 西藏三类	西藏四类
枢纽工程	工　长	11.55	11.80	11.98	12.26	12.76	13.61	14.63	15.40
	高级工	10.67	10.92	11.09	11.38	11.88	12.73	13.74	14.51
	中级工	8.90	9.15	9.33	9.62	10.12	10.96	11.98	12.75
	初级工	6.13	6.38	6.55	6.84	7.34	8.19	9.21	9.98
引水工程	工　长	9.27	9.47	9.61	9.84	10.24	10.92	11.73	12.11
	高级工	8.57	8.77	8.91	9.14	9.54	10.21	11.03	11.40
	中级工	6.62	6.82	6.96	7.19	7.59	8.26	9.08	9.45
	初级工	4.64	4.84	4.98	5.21	5.61	6.29	7.10	7.47
河道工程	工　长	8.02	8.19	8.31	8.52	8.86	9.46	10.17	10.49
	高级工	7.40	7.57	7.70	7.90	8.25	8.84	9.55	9.88
	中级工	6.16	6.33	6.46	6.66	7.01	7.60	8.31	8.63
	初级工	4.26	4.43	4.55	4.76	5.10	5.70	6.41	6.73

注　1. 艰苦边远地区划分执行人力资源和社会保障部、财政部《关于印发〈完善艰苦边远地区津贴制度实施方案〉的通知》（国人部发〔2006〕61号）及各省（直辖市、自治区）关于艰苦边远地区津贴制度实施意见。一～六类地区的类别划分参见《水利工程设计概（估）算编制规定》附录7，执行时应根据最新文件进行调整。一般地区指《水利工程设计概（估）算编制规定》附录7之外的地区。

2. 西藏地区的类别执行西藏特殊津贴制度相关文件规定，其二～四类划分的具体内容见《水利工程设计概（估）算编制规定》附录7。

3. 跨地区建设项目的人工预算单价可按主要建筑物所在地确定，也可按工程规模或投资比例进行综合确定。

项目实施：

根据现行《水利工程设计概（估）算编制规定》，人工预算单价的确定应确定水利工程的类别，根据工程所在地确定人工工资地区类别因素，然后根据《水利工程设计概（估）算编制规定》查定人工预算单价。

【例 6.1】 按照现行《水利工程设计概（估）算编制规定》，根据规定确定小浪底工程的各级人工预算单价应为多少？

解：根据现行《水利工程设计概（估）算编制规定》（2014）确定人工预算单价的方法，首先确定该水利工程为枢纽工程，再根据工程所在地并不在艰苦边远地区类别划分表内，所以该工程所在地应属于一般地区，查表 6.1 得知，小浪底工程人工预算单价为：工长为 11.55 元/工时，高级工为 10.67 元/工时，中级工为 8.90 元/工时，初级工为 6.13 元/工时。

想一想　练一练：根据现行《水利工程设计概（估）算编制规定》，陕西省亭口水利枢纽的人工预算单价应该是多少？

知识拓展：地方水利工程人工预算单价有哪些类型？如何确定？

任务 6.2　材料预算价格

学习目标：

1. 知识目标：①材料预算价格的概念；②材料预算价格的组成与分类；③水利工程材料预算价格计算的相关规定。

2. 技能目标：①知道水利工程材料预算价格的内涵；②知道水利工程建材料预算价格计算的方法和相关指标的确定方法；③能够计算水利工程人工预算价格。

3. 素质目标：①认真仔细的工作态度；②严谨的工作作风；③遵守编制规定的要求。

项目任务：学习计算水利工程材料预算价格。

项目描述：主要材料预算价格的准确计算，是水利工程建筑及安装工程单价计算的基础，本学习任务就是要准确计算水利工程材料预算价格。

知识平台：

材料是指用于建筑安装工程中，直接消耗在工程上的消耗性材料、构成工程实体的装置性材料和施工中重复使用的周转性材料，是建筑安装工人加工或施工的劳动对象。材料费是建筑安装工程投资的重要组成部分，所占比重一般在 30%以上，有的甚至达到 60%左右。因此，正确计算材料预算价格对于准确地确定工程投资具有重要意义。

材料预算价格是指材料（包括构件、成品及半成品）由来源地或交货地点运到施工工地分仓库或相当于工地分仓库（材料堆放场）的出库价格，材料从工地工地分仓库至施工现场用料点的场内运杂费已计入定额内。材料预算价格可用图 6.1 表示。

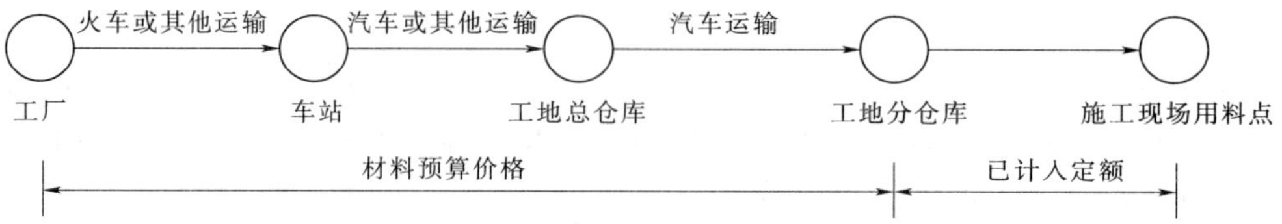

图 6.1 材料预算价格示意图

6.2.1 水利工程材料的分类

水利水电工程建设中所用材料品种繁多、数量大，其来源地、供应、运输方式和规格也多种多样，按其对工程投资影响的程度，可分为主要材料和其他材料。

(1) 主要材料：指工程施工中用量大或用量虽小但价格昂贵，对工程造价影响大的材料。这类材料的价格应按品种逐一详细计算。

水利水电工程常用的主要材料有：水泥、粉煤灰、钢材、木材、油料、火工产品、油料、电缆和母线等。在大量用沥青混凝土防渗的工程中，沥青应视为主要材料；水闸施工中若用紫铜片止水，量虽小但价高，应视为主要材料。

根据《水利工程营业税改征增值税计价依据调整办法》(水总〔2016〕132 号)，采用含税价格编制概（估）算文件时，项目审批前应按本办法调整概（估）算成果，其中材料价格可以采用将含税价格除以调整系数的方式调整为不含税价格，主要材料的调整方法是除以 1.17 调整系数，主要材料指水泥、钢筋、柴油、汽油、炸药、木材、引水管道、安装工程的电缆、轨道、钢板等未计价材料、其他占工程投资比例高的材料。

(2) 其他材料（次要材料）：是相对主要材料而言的，两者之间并没有严格的界限，要根据工程对某种材料用量的多少及其在工程投资中的比重来确定。指除主要材料之外的所有材料，其对工程造价影响较小，但品种繁多，该部分价格不需要详细计算。

根据《水利工程营业税改征增值税计价依据调整办法》(水总〔2016〕132 号)，采用含税价格编制概（估）算文件时，项目审批前应按本办法调整概（估）算成果，其中材料价格可以采用将含税价格除以调整系数的方式调整为不含税价格，次要材料的调整方法是除以 1.03 调整系数。

6.2.2 主要材料预算价格的组成与计算

材料预算价格一般包括材料原价、包装费、运杂费、运输保险费、采购及保管费五项。其中材料的包装费并不是对每种材料都可能发生，例如散装材料不存在包装费；有的材料包装费则已计入出厂价。主要材料预算价格计算公式为

材料预算价格＝(材料原价＋包装费＋运杂费)×(1＋采购及保管费率)＋运输保险费

根据《水利工程营业税改征增值税计价依据调整办法》(水总〔2016〕132 号)，材料原价、运杂费、运输保险费和采购及保管费等分别按不含增值税进项税额的价格计算。

1. 材料原价

材料原价是指材料市场价或在指定交货地点的价格，按工程所在地区就近大型物资供应公司、材料交易中心的市场成交价或设计选定的生产厂家的出厂价计算。材料按市场价

格计算（炸药等火工产品除外），即按工程所在地区就近大的物资供应公司的供货价、材料交易中心的市场成交价或业主（或设计方）选定的生产厂家的出厂价以及工程所在地建设工程造价管理部门公布的价格信息计算，但必须充分考虑材料来源、供货比例对材料价格的影响。同种材料，产地、供应商家不同，其价格也有不同，需根据市场调查的详细资料，经过科学论证，确定其市场价，按不同产地的价格和供应比例，采取加权平均的方法计算。

（1）水泥：由生产企业根据生产成本和市场供求情况自主定价，一般采用厂家出厂价。在可行性研究阶段编制投资估算时，水泥市场价可统一按袋装水泥价格计算。袋装水泥的包装费按规定计入原价，不计回收，不计押金。

（2）木材：工程所需木材由林区贮木场直接供应的，原则上均应执行设计所选定的木场的大宗市场批发价；由工程所在地区木材公司供应的，采用该地区木材公司规定的木材大宗市场批发价。

木材原价的代表规格，按二类（杉木）、三类（松木）树种各占50%，Ⅰ、Ⅱ等材各50%考虑。长度2～3.8m，径级20～28cm。

（3）汽油、柴油：其原价按工程所在地区石油公司的批发价计算。汽油、柴油按车辆要求及工程所在地区气温条件确定规格型号。汽油代表规格为70号。柴油代表规格根据工程所在气温区确定，其中Ⅰ类气温区0号比例占75%～100%，－10～－20号比例占0～25%；Ⅱ类气温区0号比例占40%～55%，－10～－20号比例占45%～60%。Ⅲ类气温区0号比例55%～65%，－10～－20号比例占35%～45%；Ⅰ类气温区包括河南、河北、山西、山东、陕西、甘肃、宁夏、内蒙古；Ⅱ类气温区包括广东、广西、云南、贵州、四川、江苏、湖南、浙江、湖北、安徽；Ⅲ类气温区包括青海、新疆、西藏、辽宁、吉林、黑龙江。

（4）炸药：按国家及地方有关规定计算其预算价格。代表规格按2号岩石铵梯炸药，4号岩石铵梯炸药，1～9kg/包。

（5）钢材：包括钢筋、钢板及型钢，根据设计所需要的规格品种的市场价计算。如果设计提供品种规格有困难时，钢筋代表规格可按 Q_{235} 碳素结构钢 ϕ16～18mm 比例占70%、低合金钢采用20MnSiϕ20～25mm 比例占30%计算。或两者比例由设计确定，钢板、型钢的代表规格、型号和比例，也按设计要求确定。

上述5种建筑材料为工程概预算编制中一般必须编制预算价格的主要材料，在具体工程中需根据工程项目进行增删。如工程中无石方开挖，则无需计算火工品的预算价格；如大体积混凝土掺用的粉煤灰则应作为主要材料，编制其预算价格。由于砂石料在水利水电工程中需用量较大，一般自行开采，其预算价格将在后面作专门的介绍。

2. 运杂费

运杂费是指材料由产地或交货地点运到工地分仓库或相当于工地分仓库（材料堆放场）所发生的各种运输工具的运输费、调车费、装卸费及其他费用。

根据《水利工程营业税改征增值税计价依据调整办法》（水总〔2016〕132号），前期工作阶段编制概（估）算文件时，材料价格应采用发布的不含税信息价格或市场调研的不含税价格。过渡阶段采用含税价格编制概（估）算文件时，项目审批前应按本办法调整概（估）算成果，其中材料价格可以采用将含税价格除以调整系数的方式调整为不含税价格。

运杂费按原金额标准计算的运杂费除以 1.03 调整系数，按费率计算运杂费时费率乘以 1.10 调整系数。

在编制运杂费时，应详细收集工程所在地区及有关部门的运杂费价格资料，按施工组织设计中选定的材料来源、运输方式、运输工具、里程以及厂家和交通部门规定的取费标准进行计算。

特殊材料或部件运输，要考虑特殊措施费、改造路面和桥梁费等。

(1) 铁路运输费的计算。铁路运输按铁道部现行《铁路货物运价规则》及有关规定计算。

(2) 施工单位自备机车车辆在自营专用线上行驶的运杂费的计算。按列车台（时）班费和台班（时）货运量以及运行维护人员开支摊销费计算，其计算公式为：

$$每吨运价=\frac{机车台班费+车辆台班费之和}{每列火车设计载重量\times载重系数\times列车每班行驶次数}+每吨装卸费+现场管理人员开支的摊销费（元/t）$$

如果自备机车还要通过国有铁路，还应缴纳给铁路部门的过轨费。其运杂费计算公式为：

$$每吨运价=\frac{机车台班费+车辆台班费之和+列车过轨费}{每列火车设计载重量\times载重系数\times列车每班行驶次数}+每吨装卸费+现场管理人员开支的摊销费（元/t）$$

火车整车运输货物，除特殊情况外，一律按车辆标记载重量装载计费。但在实际运输过程中经常出现不能满载的情况，在计算运杂费时，用装载系数来表示。火车整车装载系数参见表 6.2。

表 6.2　　火车整车运输装载系数

材料名称		单位	装载系数
水泥、油料		t/车皮 t	1.0
木材		m^3/车皮 t	0.90
钢材	大型工程	t/车皮 t	0.90
	中型工程	t/车皮 t	0.80～0.85
炸药		t/车皮 t	0.65～0.70

(3) 公路运杂费的计算。公路运杂费按工程所在省、自治区、直辖市交通部门的现行规定计算，汽车运输轻泡货物时，按实际载量计价。

轻泡货物是指每立方米重量不足 333kg 的货物。整车运输时，其长、宽、高不得超过交通部门有关规定，以车辆标记吨位计重。零担运输，以货物包装的长、宽、高各自最大值计算体积，按每立方米折算 333kg 计价。

(4) 水路运杂费的计算。水路运输包括内河运输和海洋运输，其运杂费按交通航运部门现行有关规定计算。

运杂费计算中应注意以下几个问题：

(1) 编制材料预算价格时，应先绘制运输流程示意图，避免在计算过程中，发生遗漏和重复。

(2) 确定运量比例。一个工程若有两种以上的对外交通方式，要确定各运输方式在工程材料运输中所占比例。采用铁路专用线，在施工初期往往不能通车，要采用公路等其他运输方式。因此，在确定运量比例时，应充分重视施工初期的运输方式。

（3）整车与零担比。整车与零担比是指火车运输中整车和零担货物的比例，又叫“整零比”。整车运价较零担便宜，材料运输时，尽可能采用整车方式运输。具体整零比视工程规模情况来定，规模大，直供量多，整车比例就高。根据已建大、中型水利水电工程实际情况，水泥、木材、炸药、汽油、柴油等按整车计算，钢材可考虑一部分零担，其比例大型工程按10%～20%，中型工程按20%～30%选取。计算时，按整车和零担所占的百分率加权平均计算运价，具体公式为：

运价＝整车运价×整车量（%）＋零担运价×零担量（%）

（4）装载系数。材料实际运输时，因批量运输可能装不满一整车而不能满载；或虽已装满，但由于材料容重小，而其运输量达不到车皮的标记吨位；或为保证行车安全，对炸药类危险品不允许满载。这就存在实际运输重量与车辆标记重量不同的问题，而交通运输部门在整车时按标重收费，超过标重按实际重量计算费用。因此应考虑装载系数。

装载系数 K＝实际运输重量÷运输车辆标记重量

只有火车整车运输钢材、木材等时，才考虑装载系数，见表6.3，供计算时参考。

考虑装载系数后的实际运价计算为

实际运价＝规定运价÷装载系数

表6.3　　装载系数表

序号	材料名称		单位	装载系数
1	水泥、油料		t/车皮t	1.0
2	木材		m^3/车皮t	0.90
3	钢材	大型工程	t/车皮t	0.90
4		中型工程	t/车皮t	0.80～0.85
5	炸药		t/车皮t	0.65～0.70

（5）毛重。运输部门往往是以物资毛重计费，因此运费中要考虑材料的毛重系数。

毛重系数＝毛重÷净重＝(物资实际重量＋包装品重量)÷物资实际重量

单位毛重＝材料单位重量×毛重系数

水泥、钢材、油料的单位毛重与材料单位重量基本一致；木材的单位重量与材质有关，一般为0.6～0.8t/m^3，毛重系数1.0；炸药毛重系数为1.17；油料自备油桶运输时其毛重系数：汽油为1.15，柴油为1.14。

（6）铁路运输按铁道部现行的《铁路货物运价规则》，根据货物运价号、运输里程运价率及有关规定计算运杂费；公路和水路运输按工程所在省、自治区、直辖市交通部门的现行规定计算。

3. 采购及保管费

材料采购及保管费是指材料在采购、供应和保管过程中所发生的各项费用，主要包括：材料的采购、供应和保管部门工作人员的基本工资、辅助工资、工资附加费、教育经费、办公费、差旅交通费、工具用具使用费；仓库、转运站等设施的检修费、固定资产折旧费、技术安全措施费和材料检验费；材料在运输过程中发生的损耗等。采购及保管费按材料运到工地仓库价格（不包括运输保险费）作为计算基数，根据《水利工程营业税改征增值税计价依据调整办法》（水总〔2016〕132 号），采购及保管费，按现行计算标准乘以 1.10 调整系数，采购及保管费率见表 6.4。

表 6.4　　采购及保管费率表

序号	材料名称	费率/%
1	水泥、碎（砾）石、砂、块石	3.3
2	钢材	2.2
3	油料	2.2
4	其他材料	2.75

采购及保管费计算公式为：

材料采购及保管费＝(材料原价＋包装费＋运杂费)×采购及保管费率

4. 运输保险费

材料运输保险费是指材料在运输途中的保险费。一般按工程所在省、自治区、直辖市或中国人民保险公司的有关规定计算。

5. 材料补差

根据《水利工程营业税改征增值税计价依据调整办法》（办财务函〔2019〕448 号），主要材料预算价格超过表 6.5 规定的材料基价时，应按基价计入工程单价参加取费，预算价与基价的差值以材料补差形式计算，材料补差列入单价表中并计取税金。

主要材料预算价格低于基价时，按预算价计入工程单价。

计算施工电、风、水价格时，按预算价参与计算。

表 6.5　　主要材料基价表　　单位：元/t

序号	材料名称	基价/元
1	柴　油	2990
2	汽　油	3075
3	钢　筋	2560
4	水　泥	255
5	炸　药	5150

6.2.3　其他材料预算价格的确定

其他材料品种繁多，其费用占投资比例很小，一般不作详细计算，可参考工程所在地区的工业与民用建筑安装工程材料预算价格或信息价格。无地区预算价格的次要材料，由设计单位参照实际价格水平确定。

项目实施：

【例 6.2】 某水利工地使用 42.5 级普通水泥，系本省境内甲厂和乙厂供应。

已知：甲、乙两厂的水泥出厂价分别为 285 元/t 和 300 元/t，供货比例为甲厂∶乙厂＝60∶40，甲、乙两厂通过公路运至工地总仓库的距离分别为 80km 和 60km，工地总仓库到分仓库的距离为 8km，工地分仓库到工地现场的距离为 2km。公路运费为 0.65 元/

t. Km，水泥装、卸费分别为 8 元/t 和 6 元/t。水泥运输保险费的计算是按当地有关规定取 2‰，计算该种水泥的预算价格。

解：甲厂水泥预算价格计算如下：

水泥原价为 285.00 元/t，

运杂费为：　　　(80＋8)×0.65＋8×2＋6×2＝85.20（元/t）

运输保险费为：　　　285.00×2‰＝0.57（元/t）

采购及保管费为：(285.00＋71.20)×3%×1.1＝11.76（元/t）

甲厂水泥预算价格为：285.00＋85.20＋0.57＋11.76＝382.53（元/t）

乙厂水泥预算价格计算如下：

水泥原价为 300.00 元/t，

运杂费为：　　　(60＋8)×0.65＋8×2＋6×2＝72.20（元/t）

运输保险费为：　　　300.00×2‰＝0.60（元/t）

采购及保管费为：(300.00＋72.20)×3%×1.1＝11.83（元/t）；

乙厂水泥预算价格为：300.00＋58.20＋0.60＋11.83＝384.63（元/t）

建安工程单价计算时，基价按 255 元/t 计算，计入价差为 114.37 元/t。

水泥综合预算价格＝382.53×60%＋384.63×40%＝383.37（元/t）

【例 6.3】 某大型工程由甲、乙两厂供应钢筋，甲厂供应 60%，乙厂供应 40%，从甲厂用火车将钢筋运至工地铁路转运站，运输距离 150km；从乙厂用火车将钢筋运至工地铁路转运站，运距 500km；从铁路转运站用汽车运至工地分仓库，运距 20km。求钢筋的综合预算价格。

已知：根据铁路部门颁发的货物运价费率，甲厂供应的火车整车运价为 9.5 元/t，零担运价为 0.02 元/kg；乙厂供应的火车整车运价为 19.2 元/t，零担运价为 0.054 元/kg；火车运输整车与零担比为 8∶2。整车装载系数为 0.90，碳素结构钢筋的出厂价为 2200 元/t，20MnSi 钢筋出厂价为 2400 元/t，根据设计要求两种规格的钢筋所占比重分别为 40% 和 60%，汽车运输价为 0.30 元/(t·km)，火车、汽车装卸费 15 元/t（每装、卸一次），铁路出库综合费率 4.60 元/t，运输保险费率 2‰。

解：(1) 运输流程的运杂费计算，运杂费计算见表 6.6。

表 6.6　　　　主要材料运杂费计算表

编号	1	2	3	材料名称	钢筋			材料编号	
交货条件	甲厂	乙厂		运输方式	火车	汽车	船运	火车	
交货地点	××市	××市		货物等级		特等		零担	整车
交货比例	60%	40%		装载系数	0.90			20%	80%

编号	运输费用项目	运输起讫点	运输距离/km	计算公式	合计/元
1	铁路运杂费	甲厂—转运站	150	9.5÷0.90×0.8＋0.02×1000×0.2＋15×2＋4.60	47.04
	公路运杂费	转运站—工地	20	0.3×20＋15×2	36.00
	水路运杂费				
	场内运杂费				
	综合运杂费				83.04

续表

编号	运输费用项目	运输起讫点	运输距离/km	计算公式	合计/元
2	铁路运杂费	乙厂—转运站	500	19.2÷0.90×0.8+0.054×1000×0.2+15×2+4.60	62.47
	公路运杂费	转运站—工地	20	0.3×20+15×2	36.00
	水路运杂费				
	场内运杂费				
	综合运杂费				98.47
每吨运杂费				83.04×0.6+98.47×0.4	89.21

（2）钢筋的预算价格计算：钢筋的综合预算价格计算见表 6.7。

材料预算价格＝（材料原价＋包装费＋运杂费）×（1＋采购及保管费率）＋运输保险费

表 6.7　　钢筋预算价格计算表

名称规格	价格/（元/t）					
	原价	运杂费	运至工地仓库价格	采购及保管费	保险费	预算价格
碳素结构钢筋	2200	89.21	2289.21	50.36	4.40	2343.97
20MnSi 钢筋	2400	89.21	2489.21	54.76	4.80	2544.77
钢筋综合价格	2433.97×0.4+2544.77×0.6					2464.45

想一想　练一练：

1. 某水利工程用普通硅酸盐水泥，根据以下资料，计算该工程所用水泥的预算价格。

（1）水泥运输流程如图 6.2 所示。

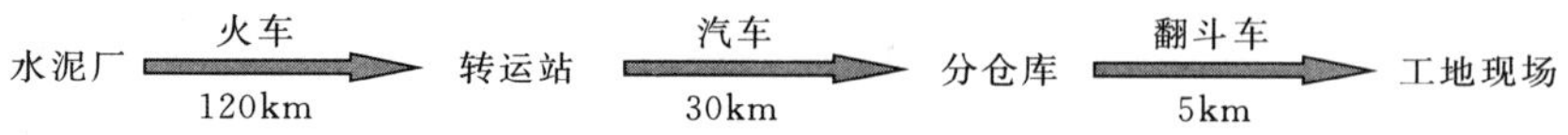

图 6.2　水泥运输图

（2）水泥出厂价：PO 32.5 水泥 320 元/t；PO 42.5 水泥 360 元/t。

（3）火车综合运价 0.138 元/(t·km)，火车装卸费为 6.00 元/t；汽车运价 0.58 元/(t·km)，装车费为 5.00 元/t，卸车费 4.00 元/t；水泥运输保险费为 0.2%。

（4）水泥使用比例：PO 32.5∶PO 42.5＝65%∶35%。

2. 某水利工程使用的圆木的市场大宗批发价为 1350 元/m^3，圆木通过汽车运输 80km 到工地分仓库，汽车运输费用为 0.65 元/(t·km)，圆木的密度为 0.8t/m^3，圆木的装车费为 8.00 元/t，卸车费 4.00 元/t，圆木的装载系数为 0.75，计算该工程圆木的预算价格。

3. 某水利枢纽工程使用 30%的圆钢筋和 70%的螺纹钢筋，市场调查的钢筋价格见表 6.8，钢筋的市场价为车上交货价。钢筋均来自 A 市场，钢筋通过汽车运输 150km 到工地总仓库，自总仓库到工地分仓库也采用汽车运输 8km，汽车运输费用为 0.60 元/(t·km)，钢筋的汽车装车费为 10.00 元/t，卸车费 8.50 元/t，钢筋运输保险费费率为

0.2%。计算该工程钢筋综合预算价格，要求写出计算过程，并把计算结果填入表6.9。

表6.8 钢筋价格表

圆钢筋型号	市场价格/元	螺纹钢筋型号	市场价格/元
10－14	2530	14－18	2560
16－18	2590	20－25	2550
20－25	2610	28－36	2720

表6.9 主要材料预算价格计算表

编号	名称及规格	单位	原价依据	单位毛重/t	运费/(元/t)	价格/元				
						原价	运杂费	采购及保管费	运输保险费	预算价格

知识拓展：如何确定公路、水路、铁路运输运价。

任务6.3 施工机械台时费

学习目标：

1. 知识目标：①施工机械台时费的概念；②水利工程施工机械台时费的组成；③水利工程施工机械台时费的计算方法；④补充施工机械台时费的计算方法。

2. 技能目标：①知道施工机械台时费的内容和组成；②会计算水利工程施工机械台时费和编制补充施工机械台时费。

3. 素质目标：①认真仔细的工作态度；②严谨的工作作风；③遵守编制规定的要求。

项目任务：学习水利工程施工机械台时费的计算方法。

项目描述：水利工程施工机械台时费是水利工程建筑及安装工程单价计算的基础，本学习任务是计算水利工程施工机械台时费和编制补充施工机械台时费。

知识平台：

施工机械台时费是指一台机械在一个小时（台时）内，为使机械正常运转所支出和分摊的各项费用之和。施工机械台时费是计算机械使用费的基础单价。随着水利水电工程施工机械化程度的提高，机械使用费所占工程投资比例越来越大，目前已达40%左右。因此，正确计算施工机械台时费就变得十分重要。

6.3.1 施工机械台时费的组成

水利工程施工机械台时费由一类和二类费用组成。

1. 一类费用

一类费用包括折旧费、修理及替换设备费（含大修理费、经常性修理费）和安装拆卸费，现行部颁定额是按定额编制年的价格水平以金额形式表示，编制台时费时，应按编制年价格水平进行调整，具体按国家有关规定执行。

2. 二类费用

二类费用是指施工机械正常运转时机上人工、动力、燃料消耗费，以工时数量和实物消耗量表示，编制台时费时按国家规定的人工预算工资和工程所在地的物价水平分别计算。

根据《水利工程营业税改征增值税计价依据调整办法》（水总〔2016〕132号），水利工程施工机械台时费按调整后的施工机械台时费定额和不含增值税进项税额的基础价格计算。

6.3.2 施工机械台时费的计算

定额机械台时费的计算为：

一类费用＝定额金额×编制年调整系数

二类费用＝定额机上人工工时×人工预算单价＋∑(动力燃料额定消耗量×预算价格)

现行台时费定额规定机上人工预算单价按中级工计算。

根据《水利工程营业税改征增值税计价依据调整办法》（办财务函〔2019〕448号），施工机械台时费定额的折旧费除以1.13调整系数，修理及替换设备费除以1.09调整系数，安装拆卸费不变。掘进机及其他由建设单位采购、设备费单独列项的施工机械，台时费中不计折旧费，设备费除以1.17调整系数。

组合台时是指多台机械设备相互衔接或配备形成的机械联合作业系统。台时费是指系统中各机械台时费之和，即：

$$B=\sum_{i=1}^{m}T_i n$$

式中 B——机械组合台时费；

m——该系统的机械设备种类数目；

T_i——某种机械设备的台时费；

n——某种机械配备的台数。

6.3.3 补充机械台时费的编制

当施工组织设计选用的机械在《台时费定额》中缺项或规格、型号与定额不符时，必须编制补充机械台时费。

1. 一类费用

(1) 折旧费指机械在规定使用年限内回收原值后的台时折旧摊销费用。

$$折旧费=\frac{机械预算价格\times(1-残值率)}{机械经济寿命台时}$$

机械预算价格分为：

1) 国产机械预算价格，指设备出厂价与运杂费之和，其中运杂费一般按设备出厂价的5%计算。

2) 进口机械预算价格是指到岸价、关税、增值税、银行和进出口公司手续费、商检费以及国内运杂费等项费用之和，按国家现行有关规定和资料计算。

3) 公路运输机械时的预算价格需增加车辆购置附加费，按规定，国内生产和组装的车辆取出厂价的10%；进口车取到岸价、关税与增值税之和的15%。

机械残值率是指机械达到使用寿命要报废时的残值，扣除清理费后占机械预算价格的百分率，一般取4%～5%。

机械经济寿命台时是指机械开始运转至经济寿命终止的运转总台时，其值为：

$$机械经济寿命台时=经济使用年限\times年工作台时$$

式中　经济使用年限——国家规定的该种机械从使用到经济寿命终止的平均年限；

　　　年工作台时——该种机械在经济使用期内平均每年运行的台时数。

如果新机械和定额中的某种机械属于类似机械，则新机械的一类费用可以采用占折旧费的同比例法计算，二类费用中的人工消耗量可以参考使用同类机械的人工消耗量，动力燃料费可以采用铭牌上标识的相关数据计算，具体计算可参考下面的计算方法进行。

（2）大修理费指施工机械按规定的大修间隔台时进行必需的大修，以恢复正常使用功能的全部费用。

大修理费计算公式为：

$$台时大修理费=\frac{一次大修理费\times大修理次数}{机械耐用总台时}$$

$$大修理次数=\frac{耐用总台时}{大修理间隔台时}-1$$

（3）经常修理费指机械在寿命期内除大修理之外的保养（含一级、二级、三级保养）及临时故障排除和机械停置期间的维护等所需各种费用；为保证机械正常运转所需替换设备，随机工具器具的摊销费用及机械日常保养所需润滑、擦拭材料费之和，分摊到台班费中，即为经常修理费。

经常性修理费包括修理费、润滑及擦拭材料费。

在实际计算经常性修理费时，通常用经常性修理费占大修理费的百分比来计算，百分比一般通过对典型机械的测算确定，然后求得同类其他机修的修理费。计算公式为：

$$台时经常性修理费=台时大修理费\times经常性修理费率$$

$$经常性修理费率=\frac{典型机械台班经常修理费}{典型机械台时大修理费}\times100\%$$

（4）安装拆卸费指机械在施工现场进行安装、拆卸所需人工、材料、机械和试运转费用，包括机械辅助设施的折旧、搭设、拆除等费用。

安装拆卸费的计算公式为：

$$台时安装拆卸及辅助设施费=台时大修费\times安拆费率$$

$$安拆费率=\frac{典型机械安装拆卸及辅助设施费}{典型机械台时大修理费}\times100\%$$

由于部分大型和特大型施工机械的单机一次安装拆卸费用较大，如果将其放在台时费中逐步摊销，则要长期占用流动资金，影响资金的周转使用。因此，现行施工机械台时费定额中，将下列6种类型的大型机械安装拆卸费用，列入施工临时工程中的“其他施工临时工程”项内。这6种机械是：①斗容为$3m^3$及以上挖掘机、轮斗挖掘机；②混凝土搅拌站、混凝土搅拌楼；③胎带机；④塔带机；⑤缆索起重机、简易缆索起重机、20t及以上塔式起重机，门座式起重机；⑥针梁模板平车、钢模台车、滑模台车。除上述6种机械外，凡台时费定额中列有安装拆除费的施工机械，其安装拆除费均应计入台时费，不要在临时工程中单独列项。

（5）替换设备及工具、附具费指机械正常运行所需要更换的设备工具、附具摊销到台时费用。计算公式为：

$$台时替换设备及工具附具费=\frac{年替换设备及工具附具费}{年工作台时}$$

几种施工机械替换设备及工具、附具数量可参考表6.10。

表6.10　　替换设备及工具

机械名称	替换设备及工具附具名称	年需要数量/m	机械名称	替换设备及工具附具名称	年需要数量/m
空压机	胶皮管	50	15t	电缆线	120
电焊机	橡皮软线（$50mm^2$）	100	25t	电缆线	140
对焊机	橡皮软线（$50mm^2$）	20	40t	电缆线	150
混凝土振捣器	软线	30	10t（自升）	电缆线	200
凿岩机	高压胶皮管	20	龙门起重机	电缆线	200
水泵	弹簧软管	8	其他电动机	电缆线（小型）	10
塔式起重机（2～6t）	电缆线	80	其他电动机	电缆线（大型）	50

在资料不易取得的情况下，也可按上述占大修理费的百分比的方法计算。

（6）保管费。保管费计算公式为：

$$台时保管费=\frac{机械预算价格}{机械年工作台时}\times 保管费率$$

保管费率的高低与机械预算价格有直接的关系。机械预算价格低，保管费率高；反之，机械预算价格高，保管费率低。保管费率一般在0.15%～1.5%范围内。

2. 第二类费用

（1）机上人工费指施工机械使用时机上操作人员人工费用。

$$台时机上人工费=机上人工工时数\times 人工工时预算单价$$

机上人工工时数可参照同类机械确定。

（2）动力、燃料消耗费指施工机械正常运转时所耗用的风、水、电、油和煤等费用。计算补充机械台时费时，动力、燃料台时耗用量可按下列公式计算。

电动机械台时电力耗用量：

$$Q=NK$$

式中　Q——台时电力耗用量，kW·h；

N——电动机额定功率，kW；

K——电动机台时燃料消耗综合系数。

内燃机械与蒸汽机械台时燃料消耗量：

$$Q=NGK$$

式中　Q——内燃机械台时油料耗用量或蒸汽机械台时燃料消耗量，kg；

N ——发动机额定功率，kW；

G ——额定耗油量或额定耗煤量，kg/(kW·h)；

K ——发动机台时燃料消耗综合系数。

风动机械台时压缩空气消耗量：

$$Q = 60VK$$

式中 Q ——台时压缩空气消耗量，m^3；

V ——额定压缩空气消耗量，m^3/min；

K ——综合系数。

以上各式中的综合系数 K 值可参考有关资料选用。

当所求机械的容量、吨位、动力等机械特征指标在现行《台时费定额》范围之内时，可采用直线内插法编制补充机械台时费。当所求的机械特征指标在现行《台时费定额》范围之外时，除采用以上编制方法以外，常采用占折旧费比例法，即利用现行定额中某类似机械的修理及替换设备费、安装拆卸费与其折旧费的比，乘以 0.8～0.9 的系数（与定额接近取大值，反之取小值），推算同类型所求机械的台时费一类费用。

项目实施：

6.3.4 施工机械台时费计算示例

【例 6.4】试计算陕西省王圪堵水利枢纽工程施工使用的 20t 自卸汽车的施工机械台时费。

已知：陕西省王圪堵水利枢纽工程位于陕西省榆林市横山县，则该工程的中级工人工工时预算单价 9.15 元/工时，柴油预算价格 5.80 元/kg，台时一类费用调整系数为 1.05。

解：查《台时费定额》编号 3019，可知

$$一类费用 = (50.53 \div 1.13 + 32.84 \div 1.09) \times 1.05 = 78.59(元/台时)$$

$$二类费用 = 1.3 \times 9.15 + 16.2 \times 5.8 = 105.86(元/台时)$$

则该工程 20t 自卸汽车台时费为：78.59＋105.86＝184.45（元/台时）

在实际工程计算时，由于柴油有基价，所以往往应以基价计算一个台时费（可以称为台时费基价）和一个价差（可以称为台时费价差），上面计算的台时费实际是台时费基价与台时费价差之和。在本题目中，台时费价差实际只是柴油消耗量与柴油价差的乘积。

【例 6.5】试计算陕西省延安引黄供水工程（工程位于延川县）中某衬后断面为 7.5m^2 隧洞的钢模台车的施工机械台时费。已知该钢模台车的出厂价为 5.9 万元，该钢模台车的施工台时为 1000h，运杂费按 5%计算，残值率按 4%计算。该机械电动机功率为 8kW，电动机台时燃料消耗综合系数 0.75，工程电价为 0.968 元/(kW·h)。

解：查《台时费定额》编号 2091 衬后断面为 10m^2 隧洞的钢模台车一类费用中折旧费为 62.95 元，修理及替换设备费为 13.22 元，安装拆卸费为 0 元，二类费用中人工为 7 工时，电为 6.3kW·h。

衬后断面为 7.5m^2 隧洞的钢模台车的折旧费为：

$$59000 \times (1 + 5\%) \times (1 - 4\%)/1000 = 59.47(元/台时)$$

修理及替换设备费为：(13.22/62.95)×59.47＝12.49(元/台时)

安装拆卸费为：0。

则一类费用为：59.47+12.49+0=71.96(元/台时)

二类费用中的人工数量参考定额中的机械，人工消耗量为 7 工时。

电动机械台时电力耗用量为：$Q=8\times0.75=6.0$(kW·h)

则二类费用为：7×6.82+6×0.968=53.55(元/台时)

则新的钢模台车的施工机械台时费为：71.96+53.55=125.51(元/台时)

想一想　练一练：

1. 陕西省延安市南沟门水库位于延安市洛川县境内，该工程施工时有自行式振动碾，该机械的机械台时费应如何计算？

2. 计算 $5m^3$ 装载机的机械台时费，已知该水利枢纽工程在甘肃省兰州市楠中县附近，根据造价管理部门的规定，一类费用调整系数为 1.05，施工用电预算单价为 0.835 元/(kW·h)，柴油预算单价为 7.40 元/kg。

3. 计算 200kW 柴油发电机的机械台时费，已知该水利枢纽工程在湖南省浏阳市附近，根据造价管理部门的规定，一类费用调整系数为 1.10，柴油预算单价为 7.40 元/kg。

4. 某水库除险加固工程，土坝基础防渗处理采用水泥土搅拌桩，使用多头搅拌桩机施工。已知该工程为浙江省绍兴市新昌县，根据造价管理部门的规定，一类费用调整系数为 1.05，施工用电预算单价为 0.84 元/(kW·h)，柴油预算单价为 6.40 元/kg，汽油预算单价为 6.60 元/kg。计算多头搅拌桩机（BJS-15B）台时费基价。

知识拓展：地方水利工程施工机械台时（台班）费的组成和计算。

任务 6.4　施工用电、风、水价格

学习目标：

1. 知识目标：①施工用电、风、水价格的概念；②水利工程施工用电、风、水价格的组成；③施工用电、风、水价格的计算方法和步骤。

2. 技能目标：①知道水利工程施工用电、风、水价格的组成；②会计算水利工程施工用电、风、水价格。

3. 素质目标：①认真仔细的工作态度；②严谨的工作作风；③遵守编制规定的要求。

项目任务：学习水利工程施工用电、风、水价格的计算。

项目描述：水利工程施工用电、风、水在施工中用量很大，准确计算水利工程施工用电、风、水价格非常重要，通过学习能够计算水利工程施工用电、风、水价格。

知识平台：

电、风、水在水利水电工程施工过程中耗用量大，其价格将直接影响到施工机械台时费的高低，因此，编制电、风、水预算价格时，应根据施工组织设计确定的电、风、水的供应方式、布置形式、设备配置情况等资料分别计算。

6.4.1　施工用电价格的组成与计算

水利水电工程施工用电，一般有外购电（由国家或地方电网及其他电厂供电）和自发

电（由项目法人或承包人自建发电厂发电）两种形式。其中国家电网供电电源可靠，电价低廉，是水利工程施工的主要电源。

施工用电按用途可分为生产用电和生活用电两部分。生产用电系指直接计入工程成本中的用电量，包括施工机械用电、施工照明用电和其他生产用电，生活用电系指生活、文化、福利设施的室内外照明和其他生活用电。水利水电工程概预算中的电价计算仅指生产用电，生活用电不直接用于生产，应在间接费内计列或由职工负担。

1. 电价的组成

施工用电价格由基本电价、电能损耗摊销费和供电设施维修摊销费组成，根据施工组织设计确定的供电方式以及不同电源的电量所占比例，按国家或工程所在省（自治区、直辖市）规定的电网电价和规定的加价进行计算。

（1）基本电价：外购电是指所需支付的供电价格，包括电网电价、电力建设基金及各种按有关规定的加价，自发电是指发电厂发电的单位成本（包括柴油发电厂、燃煤发电厂及水力发电厂等）。

（2）电能损耗摊销费：外购电指从施工企业与供电部门的产权分界处（供电部门计量收费点）起到施工现场最后一级降压变压器低压侧止，所有变配电设备及输电线路上所发生的电能损耗摊销费用。

自发电是指从发电厂的出线侧起到现场各施工点最后一级降压变压器低压侧止，所有变配电设备和输电线路上的电能损耗摊销费用。从最后一级降压变压器低压侧至施工用电点的施工设备和低压配电线路损耗已包括在各用电施工设备的台时耗电定额内，计算电价时不再考虑。

（3）供电设施维修摊销费：指摊入电价的变配电设备的基本折旧费、修理费、安装和拆卸费、变配电设备和线路的维修费及运行维护费。

2. 电价的计算

电价计算公式为：

$$\text{电网供电价格}=\text{基本电价}\div(1-\text{高压输电线路损耗率})\div(1-35\text{kV 以下变配电设备及配电线路损耗率})+\text{供电设施维修摊销费}$$

$$\text{柴油发电机供电价格(自设水泵供冷却水)}=\frac{\text{柴油发电机组(台)时总费用}+\text{水泵组(台)时总费用}}{\text{柴油发电机额定容量之和}\times K}\div(1-\text{厂用电率})\div(1-\text{变配电设备及配电线路损耗率})+\text{供电设施维修摊销费}$$

柴油发电机供电如采用循环冷却水，不用水泵，电价计算公式为：

$$\text{柴油发电机供电价格}=\frac{\text{柴油发电机组(台)时总费用}}{\text{柴油发电机额定容量之和}\times K}\div(1-\text{厂用电率})\div(1-\text{变配电设备及配电线路损耗率})+\text{单位循环冷却水费}+\text{供电设施维修摊销费}$$

以上式中 K——发电机出力系数，一般取 0.8～0.85；

厂用电率——3%～5%；

高压输电线路损耗率——3%～5%；

变配电设备及配电线路损耗率——4%～7%；

供电设施维修摊销费——0.04～0.05 元/(kW·h)；

单位循环冷却水费——0.05～0.07 元/(kW·h)。

根据《水利工程营业税改征增值税计价依据调整办法》（水总〔2016〕132 号），电网供电价格中的基本电价应不含增值税进项税额，柴油发电机供电价格中的柴油发电机组（台）时总费用应按调整后的施工机械台时费定额和不含增值税进项税额的基础价格计算；其他内容和标准不变。

6.4.2 施工用风价格的组成与计算

水利水电工程施工用风指用于石方爆破钻孔、混凝土工程、金属结构、机电设备安装工程等风动机械所需的压缩空气。

施工用风一般采用移动式空压机或固定式空压机供给。采用移动式空压机供风时，不再单独计算风价，而是以空压机台时费乘以台时使用量直接计入工程单价，相应风动机械第二类费用中不再考虑。

1. 施工用风价格的组成

施工用风价格由基本风价、供风损耗和供风设施维修摊销费组成，根据施工组织设计所配置的空气压缩机系统设备组（台）时总费用和组（台）时总有效供风量计算。

（1）基本风价：根据施工组织设计确定的施工高峰用风所配置的供风机械组（台）时总费用除以组（台）时总产风量计算。

（2）供风损耗摊销费：指由空压站至用风现场的固定供风管道送风过程中发生风量损耗（指漏气损耗和流动阻力损耗）摊销费用，其大小与管路敷设好坏、管道长短有关。

（3）供风设施维修摊销费：指摊入风价的供风管路维护修理费用。该费用所占比重很小，在编制设计概（估）算时可不具体计算，按经验指标摊入风价。

2. 施工用风价格计算

风价计算公式为：

$$\text{施工用风价格}=\frac{\text{空气压缩机组（台）时总费用}+\text{水泵组（台）时总费用施工用风价格}}{\text{空气压缩机额定容量之和}\times 60\text{ 分钟}\times K}\div(1-\text{供风损耗率})+\text{供风设施维修摊销费}$$

空气压缩机系统如采用循环冷却水，不用水泵，则风价计算公式为：

$$\text{施工用风价格}=\frac{\text{空气压缩机组（台）时总费用}}{\text{空气压缩机额定容量之和}\times 60\text{ 分钟}\times K}\div(1-\text{供风损耗率})+\text{单位循环冷却水费}+\text{供风设施维修摊销费}$$

以上式中 K——能量利用系数，取 0.70～0.85；

供风损耗率——6%～10%；

单位循环冷却水费——0.007 元/m^3；

供风设施维修摊销费——0.004～0.005 元/m^3。

3. 施工用风价格计算时应注意的问题

（1）为保证风压和减少管路损耗，考虑施工初期及零星工程用风的需要，一般工程多采用分区布置供风系统，风价的计算应按各系统供风量的比例加权平均考虑。

（2）风动机械本身的用风及移动的供风管道损耗已包括在该机械的台时费定额内，不在风价中计算。

根据《水利工程营业税改征增值税计价依据调整办法》（水总〔2016〕132号），施工用风价格中的机械组（台）时总费用应按调整后的施工机械台时费定额和不含增值税进项税额的基础价格计算，其他内容和标准不变。

6.4.3 施工用水价格的组成与计算

水利水电工程施工用水分为生产用水和生活用水。生产用水包括施工机械用水、砂石料筛洗用水、混凝土拌制和养护用水等，生活用水不在水价计算范围内。

1. 施工用水价格的组成

施工用水价格由基本水价、供水损耗和供水设施维修摊销费组成，根据施工组织设计所配置的供水系统设备组（台）时总费用和组（台）时总有效供水量计算。

（1）基本水价：根据施工组织设计确定的施工高峰用水所配置的供水机械组（台）时总费用除以组（台）时总出水量计算，其高低与生产用水工艺要求及施工布置有关。

（2）供水损耗摊销费：指施工用水在储存、输送、处理过程中，造成水量损失的摊销费用。损耗常以损失水量占水泵总流量的损耗率计算，其损耗率大小与储水池、供水管理的质量以及运行中维修管理的好坏有关。

（3）供水设施维修摊销费：指摊入水价的贮水池、供水管路等的维护修理费用。由于该费用难以准确计算，编制设计概（估）算时，常以经验指标摊入水价。

2. 施工用水价格计算

水价计算公式为：

$$\text{施工用水价格}=\frac{\text{水泵组(台)时总费用}}{\text{水泵额定容量之和}\times K}\div(1-\text{供水损耗率})+\text{供水设施维修摊销费}$$

式中 K——能量利用系数，取0.75～0.85；

供水损耗率——6%～10%；

供水设施维修摊销费——0.04～0.05元/m^3。

施工用水价格计算需注意以下问题：

（1）施工用水为多级提水并中间有分流时，要逐级计算水价。

（2）施工用水有循环用水时，水价要根据施工组织设计的供水工艺流程计算。

根据《水利工程营业税改征增值税计价依据调整办法》（水总〔2016〕132号），施工用水价格中的机械组（台）时总费用应按调整后的施工机械台时费定额和不含增值税进项税额的基础价格计算，其他内容和标准不变。

项目实施：

【例6.6】某工程施工用电，由国家电网供电90%，自发电10%，已知：电网非工业用电价为0.436元/(kW·h)，国家批准的附加费0.05元/(kW·h)，三峡建设基金0.007元/(kW·h)。柴油发电机总容量为1000kW，其中200kW一台，400kW两台，并配备3.7kW水泵三台供给冷却水，以上三种机械台时费分别为149.38元/台时、267.50

元/台时和 11.55 元/台时，试计算其综合电价。

解：(1) 计算外购电电价 J_w。取 $k_1=0.05$，$k_2=0.08$，$C_g=0.03$ 元/(kW·h)，可得：

$$J_w=\frac{J}{(1-k_1)(1-k_2)}+C_g=\frac{0.436+0.05+0.007}{(1-0.05)(1-0.08)}+0.03$$

$$=0.594[\text{元}/(\text{kW}\cdot\text{h})]$$

(2) 计算自发电电价 J_z。取 $K=0.8$，$k_1=0.05$，$k_2=0.05$，$C_g=0.03$ 元/(kW·h)，可得：

$$J_z=\frac{C_T}{\sum p\cdot K\cdot(1-k_1)(1-k_2)}+C_g$$

$$=\frac{149.38\times1+267.50\times2+11.55\times3}{1000\times0.8\times(1-0.05)(1-0.05)}+0.03$$

$$=1.026[\text{元}/(\text{kW}\cdot\text{h})]$$

(3) 计算综合电价 $J_{综}$ 为：

$$J_{综}=0.594\times90\%+1.026\times10\%=0.637[\text{元}/(\text{kW}\cdot\text{h})]$$

【例 6.7】某工地施工用风由总容量 $200m^3/min$ 的压缩空气系统供给，共配置固定式空压机 5 台，单机容量 $40m^3/min$，采用循环水冷却。本工程供风管道较长（损耗率与维修摊销费应取大值）。已知空压机台时费为 131.70 元/台时，试计算风价。

解：取 $K=0.8$，$k_1=10\%$，$C_g=0.003$ 元/m^3，$C_L=0.005$ 元/m^3，可得：

$$J_{风}=\frac{C_T}{\sum Q\cdot60\cdot K\cdot(1-k_1)}+C_g+C_L$$

$$=\frac{131.70\times5}{200\times60\times0.8\times(1-0.1)}+0.003+0.005$$

$$=0.084(\text{元}/m^3)$$

【例 6.8】某水利工程施工用水分左右岸两个供水系统，左岸为三级供水，右岸为一级供水，各级泵站出水口均设有调节水池，供水系统主要技术指标如表 6.11 所示，所选水泵扬程及组时净供水量均可满足设计要求。试计算施工用水综合单价。

表 6.11　　供水系统主要技术指标表

位置		水泵型号	电机功率/kW	台数	单价/(元/台时)	设计扬程/m	水泵额定流量/(m^3/h)	设计用水量/(m^3/组时)	备注
左岸	一级泵站	14sh-13	220	4	125.44	43	972	0	各级泵站均配有备用水泵
	二级泵站	12sh-9A	155	4	88.29	35	892	2250	
	三级泵站	D155-30×5	115	1	103.81	140	155	100	
	小计							2350	
右岸	一级泵站	150S78	55	2	33.61	70	160	150	
	小计							150	
合计								2500	

解：（1）确定有关计算参数。水泵能量利用系数 K 取 0.80，供水损耗率 k_1 取 10%，供水设施维修摊销费 C_g 取 0.03 元/m^3。

（2）计算水泵净供水量及各级泵站设计用水量比例。

水泵额定流量之和＝水泵额定流量×台数

实际净供水量＝水泵能量利用系数×（1－供水损耗率）×水泵额定流量之和

设计用水量比例＝设计用水量÷设计总用水量

组时费合计＝台时单价×台数

计算结果见表 6.9。

（3）计算施工用水价格。

$$水价=\frac{组时费合计}{组时净供水量}+供水设施维修摊销费$$

施工用水价格计算列式及结果见表 6.12，本工程施工用水综合单价为 0.411 元/m^3。

表 6.12　　施工用水价格计算表

位置		水泵额定流量之和/(m^3/h)	实际净供水量/(m^3/组时)	设计用水比例/%	组时费合计/(元/组时)	水价计算式	水价/(元/m^3)
左岸	一级泵站	3888	2799	0	501.76	501.76÷2799+0.03	0.209
	二级泵站	3568	2569	90	353.16	0.209+(353.16÷2569+0.03)	0.376
	三级泵站	155	112	4	103.81	0.376+(103.81÷112+0.03)	1.333
右岸	一级泵站	320	230	6	67.22	67.22÷230+0.03	0.322
合计				100			
综合水价		0.209×0%+0.376×90%+1.333×4%+0.322×6%					0.411

想一想　练一练：

1. 陕西省亭口水利枢纽工程施工用电，由国家电网供电 90%，自发电 10%，已知：电网工业用电价为 0.625 元/(kW·h)，电网非工业用电价为 0.498 元/(kW·h)，国家批准的附加费 0.035 元/(kW·h)，三峡建设基金 0.007 元/(kW·h)。柴油发电机总容量为 600kW，其中 200kW 一台，400kW 一台，循环水冷却，200kW 和 400kW 柴油发电机的机械台时费分别为 139.38 元/(台时) 和 256.50 元/(台时)，计算中的区间取值均按最小值计算。试计算其综合电价。

2. 陕西省延安引水工程某标段施工用风由总容量 300m^3/min 的压缩空气系统供给，配置了电动固定式单机容量 40m^3/min 的空压机 6 台，油动移动式单机容量 20m^3/min 的空压机 3 台，采用循环水冷却，工地的电价为 0.865 元/(kW·h)，柴油预算价为 5.85 元/kg，汽油预算价为 6.02 元/kg。计算中的区间取值均按最大值计算。试计算风价。

知识拓展：地方水利工程项目中施工用电、风、水价格应如何计算？

任务 6.5　砂 石 料 单 价

学习目标：

1. 知识目标：①砂石料单价计算的基本方法及内涵；②砂石料的分类及砂石料的生

产工艺。

2. 技能目标：①知道砂石料单价的内涵；②能够根据给定的砂石料生产工艺及工序单价，进行砂石料单价在计算。

3. 素质目标：①认真仔细的工作态度；②严谨的工作作风；③遵守编制规定的要求。

项目任务：学习水利工程砂石料单价计算的方法和单价组成的内涵。

项目描述：通过学习砂石料生产工艺，理解砂石料单价的计算方法和内涵，并能够根据给定的砂石料生产工艺及工序单价，进行砂石料单价在计算。

知识平台：

砂石料是水利水电工程中的主要建筑材料，常指砂、卵（砾）石、碎石、块石、条石等材料。由于其用量多，单价高低将直接影响工程投资，因此必须单独编制其单价。

6.5.1 砂石料单价计算的基本方法

砂石骨料单价是指从清除覆盖层、毛料开采运输、预筛破碎、筛洗贮存直到将成品运至混凝土拌制系统骨料仓（场）为止的全部生产流程所发生的费用。骨料单价计算方法常用的有两种：系统单价法和工序单价法。

1. 系统单价法

系统单价法是以原料开采加工成骨料、然后运至搅拌楼（场）骨料料仓（堆）上的整个砂石料生产全过程为计算单元，用系统单位时间的生产总费用除以系统单位时间的骨料产量计算骨料单价。

系统单价法不考虑损耗和体积变化这两个复杂因素，避免了这两个因素影响计算结果的准确性，计算原理相对科学，但对施工组织设施设计深度要求较高，在选定系统设备、型号、数量及确定单位时间产量时有一定程度的任意性。

2. 工序单价法

工序单价法按骨料生产流程，分解成若干个工序，以工序为计算单元，按现行概预算定额相应子目计算各工序单价，然后累计计算成品骨料单价。该方法概念明确，计算结构科学，易于结合工程实际。目前，水利水电工程造价广泛采用。本节重点介绍工序单价法。

6.5.2 砂石料单价计算原则与步骤

骨料生产由覆盖层清除、毛料开采运输、筛洗加工、成品骨料运输、弃料处理等工序组成，根据设计提供的料场规划、生产流程、施工方法及有关资料套用概预算定额相关子目，分别计算各工序单价。现行定额已将毛料、半成品、成品骨料在运输过程中的运输损耗，骨料在破碎、筛洗、碾磨过程中的加工损耗，以及骨料在各工序堆存过程中的堆存损耗（如料仓垫底损耗）计入定额。

根据《水利工程营业税改征增值税计价依据调整办法》（水总〔2016〕132 号），自采砂石料单价根据料源情况、开采条件和工艺流程按相应定额和不含增值税进项税额的基础价格进行计算，并计取间接费、利润及税金。

自采砂石料按不含税金的单价参与工程费用计算。

6.5.2.1 天然骨料单价计算

1. 覆盖层清除

天然砂砾料的料场一般在河滩，表层都有杂草、树木、腐殖土等覆盖层，在毛料开采前应剥离清除。覆盖层清除可采用土方工程定额计算工序单价，该工序单价可摊入骨料成品单价。

覆盖层清除摊销率＝覆盖层清除量（自然方）÷成品骨料总用量（成品堆方）×100％

2. 毛料开采运输

毛料（未经加工的砂砾料）从料场开采运至毛料堆存处的过程，可分为陆上开采运输和水下开采运输。毛料开采运输通常有两种情况：一是毛料开采后一部分直接运到筛分场堆存，而另一部分需暂存某堆料场，将来再倒运到筛分场，这种情况应分别计算单价，然后按比例加权平均计算综合工序单价；另一种情况是由多个料场供料时，当开挖、运输方式相同，可按料场供料比例，加权平均计算运距。如果开挖、运输方式不同，则应分别计算各料场单价，按供料比例加权平均计算工序单价。

3. 预筛分

预筛分是将毛料隔离超径石的过程，包括设条筛及重型振动筛两次隔离过程。超径石系指大于设计级配最大粒径的卵石，为满足设计级配要求，充分利用料源，预筛分隔离的超径石可进行一次或两次破碎，加工为需要粒径的碎石半成品。超径石破碎工序单价为：

超径石破碎工序单价＝超径石破碎量（t）÷设计骨料总用量（t）×超径石破碎定额单价

4. 筛分冲洗

为满足混凝土骨料质量和级配要求，将通过预筛分工序的半成品料，筛分为粒径等级符合设计级配、干净合格的成品料并分级堆存，其单价可直接套用筛洗定额计算。为满足设计级配要求，充分利用料源，在筛洗工序中可增加中间破碎工序，其工序单价为：

中间破碎工序单价＝中间破碎量（t）÷设计骨料总用量（t）×超径石破碎定额单价

筛洗工序一般需设置两台筛分机、4层筛网和一台螺旋分级机，筛分为0.15～5mm（砂）和5～20mm、20～40mm、40～80mm、80～150mm五种径级的产品，在筛分过程中，供以压力水喷洒冲洗。

5. 成品骨料运输

成品骨料运输是指经过筛洗加工后的分级骨料，由筛分楼（场）成品料仓（场）运至拌和楼（场）骨料仓（场）的过程，运距较近采用皮带机，运距较远采用自卸汽车或机车运输。可采用相关运输定额计算工序单价。

6. 弃料处理

弃料处理是指因天然砂砾料中的自然级配组合与设计采用级配组合不同而产生的弃料和处理的过程，包括超径石弃料和剩余骨料弃料。由于有弃料发生，为满足设计骨料用量，需多开采砂砾料，并按设计要求对弃料进行处理，由此而增加的费用，应摊入成品骨料单价内。

弃料摊销率＝弃料处理量（堆方）÷成品骨料总用量（成品堆方）×100％

超径石弃料摊销费＝（砂砾料开采运输单价＋预筛分单价＋弃料运输单价）×超径石弃料摊销率

剩余骨料弃料摊销费＝成品骨料单价×剩余骨料摊销率

剩余骨料弃料摊销费式中成品骨料单价中不含覆盖层清除摊销费及成品骨料运输费。

7. 人工制砂

为补充天然砂不足，可利用砾石制砂，增加制砂工序，套用制砂定额时可根据岩石原料类别调整棒磨机钢棒消耗量计算其单价。

6.5.2.2 人工骨料单价计算

1. 覆盖层清除

岩石料场表层一般均有耕植土或残积土覆盖及风化岩层，在碎石原料开采前，均应剥离清除。覆盖层清除为土石方开挖工程，将该工序单价摊入成品骨料单价，其工序单价计算方法同天然骨料。

2. 碎石原料开采运输

碎石原料开采运输是指碎石原料从料场开采（钻孔、爆破）并运到堆料场的过程。当碎石原料含泥量超过5％时，应增加碎石原料预洗工序。根据施工方法套用相应定额计算单价。

3. 碎石粗碎

由于受破碎机械性能限制需将碎石原料进行粗碎，以适应下一工序对进料粒径的要求。现行定额未单独设置该工序定额子目，而归入制碎石、制砂及碎石和砂定额中。

4. 碎石中碎筛分

碎石中碎筛分是指对粗碎后的碎石原料进行破碎、筛分、冲洗，并分级堆存的过程。现行定额按工厂生产规模、设备型号设置了制碎石、制碎石及砂等若干定额子目。套用定额计算单价时，根据岩石的抗压强度调整破碎机时间定额。

5. 制砂

经细碎后的碎石（粒径5～20mm）原料，通过碾磨可加工为机制砂（人工砂）。现行定额按工厂生产规模设置了若干子目，其工作内容包括粗碎，中碎、细碎、筛洗、棒磨制砂、堆存脱水等。使用定额时可根据工程实际情况、岩石抗压强度及岩性对破碎机时间定额及钢棒消耗量进行调整。

6. 成品骨料运输

同天然骨料计算方法。

7. 弃料处理

人工骨料一般不存在弃料问题，若有弃料，则是成品骨料的剩余量。单价计算方法同天然骨料。

6.5.3 成品骨料单价的计算步骤

1. 收集基本资料

（1）料场的位置、分布、地形、地质与水文地质条件，开采与运输条件。

（2）料场的储量与可开采量，各料场需清除覆盖层的厚度、性质、数量及清除方法等。

（3）毛料开采运输、预筛破碎、筛洗加工、废料处理和成品料堆存运输的施工方法。

(4) 料场的天然级配与设计级配，级配平衡计算成果。

(5) 骨料生产系统工艺流程及设备配置与生产能力。

2. 确定单价计算的基本参数

基本参数包括覆盖层清除摊销率、弃料处理摊销率等，按前述方法计算。

3. 计算成品骨料各工序单价

选用现行定额，根据天然骨料和人工骨料的施工方法、工艺流程等计算成品骨料各工序单价。

4. 计算成品骨料单价

砂石骨料综合单价＝覆盖层清除摊销单价＋开采加工单价＋弃料处理摊销单价

式中：

覆盖层清除摊销费＝∑(覆盖层清除单价×覆盖层清除摊销率)

弃料处理摊销费＝∑(弃料处理单价×弃料处理摊销率)

开采加工单价＝∑(各工序开采加工工序单价)

计算成品骨料单价注意的事项：

(1) 水利工程砂石料由施工企业自行采备时，砂石料单价应根据料源情况、开采条件和工艺流程计算，并计取间接费、利润及税金。

(2) 现行砂石备料加工定额中，砂石料的计量单位以重量“吨”表示，而开采、运输等定额一般为“成品方”表示，在计算骨料单价时应根据各工序成品的密度进行折算，统一计量单位。如无实测资料时，可参考表 6.13 数据。

(3) 熟悉定额包含的工作内容和适应范围，根据设计提供的工厂处理能力、弃料、超径石破碎、中间破碎、含泥量等资料，进行工序单价组合。

(4) 定额中胶带机的计量单位为米时，在采用概算定额编制设计概（估）算时，其数量不予调整。

表 6.13　　砂石料密度参考表

砂石料类别	天然砂石料			人工砂石料		
	松散砂砾混合料	分级砾石	砂	碎石原料	成品碎石	成品砂
密度/(t/m³)	1.74	1.65	1.55	1.76	1.45	1.50

6.5.4 块石、条石、料石单价计算

块（片）石、条（拱）石、料石单价是指将符合要求的石料运至施工现场堆料点的价格，一般包括料场覆盖（风化层，无用层）清除、石料开采、加工（修凿）、石料运输、堆存，以及石料在开采、加工、运输、堆存过程的损耗等。单价计算公式如下：

$$J_{石} = fD_f + (D_1 + D_2) \times (1 + K)$$

式中　J ——石—石料单价，元/m³，块石按成品码方计，料石、条石按清料方计；

f ——覆盖层清除率，清除量占成品石料方量的百分率；

D_f ——覆盖层清除单价，根据施工方法，按定额相应子目计算，元/m³；

D_1 ——石料开采单价，根据岩石级别、石料种类和施工方法按相应定额子目计算，

元/m^3；

D_2 ——石料运输、堆存单价，根据施工方法和运距按相应定额子目计算，元/m^3；

K ——综合损耗率，块石可取 4%；条石、料石可取 2%。

块（片）石、条（拱）石、料石单价应根据地质报告有关资料和施工组织设计确定的工艺流程、施工方法，选用现行定额中的相应子目计算。

6.5.5 外购砂石料单价计算

外购砂、碎石（砾石）、块石、料石等预算价格超过 70 元/m^3 时，应按基价 70 元/m^3 计入工程单价参加取费，预算价格与基价的差额以材料补差形式进行计算，材料补差列入单价表中并计取税金。

根据《水利工程营业税改征增值税计价依据调整办法》（水总〔2016〕132 号），外购砂石料价格不包含增值税进项税额，基价 70 元/m^3 不变。

根据《水利工程营业税改征增值税计价依据调整办法》（水总〔2016〕132 号），采用含税价格编制概（估）算文件时，项目审批前应按本办法调整概（估）算成果，其中材料价格可以采用将含税价格除以调整系数的方式调整为不含税价格，购买的砂、石料、土料暂按除以 1.02 调整系数。

项目实施：

【例 6.9】 某水利枢纽工程，混凝土所需骨料拟采用天然砂砾料，料场覆盖层清除量为 15 万 m^3（成品方），设计需用成品骨料 150 万 m^3（成品方），超径石 7.5 万 m^3（成品方）作弃料，并运至弃渣场，试计算该工程砂石料单价。已知：

（1）施工方法：覆盖层清除采用 3m^3 液压挖掘机挖装 20t 自卸汽车运 1km，砂砾料开采运输采用 3m^3 液压挖掘机挖装 20t 自卸汽车运 2km，砂砾料筛洗系统能力 2×220t/h，超径石弃料运输采用 3m^3 液压挖掘机挖装 20t 自卸汽车运 1km。

（2）工艺流程：覆盖层清除→毛料开采运输→预筛分→筛分冲洗→成品料运输。

↓

超径石弃料运输

（3）材料预算单价：水 0.46 元/m^3。

（4）施工机械台时费见表 6.14。

表 6.14 施工机械台时费表

名称及型号	单位	台时费/元	名称及型号	单位	台时费/元
挖掘机 1m^3	台时	370.05	1500×4800 直线振动筛	台时	46.83
推土机 88kW	台时	103.10	1100×2700 工给料机	台时	31.54
自卸汽车 20t	台时	132.80	B=500 胶带输送机	米时	0.33
1500×3600 圆振动筛	台时	33.31	B=650 胶带输送机	米时	0.48
180×4200 圆振动筛	台时	38.31	B=800 胶带输送机	米时	0.51
1500 螺旋分级机	台时	40.54	B=1000 胶带输送机	米时	0.59

(5) 各工序直接费单价如下（根据现行《概算定额》计算）：细骨料砂单价为 1326（元/100t），覆盖层清除单价为 765 元/100m³（自然方），砂砾料开采运输单价为 590 元 100m³（成品方），预筛分单价为 81 元/100t（成品），砂砾料筛洗运输单价 462/100t（成品），成品料运输单价 624/100m³（成品方），弃料运输单价为 528 元/100m³（成品方）。

解：(1) 基本参数的确定。

覆盖层清除摊销率＝15÷150＝10%

超径石弃料摊销率＝7.5÷150＝5%

(2) 由已知各工序直接费单价和表 6.10 砂石料密度值折算各工序单价为：

细骨料砂单价为 1326 元/100t；

覆盖层清除单价为 765 元/100m³（自然方）折算为：765÷1.55＝493.55 [元/100t（成品方）]；

砂砾料开采运输单价为 590 元 100m³（成品方）折算为：590÷1.74＝339.08 [元/100t（成品）]；

预筛分单价为 81 元/100t（成品）；

砂砾料筛洗运输单价 462/100t（成品）；

成品料运输单价 624/100m³（成品方），折算为粗骨料 624÷1.65＝378.18 [元/100t（成品）]，砂子 624÷1.55＝402.58 [元/100t（成品）]；

弃料运输单价为 528 元/100m³（成品方），折算为 528÷1.65＝320.00 [元/100t（成品）]。

(3) 综合系数计算。根据现行规定，砂石备料工程综合系数为 $K=1.418$。

(4) 粗、细骨料综合单价计算见表 6.15 和表 6.16。

表 6.15　　粗骨料单价计算表

编号	项目	定额编号	工序单价/(元/100t)	系数	摊销率/%	复价/(元/100t)
1	覆盖层清除摊销	10664	493.55		10	49.36
2	砂砾料开采运输	60230	339.08	1.1		372.99
3	预筛分	60075 调	81.00			81.00
4	砂砾料筛洗	60075	462.00			462.00
5	成品料运输	60225	378.18			378.18
	超径石运输	60224	320			
6	超径石弃料摊销	60230 60075 调 60224	372.99＋81.00＋320.00＝773.99		5	38.70
	以上合计					1382.23
	计入综合系数单价		1382.23×1.418			1960.00
	折算单价	1960.00×1.65＝3234.00 [元/100m³（成品）]				

表 6.16　　细骨料单价计算表

编号	项目	定额编号	工序单价/(元/100t)	系数	摊销率/%	复价/(元/100t)
1	覆盖层清除摊销	10664	493.55		10	49.36
2	砂砾料开采运输	60230	339.08	1.1		372.99
3	预筛分（弃料）	60075 调	81.00			81.00
4	砂砾料筛洗	60075	462.00			462.00
5	成品料运输	60225	402.58			402.58
	超径石运输	60224	320.00			
6	超径石弃料摊销	60230 60075 调 60224	372.99+81.00+320.00=773.99		5	38.70
	以上合计					1406.63
	计入综合费率单价		1406.63×1.418			1994.60
	折算单价	1994.60×1.55=3091.63 [元/100m³（成品）]				

【例 6.10】 某施工企业自行采备砂石料，已知：

（1）砂石料加工工艺流程为：覆盖层清除→毛料开采运输→预筛分、超径破碎运输→筛洗、运输→成品骨料运输。其中预筛分、超径破碎、筛洗、运输工序中需将其弃料运至指定地点。

（2）工序单价为：

覆盖层清除为 11 元/m^3；

弃料运输为 12.5 元/m^3；

粗骨料：毛料开采运输 10.9 元/m^3，预筛分、超径破碎运输 7.56 元/m^3；筛洗、运输 9.3 元/m^3，成品运输 7.78 元/m^3；

砂：毛料开采运输 14 元/m^3，预筛分、超径破碎运输 7.15 元/m^3，筛洗、运输 8.21 元/m^3，成品运输 15.06 元/m^3。

（3）设计砂石料用量 140m^3，其中粗骨料 98 万 m^3，砂 42 万 m^3，料场覆盖层 16 万 m^3，成品储备量 148 万 m^3。超径弃料 3.5 万 m^3，粗骨料级配弃料 23.5 万 m^3，砂级配弃料 5.15 万 m^3。

试计算砂石料单价。

解：（1）基本单价计算为：

$$粗骨料基本单价 = 10.9 + 7.56 + 9.3 + 7.78 = 35.54(元)$$

$$砂基本单价 = 14.0 + 7.15 + 8.21 + 15.06 = 44.42(元)$$

（2）附加单价计算为：

$$覆盖层清除附加单价 = 11 \times 16/148 = 1.19(元)$$

$$超径石处理附加单价 = (10.9 + 7.56 + 12.5) \times 3.5/98 = 1.11(元)$$

$$粗骨料级配处理附加单价 = (10.9 + 7.56 + 12.5 + 9.3) \times 23.5/98 = 9.65(元)$$

砂级配处理附加单价＝(14＋7.15＋8.21＋12.5)×5.15/42＝5.13(元)

(3) 综合单价的计算。综合单价为基本单价与附加单价之和，即：

粗骨料综合单价＝35.54＋1.19＋1.11＋9.65＝47.49(元)

砂综合单价＝44.42＋1.19＋5.13＝50.74(元)

想一想　练一练：如果水利工程使用的是混合砂石料，其砂石料单价应如何计算？

知识拓展：地方水利工程概预算编制办法中有工序系数，想一想什么是工序系数，应如何使用。

任务 6.6　混凝土、砂浆材料单价

学习目标：

1. 知识目标：①混凝土、砂浆材料单价的概念；②水利工程用大体积混凝土与常见土木工程混凝土的区别；③混凝土、砂浆材料单价计算的步骤。

2. 技能目标：①知道水利工程混凝土、砂浆材料单价的内涵；②能进行水利工程混凝土、砂浆材料单价的计算。

3. 素质目标：①认真仔细的工作态度；②严谨的工作作风；③遵守编制规定的要求。

项目任务：学习水利工程混凝土、砂浆材料单价的计算。

项目描述：水利工程大体积混凝土的材料组成和常规土木工程混凝土是不一样的，大体积混凝土涉及到混凝土非标准龄期、混凝土强度的选择、混凝土各组成材料的确定等，均与混凝土材料单价的计算有关，通过学习，掌握混凝土材料单价计算的调整系数的选取原则，并且掌握混凝土、砂浆材料单价计算的步骤和方法。

知识平台：

6.6.1　混凝土、砂浆材料单价的概念

由《水利工程设计概（估）算编制规定》，根据设计确定的不同工程部位的混凝土标号、级配和龄期，分别计算出每立方米混凝土材料单价，计入相应的混凝土工程概算单价内。其混凝土配合比的各项材料用量，应根据工程试验提供的资料计算，若无试验资料时，也可参照《水利建筑工程概算定额》附录混凝土材料配合表计算。

混凝土浇筑定额中，材料消耗定额的“混凝土”一项，系指完成定额单位产品所需的混凝土半成品量，包括冲毛（或凿毛）、干缩、施工损耗、运输损耗和接缝砂浆等的消耗量（概算定额还包括超填量）在内。混凝土半成品单价是指按施工配合比配制的每立方米混凝土中砂、石、水泥、水、掺和料及外加剂等各种材料的费用之和。

根据《水利工程营业税改征增值税计价依据调整办法》（水总〔2016〕132 号），混凝土材料单价按混凝土配合比中各项材料的数量和不含增值税进项税额的材料价格进行计算。

商品混凝土单价采用不含增值税进项税额的价格，基价 200 元/m^3 不变。

根据《水利工程营业税改征增值税计价依据调整办法》（水总〔2016〕132 号），采用

含税价格编制概（估）算文件时，项目审批前应按本办法调整概（估）算成果，其中材料价格可以采用将含税价格除以调整系数的方式调整为不含税价格，商品混凝土除以1.03调整系数。

6.6.1.1 确定混凝土中各种材料的用量

混凝土半成品中各种材料的用量，应按本工程混凝土配合比试验资料并考虑施工损耗量加以确定。其中水泥、砂、石预算用量应比配合比理论计算量分别增加2%、3%、4%。如无试验资料，也可参照定额附录混凝土材料配合比表，确定各种材料的用量。

在编制混凝土工程概算（或估算）单价时，若设计深度与试验资料不足，也可按下述方法计算每立方米混凝土半成品中的材料用量。

1. 水泥品种与强度等级的选定

拦河坝等大体积水工混凝土，一般可选用强度等级为42.5MPa和52.5MPa的水泥。对水位变化区外部混凝土，宜选用普通硅酸盐大坝水泥和普通硅酸盐水泥；对大体积建筑物内部混凝土，位于水下的混凝土和基础混凝土，宜选用矿渣硅酸盐大坝水泥、矿渣硅酸盐水泥和粉煤灰硅酸盐水泥。

2. 确定混凝土的强度等级和级配

混凝土的强度等级和级配是根据水工建筑物各结构部位的运用条件、设计要求和施工条件确定的。在资料不足的情况下，可参考表6.17选定。

3. 选用混凝土配合比

概预算定额附录中有纯混凝土、掺外加剂混凝土、掺粉煤灰混凝土以及碾压混凝土等多种材料配合比表可供选择。为节省水泥用量，宜采用掺外加剂的混凝土配合比，对大体积混凝土还应掺粉煤灰，并尽可能利用混凝土的后期强度。混凝土各龄期强度换算为28天龄期强度时，可参照表6.18系数进行换算。当换算介于两种强度等级之间时，应选用高一级的强度等级。

表6.17　　混凝土强度等级与级配参考表

工程类别	不同强度等级不同级配混凝土所占比例/%			
	C19～C24二级配	C19三级配	C14三级配	C9四级配
大体积混凝土坝	8	32		60
轻型混凝土坝	8	92		
水闸	6	50	44	
溢洪道	6	69	25	
进水塔	30	70		
进水口	20	60	20	
隧洞衬砌				
1. 混凝土泵衬砌边顶拱	80	20		
2. 混凝土泵衬砌顶拱	30	70		
竖井衬砌				

续表

工程类别	不同强度等级不同级配混凝土所占比例/%			
	C19～C24 二级配	C19 三级配	C14 三级配	C9 四级配
1. 混凝土泵浇筑	100			
2. 其他方法浇筑	30	70		
明渠混凝土		75	25	
地面厂房	35	35	30	
河床式电站厂房	50	25	25	
地下厂房	50	50		
扬水站	30	35	35	
大型船闸	10	90		
中小型船闸	30	70		

表 6.18　　不同龄期混凝强度等级换算系数表

设计龄期/d	28	60	90	180
强度等级折合系数	1.00	0.83	0.77	0.71

注　概预算定额附录中的混凝土配合比表系按 28 天强度拟定，当混凝土的设计龄期与之不符时，应将设计龄期的强度折算为 28 天的强度，方可使用定额附录中的混凝土配合比表。

6.6.1.2　掺粉煤灰混凝土材料用量确定

现行概预算定额附录中掺粉煤灰混凝土配合比的材料用量是按超量取代法（又称超量系数法）确定的，即按照与基准混凝土（纯混凝土）同稠度、等强度的原则，用超量取代法对基准混凝土中的材料量进行调整（调整系数称作粉煤灰超量系数）。计算步骤如下。

1. 掺粉煤灰混凝土的水泥用量

$$C=C_0(1-f)$$

式中　C——粉煤灰混凝土水泥用量，kg；

C_0——与掺粉煤灰混凝土等强度、同稠度的纯混凝土水泥用量，kg；

f——水泥取代百分率，为水泥节约量（纯混凝土水泥用量与粉煤灰混凝土水泥用量之差）与纯混凝土水泥用量之比乘以百分之百，可参考表 6.19 选取。

表 6.19　　水泥取代百分率参考表

混凝土强度等级	普通硅酸盐水泥	矿渣硅酸盐水泥
≤C15	15%～25%	10%～20%
C20	10%～15%	10%
C25～C30	15%～20%	10%～15%

注　32.5（R）水泥及以下取下限，42.5（R）水泥及以上取上限。C20 及以上混凝土宜采用Ⅰ、Ⅱ级粉煤灰，C15 及以下素混凝土可采用Ⅲ级粉煤灰。

2. 确定粉煤灰的掺量

$$F = K(C_0 - C)$$

式中 F ——粉煤灰掺量，kg；

K ——粉煤灰取代（超量）系数，为粉煤灰的掺量与取代水泥量（即水泥节约量）的比值，可按表 6.20 取值。

表 6.20　　粉煤灰的取代（超量）系数表

粉煤灰级别	Ⅰ级	Ⅱ级	Ⅲ级
超量系数	1.0～1.4	1.2～1.7	1.5～2.0

3. 砂、石用量

掺粉煤灰混凝土灰重（即水泥及粉煤灰总重）较纯混凝土的灰重多，增加的灰重可按下式计算：

$$\Delta C = C + F - C_0$$

式中 ΔC ——增加的灰重，kg。

按照与纯混凝土密度相等的原则，掺粉煤灰混凝土砂、石总重量应相应减少 ΔC，按含砂率相等的原则，则掺粉煤灰混凝土砂、石重可分别按下式计算：

$$S \approx S_0 - \Delta C \cdot S_0/(S_0 + G_0)$$

$$G \approx G_0 - \Delta C \cdot G_0/(S_0 + G_0)$$

式中 S ——掺粉煤灰混凝土砂重，kg；

S_0 ——纯混凝土砂重，kg；

G ——掺粉煤灰混凝土石重，kg；

G_0 ——纯混凝土石重，kg。

由于增加的灰重主要是代替细骨料砂填充粗骨料石的空隙，故简化计算时也可将增加的灰重全部从砂的重量中核减，石重不变。

4. 用水量

掺粉煤灰混凝土用水量 W 等于纯混凝土用水量 W_0。

5. 外加剂用量

外加剂用量 Y 可按掺粉煤灰混凝土水泥用量的 0.2%～0.3%计算，概预算定额是按 0.2%计。

当设计选用掺粉煤灰混凝土的水泥取代百分率（即定额中所称的“掺粉煤灰量”百分比）或粉煤灰取代系数与概预算定额附录中的不同时，可根据上述公式计算掺粉煤灰混凝土的材料用量。

6.6.1.3　混凝土材料单价

混凝土材料单价 = $\sum 1\mathrm{m}^3$ 混凝土各材料预算用量×各种材料的预算价格

6.6.1.4　计算混凝土材料单价应注意的问题

(1) 当工程采用水泥的强度等级与定额附录配合比表不同时，应对配合比表的水泥（包括粉煤灰）用量进行调整，见表 6.21。定额配合比表中的水泥用量按机械拌和拟定，若采用人工拌和，水泥用量应增加 5%。

表 6.21　　水泥强度等级与用量换算系数参考表

原强度等级＼代换强度等级	32.5	42.5	52.5
32.5	1.00	0.86	0.76
42.5	1.16	1.00	0.88
52.5	1.31	1.13	1.00

(2) 概预算定额附录混凝土配合比表系卵石、粗砂混凝土，若改用碎石或中、细砂，需按表 6.22 中系数换算。

表 6.22　　混凝土骨料换算系数表

项　目	水泥	砂	石子	水
卵石换为碎石	1.10	1.10	1.06	1.10
粗砂换为中砂	1.07	0.98	0.98	1.07
粗砂换为细砂	1.10	0.96	0.97	1.10
卵石换为特细砂	1.16	0.90	0.95	1.16

注　1. 水泥按重量计，砂、石子按体积计。
2. 若实际采用碎石及中细砂时，则总的换算系数应为各单项换算系数的连乘积。
3. 粉煤灰的换算系数同水泥的换算系数。

(3) 大体积混凝土，为了节约水泥和温控的需要，常常采用埋块石混凝土。这时应将配合比表的材料用量，扣除埋块石实体的数量。计算式如下：

埋块石混凝土材料量＝配合比表材料用量×（1－埋块石率%）

埋石为实体方（自然方），而块石单价一般为码方，在计算埋石混凝土材料单价时应注意换算。

6.6.2　砂浆材料单价的计算

计算方法与混凝土材料单价的计算基本相同，根据设计确定的不同工程部位的砂浆标号，分别计算出每立方米砂浆材料单价，计入相应的砌筑工程概算单价内。其砂浆配合比的各项材料用量，应根据工程试验提供的资料计算，若无试验资料时，也可参照《水利建筑工程概（预）算定额》附录混凝土材料配合表计算。

项目实施：

6.6.3　混凝土、砂浆材料单价计算示例

【例 6.11】 某 C20 三级配掺粉煤灰混凝土，水灰比为 0.6，水泥强度等级为 42.5 (R)，水泥取代百分率为 15%，粉煤灰取代系数为 1.30，求该混凝土的配事比材料用量。

解：(1) 计算掺粉煤灰混凝土水泥用量。查《预算定额》附录 7，C20 三级配纯混凝土配合比材料预算用量为：42.5 水泥 $C_0=218$kg，粗砂 $S_0=618$kg，卵石 $G_0=1627$kg，

用水量 $W_0=0.125m^3$。则：

$$C=218\times(1-15\%)=185(kg)$$

（2）计算粉煤灰掺量为：

$$F=1.30\times(218-185)=43(kg)$$

（3）计算砂、石用量为：

$$\Delta C=185+43-218=10(kg)$$

$$S=618-10\times 618\div(618+1627)=615(kg)(折合 0.42m^3)$$

$$G=1627-10\times 1627\div(618+1627)=1620(kg)(折合 0.95m^3)$$

（4）计算用水量为：

$$W=W_0=0.125m^3$$

（5）计算外加剂用量为：

$$Y=185\times 0.2\%=0.37(kg)$$

【例 6.12】 某渠道工程，采用浆砌石平面护坡，设计砂浆强度等级为 M10，已知：水泥 0.36 元/kg，砂 85.00 元/m^3，水 1.25 元/t。求每立方米砂浆材料单价。

解：（1）确定砂浆材料预算用量。根据设计砂浆强度等级，查《概算定额》附录 7 表 7－15 水泥砂浆材料配合比表，每立方米砂浆主要材料预算量：水泥 305kg，砂 1.10m^3，水 0.183m^3。

（2）计算每立方米砂浆材料单价。

水泥：　　305×0.36＝109.80（元）

砂：　　1.10×85.00＝93.50（元）

水：　　0.183×1.25＝0.23（元）

砂浆材料单价＝109.80＋93.50＋0.23＝203.53（元/m^3）

砂浆原材料有基价，以上计算的是砂浆材料单价，在实际工程计算中，需要根据基价要求计算一个单价（可以称为砂浆基价，如果计算混凝土价格可以称为混凝土基价），根据价差计算一个价格（可以称为砂浆价差，如果计算混凝土价格可以称为混凝土价差），砂浆基价与砂浆价差之和为砂浆材料价格，混凝土材料也是同样的。

【例 6.13】 某水利枢纽工程，根据工程设计及施工组织设计要求，采用 180 天龄期，32.5 普通硅酸盐水泥的 C20 三级配纯混凝土［一般记为 C18020（三）－32.5］，该工程 32.5 普通硅酸盐水泥价格为 367.35 元/t，中砂的材料价格为 85 元/m^3，碎石的材料价格为 80 元/m^3，水的价格为 1.25 元/m^3，计算该混凝土的材料预算价格。

解：（1）进行混凝土标准龄期强度确定。查《概算定额》附录 7 表 7－1，180 龄期的强度等级折算系数为 0.71，则标准龄期强度应为：20×0.71＝14.2，该值位于标准确定至 C10 与 C15 之间，故取大值 C15。

（2）查《概算定额》附录 7 表 7－7 纯混凝土材料配合比表，每立方米混凝土材料预算量：水泥 201kg，粗砂 0.42m^3，卵石 0.96m^3，水 0.125m^3。

（3）再查《概算定额》附录 7 表 7－2 进行材料不同性质的消耗量换算。

水泥消耗量：　　201×1.07×1.10＝236.58（kg）

中砂消耗量：　　0.42×0.98×1.10＝0.45（m^3）

碎石消耗量：　　　　　$0.96\times0.98\times1.06=1.00$（$m^3$）

水消耗量：　　　　　$0.125\times1.07\times1.10=0.15$（$m^3$）

（4）混凝土材料价格计算：

$236.58\times367.35/1000+0.45\times85+1.00\times80+0.15\times1.25=205.35$（元/$m^3$）

想一想　练一练：

1. 请分别计算例 6.13 中进入工程单价基本直接费的混凝土材料价格和应计入材料补差的混凝土材料价差。

2. 对于现在通行的使用商品混凝土的做法，混凝土材料单价如何确定？

3. 某埋石混凝土工程，埋石率为 10%，混凝土为 C20 三级配，混凝土用 P. O 32.5 普通硅酸盐水泥。已知混凝土各组成材料的预算价格为：P. O 32. 5 普通硅酸盐水泥 430 元/t，中砂 95 元/m^3、碎石 70 元/m^3、水 0.80 元/m^3，块石 90 元/m^3。试计算该埋石混凝土的材料预算单价。

4. M7.5 砌筑砂浆单价的计算，已知水泥 380 元/t，中砂 75 元/m^3、水 0.80 元/m^3。计算该砂浆的材料预算单价及材料价差。

5. 某大坝内部 C15 混凝土，混凝土为四级配，混凝土用 P. O 32.5 普通硅酸盐水泥，混凝土的龄期为 90 天。已知混凝土各组成材料的预算价格为：P. O 32.5 普通硅酸盐水泥 380 元/t，中砂 75 元/m^3、碎石 60 元/m^3、水 0.80 元/m^3。计算该混凝土的材料预算单价。

6. 某隧洞衬砌 C25 混凝土，混凝土为两级配，施工采用混凝土泵入仓浇筑。混凝土用 P. O 42.5 普通硅酸盐水泥。已知混凝土各组成材料的预算价格为：P. O 42.5 普通硅酸盐水泥 380 元/t，中砂 85 元/m^3、碎石 72 元/m^3、水 0.80 元/m^3。计算该混凝土的材料预算单价。

7. 某大坝内部 C15 掺粉煤灰混凝土（粉煤灰掺量 20%，取代系数 1.3），混凝土为四级配，混凝土用 P. O 32.5 普通硅酸盐水泥。已知混凝土各组成材料的预算价格为：P. O 32.5 普通硅酸盐水泥 380 元/t，中砂 88 元/m^3、碎石 75 元/m^3、水 1.50 元/m^3、粉煤灰 150 元/t。计算该混凝土的材料预算单价。

项目7　编制水利建筑及安装工程概算单价

任务7.1　建筑及安装工程概算单价的计算方法及取费原则

学习目标：

1. 知识目标：①工程单价的概念；②水利工程建筑及安装工程单价计算的方法和步骤；③水利工程建筑及安装工程单价计算中相关取费原则。

2. 技能目标：①知道水利工程单价的内涵；②能进行水利工程单价的计算。

3. 素质目标：①认真仔细的工作态度；②严谨的工作作风；③遵守编制规定的要求。

项目任务：学习水利工程单价的计算方法及计算中相关的取费原则。

项目描述：水利工程建筑及安装工程单价包括查定额、套用基础单价、查用相关费率等程序，然后才可以进行计算，具体的计算也有一定的方法和步骤，本学习任务主要学习水利工程建筑及安装工程单价计算的步骤和方法。

知识平台：

水利工程概（估）算单价分为建筑和安装工程单价两类，它是编制水利工程建安工程投资的基础。

（1）工程单价的概念。工程单价，是指以价格形式表示的完成单位工程量（如1m^3、1t、1套等）所耗用的全部费用，包括直接工程费、间接费、利润、材料补差和税金等五部分内容。

（2）工程单价组成的三要素。建筑安装工程单价由“量、价、费”三要素组成。

量：指完成单位工程量所需的人工、材料和施工机械台时数量。需根据设计图纸及施工组织设计等资料，正确选用定额相应子目的规定量。

价：指人工预算单价、材料预算价格和机械台时费等基础单价。

费：指按规定计入工程单价的其他直接费、间接费、利润和税金的费率。需按规定的取费标准确定。

7.1.1　建筑工程单价的计算方法

1. 建筑工程单价的编制步骤

（1）了解工程概况，熟识设计图纸，搜集基础资料，确定取费标准。

（2）根据工程特征和施工组织设计确定的施工条件、施工方法及设备配备情况，正确选用定额子目。

（3）根据本工程基础单价和有关费用标准，计算直接工程费、间接费、企业利润和税金。工程单价计算程序如表7.1所示。

表 7.1　　建筑工程单价计算表

序号	项　目	计　算　方　法
一	直接费	基本直接费＋其他直接费
（一）	基本直接费	人工费＋材料费＋机械使用费
1	人工费	∑定额劳动力量（工时）×人工预算单价（元/工时）
2	材料费	∑定额材料用量×材料预算价格
3	机械使用费	∑定额机械使用量（台时）×施工机械台时费
（二）	其他直接费	基本直接费×其他直接费率
二	间接费	直接费×间接费率
三	利润	（直接费＋间接费）×利润率
四	材料补差	（材料预算价格－材料基价）×材料消耗量
五	税金	（直接费＋间接费＋利润＋材料补差）×税率
	工程单价	直接费＋间接费＋利润＋材料补差＋税金

2. 建筑工程单价的编制

（1）建筑工程单价编制方法（表列式），具体见表 7.1。

（2）概算单价编制的原则。概算单价的编制，必须根据设计图纸及必要的施工组织设计资料，正确选用概算定额，据以计算单价。选用《概算定额》计算工程单价时，必须遵照下述原则。

1）按规定必须编制单价的建筑工程项目，应严格执行《概算定额》，不得任意调整。为此，必须根据设计所确定的有关技术条件（如石方开挖工程的岩石等级、断面尺寸、开挖与出渣方式、开挖与运输设备型号、规格、弃渣运距等）选用《概算定额》的相应子目，编制概算单价。

2）如果现行《概算定额》中没有其他工程项目，原则上应执行国家有关专业部委颁发的相应定额，如公路工程执行交通部《公路工程设计概算定额》、铁路工程执行铁道部《铁路工程设计概算定额》等。

3）凡《概算定额》中缺项或虽有类似定额，但其技术条件有较大差异时，均应编制补充定额，作为编制概算单价的依据。

（3）根据《水利工程营业税改征增值税计价依据调整办法》（水总〔2016〕132 号），建筑工程定额中以费率形式（%）表示的其他材料费、其他机械费费率不做调整。

7.1.2　安装工程单价的计算方法

（1）安装工程单价的编制步骤与建筑工程一样。

（2）安装工程定额包括机电和金属结构设备的安装。定额表现形式有两种：一种是实物量形式，即给出了安装设备所需的人工材料和机械的消耗数量；另一种是费率形式，这种形式表示的定额计算出来的单价是人工材料和机械费占设备原价的百分率。所以安装费还要再通过设备费来计算。

(3) 关于“装置性材料”。“装置性材料”是个专用名词。它本身属于材料，但又是被安装对象，安装后构成工程的实体，交付工程使用。

安装工程单价具体计算方法见表 7.2 和表 7.3。

表 7.2　　实物量形式安装工程单价计算表

序号	项　目	计　算　方　法
一	直接费	基本直接费＋其他直接费
(一)	基本直接费	人工费＋材料费＋机械使用费
1	人工费	Σ定额劳动量（工时）×人工预算单价（元/工时）
2	材料费	Σ定额材料用量×材料预算单价
3	机械使用费	Σ定额机械使用量（台时）×施工机械台时费（元/台时）
(二)	其他直接费	基本直接费×其他直接费率
二	间接费	人工费×间接费率
三	利润	(直接费＋间接费)×利润率
四	材料补差	(材料预算价格－材料基价)×材料消耗量
五	未计价装置材料费	未计价装置性材料用量×材料预算单价
六	税金	(直接费＋间接费＋利润＋材料补差＋未计价装置性材料费)×税率
	工程单价	直接费＋间接费＋利润＋材料补差＋未计价装置性材料费＋税金

表 7.3　　费率形式安装工程单价计算表

序号	项　目	计　算　方　法
一	直接费	基本直接费（%）＋其他直接费（%）
(一)	基本直接费	人工费（%）＋材料费（%）＋装置性材料费（%）＋机械使用费（%）
1	人工费	定额人工费（%）
2	材料费	定额材料费（%）
3	装置性材料费	定额装置性材料费（%）
4	机械使用费	定额机械使用费（%）
(二)	其他直接费	基本直接费（%）×其他直接费费率之和（%）
二	间接费	人工费（%）×间接费费率（%）
三	利润	[直接费（%）＋间接费（%）]×利润率（%）
四	税金	[直接费（%）＋间接费（%）＋利润（%）]×税率（%）
	单价	直接费（%）＋间接费（%）＋利润（%）＋税金（%）
	单价	单价（%）×设备原价

项目实施：

7.1.3　建筑及安装工程单价计算的取费原则

1. 直接费

直接工程费指建安工程施工过程中直接消耗在工程项目上的活劳动或物化劳动，由基本直接费和其他直接费组成。

（1）基本直接费。包括人工费、材料费和机械使用费。

（2）其他直接费。其他直接费，指基本直接费以外施工过程中发生的费用，包括冬雨季施工增加费、夜间施工增加费、特殊地区施工增加费、临时设施费、安全生产措施费和其他6项。

1）冬雨季施工增加费。

根据不同地区，按基本直接费的百分率计算。

西南、中南区、华东区：0.5%～1.0%；

华北区：1.0%～2.0%；

西北、东北区：2.0%～4.0%；

西藏自治区：2.0%～4.0%。

西南区、中南区、华东区中，按规定不计冬季施工增加费的地区取小值，计算冬季施工增加费的地区可取大值；华北区中，内蒙古等较严寒地区可取大值，其他地区取中值或小值；西北、东北区中，陕西、甘肃等省取小值，其他地区可取中值或大值。各地区包括的省（直辖市、自治区）如下。

a. 华北地区：北京、天津、河北、山西、内蒙古等5个省（直辖市、自治区）。

b. 东北地区：辽宁、吉林、黑龙江等3个省。

c. 华东地区：上海、江苏、浙江、安徽、福建、江西、山东等7个省（直辖市）。

d. 中南地区：河南、湖北、湖南、广东、广西、海南等6个省（自治区）。

e. 西南地区：重庆、四川、贵州、云南等4个省（直辖市）。

f. 西北地区：陕西、甘肃、青海、宁夏、新疆等5个省（自治区）。

2）夜间施工增加费。

按基本直接费的百分率计算。

a. 枢纽工程：建筑工程0.5%，安装工程0.7%。

b. 引水工程：建筑工程0.3%，安装工程0.6%。

c. 河道工程：建筑工程0.3%，安装工程0.5%。

3）特殊地区施工增加费。特殊地区施工增加费指在高海拔、原始森林、沙漠等特殊地区施工而增加的费用，其中高海拔地区施工增加费已计入定额，其他特殊增加费应按工程所在地区规定标准计算，地方没有规定的不得计算此项费用。

4）临时设施费。按基本直接费的百分率计算。

a. 枢纽工程：建筑及安装工程3%。

b. 引水工程：建筑及安装工程1.8%～2.8%；若工程自采加工人工砂石料，费率取上限；若工程自采加工天然砂石料，费率取中值；若工程采用外购砂石料，费率取下限。

c. 河道工程：建筑及安装工程1.5%～1.7%。灌溉田间工程取下限，其他工程取中上限。

5）安全生产措施费。按基本直接费的百分率计算。

a. 枢纽工程：建筑及安装工程2.0%。

b. 引水工程：建筑及安装工程1.4%～1.8%；一般取下限标准，隧洞、渡槽等大型建筑物较多的引水工程、施工条件复杂的引水工程取上限标准。

c. 河道工程：建筑及安装工程 1.2%。

6）其他。按基本直接费的百分率计算。

a. 枢纽工程：建筑工程 1.0%，安装工程 1.5%。

b. 引水工程：建筑工程 0.6%，安装工程 1.1%。

c. 河道工程：建筑工程 0.5%，安装工程 1.0%。

特别说明：

a. 砂石备料工程其他直接费费率 0.5%。

b. 掘进机施工隧洞工程其他直接费取费费率执行以下规定：土石方类工程、钻孔灌浆及锚固类工程，其他直接费费率为 2%～3%；掘进机由建设单位采购、设备费单独列项时，台时费中不计折旧费，土石方类工程、钻孔灌浆及锚固类工程其他直接费费率为 4%～5%；敞开式掘进机费率取低值，其他掘进机取高值。

2. 间接费

间接费指施工企业为建筑安装工程施工而进行组织与经营管理所发生的各项费用。间接费构成产品成本，由规费和企业管理费组成。

根据工程性质不同，间接费标准划分为枢纽工程、引水工程、河道工程三部分，又根据《水利工程营业税改征增值税计价依据调整办法》（水总〔2016〕132 号），间接费费率具体见表 7.4。

表 7.4　　间接费费率表

序号	工程类别	计算基础	间接费费率/%		
			枢纽工程	引水工程	河道工程
一	建筑工程				
1	土方工程	直接费	8.5	5～6	4～5
2	石方工程	直接费	12.5	10.5～11.5	8.5～9.5
3	砂石备料工程（自采）	直接费	5	5	5
4	模板工程	直接费	9.5	7～8.5	6～7
5	混凝土浇筑工程	直接费	9.5	8.5～9.5	7～8.5
6	钢筋制安工程	直接费	5.5	5	5
7	钻孔灌浆工程	直接费	10.5	9.5～10.5	9.25
8	锚固工程	直接费	10.5	9.5～10.5	9.25
9	疏浚工程	直接费	7.25	7.25	6.25～7.25
10	掘进机施工隧洞工程（1）	直接费	4	4	4
11	掘进机施工隧洞工程（2）	直接费	6.25	6.25	6.25
12	其他工程	直接费	10.5	8.5～9.5	7.25
二	机电、金属结构设备安装工程	人工费	75	70	70

引水工程：一般取下限标准，隧洞、渡槽等大型建筑物较多的引水工程、施工条件复杂的引水工程取上限标准。

河道工程：灌溉田间工程取下限，其他工程取上限。

工程类别划分说明：

（1）土方工程。包括土方开挖与填筑等。

（2）石方工程。包括石方开挖与填筑、砌石、抛石工程等。

（3）砂石备料工程。包括天然砂砾料和人工砂石料的开采加工。

（4）模板工程。包括现浇各种混凝土时制作及安装的各类模板工程。

（5）混凝土浇筑工程。包括现浇和预制各种混凝土、伸缩缝、止水、防水层、温控措施等。

（6）钢筋制安工程。包括钢筋制作与安装工程等。

（7）钻孔灌浆工程。包括各种类型的钻孔灌浆、防渗墙、灌注桩工程等。

（8）锚固工程。包括喷混凝土（浆）、锚杆、预应力锚索（筋）工程等。

（9）疏浚工程。指用挖泥船、水力冲挖机组等机械疏浚江河、湖泊的工程。

（10）掘进机施工隧洞工程一。包括掘进机施工土石方类工程、钻孔灌浆及锚固类工程等。

（11）掘进机施工隧洞工程二。指掘进机设备单独列项采购并且在台时费中不计折旧费的土石方类工程、钻孔灌浆及锚固类工程等。

（12）其他工程。指除表中所列11类工程以外的其他工程。

3. 利润

利润按直接费和间接费之和的7%计算。

4. 税金

税金指应计入建筑安装工程费用内的增值税销项税额，税率为9%。

自采砂石料税率为3%。

7.1.4 定额使用的调整原则与注意事项

（1）必须根据设计确定的有关技术条件（如石方开挖工程的岩石级别、断面尺寸、开挖与出渣方式、开挖与运输设备型号、规格和弃渣运距等）选用《水利建筑工程概算定额》的相应子目。

（2）现行《水利建筑工程概算定额》中没有的工程项目，可编制补充定额。或对于非水利水电专业工程，按照专业专用的原则，执行有关专业部颁发的相应定额，如公路工程执行交通部《公路工程概算定额》，市政工程执行各省、直辖市、自治区的《市政工程单位估价表》等。

（3）现行《水利建筑工程概算定额》虽有类似定额，但其技术条件有较大差异时，应编制补充定额，作为编制概（估）算单价的依据。

（4）现行《水利建筑工程概算定额》各定额子目中，已按现行施工规范和有关规定，计入了不构成建筑工程单位实体的各种施工操作损耗、允许超挖及超填量、合理的施工附加量及体积变化等所需增加的人工、材料及机械台班消耗量，编制概（估）算时，应一律按设计结构工程量（按设计几何轮廓尺寸计算的工程量）计算。

（5）现行《水利建筑工程概算定额》中的材料及其他材料费，按目前水利工程平均消耗水平列量；定额中的施工机械台（组）时数量及其他机械使用费，按水利工程常用施工机械和典型施工方法的平均水平列量。编制概（估）算单价时，除定额中规定允许调整外，均不得对定额中的人工、材料、施工机械台时数量及施工机械的名称、规格、型号进行调整。

（6）如定额参数（建筑物尺寸、运距等）介于概算定额两子目之间，可用插入法调整定额。调整方法如下：

$$A = B + \frac{(C - B) \times (a - b)}{(c - b)}$$

式中 A ——所求定额数；

B ——小于 A 而接近 A 的定额数；

C ——大于 A 而接近 A 的定额数；

a——A 项定额参数；

b——B 项定额参数；

c——C 项定额参数。

例如：平洞石方开挖（风钻钻孔）定额按开挖断面面积≤10m^2、15m^2、30m^2、60m^2、120m^2、240m^2 区分不同岩石级别划分定额子目，若工程设计开挖断面面积介于定额给定面积之间，需进行内插；再如机械挖装自卸汽车运输土方定额，按运土运距 1km 为步长划分定额子目，若工程设计土方运距 0.5km，需对定额进行外插。

（7）定额中有关共性的规定。土壤、岩石类：土壤和岩石的性质，根据勘探资料确定。编制土石方工程单价时，应按地质专业提供的资料，确定相应的土石方级别。有关系数如下。

1）土石方松实系数。土石方工程的计量单位，分别为自然方、松方和实方。这三者之间的体积换算关系通常称为土石方松实系数，其中，自然方指未经扰动的自然状态下的体积，渠道、基坑、地槽和一般的挖方以及运输均按自然方计量。松方是经过开挖松动了的体积。实方则指经过回填压实的体积，堤、坝填筑和回填土方均按实方计量。

通常块石的体积是按码方计量的，码方是指将块石码堆成一定形状（如长方体等）时的块石体积。块石的实方指堆石坝坝体方，块石的松方即块石堆方。

实方、自然方、松方的不同计量单位，可进行换算。

自然方、松方和实方之间的相互换算关系（折算系数见表 7.5），编制概（估）算单价时，宜按设计提供的干密度、空隙率等试验资料进行换算确定。如无实际试验资料，可按《水利建筑工程概算定额》附录中列示的土石方松实系数参考资料换算。

表 7.5　　土石方松实系数

项目	自然方	松方	实方	码方
土方	1	1.33	0.85	
石方	1	1.53	1.31	
砂方	1	1.07	0.94	
混合料	1	1.19	0.88	
块石	1	1.75	1.43	1.67

2）除注明者外，各章的运输（人工挑抬、双胶轮车、人力推斗车、汽车等）定额，适用于水利工程施工路况的施工场内运输，使用时不另计高差折平和路面等级系数。地下工程运输，执行洞内运输定额；露天运输，执行露天运输定额。

3）各章的汽车运输定额，根据水利工程的特点适用于10km以内的施工场内运输。运距超过10km时，超过部分按增运1km定额的台时数乘0.75调整系数计算。场外运输，宜按当地交通运输部门的运价规定当地的市场运价计算运输费用。

4）高原地区时间定额调整系数。海拔比较高的地区施工时，生产效率会受到一定的影响。水利工程定额是按海拔2000m以下地区条件确定的，在超过海拔2000m的地区施工时，其时间定额（人工和机械）应按规定的系数调整见表7.6。海拔高程应以拦河坝或水闸顶部的海拔高程为准。没有拦河坝或水闸的，以厂房顶部海拔高程为准。一个工程项目只采用一个调整系数。

表7.6　　高原地区定额调整系数表

项目	海拔高程/m					
	2000～2500	2500～3000	3000～3500	3500～4000	4000～4500	4500～5000
人工	1.10	1.15	1.20	1.25	1.30	1.35
机械	1.25	1.35	1.45	1.55	1.65	1.75

5）投资估算主要建筑安装工程单价编制与初步设计概算单价编制相同，一般均采用概算定额，但考虑到投资估算工作深度，应乘以10%扩大系数。

想一想　练一练：根据取费要求，计算位于陕西省延安市洛川县的某水利枢纽工程、引水工程、河道工程的各项取费标准。

任务7.2　土方开挖工程概算单价编制

学习目标：

1. 知识目标：①土的分级；②水利工程用土方开挖工程的分类；③编制规定及定额中关于水利工程土方开挖工程的相关规定。

2. 技能目标：①能编制各种水利工程土方开挖工程概算单价；②能熟练使用水利工程定额及概估算编制规定。

3. 素质目标：①认真仔细的工作态度；②严谨的工作作风；③遵守编制规定的要求。

项目任务：学习水利工程土方开挖工程概算单价的计算。

项目描述：土方开挖工程概算单价的计算，涉及到准确查定工程定额，根据定额说明做好定额消耗数量的调整，再根据已知的基础单价及概估算编制规定中关于费率的取值规定，即可以计算出不同开挖方法和不同开挖形状的土方开挖工程概算单价。

知识平台：

水利工程建设中，土料经人工或机械开挖、运输、碾压可筑成土石坝等水工建筑物；土料经开挖、运输、碾压作业后与其他水工建筑物共同组成整体并联合产生加强结构稳定的作用，如挡土墙、船闸边墙等背水面回填土石等均属土方工程范畴。

土方开挖工程按施工工序可分为开挖、运输两道工序，主要施工方法有人力施工、机械施工两种。由于机械施工效率高且成本低，故绝大多数采用机械施工。人力施工因效率低且成本高，只有工作面狭窄或施工机械进入困难的部位才采用，如小断面沟槽开挖、陡坡上的小型土方开挖等。

在水利工程中，土坝、堤防、道路、围堰等施工往往需要大量的土方填筑。土方填筑工程一般分为土坝（堤）填筑和一般土方回填两种。两者的施工工艺大致相同，比较而言，土坝（堤）填筑对土料及碾压的要求更高。

7.2.1 土方工程的分类

1. 土的分类

土按其颗粒粒径分类，主要有漂石、卵砾石、砾石、砂粒、粉粒等；按其成分（种类）分类，主要有碎石土、砂土、黏土等三类。现行水利工程定额十六类岩石分级法，是把前四级划分为土类，分别按土质名称、自然湿容重、外形特征、施工方法等分为Ⅰ、Ⅱ、Ⅲ、Ⅳ类，详见表7.7土类分级表。

表7.7 土类分级表

土质级别	土质名称	自然湿容重/(kg/m³)	开挖方法	备注
Ⅰ	1. 砂土 2. 种植土	1650～1750	疏松、黏着力差或易透水，略有黏性	用锹或略加脚踩开挖
Ⅱ	1. 壤土 2. 淤泥 3. 含壤种植土	1750～1850	开挖时能成块并易打碎	用锹需用脚踩开挖
Ⅲ	1. 黏土 2. 干燥黄土 3. 干淤泥 4. 含水量砾石黏土	1800～1950	黏手，看不见砂粒或干硬	用镐、三齿耙开挖，或用锹需用力加脚踩开挖
Ⅳ	1. 坚硬黏土 2. 砾质黏土 3. 含卵石黏土	1900～2100	土壤结构坚硬，将土分裂后成块状或含黏粒砾石较多	用镐、三齿耙开挖

2. 土方开挖工程的分类

土方开挖工程除定额说明规定的工作内容外，还包括挖小排水沟、修坡、清除场地草皮、杂物、交通指挥、安全设施及取土场卸土场的小路修筑与维护等所需的人工和费用。

一般土方开挖定额适用于一般明挖土方工程和上口宽超过16m的渠道及上口面积大于80m²的柱坑土方工程。

渠道土方开挖定额适用于上口宽小于或等于16m的梯形断面、长条形、底边需要修整的的渠道土方工程。

沟槽土方开挖定额，适用于上口宽小于或等于8m的矩形断面和边坡陡于1：0.5的梯形断面；长度大于宽度3倍的长条形，只修底不修边坡的土方工程。

柱坑土方开挖定额适用于上口面积小于或等于80m²，长度小于宽度3倍，深度小于上口短边长度或直径，四侧垂直或边坡陡于 1∶0.5，不修边坡只修底的坑挖工程。

平洞土方开挖定额，适用于水平夹角小于或等于 6°、断面大于 2.5m^2 的洞挖土方工程。

斜井土方开挖定额，适用于水平夹角 6°～75°、断面大于 2.5m^2 的井挖土方工程。

砂砾（卵）石开挖和运输，按Ⅳ类土定额计算。

7.2.2 土方开挖工程单价编制注意事项

（1）本章定额中使用最多的是大型施工机械定额，如铲运机挖运土及挖掘机、装载机挖装土自卸汽车运输等项。使用定额时，首先要认真阅读总说明、章说明及各节定额的工作内容及适用范围。只有理解定额、熟悉定额，才能正确使用定额。

（2）挖掘机、装载机挖土定额系按挖装自然方拟定的，如挖装松土时，人工及挖装机械乘 0.85 调整系数。

（3）推土机推土定额系按推自然方拟定的，如推松土时，定额乘 0.80 调整系数。

（4）平洞、斜井土方开挖定额中的通风机台时量，是按一个工作面长度 200m 以内考虑，如超过 200m，应按定额乘表 7.8 所列系数进行调整（介于两子目之间的用插入法计算）。

表 7.8　　通风机械定额台时数量调整系数表

隧洞工作面长/m	200	300	400	500	600	700	800	900	1000
通风机台时调整系数	1.00	1.33	1.50	1.80	2.00	2.28	2.50	2.78	3.00

（5）挖掘机及装载机挖装土自卸汽车运输定额，根据不同运距，定额选用及计算方法如下。

1）运距在 5km 左右，又是整数运距时，如 1km、2km、3km，直接按表中定额子目选用。若遇到 0.5km、1.5km、2.4km 时，按内插法计算其定额值。

运距 0.5km：1km 值－(2km 值－1km 值)÷2；

运距 1.5km、2.4km、3.7km、4.3km，采用插入法计算即可。

2）运距在 10km 以内，按下列公式计算。

$$5km\ 值+(运距-5)\times 增运\ 1km\ 值$$

3）运距超过 10km 时，按下列公式计算。

$$5km\ 值+5\times 增运\ 1km\ 值+(运距-10)\times 增运\ 1km\ 值\times 0.75$$

一般水利工程土料场距坝址不会太远，运距不会超过 10km。

（6）管道沟土方开挖如采用渠道开挖定额，要按土类级别减少人工用量。Ⅰ～Ⅱ类为 13.1 工时，Ⅲ类为 14.4 工时，Ⅳ类为 15.7 工时。

（7）选择洞井开挖定额的断面指设计的开挖断面，即内径加设计衬砌厚度，不包括超挖部份增加的断面。

（8）开挖土方平洞和斜井定额中轴流通风机台时数量按一个工作面长 200m 拟定，如超过上述长度，要按定额的调整系数表进行调整。

项目实施：

7.2.3 土方工程概算单价的编制

水利工程建设需要大量的土方开挖、土方回填，特别是大型土石坝工程、堤防工程、灌溉渠道工程土方开挖填筑工程量更大，因此，正确编制土方工程单价十分重要。

土方开挖由挖装、运输两个主要工序组成。土方开挖、运输单价，一般合并为综合单价计算，也可以分别计算。

1. 影响土方挖装工序的主要因素

（1）土的级别：土的级别越高，开挖的难度越大，工效越低。

（2）设计要求的开挖形状：设计有形状要求的沟、渠、坑等都会影响工效，尤其断面越小，深度越深时，机械开挖效率越低。因此定额往往按沟、渠、坑等分节，各节再分别按其宽度、面积等划分子目。

（3）施工条件：不良施工条件，如水下开挖、冰冻土开挖都将严重影响开挖的工效。

2. 影响土方运输的主要因素

（1）运土距离：运土的距离越长，所需的时间也越长，但在一定的起始范围内，不是直线的反比关系，而是对数的曲线关系。

（2）土的级别：从运输角度看，土的级别越高，其密度（t/m^3）也越大，由于土石方都习惯采用体积作为单位，所以土的级别越高，运输每立方米土的产量越低。

（3）施工条件：装卸车的条件、路况、卸土场的条件等都影响运土的工效。

3. 单价的编制

根据设计资料，确定选用定额的各项参数。

（1）根据设计资料，明确土方开挖种类。现行定额按开挖形状分为一般土方、渠道土方、沟槽土方、平洞土方、柱坑土方开挖等。

（2）明确运输距离。根据土料场、弃渣场的规划及施工道路布置情况，确定运输距离。

（3）根据地质资料明确土的级别。

（4）明确土方开挖的施工方法。要根据设计开挖断面形状、尺寸、地形条件、设计开挖强度等因素确定采用人力挖运还是机械挖运，并选定土方挖运机械及其容量。

（5）根据以上参数，选定相应定额。

【例 7.1】 陕西省延安抽黄引水调节水库工程，工程位于延川县境内，计算该工程的大坝基础砂砾石开挖工程概算单价：施工采用 $6m^3$ 挖掘机挖土，32t 自卸汽车运 2km 到弃渣场弃渣。（柴油预算价为 5.8 元/kg）

解：查《水利建筑工程概算定额》10701，砂砾石开挖按Ⅳ类土对待。建筑工程单价表见表 7.9。

其他直接费、间接费等相关费率的确定，是根据编制规定及工程实际情况确定。

表 7.9　　　　建筑工程单价表

单价编号	1	项目名称	大坝基础砂砾石开挖		
定额编号	10701			定额单位	$100m^3$
施工方法	大坝基础砂砾石开挖：$6m^3$ 挖掘机挖土，32t 自卸汽车运 2km				
编号	名称及规格	单位	数量	单价/元	合计/元
一	直接费				1506.51

续表

单价编号	1	项目名称	大坝基础砂砾石开挖		
定额编号	10701			定额单位	$100m^3$
施工方法	大坝基础砂砾石开挖：$6m^3$ 挖掘机挖土，32t 自卸汽车运 2km				
编号	名称及规格	单位	数量	单价/元	合计/元
（一）	基本直接费				1388.49
1	人工费				14.04
	初级工	工时	1.22	6.38	14.04
2	材料费				53.40
	零星材料费	%	4.00	1335.09	53.40
3	机械使用费				1321.05
	挖掘机液压 $6m^3$	台时	0.32	784.39	251.00
	推土机 88kW	台时	0.16	126.18	20.19
	自卸汽车 32t	台时	3.03	346.49	1049.86
（二）	其他直接费	%	8.50	1388.49	118.02
二	间接费	%	8.50	1506.51	128.05
三	利润	%	7.00	1634.66	114.42
四	材料补差				401.66
	挖掘机液压 $6m^3$	台时	0.32	256.71	82.15
	推土机 88kW	台时	0.16	50.78	8.12
	自卸汽车 32t	台时	3.03	102.77	311.39
五	税金	%	9	2150.64	193.56
	合计				2344.2

注 1. 以上表格计算中，工长、高级工、中级工定额数量为0，一般计算中可以不在表格中出现。
2. 材料补差中可以直接按机械计算，也可以先计算材料量（本题为柴油消耗量）再计算材料补差。

想一想 练一练：

1. 分别计算以下Ⅲ类渠道土方开挖工程概算单价。渠道设计参数见表7.10，施工采用 $1m^3$ 挖掘机挖土，8t 自卸汽车运 2.4km。

表7.10 渠道设计参数表

渠道类型	渠底 B	渠深 H	边坡系数/m	渠道类型	渠底 B	渠深 H	边坡系数 m
总干渠	12	8	1.2	北干渠	7	5	1
支渠 1	5	4	1	南干渠	7	4.5	1
支渠 2	4	3	1	支渠 3	3	2	1

2. A水利枢纽工程，由大坝、溢洪道、泄洪洞、发电引水隧洞、电站厂房、变电站及输电线路工程等组成。该工程位于青海省互助县（陕西省宝鸡市千阳县、或陕西省榆林

市横山县、或四川省青川县、或海南省文昌县、或河南省巩义市区等）的县城镇以外，该工程三种土方开挖施工方案，分别计算其工程单价。（计算中所缺基础单价可以参考教材示例）

（1）工程的Ⅲ类一般土方开挖：$1m^3$ 挖掘机挖土，8t 自卸汽车运 2km。

（2）工程的Ⅳ类一般土方开挖：施工采用 $1m^3$ 挖掘机挖土，5t 自卸汽车运 6.4km。

（3）坝基基础土方开挖采用 $1m^3$ 挖掘机挖装，10t 自卸汽车运 4.3km 至弃料场弃料。基础土方为Ⅲ类土。

任务 7.3　石方开挖工程概算单价编制

学习目标：

1. 知识目标：①石的分级；②水利工程石方开挖工程的分类；③编制规定及定额中关于水利工程石方开挖工程的相关规定。

2. 技能目标：①能编制各种水利工程石方开挖工程概算单价；②能熟练使用水利工程定额及概估算编制规定。

3. 素质目标：①认真仔细的工作态度；②严谨的工作作风；③遵守编制规定的要求。

项目任务：学习水利工程石方开挖工程概算单价的计算。

项目描述：石方开挖工程概算单价的计算，与土方开挖工程单价计算完全不同，该工程单价的计算的石方开挖单价中嵌套了石渣运输工程单价，但石渣运势工程单价属于中间单价（也称子单价）。所以该工程单价的编制涉及到准确查定工程定额（包括石方开挖定额和石渣运输定额），根据定额说明做好定额消耗数量的调整，再根据已知的基础单价及概估算编制规定中关于费率的取值规定，即可以计算出不同开挖方法和不同开挖形状及不同运输方式的石方开挖工程概算单价。

知识平台：

7.3.1　石方工程的分类

石方开挖工程包括建筑物、构筑物的石方开挖、运输等内容。石方开挖工程单价的编制，应首先确定建筑物各施工部位的岩石级别、开挖、运输方法、采用的机械设备及运输距离，按照概算定额计算工程单价。

1. *石方工程项目分类*

石方工程项目可分为一般石方开挖、一般坡面石方开挖、沟槽石方开挖、坑石方开挖、基础坡面石方开挖、基础石方开挖、洞井石方开挖、地下厂房石方开挖和石碴运输等。根据现行《水利建筑工程概算定额》，石方工程的项目划分如下。

（1）一般石方开挖：明挖工程中底宽超过 7m 的沟槽石方，上口面积大于 $160m^2$ 的坑挖石方，以及倾角（与水平面成的角度）小于或等于 20°并垂直于设计开挖面的平均厚度大于 5m 的坡面石方开挖。如岸边开敞式溢洪道、渠道进水口、护坦、海漫等石方开挖工程。

(2) 一般坡面石方开挖：是指设计倾角大于20°、垂直于设计面的平均厚度小于或等于5m的石方开挖工程。

(3) 沟槽石方开挖：是指底宽小于或等于7m，两侧呈垂直或有边坡的条形石方开挖工程，如渠道、截水槽、排水沟等。

(4) 坡面沟槽石方开挖：是指槽底轴线与水平夹角大于20°的沟槽石方开挖。

(5) 坑石方开挖：是指上口面积小于或等于$160m^2$，深度小于或等于上口短边长度或直径的石方开挖工程，如机座、集水坑、墩柱基础开挖等。

(6) 基础石方开挖：综合了坡面和底部石方开挖，适用于不同开挖深度的基础石方开挖工程，如混凝土坝、水闸、厂房、溢流堰、消力池等基础石方开挖工程。

(7) 基础坡面石方开挖：是指设计倾角大于20°、垂直于设计面的平均厚度小于或等于5m的坡面基础石方开挖工程，如建造在岩基上的水闸等两岸边坡石方开挖。

(8) 洞井石方开挖：是指平洞、斜井、竖井等项目。平洞石方是指水平夹角小于或等于6°的洞挖工程；斜井石方是指水平夹角为6°～75°的洞挖工程；竖井石方是指水平夹角大于75°，上口面积大于$5m^2$、深度大于上口短边长度或直径的洞挖工程，如调压井、闸门井等。

(9) 地下厂房石方开挖：是指地下厂房或窑洞式厂房石方开挖工程。

一般石方开挖和一般坡面石方开挖的主要区别，是设计倾角的大小和开挖平均厚度。一般坡面石方开挖适用于设计倾角在20°以上，且开挖的平均厚度在5m以内；若设计倾角小于20°或者倾角虽大于20°，但开挖平均厚度大于5m的，则属一般石方开挖。

石方工程中，石方开挖、出碴均以自然方为计量单位。

2. *石方开挖爆破材料*

(1) 炸药。石方开挖的炸药有：露天硝铵炸药、铵油炸药、岩石铵沥蜡炸药、胶质硝化甘油炸药、高威力硝铵炸药、浆状炸药、水胶炸药、乳胶炸药等。

定额中的炸药代表型号规格：一般石方开挖，按2号岩石铵锑炸药选用；边坡、槽、坑、基础石方开挖按2号岩石铵梯炸药和4号抗水岩石铵梯炸药各半选用；平洞、斜井、竖井、地下厂房石方开挖按4号按水岩石铵梯炸药选用。

(2) 起爆材料。用于石方开挖中的起爆材料有导爆索、塑料导爆管、雷管、导火线等。

7.3.2 石方工程单价编制注意事项

(1) 石方开挖定额，均已按各部位的不同要求，根据规定，分别按一定比例考虑了底部保护层、坡面保护层开挖、预裂爆破、光面爆破等因素，编制单价时不再调整。

保护层石方开挖，是指设计不允许破坏岩石结构的石方开挖，如坝基、坝肩、消能坑等与岩基连接部分石方开挖。保护层开挖分底部保护层开挖和坡面保护层开挖，当自然地面与水平面的倾角不大于20°时，为底部保护层开挖；自然地面倾角大于20°时，为坡面保护层开挖。保护层开挖需用浅孔小炮。

(2) 基础石方和坡面石方开挖定额应根据设计开挖线的垂直平均深度选用；明挖石方定额中的开挖定额梯段高度是综合考虑的，使用定额时无须调整。

（3）石方开挖定额中所列的“合金钻头”是指风钻（手持式、气腿式）用的钻头，“钻头”指液压履带钻或液压凿岩台车用的钻头。合金钻头数量，包括重复使用的次数在内，因此要把修磨费计入材料预算价格之中。

（4）岩石级别调整系数：如实际施工中遇到高于XⅣ级岩石时，可按相应定额中的XⅢ～XⅣ级岩石开采定额，乘表7.11系数进行调整。

表7.11　　高于XⅣ级岩石级别时定额调整系数表

项　目	系　数		
	人工	材料	机械
风钻为主各节定额	1.30	1.10	1.40
潜孔钻为主各节定额	1.20	1.10	1.30
液压多臂钻为主各节定额	1.15	1.10	1.15

（5）石方开挖定额的计量，应按工程设计开挖的几何轮廓尺寸计算，根据相关施工技术规范规定允许的超挖量及必要的施工附加量所消耗的人工、材料、机械的数量和费用等均已计入概算定额。

（6）洞挖石方定额中的通风机台时量是按一个工作面长度400m以内考虑，如超过400m，应按表7.12所列系数进行调整（介于两子目之间的用插入法计算）。

表7.12　　通风机械定额台时数量调整系数表

隧洞工作面长/m	400	500	600	700	800	900	1000	1100	1200
通风机台时调整系数	1.00	1.20	1.33	1.43	1.50	1.67	1.80	1.91	2.00
隧洞工作面长/m	1300	1400	1500	1600	1700	1800	1900	2000	
通风机台时调整系数	2.15	2.29	2.40	2.50	2.65	2.78	2.90	3.00	

（7）石方工程定额中的人工指完成该定额子目工作内容所需的人工消耗量，包括主要用工及辅助用工，按技术等级分别列示。石方开挖定额中的人工包括以下内容。

1）风钻人工。

2）爆破人工（炮工）：加工炸药、运输、装药、放炮、检查。

3）翻碴、清理人工。

4）移风管、拉电缆。

5）修整断面人工（一般石方不计）。

6）安全工（安全检查、橇顶人工）。

7）修洗钻工（风钻使用后的清洗）。

8）零星用工：值班，挖排水沟，搭拆简易脚手架、小马道挖炮泥、搬运回收钢钎等。

（8）石方开挖定额中的其他（零星）材料费指除定额中已列示的炸药、雷管、导电（火）线、导爆管（索）、钻头以外的零星材料，包括脚手架、排架、操作平台、棚架、漏斗等的搭拆摊销，冲击器、钻杆、空心钢的摊销费，炮泥、燃香、火柴等次要材料费；其他材料费按占主材费的百分数计算，零星材料费按占人工费、机械费之和的百分数计算。

（9）石方开挖定额中的其他机械费：指完成该定额子目工作内容所需的机械消耗量，由主要机械和次要机械组成，主要机械以台（组）时表示，次要机械以其他机械费的形式出现，其他机械费按占主要机械的百分数表示。其他机械费指风钻施工中的修钎设备、用于场内运输的载重汽车及数量不大的一些零星机械等。

（10）石方运输单价与开挖综合单价。在概（估）算中，石方运输费用不单独表示，而是在开挖费用中体现。反映在概算定额中，则是石方开挖各节定额子目中均列有“石渣运输”项目。该项目的数量，已包括完成每一定额单位有效实体所需增加的超挖量、施工附加量及施工损耗的数量。为统一表现形式，编制概（估）算单价时，一般应根据施工组织设计选定的运输方式，先查定额计算每立方米石渣运输的基本直接费；然后将石渣运输的基本直接费单价（亦称中间单价或子单价）作为石方开挖工程定额中石渣运输的单价计算石渣运输费用，石渣运输的费用也要计入石方开挖工程单价中的基本直接费中，即石方开挖工程的基本直接费有人工费、材料费、机械使用费和石渣运输费组成。

（11）洞内运输与洞外运输。各节运输定额，一般都有“露天”和“洞内”两部分内容。当有洞内外连续运输时，应分别套用定额。洞内运输部分，套用“洞内”运输定额的“基本运距”（装运卸）及“增运”子目；洞外运输部分，套用“露天”定额的“增运”子目（仅有运输工序）。当洞内、洞外为非连续运输（如洞内为胶轮车，洞外为自卸汽车）时，则洞外运输部分应套用“露天”定额的“基本运距”及“增运”子目。

项目实施：

7.3.3 石方工程单价的编制

7.3.3.1 石方开挖单价

石方开挖可分为明挖（如一般石方开挖、基础石方开挖等露天开挖）和暗挖（如洞井石方开挖、地下厂房石方开挖）两种，要根据不同的岩石级别、工程部位、施工方法来分项。如大坝基础石方开挖，可按覆盖层开挖、坡面石方开挖、基础石方开挖等分项。

石方开挖单价一般包含了钻孔、爆破、撬移、解小、翻渣、清面、修整断面、安全处理、挖排水沟坑等工作内容。

1. 影响石方开挖工效的因素

（1）岩石级别。目前水利工程按岩石自然湿度时的平均容重（kg/m^3）、极限抗压强度（MPa）、强度系数（普氏系数 f）、净钻时间（min/m）来划分岩石的级别，共分为12个等级，即16类划分法的5～16类，适用于所有水利工程的石方工程。岩石级别越高，其强度越高，钻孔的阻力越大，工效越低。岩石的级别越高，对爆破的抵抗力也越大，所需的炸药也越多。只有科学地确定岩石级别，才能正确地选择岩石的爆破方法、合理选择爆破参数。所以岩石级别是影响开挖工效的主要因素之一。

（2）设计对开挖形状及开挖面的要求。设计对有形状要求的开挖，如沟、槽、坑、洞、井等，其爆破系数（每立方米作面上的炮孔数）较没有形状要求的一般石方开挖要大得多，对于小断面的开挖尤甚。爆破系数越大，爆破效率越低，耗用爆破器材（炸药、雷管、导线）也越多。

设计对开挖面有要求（如设计对建基面的损伤限制，对开挖面平整度等）时，为了满足这些要求，对钻孔、爆破、清理等工序必须在施工方法和施工工艺上采取措施。例如：为了限制爆破对建基面的损伤，往往在建基面以上设置一定厚度的保护层，保护层开挖一般多采用浅孔小炮，爆破系数很高，爆破效率很低，有的甚至不允许放炮，采用人工开挖。例如有的为了满足开挖面平整度的要求，需在开挖面进行专门的预裂爆破。

所以设计对开挖形状及开挖面的要求，也是影响开挖工效的主要因素之一。因此，石方开挖定额大多按开挖形状及部位分节，各节再按岩石级别分子目。

2. 编制石方开挖工程概（估）算单价应遵循的原则

（1）根据地质提供的岩石名称、外形特征、颗粒组成、饱和极限抗压强度、可钻性等地勘资料，合理确定岩石级别。

（2）严格按设计开挖断面尺寸、开挖与出渣方式、运输距离等，正确套用相应定额子目，编制单价时不得任意调整定额水平和扩大技术条件，以维护定额的严肃性。

7.3.3.2 石方运输单价中运输距离的确定

（1）水平运输距离的确定。水平运输距离是指从取料中心至卸料中心的全距离，例如坝基开挖的面积很大，应以坝基面积的中心点至弃渣场的中心点的距离作为水平运输距离。

（2）石渣运输距离计算：

1）一般机械运输石渣时坡度已考虑在内。

2）洞内运距按工作面长度的一半计算。

3）一个工程有几个弃渣场，而运输距离又不一样时，可按弃渣量比例算出加权平均运距，也可按各渣场运距及弃渣量分别计算。

影响石方运输工效的主要因素，与土方工程基本相同，不再赘述。

【示例 7.2】某水利枢纽工程位于一般工资地区，该工程的一般石方开挖为Ⅻ级，开挖采用 100 型潜孔钻钻孔爆破，钻孔平均孔深为 7.5m，石渣的运输采用 1m^3 挖掘机装 8t 自卸汽车运输 2.5km 弃渣。

解：查《水利建筑工程概算定额》，根据工程背景资料，石方开挖采用定额为 20023（表 7.13），石渣运输采用定额为 20547（表 7.14）。

表 7.13　　建筑工程单价表

单价编号	2	项目名称	一般石方开挖		
定额编号	20023			定额单位	100m^3
施工方法	Ⅻ级，开挖采用 100 型潜孔钻钻孔爆破，钻孔平均孔深为 7.5m				
编号	名称及规格	单位	数量	单价/元	合计/元
一	直接费				4151.60
（一）	基本直接费				3826.36
1	人工费				325.95

续表

单价编号	2	项目名称	一般石方开挖		
定额编号	20023			定额单位	$100m^3$
施工方法	Ⅻ级，开挖采用100型潜孔钻钻孔爆破，钻孔平均孔深为7.5m				
编号	名称及规格	单位	数量	单价/元	合计/元
	工长	工时	1.40	11.55	16.17
	高级工	工时	0.00	10.67	0.00
	中级工	工时	10.70	8.90	95.23
	初级工	工时	35.00	6.13	214.55
2	材料费				691.80
	合金钻头	个	0.26	200.00	52.00
	潜孔钻钻头100型	个	0.32	180.00	57.60
	冲击器	套	0.03	30.00	0.90
	炸药	kg	60.00	5.15	309.00
	火雷管	个	18.00	1.50	27.00
	电雷管	个	9.00	1.00	9.00
	导火线	m	37.00	1.20	44.40
	导电线	m	79.00	0.85	67.15
	其他材料费	%	22.00	567.05	124.75
3	机械使用费				691.96
	风钻手持式	台时	2.94	24.40	71.74
	潜孔钻100型	台时	4.01	138.98	557.31
	其他机械费	%	10.00	629.05	62.91
4	石渣运输	m^3	103.00	20.55	2116.65
（二）	其他直接费	%	8.50	3826.36	325.24
二	间接费	%	12.50	4651.60	518.95
三	利润	%	7.00	4670.55	326.94
四	材料补差				1058.38
	挖掘机 $1m^3$	台时	2.90	57.23	165.97
	推土机88kW	台时	1.45	50.78	73.63
	自卸汽车8t	台时	15.98	41.10	656.78
	炸药	kg	60.00	2.70	162.00
五	税金	%	9	6055.87	543.03
	合计				6600.90

表 7.14　　　　　　　　　　　　**建筑工程单价表**

单价编号	2-1	项目名称	石碴运输		
定额编号	20458，20459			定额单位	$100m^3$
施工方法	$1m^3$ 挖掘机装 8t 自卸汽车运输 2.5km 弃渣				
编号	名称及规格	单位	数量	单价/元	合计/元
（一）	基本直接费				2054.56
1	人工费				114.63
	工长	工时	0.00	11.55	0.00
	高级工	工时	0.00	10.67	0.00
	中级工	工时	0.00	8.90	0.00
	初级工	工时	18.70	6.13	114.63
2	材料费				40.29
	零星材料费	%	2.00	2014.27	40.29
3	机械使用费				1899.64
	挖掘机 $1m^3$	台时	2.82	138.75	391.28
	推土机 88kW	台时	1.41	126.18	177.91
	自卸汽车 8t	台时	15.51	85.78	1330.45

其他直接费、间接费等相关费率的确定，是根据编制规定及工程实际情况确定。

中间单价的计算一般另列表格计算，只计算基本直接费。

计算出的中间单价再代入石方开挖工程单价中，计算石方挖运综合概算单价。

材料补差计算中要注意石方开挖与石渣运输定额中的相关换算系数，准确计算材料补差中的施工机械消耗量或柴油消耗量。

【示例 7.3】某水利枢纽工程位于一般工资地区，该工程的圆形平洞石方开挖（Ⅻ级岩石）分 4 个工作面进行，各工作面长度及石碴洞外运距如图 7.1 所示。已知本工程人工预算单价及定额机械台时费如表 7.15 所示，工程所在地在县城镇以外。

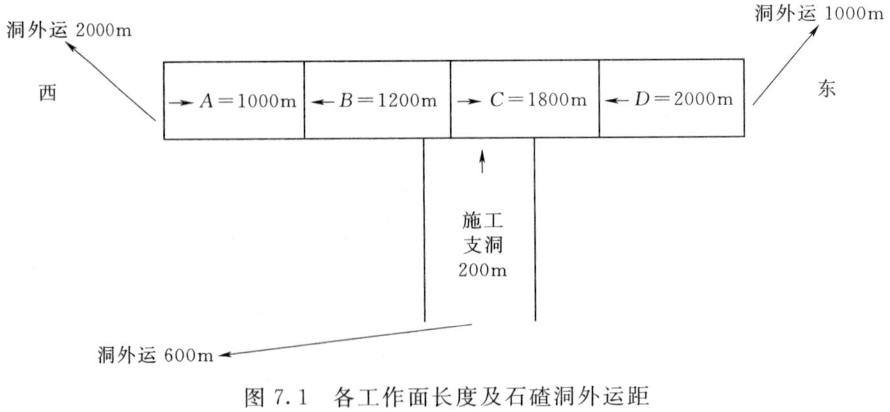

图 7.1　各工作面长度及石碴洞外运距

已知：隧洞衬砌完后内径 6m，衬砌厚度 0.5m，总长 $L=6000m$。平洞石方采用三臂液压凿岩台车开挖，洞内外均采用 $2m^3$ 挖掘机装 12t 自卸汽车运石碴。

已知人工、材料、机械台时费及有关费率见表 7.15。试计算：

(1) 通风机定额综合调整系数？

(2) 该平洞开挖石碴洞内、洞外综合运距？

(3) 平洞石方开挖概算工程单价？

表 7.15　　人工、材料、机械台时单价、费率汇总表

序号	项目名称	单位	单价/元	序号	项目名称	单位	单价/元
1	工长	工时	11.55	13	自卸汽车 12t	台时	102.53
2	高级工	工时	10.67	14	凿岩台车三臂	台时	646.62
3	中级工	工时	8.90	15	平台车	台时	100.57
4	初级工	工时	6.13	16	轴流通风机 37kW	台时	31.56
5	钻头 D45mm	个	350.00	17	挖掘机 $2m^3$（价差）	台时	92.92
6	钻头 D102mm	个	1500.00	18	推土机 88kW（价差）	台时	57.96
7	炸药 4 号抗水	kg	5.80	19	自卸汽车 12t（价差）	台时	57.04
8	非电毫秒雷管	个	1.30	20	其他直接费	%	8.5
9	导爆管	m	0.23	21	间接费	%	11
10	水	m^3	0.50	22	利润	%	7
11	挖掘机 $2m^3$	台时	215.00	23	税金	%	3.28
12	推土机 88kW	台时	103.10				

解：

(1) 计算通风机定额综合调整系数。

1) 计算各工作面长度。

A 段：工作面长度 1000m；

B 段：工作面长度 200＋1200＝1400 (m)；

C 段：工作面长度 200＋1800＝2000 (m)；

D 段：工作面长度 2000m。

2) 计算各段工程量比例。

A 段：1000÷6000＝16.7%；

B 段：1200÷6000＝20.0%；

C 段：1800÷6000＝30.0%；

D 段：2000÷6000＝33.3%。

3) 计算各工作面综合长度。

$$1000\times16.7\%+1400\times20.0\%+2000\times30.0\%+2000\times33.3\%=1713\ (m)$$

4) 求通风机定额综合调整系数。在计算平洞石方开挖单价时，应对定额中的通风机台时定额量乘以调整系数。查通风机调整系数表可知，A、B、C、D 段通风筒长度分别为 1000m、1400m、2000m、2000m，其调整系数分别为 1.8、2.29、3.0、3.0，得通风机械台时定额量调整系数为：

$$1.8\times16.7\%+2.29\times20\%+3.0\times30\%+3.0\times33.3\%=2.66$$

（2）计算平洞开挖石碴洞内、洞外综合运距。

1）求出开挖各段的洞内、洞外运距。

A 段：由西向东开挖，洞内运距为 1000÷2=500m，洞外运距为 2000m；

B 段：由东向西开挖（从施工支洞进洞），洞内运距为 200+1200÷2=800m，洞外运距为 600m；

C 段：由西向东开挖（从施工支洞进洞），洞内运距为 200+1800÷2=1100m，洞外运距为 600m；

D 段；由东向西开挖，洞内运距为 2000÷2=1000m，洞外运距为 1000m。

2）按各段所占比例求出综合运。

洞内运距：500m×16.7%+800m×20.0%+1100m×30.0%+1000m×33.3%=907m 取 900m。

洞外运距：2000m×16.7%+600m×20.0%+600m×30.0%+1000m×33.3%=967m，取 1000m。

故该平洞石方开挖的石碴运输综合运距为洞内 900m、洞外增运 1000m。

（3）计算平洞石方开挖概算工程单价。

1）计算洞挖石碴运输单价（直接费）。洞内运输 900m，选用定额［20474］及［20475］内插计算；洞外增运 1000m，选用定额［20473］计算，求得石碴运输单价（直接费）为 17.49 元/m^3，见表 7.16。

表 7.16　　建筑工程单价分析表

单价编号	3	项目名称	石碴运输		
定额编号	20475 调+20473			定额单位	100m^3 自然方
施工方法：2m^3 挖掘机装石碴 12t 自卸车洞内运 0.9km，洞外运 1.0km 弃渣					
编号	名称及规格	单位	数量	单价/元	合价/元
一	直接费				
（一）	基本直接费				1800.13
1	人工费				79.08
	初级工	工时	12.9	6.13	79.08
2	材料费				35.10
	零星材料费	%	1754.78	2	35.10
3	机械使用费				1685.95
	挖掘机 2m^3	台时	1.94	215	417.10
	推土机 88kW	台时	0.97	103.1	100.01
	自卸汽车 12t	台时	11.40	102.53	1168.84

注　12t 自卸汽车台时数 11.30=9.89+1.51。

2）计算平洞石方开挖概算工程单价。设计开挖断面积为 $S=3.5\times3.5\times3.14=38.47$（$m^2$），据此及已知条件选用定额［20243］及［20247］内插计算，如工长工时定额为 7.8+(11.1−7.8)/(60−30)×(60−38.47)=10.168；轴流通风机台时定额为 17.19+(23.13−17.19)/(60−30)×(60−38.47)=21.45。其建筑工程单价分析表见表 7.17。

表 7.17　　　　　　　　　　**建筑工程单价分析表**

项目名称：平洞石方开挖

定额编号：[20243] 调　　　　　　　　　　　　定额单位：$100m^3$ 自然方

单价编号	4	项目名称	平洞石方开挖
定额编号	20243 调	定额单位	$100m^3$ 自然方

施工方法：开挖断面 $38.47m^3$，三臂液压凿岩台车开挖Ⅻ级岩石，$2m^3$ 挖掘机装 12t 自卸汽车运石渣洞内运 0.9km、洞外运 1.0 弃渣。工作面综合长度 1713m，轴流通风机定额×2.67 调整系数

编号	名称及规格	单位	数量	单价/元	合价/元
一	直接费				10813.74
(一)	基本直接费				9966.58
1	人工费				2463.16
	工长	工时	10.17	11.55	117.46
	中级工	工时	109.74	8.9	976.69
	初级工	工时	223.33	6.13	1369.01
2	材料费				1876.92
	钻头 D45mm	个	0.69	350	241.50
	钻头 D102mm	个	0.01	1500	15.00
	炸药 4 号抗水	kg	164.53	5.15	847.33
	非电毫秒雷管	个	127.22	1.3	165.39
	导爆管	m	857.06	0.23	197.12
	其他材料费	%	28	1466.34	410.58
3	机械使用费				3538.50
	凿岩台车三臂	台时	2.29	646.62	1480.76
	平台车	台时	1.53	100.57	153.87
	轴流通风机 37kW (21.45×2.66=57.06)	台时	57.06	31.56	1800.81
	其他机械费	%	3	3435.44	103.06
4	石碴运输	m^3	116	18.00	2088.00
(二)	其他直接费	%	8.50	9966.58	847.16
二	间接费	%	12.50	10813.74	1351.72
三	利润	%	7.00	12165.46	851.58
四	材料补差				1128.95
	挖掘机 $2m^3$	台时	2.2504	92.92	209.11
	推土机 88kW	台时	1.1252	57.96	65.22
	自卸汽车 12t	台时	13.108	57.04	747.68
	炸药：4 号抗水	kg	164.53	0.65	106.94
五	税金	%	9.00	14145.99	1273.14
	合计				15419.13

想一想　练一练：

1. 陕西省某水利堤防（工程位于太白县）某建筑物基础石方开挖工程，石方为Ⅸ级，

开挖采用 ϕ64～76 液压履带钻钻孔爆破，钻孔平均孔深为 10m，石渣的运输采用 $2m^3$ 装载机装 12t 自卸汽车运输 6.5km 弃渣。

2. A 水利枢纽工程，由大坝、溢洪道、泄洪洞、发电引水隧洞、电站厂房、变电站及输电线路工程等组成。该工程位于青海省互助县（陕西省宝鸡市千阳县、或陕西省榆林市横山县、或四川省青川县、或海南省文昌县、或河南省巩义市区等）的县城镇以外，分别计算其石方开挖工程单价。（计算中所缺基础单价可以参考教材示例）

（1）工程的一般石方开挖，石方为Ⅻ级，开挖采用 100 型潜孔钻钻孔爆破，钻孔平均孔深为 7.5m，石渣的运输采用 $1m^3$ 挖掘机装 8t 自卸汽车运输 2.5km 弃渣。

（2）建筑物基础石方开挖工程，石方为Ⅸ级，开挖采用 ϕ64～76 液压履带钻钻孔爆破，钻孔平均孔深为 10m，石渣的运输采用 $2m^3$ 装载机装 12t 自卸汽车运输 6.5km 弃渣。

（3）进水孔水闸基础石方开挖工程，石方为ⅩⅢ级，开挖采用 100 型潜孔钻钻孔爆破，钻孔平均孔深为 10m，石渣的运输采用 $1m^3$ 装载机装 8t 自卸汽车运输 11.5km 弃渣。

（4）溢洪道沟槽工程石方开挖，坡道部分的石方开挖与水平方向的夹角为 25°，石方为Ⅻ级，开挖采用人工手风钻钻孔爆破（使用导火线及火雷管），开挖底宽为 6m，石渣的运输采用 $2m^3$ 挖掘机装 10t 自卸汽车运输 3.8km 弃渣。

（5）引水隧洞（与水平方向夹角 6°）工程长 8km，距离进口 3km 处有一 300m 的施工支洞，共有 A、B、C、D 四个工作面，各工作面长度分别为 2km、1km、1.6km、3.4km，隧洞开挖面积为 $60m^2$，开挖采用三臂凿岩台车（可改为手风钻钻孔或两臂凿岩台车），石渣的运输采用 $2m^3$ 挖掘机装 15t 自卸汽车运输弃渣。A 工作面隧洞进口距弃渣场 2.3km，施工支洞（B，C 工作面）进口距弃渣场 2.0km，D 工作面隧洞进口距弃渣场 6.3km，综合运距（km）在计算时保留一位小数。石渣运输均采用 $2m^3$ 挖掘机装 10t 自卸汽车运输。

（6）水电站地下厂房石方开挖，石方为ⅩⅢ级，开挖采用液压钻钻孔爆破，通往地下厂房的交通洞长 1.8km，地下厂房进深长 400m，交通洞进口距弃渣场的距离为 3.5km，石渣的运输采用 $3m^3$ 装载机装 20t 自卸汽车运输弃渣。

（7）坝基础石方开挖采用风钻钻孔爆破，开挖深度为 1.8m，石渣运输采用 $1.5m^3$ 装载机装 10t 自卸汽车运 2km 弃渣。基础岩石级别为Ⅺ级。

任务 7.4　土石填筑工程概算单价编制

学习目标：

1. 知识目标：①土石填筑工程包含的具体项目；②水利工程土石方工程填筑的分类；③编制规定及定额中关于水利工程土石方填筑工程的相关规定。

2. 技能目标：①能编制各种水利工程土石方填筑工程概算单价；②能熟练使用水利工程定额及概估算编制规定。

3. 素质目标：①认真仔细的工作态度；②严谨的工作作风；③遵守编制规定的要求。

项目任务：学习水利工程土石方填筑工程概算单价的计算。

项目描述：土石方填筑工程概算单价的计算，包括土方填筑工程、石方填筑工程、堆石砌石工程，土石方填筑工程单价的计算中，土石方压实单价中嵌套了石渣运输工程单价，但土石料挖运单价属于中间单价（也称子单价）。所以该工程单价的编制涉及到准确查定工程定额（包括石方开挖定额和石渣运输定额），根据定额说明做好定额消耗数量的调整，再根据已知的基础单价及概估算编制规定中关于费率的取值规定，即可以计算出土石方填筑工程概算单价；堆砌石工程单价的计算相对简单。

知识平台：

7.4.1 堆砌石工程的分类

土石填筑工程包括砌石、堆抛石、土方填筑、土石坝物料压实等。因其能就地取材，施工技术简单，造价低而被广泛应用。按其施工方法的不同，土石填筑工程可分为砌石工程、土方填筑工程、堆石坝填筑工程和堆抛石工程四大类。

砌石工程因具有就地取材、施工设备简单、施工工艺简便、造价低等优点，因而被广泛应用于水利工程中的护坡、护底、挡土墙、桥墩等部位；尤其是地方水利工程，应用最为广泛。

1. *砌石工程的分类*

（1）浆砌石：用胶结材料充填石料之间的空隙，使分散的石料砌筑成一个整体，从而达到抵御外力的作用。

（2）干砌石：根据石块的形状，经过人工砌筑形成表面平整、充填密实的大小石料组合体，从而达到抵御外力的作用。干砌石的石块之间没有胶结材料充填。

2. *石料的规格及标准*

（1）片石：每块体积为 0.01～0.05m^3，厚度大于 15cm，无一定规则形状的石块。

（2）块石：厚度大于 20cm，长宽各为厚度的 2～3 倍，上、下两面平行且大致平整，无尖角、薄边的石块。

（3）卵石：小边直径（或厚度）不小于 20cm 的椭圆形或扁平形的天然河卵石，薄边及圆球形不宜采用。

（4）毛条石：一般为人力开采锲裂而得的长方形毛坯料，长约为 610～120cm，宽高约为 30～40cm，相邻面基本垂直，不扭不翘，六面大致平整，表面凹凸不得大于 3cm。

（5）粗料石：由毛条石修凿而成，四棱上线，八角见方，六面修整基本平直，表面凹凸不超过 1cm。

（6）细料石：要求同粗条石，表面凹凸不超过 0.5cm。

3. *填充胶结材料*

（1）水泥砂浆。由水泥、砂、水按一定配合比拌制而成，强度高，防水性能好，多用于重要的建筑物及建筑物的水下部位。水泥砂浆的强度等级是以试件 28 天抗压强度作为标准。

（2）混合砂浆。在水泥砂浆中掺入一定数量的石灰膏、黏土或壳灰，以减少水泥用量，适用于强度要求不高的小型工程或次要建筑物的水上部位。

（3）细石混凝土。在水泥砂浆中掺入适量的小石子（粒径在 40mm 以下），可节省水泥，提高砌体强度。

7.4.2　堆砌石工程单价编制注意事项

（1）定额计量单位。堆砌石工程定额计量单位，除抛石工程为抛投方外，其余均为堆砌石实体的实方（或称成品方）。

堆砌石工程所用石料、过渡料均按材料计算。而材料定额中的计量单位视石料种类而定。对堆石料、过渡料和反滤料，按堆方（松方）计；对片石、块石和卵石，按码方计；对条石、料石以清料方计。计算单价时应予注意。不同计量单位间换算关系可参考表7.18。

表7.18　　石方松实系数表

项目	自然方	松方	实方	码方	备　注
石方	1	1.53	1.31		包括碎石、堆石料
砂	1	1.07	0.94		
混合料	1	1.19	0.88		包括砂石料、反滤料
块石	1	1.75	1.43	1.67	包括片石、大卵石

例如：填筑1m^3堆石坝压实方，折算成堆石料松方（堆方）应为1.53÷1.31＝1.17（m^3）；砌筑1m^3干砌石实体方，折算成块石料码方应为1.67÷1.43＝1.17（m^3）。

（2）砌体工程量应按设计几何轮廓尺寸计算，施工规范允许的超填量、施工附加量、操作损耗已包含在定额中。

（3）石料自料场至施工现场堆放点的运输费用，应包括在石料单价内。施工现场堆放点至工作面的场内运输已包括在砌石工程定额内。编制砌石工程概（估）算单价时，不得重复计算石料运输费用。

（4）浆砌石定额中均已计入了一般要求的勾缝，对于防渗要求高的部位，如设计要求开槽勾缝，应增加开槽勾缝所需的费用。

（5）料石砌筑定额包括了砌体外露一面的一般修凿，如设计要求作装饰性修凿，应另行增加装饰性修凿费用。

（6）砌筑用胶结材料均按设计强度等级及配合比计算其单价，定额数量不作调整。

（7）注意定额中石料的单位。定额材料中的片石、块石、卵石（砌筑用）为码方，条石、料石为清料方。石料备料中块石开采、运输均按码方计，条石、料石开采运输均按清料方计。

7.4.3　土方填筑工程

1. 土方填筑工序

土方填筑由土料开采运输、压实两大工序组成。

（1）土料开采运输。

1）料场覆盖层清除摊销费。水利工程土方填筑需要大量的土料或砂砾料，需勘察有足够储量的料场供应土料或砂砾料，料场上的杂树、杂草、不合格的表土等都必须予以清除，清除所需的人工、机械、材料等费用，应按相应比例摊入土料单价中。

2）土料开采运输。土料的开采运输单价的编制与土方开挖工程相同，只是当土料含水量不符合规定时需要增加处理费用，同时需要考虑土料损耗和体积变化因素。

3）土料处理费用计算。当土料的含水量不符合规定标准时，应采取挖排水沟、扩大取土面积、分层取土等措施，如仍不能满足设计要求，则应采取降低含水量（翻晒、分区集中堆存等）或加水处理措施。

4）土料损耗和体积变化。土料损耗包括开采、运输、雨后清理、削坡、沉陷等损耗，以及超填和施工附加量。

体积变化指土料的设计干密度和天然干密度之间的关系。如设计要求坝体干密度为 $1.670t/m^3$，而天然干密度为 $1.400t/m^3$，则折实系数为 1.670/1.400＝1.193，亦即该设计要求的 $1m^3$ 坝体实方，需 $1.193m^3$ 自然方才能满足。从定额（或单价）的意义来讲，土方开挖、运输的人工、材料、机械台时的数量（或单价）应扩大 1.193 倍。

（2）压实。压实机械有羊足碾、气胎碾、平碾、振动碾等。

2. 土方填筑单价编制

土方填筑单价包括土料开采运输单价和压实单价两部分。

（1）土料开采运输单价。土料开采运输单价是指自土料场开采运输土料至填筑工作面每立方米土料的费用。它是由覆盖层清除摊销单价和开采运输单价组成。在土石坝物料压实（填筑）概算综合单价中以土料运输材料单价（元/m^3）的形式表示（只计基本直接费）。

覆盖层清除摊销单价，是指每立方米自然方土料应分摊的覆盖层清除（包括土料处理）费用。覆盖层摊销单价计算主要有如下两种方法：

覆盖层清除摊销单价（元/m^3 自然方）＝覆盖层清除总费用（元）÷土料开采总方量（元/m^3 自然方）

式中，覆盖层清除总费用可套用土方开挖工程定额进行计算。

覆盖层清除摊销单价（元/m^3 自然方）＝覆盖层清除单价×摊销比例（%）

摊销比例（%）＝覆盖层清除方量（m^3 自然方）÷土料开采总方量（m^3 自然方）×100%

开采运输单价，同土方开挖工程，应根据设计确定的土料级别、挖运机械、运输距离选用相应的定额计算。

（2）压实单价。现行概算定额的土料压实定额实际上是土方填筑定额，该定额以土料压实为主拟定，除列有土方压实所需的工、料、机消耗量外，还列有“土料运输”项目和定额用量。计算土方填筑综合单价时，应先计算定额的“土料运输”单价，再套用土料压实定额，并将“土料运输”单价作为材料预算价计算土方填筑综合单价。为统一表现形式，编制概（估）算单价时，一般应根据施工组织设计选定的开采运输方式，按定额规定的每立方米土料开采运输定额中的人工、材料及机械数量直接计入土料压实定额，计算土方填筑工程综合单价。

定额的“土料运输”单价，应为将土料运输至填筑部位处所发生的全部基本直接费，即：

定额“土料运输”单价＝覆盖层清除摊销单价＋开采运输单价

若为向地方购买土料，则定额“土料运输”单价中还需加计“土料购买费”。

土方填筑单价，应包括土料开采、运输、推平、刨毛、碾压、削坡、补边夯、洒水等全部费用。

在各压实（填筑）定额中，单独列示了填筑每 $100m^3$ 实体所需的填筑物料定额用量（如土坝需土料 $126m^3$ 自然方），该定额用量已计入了体积变化、各项损耗、超填及施工附加量，编制土方填筑工程单价时，不得加计任何系数。

7.4.4 土方填筑工程单价编制注意事项

（1）在《概算定额》中列出各种挖运施工方法填筑土石坝坝体或心（斜）墙的综合定额，已计入了从开采、运输到坝面填筑的各项施工损耗、超填量和施工附加量，采用时不再加计系数。再将覆盖层清除及伐树挖根的单位费用按相应比例摊入填筑单价，即可求得综合单价。当施工方法与定额规定不同，需要按各工序单价定额编制补充综合定额，用于计算综合单价，此时，除压实定额外，对取土备料和运输等定额应按下式增计施工损耗，并将自然方换算成压实方。

$$成品实方定额数=自然方定额数(1+A)\times\frac{设计干容重}{天然干容重}$$

式中 A ——综合系数，包括开采、上坝运输、雨后清理、边坡削坡、接缝削坡、施工沉陷、不可避免的压坏、超填及施工附加量等损耗因素。A 值可根据填筑部位和施工方法按表 7.19 选用。

表 7.19　　土石坝填筑综合系数表

填筑方法与部位	$A/\%$	填筑方法与部位	$A/\%$
机械填筑混合坝坝体土料	5.86	人工填筑心（斜）墙土料	3.43
机械填筑均质坝坝体土料	4.93	坝体砂砾料、反滤料填筑	2.20
机械填筑心（斜）墙土料	5.70	坝体堆石料填筑	1.40
人工填筑坝体土料	3.43		

（2）关于土石方开挖料的利用，有直接利用料和间接利用料两种。

直接利用料：利用开挖料直接运至填筑工作面，在开挖处计算开挖和运输费，在填筑处只计算碾压费。但要注意，不得在开挖和填筑单价中重计或漏计。

间接利用料：即考虑开挖和填筑在施工进度安排上的时差，或因其他原因不能直接运至填筑工作面，即开挖料卸至某堆料场，填筑时再从堆料场取土，需经过二次倒运，在进行单价分析时，开挖处计算至堆料场的挖、运费，填筑处计算二次倒运的挖、运、压费。

（3）现行概算定额（3～19 子目），土石坝物料压实定额是按填筑土石坝拟定的，如为非土石堤、坝的一般土料、砂石料压实，其人工、机械定额乘以 0.8 调整系数；该节土料压实定额的土料运输量（自然方）$126m^3$ 是按填筑土坝拟定的，如为一般土料压实（如船闸边墙背水面回填土等），其土料运输量（自然方）为 $118m^3$。

（4）对不要求压实的一般土方回填，可只计算土方开挖运输单价。

项目实施：

7.4.5 堆砌石工程概算单价的编制

1. *砌石工程单价的编制步骤*

（1）计算砌石备料单价。石料备料单价，按现行概算定额的砂石备料子目计算。计算石料备料单价时，应注意自然方、堆方、码方的体积换算。如为外购块石、条石或料石时，按材料预算价格一节规定计算。施工组织设计时，应尽量考虑从石方开挖的石碴中检集块石的可能性，以节约石料开采费用，其利用数量应根据开挖石碴的多少和岩石的质量情况合理确定。

（2）计算胶结材料单价。如为浆砌石或细石混凝土砌石，则需根据设计确定胶结材料（如水泥砂浆、细石混凝土等）的强度等级，计算胶结材料的单价。干砌石不需使用胶结材料，不需计算胶结材料单价。

（3）计算砌石单价。根据设计确定的砌体形式和施工方法，套用相应定额计算砌石单价。砌石定额中的石料数量，均已考虑了施工操作损耗和体积变化（码方、清料方与实方间的体积变化）因素。

2. *堆砌石工程编制示例*

【例 7.4】 陕西省延安水电站工程（工程位于洛川县境内）某水闸工程，有一道 M10 浆砌石挡土墙。已知该工程定额机械台时费如表 7.20 所示。请计算该工程的概算单价。

解：查《概算定额》30033，计算表见表 7.20。

表 7.20　　建筑工程单价分析表

单价编号	5	项目名称	M7.5 浆砌块石挡土墙		
定额编号	30033			定额单位	$100m^3$
施工方法	浆砌块石护坡，砂浆强度等级 M10				
编号	名称及规格	单位	数量	单价/元	合计/元
一	直接费				21308.66
（一）	基本直接费				19639.32
1	人工费				6146.76
	工长	工时	16.70	11.55	192.89
	高级工	工时	0.00	10.67	0.00
	中级工	工时	339.40	8.90	3020.66
	初级工	工时	478.50	6.13	2933.21
2	材料费				13133.81
	块石	m^3	108.00	70.00	7560.00
	砂浆　M10	m^3	34.40	160.13	5508.47
	其他材料费	%	0.50	13068.47	65.34
3	机械费				358.75
	砂浆搅拌机 $0.4m^3$	台时	6.30	32.64	205.63
	胶轮车	台时	161.18	0.95	153.12
（二）	其他直接费	%	8.50	19639.32	1669.34
二	间接费	%	12.50	21308.66	2663.58
三	利润	%	7.00	23972.24	1678.06
四	材料补差				2695.74
	块石	m^3	108.00	12.00	1296.00
	砂浆　M10	m^3	34.40	40.69	1399.74
五	税金	%	9.00	28346.04	2551.14
	合计				30897.18

7.4.6 土方填筑工程单价编制

【例 7.5】 陕西省延安水电站工程（工程位于洛川县境内）某小型枢纽坝体回填工程，土料（Ⅲ类土）挖运采用 $1m^3$ 挖掘机挖、装 5t 自卸汽车运 1km；拖拉机压实土料。已知本工程定额机械台时费如表 7.21 所示。请计算该土方压实工程的概算单价。

解：查《概算定额》10622，计算表见表 7.22。

表 7.21　　建筑工程单价分析表

单价编号	5	项目名称	土方开采运输		
定额编号	10622			定额单位	$100m^3$ 自然方
施工方法：					
编号	名称及规格	单位	数量	单价/元	合计/元
一	直接费				
（一）	基本直接费				787.52
1	人工费				42.91
	初级工	工时	7.0	6.13	42.91
2	材料费				30.29
	零星材料费	%	4	757.23	30.29
3	机械使用费				714.32
	挖掘机 $1m^3$	台时	1.04	127.22	132.31
	推土机 59kW	台时	0.52	64.2	33.38
	自卸汽车 5t	台时	10.23	53.63	548.63

表 7.22　　建筑工程单价分析表

单价编号	6	项目名称	土方压实		
定额编号	30075			定额单位	$100m^3$ 实方
施工方法：Ⅲ类土，干容重≤$16.67kN/m^3$					
编号	名称及规格	单位	数量	单价/元	合计/元
一	直接费				1514.92
（一）	基本直接费				1396.24
1	人工费				133.63
	初级工	工时	21.8	6.13	133.63
2	材料费				36.67
	零星材料费	%	10	366.69	36.67
3	机械使用费				233.06
	拖拉机 74kW	台时	2.06	66.71	137.42
	推土机 74kW	台时	0.55	90.26	49.64
	蛙式打夯机 2.8kW	台时	1.09	11.82	12.88
	刨毛机	台时	0.55	56.01	30.81
	其他机械费	%	1	230.75	2.31
4	土料运输（自然方）	m^3	126	7.88	992.88
（二）	其他直接费	%	8.50	1396.24	118.68

续表

单价编号	6	项目名称	土方压实		
定额编号	30075			定额单位	$100m^3$ 实方
施工方法：Ⅲ类土，干容重≤$16.67kN/m^3$					
编号	名称及规格	单位	数量	单价/元	合计/元
二	间接费	%	8.50	1514.92	128.77
三	利润	%	7.00	1643.69	115.06
四	材料补差				794.22
	拖拉机 74kW	台时	2.06	45.54	93.81
	推土机 74kW	台时	0.55	48.76	26.82
	刨毛机	台时	0.55	34.04	18.72
	挖掘机 $1m^3$	台时	1.31	68.54	89.79
	推土机 59kW	台时	0.66	38.64	25.50
	自卸汽车 5t	台时	12.89	41.86	539.58
五	税金	%	9.00	2552.97	229.77
	合计				2782.74

想一想　练一练：

1. 计算陕西省宝鸡市千阳县某供水渠道工程的 M10 浆砌块石扭面护坡工程概算工程单价。

2. A 水利枢纽工程，由大坝、溢洪道、泄洪洞、发电引水隧洞、电站厂房、变电站及输电线路工程等组成。该工程位于青海省互助县（陕西省榆林市横山县、或四川省青川县、或海南省文昌县、或河南省巩义市区等）的县城镇以外，分别计算其砌石工程单价。已知工程块石 75 元/m^3，卵石 65 元/m^3，砂子 80 元/m^3，水泥 335 元/t，水 1.25 元/m^3。（计算中所缺其他基础单价可以参考教材示例）

（1）计算 M7.5 浆砌块石挡土墙工程概算工程单价。

（2）计算 M10 浆砌块石扭面护坡工程概算工程单价。

（3）计算干砌块石棱体排水工程概算工程单价。

（4）计算 M7.5 浆砌卵石基础工程概算工程单价。

（5）计算 C15（2 级配，中砂，碎石）细石混凝土砌块石重力坝工程概算工程单价。

（6）计算隧洞工程的 M10 浆砌块石拱圈工程概算工程单价。

（7）计算（土基渠底宽度 3.5m）M10 浆砌块石排水渠道工程概算工程单价。

（8）计算坝下游河道 M7.5 浆砌块石平面护坡工程概算工程单价。

任务 7.5　混凝土工程概算单价编制

学习目标：

1. 知识目标：①混凝土工程包含的具体项目；②混凝土工程的分类；③编制规定及定额中关于水利工程混凝土浇筑工程的相关规定。

2. 技能目标：①能编制各种水利工程混凝土浇筑工程概算单价；②能熟练使用水利

工程定额及概估算编制规定。

3. 素质目标：①认真仔细的工作态度；②严谨的工作作风；③遵守编制规定的要求。

项目任务：学习水利工程混凝土浇筑工程概算单价的计算。

项目描述：混凝土浇筑工程概算单价的计算，包括现浇混凝土工程单价、预制混凝土工程单价及碾压混凝土工程单价编制，混凝土浇筑工程单价的计算中嵌套了混凝土拌制和混凝土运输工程单价，但混凝土拌制和混凝土运输单价属于中间单价（也称子单价）。所以该工程单价的编制涉及到准确查定工程定额（包括混凝土浇筑工程定额、混凝土拌制定额和混凝土运输定额），根据定额说明做好定额消耗数量的调整，再根据已知的基础单价及概估算编制规定中关于费率的取值规定，即可以计算出混凝土浇筑工程概算单价。

知识平台：

7.5.1 混凝土工程的分类

混凝土工程包括常态混凝土浇筑、碾压混凝土、预制混凝土、沥青混凝土以及与混凝土结构相关的钢筋制安、止水、伸缩缝等内容。在计取间接费时都属混凝土工程的范畴。

混凝土施工的一般工序为支立模板→拌制混凝土→运输混凝土土至仓面→平仓→振捣（碾压）→养护→拆模等。在水利部新定额中，各个子目所含的内容不同，在使用时要注意分析清楚定额所包含的工作内容，不要遗漏或重算内容。

现浇混凝土定额浇筑定额包括冲（凿）毛、冲洗、清仓、铺水泥砂浆、平仓、振捣、养护，工作面运输用辅助工作。混凝土的拌制、水平和垂直运输、模板安拆和模板材料的摊销费用并不包含在浇筑定额中。其中混凝土的拌制、水平和垂直运输按施工组织设计选定的定额计算直接费作为单价，根据浇筑定额中的拌制和运输数量计算费用计入混凝土浇筑单价的直接费再计取其他直接费等各种费用。而模板的安拆和材料周转摊销费用要另行计算单价，工程量根据混凝土浇筑施工的仓面划分计算立模面积，作为三级项目计入概算中。

碾压混凝土从混凝土材料和施工工艺与常态混凝土都有很大不同，但是单价的计算基本相同，其中定额中 RCC 法为全部采用碾压施工的混凝土，其中已经综合了部份变态混凝土的施工；RCD 法是外部为常态混凝土，中心为碾压混凝土，该定额为两种混凝土的综合定额。

预制混凝土包括的工作内容有预制场地的冲洗、清理、配料、拌制、浇筑、振捣、养护、模板的制作安装和拆除、现场的冲洗、拌浆、吊装、砌筑、勾缝以及预制厂和安装现场内运输用辅助工作。在使用预制定额时不用再计算混凝土的拌制和运输，也不用计算模板工程量和单价。但是预制定额中不包括预制构件从预制厂至安装现场的运输、安装用混凝土的运输。需要按施工组织设计确定的运输方式和距离计算。

混凝土的拌制定额以拌合格的成品方为计量单位，不含任何损耗。定额中的水泥系统是水泥在进入拌和楼前与拌和楼相衔接的输送水泥的设备系统。骨料系统是指骨料从拌和楼前的成品料堆起输送到拌和楼接料斗的供料设备系统。

混凝土的拌制定额是以拌常态常规混凝土拟定的，若为了温控需要加冰或拌加掺合料混凝土时，搅拌机械台时定额要进行调整。

混凝土运输也不含任何损耗，浇筑定额中虽然只列出了一项运输，但在计算时需要根据施工组织设计分别计算混凝土水平和垂直运输的费用计入浇筑的直接费中。

平洞混凝土衬砌适用于水平夹角小于或等于6°，单独作业的隧洞衬砌混凝土施工。如果开挖和衬砌交叉作业，人工和机械乘1.1系数，水平夹角大于6°的斜井衬砌，按平洞定额人工、机械乘1.23系数计算。

沥青混凝土的开级配和密级配是按密实度即孔隙率划分的，孔隙率大于5%为开级配，小于5%为密级配。

沥青混凝土面板定额未包括沥青混凝土运输，沥青混凝土心墙铺筑和其他沥青混凝土定额已经包含了运输工序的内容。其中沥青混凝土心墙机械摊铺碾压定额中的过渡料填筑只适于和该型号摊铺机同时摊铺碾压的过渡层的填筑。

钢筋制作安装定额中的钢筋材料为1.07t，已经包含了加工损耗、搭接损耗及施工架立筋附加量，使用时不需要根据具体部位进行调整。

7.5.2 混凝土工程单价编制注意事项

（1）本章定额的计量单位，除注明者外，均为建筑物及构筑物的成品实体方。

（2）混凝土材料定额中的“混凝土”，系指完成单位产品所需的混凝土半成品量，其中包括干缩、运输、浇筑损耗及超填量在内。混凝土半成品的单价，为配制混凝土所需水泥、骨料、水、掺和料及其外加剂等的费用之和。各项材料用量定额，按试验资料（计入拌制场内运输及操作损耗：水泥2.5%、砂3%、石子4%）计算；无试验资料时，可采用水利建筑工程概算定额附录中的混凝土材料配合比表列示量。

（3）混凝土拌制。

1）混凝土拌制定额均以半成品方为计量单位，不包括干缩，运输、浇筑损耗及超填量在内。

2）混凝土拌制定额按拌制常态混凝土拟定，若拌制加冰、加掺和料等其他混凝土，则按表7.23所示系数对拌制定额进行调整。

表7.23　调整系数

混凝土类别 / 搅拌楼规格	常态混凝土	加冰混凝土	加粉煤灰混凝土	碾压混凝土
1×2.0m^3 强制式	1.00	1.20	1.00	1.00
2×2.5m^3 强制式	1.00	1.17	1.00	1.00
2×1.0m^3 自落式	1.00	1.00	1.10	1.30
2×1.5m^3 自落式	1.00	1.00	1.10	1.30
3×1.5m^3 自落式	1.00	1.00	1.10	1.30
2×3.0m^3 自落式	1.00	1.00	1.10	1.30
4×3.0m^3 自落式	1.00	1.00	1.10	1.30

3）“骨料或水泥系统”是指运输骨料或水泥及掺和料进入搅拌楼所必须配备与搅拌楼相衔接的机械设备。分别包括：自骨料接料斗开始的胶带输送机及供料设备，自水泥及掺和料罐开始的水泥提升机械或空气输送设备以及胶带输送机和吸尘设备等。

4）搅拌机（楼）清洗用水已计入拌制定额的零星材料费中。

（4）混凝土运输。

1）现浇混凝土运输，指混凝土自搅拌楼或搅拌机出料口至浇筑现场工作面的全部水平和垂直运输。

2）预制混凝土构件运输，指预制场至安装现场之间的运输。预制混凝土构件在预制场和安装现场的运输，包括在预制及安装定额内。

3）混凝土运输定额均以半成品方为计量单位，不包括干缩、运输、浇筑损耗及超填量在内。

4）混凝土和预制混凝土构件运输，应根据设计选定的运输方式、设备型号规格，按混凝土运输定额计算。

（5）混凝土浇筑。

1）混凝土浇筑定额中包括浇筑和工作面运输（不含浇筑现场垂直运输）所需全部人工、材料和机械的数量及费用。

2）混凝土浇筑的仓面清洗用水，地下工程混凝土浇筑施工照明用电，已分别计入浇筑定额的用水量及其他材料费中。

3）平洞、竖井、地下厂房、渠道等混凝土衬砌定额中所列示的开挖断面和衬砌厚度按设计尺寸选取。定额与设计厚度不符，可用插入法计算。

4）混凝土构件预制及安装定额，包括预制及安装过程中所需人工、材料、机械的数量和费用。若预制混凝土构件单位重量超过定额中起重机械起重量时，可用相应起重量机械替换，台时量不变。

（6）预制混凝土定额中的模板材料为单位混凝土成品方的摊销量，已考虑了周转。

（7）混凝土拌制及浇筑定额中，不包括骨料预冷、加冰、通水等温控所需人工、材料、机械的数量和费用。

项目实施：

7.5.3 混凝土工程概算单价的编制

1. 混凝土工程单价的计算步骤

（1）根据混凝土的标号级配计算混凝土材料单价。

（2）根据施工组织设计计算混凝土的拌和单价（现浇混凝土）。

（3）计算混凝土的运输单价。如果有水平和垂直运输，要分别计算。预制混凝土构件要计算从预制厂至安装现场的运输单价。洞内运输，人工和机械要乘 1.25 系数调整。

（4）根据工程参数选用合适的定额。其中洞井衬砌的开挖断面同石方开挖的开挖断面确定。

（5）把拌制、运输计入浇筑直接费中，综合取费计算。

2. 混凝土材料单价修正

混凝土定额中的混凝土材料，指完成单位产品所需的混凝土拌制成品量，其中包括干缩、运输、浇筑、和超填等损耗量在内。混凝土材料单价是指配制混凝土所需水泥、骨料、水、掺和料以及外加剂等各项材料费用的和。在计算混凝土浇筑单价之前，首先要计算混凝土材料单价。配制混凝土所需各项材料的用量，应按试验资料来计算，如无试验资料，可参考水利建筑工程概算定额附录计算。

（1）除碾压混凝土外，水泥混凝土强度等级均以28天龄期用标准试验方法测得的，具有95%保证率的抗压强度标准值确定。如设计龄期超过28天要进行换算。如强度介于两种等级之间，选高一级。

（2）混凝土配合比表系卵石、粗砂混凝土，如改用碎石、或中细砂，也要进行换算。若粗骨料和砂同时替换时各材料系数连乘。

（3）埋块石混凝土浇筑应根据埋块石率增加人工工时。

（4）有抗渗、抗冻要求时若应按满足所有指标要求选择合适的配比，可按水灰比选择混凝土强度等级。

（5）除碾压混凝土外，混凝土配合比的预算量包括场内运输及操作损耗，不包括搅拌后的运输和浇筑损耗。

（6）混凝土配合比表中水泥用量按机械拌和拟定，如果用人工拌和，水泥用量增加5%。

（7）当工程采用水泥的强度等级与水利建筑工程概算附录表不符时，应对配合比表中的水泥用量进行调整。

【例7.6】混凝土单价编制示例

陕西省延安供水工程（工程位于洛川县境内）某小型水闸工程，底板为三级配C20混凝土底板，混凝土采用0.8m^3搅拌机拌制，混凝土运输采用1t机动翻斗车运400m，人工平仓浇注。已知本工程材料预算单价及定额机械台时费如工程单价表，见表7.24，工程所在地在县城镇以外。请计算该工程的概算单价。（区间费率未明确的取最大值）

表7.24　　　　材料、机械台时单价、费率汇总表

序号	项目名称	单位	单价/元	序号	项目名称	单位	单价/元
1	水	m^3	1.20	8	振捣器插入式1.1kW	台时	2.15
2	混凝土C20（三级配）	m^3	144.02	9	风（砂）水枪6m^3/min	台时	28.63
3	混凝土C20（价差）	m^3	78.36	10	其他直接费	%	8.5
4	混凝土搅拌机0.8m^3	台时	31.40	11	间接费	%	9.5
5	胶轮车	台时	0.90	12	利润	%	7
6	机动翻斗车	台时	13.37	13	税金	%	9
7	机动翻斗车（价差）	台时	6.38				

解：计算过程详见表7.25～表7.27。

表 7.25　　建筑工程单价分析表

单价编号	7	项目名称	C20混凝土底板（厚100cm）		
定额编号	40057			定额单位	$100m^3$
施工方法：					
编号	名称及规格	单位	数量	单价/元	合计/元
一	直接费				24926.71
（一）	基本直接费				23187.64
1	人工费				3507.48
	工长	工时	17.6	9.27	163.15
	高级工	工时	23.4	8.57	200.54
	中级工	工时	310.6	6.62	2056.17
	初级工	工时	234.4	4.64	1087.62
2	材料费				16371.29
	混凝土 C20－3	m^3	112	144.02	16130.24
	水	m^3	133	1.2	159.60
	其他材料费	%	0.5	16289.84	81.45
3	机械费				605.19
	插入式振捣器 1.1kW	台时	45.84	2.15	98.56
	风（砂）水枪 $6m^3/min$	台时	17.08	28.63	489.00
	其他机械费	%	3	587.56	17.63
4	混凝土拌制	m^3	112	15.83	1772.96
5	混凝土运输	m^3	112	8.31	930.72
（二）	其他直接费	%	7.5	23187.64	1739.07
二	间接费	%	9.5	24926.71	2368.04
三	利润	%	7	27294.75	1910.63
四	材料补差				8989.73
	混凝土 C20－3	m^3	112	78.36	8776.32
	机动翻斗车	台时	33.45	6.38	213.41
五	税金	%	9.00	38195.11	3437.56
	合计				41632.67

表 7.26　　建筑工程单价分析表

单价编号	8	项目名称	混凝土拌制		
定额编号	40172			定额单位	$100m^3$
施工方法：$0.8m^3$ 搅拌机拌制混凝土。					
编号	名称及规格	单位	数量	单价/元	合计/元
一	直接费				
（一）	基本直接费				1582.66
1	人工费				1198.18
	中级工	工时	93.8	6.62	620.96
	初级工	工时	124.4	4.64	577.22

续表

单价编号	8	项目名称	混凝土拌制		
定额编号	40172			定额单位	$100m^3$
施工方法：$0.8m^3$ 搅拌机拌制混凝土。					
编号	名称及规格	单位	数量	单价/元	合计/元
2	材料费				21.24
	零星材料费	%	2	1061.76	21.24
3	机械使用费				363.24
	混凝土搅拌机 $0.8m^3$	台时	9.07	31.4	284.80
	胶轮车	台时	87.15	0.9	78.44

表 7.27　　建筑工程单价分析表

单价编号	9	项目名称	机动翻斗车运混凝土		
定额编号	40195			定额单位	$100m^3$
施工方法：运 400m。					
编号	名称及规格	单位	数量	单价/元	合计/元
一	直接费				
（一）	基本直接费				830.74
1	人工费				391.82
	中级工	工时	37.6	6.62	248.91
	初级工	工时	30.8	4.64	142.91
2	材料费				39.56
	零星材料费	%	5	791.18	39.56
3	机械使用费				399.36
	机动翻斗车 1t	台时	29.87	13.37	399.36

想一想　练一练：

1. 陕西省延安供水工程（工程位于延川县境内）某渡槽槽墩混凝土浇筑采用 C20（三）- 32.5 混凝土。材料、机械台时费及有关费率可以参考例题确定。试计算槽墩混凝土的工程估算单价。

2. A 水利枢纽工程，由大坝、溢洪道、泄洪洞、发电引水隧洞、电站厂房、变电站及输电线路工程等组成。该工程位于青海省互助县（陕西省榆林市横山县、或四川省青川县、或海南省文昌县、或河南省巩义市区等）的县城镇以外，分别计算其混凝土工程单价。已知工程块石 75 元/m^3，卵石 65 元/m^3，中砂 80 元/m^3，32.5 水泥 335 元/t，42.5 水泥 350 元/t，水 1.25 元/m^3。（计算中所缺其他基础单价可以参考教材示例）

（1）该枢纽工程的厂房发电机层楼板顶面以上的混凝土 C25（三）- 42.5，采用 2×1.5m^3 搅拌楼拌制混凝土，10t 自卸汽车运 2km，塔式起重机起吊 3m^3 吊罐，垂直吊高 27m，进行混凝土浇筑，计算该混凝土概算单价。

（2）该枢纽工程的 C30（二）- 42.5 溢洪道混凝土，采用 0.8m^3 搅拌机拌制混凝土，3.5t 自卸汽车运 1.5km，斜长 9m 的泄槽入仓，进行混凝土浇筑，计算该混凝土概算单价。

(3) 该枢纽工程的引水隧洞工程开挖断面 $75m^2$，衬砌厚度 90cm 的平洞混凝土 C20（三）- 42.5，采用 $1\times2.0m^3$ 强制式搅拌楼拌制混凝土，$3m^3$ 搅拌车运输混凝土，隧洞工作面长度为 3km，搅拌站距隧洞进口 1.5km，混凝土泵入仓浇筑，计算该混凝土概算单价。

(4) 该枢纽工程的防渗面板混凝土 C25（三）- 42.5，采用 $2\times1.5m^3$ 搅拌楼拌制混凝土，1200mm 胶带机运输混凝土，计算该混凝土概算单价。

(5) 该枢纽工程的进水闸工程，45cm 厚的水闸底板混凝土 C15（三）- 32.5，采用 $0.8m^3$ 搅拌机拌制混凝土，1t 机动翻斗车运 200m 入仓，进行混凝土浇筑，计算该混凝土概算单价。

(6) 该枢纽工程的 120cm 厚的导水墙混凝土 C15（四）- 32.5 浇筑，采用 2 台 $0.8m^3$ 搅拌机拌制混凝土，3.5t 自卸汽车运 1.5km，斜长 7m 的泄槽人工入仓浇筑混凝土，计算该混凝土概算单价。

(7) 该枢纽工程的现浇混凝土管道工程，管内直径 2.25m，管壁厚度 0.5m 的现浇混凝土 C25（二）- 42.5 管道浇筑，采用 $0.8m^3$ 搅拌机拌制混凝土，1t 机动翻斗车运 200m 入仓，进行混凝土浇筑，计算该混凝土概算单价。

(8) 该枢纽工程的混凝土 C15（二）- 32.5 格框浇筑，采用 $0.4m^3$ 搅拌机拌制混凝土，1t 机动翻斗车运 300m，斜长 5m 的泄槽入仓，进行混凝土浇筑，计算该混凝土概算单价。

知识拓展：对于现在通行的使用商品混凝土的做法，混凝土材料单价如何确定？

任务 7.6　模板工程概算单价编制

学习目标：

1. 知识目标：①模板工程的分类；②编制规定及定额中关于水利工程混凝土浇筑工程的相关规定。

2. 技能目标：①能编制各种水利工程模板工程概算单价；②能熟练使用水利工程定额及概（估）算编制规定。

3. 素质目标：①认真仔细的工作态度；②严谨的工作作风；③遵守编制规定的要求。

项目任务：学习水利工程模板工程概算单价的计算。

项目描述：模板工程概算单价的计算，包括模板制作单价、模板安装与拆除单价编制。模板安装与拆除工程单价的计算中嵌套了模板制作单价，其中模板制作单价属于中间单价（也称子单价）。所以该工程单价的编制涉及到准确查定工程定额（包括模板制作定额、模板安装与拆除工程定额），根据定额说明做好定额消耗数量的调整，再根据已知的基础单价及概（估）算编制规定中关于费率的取值规定，即可以计算出模板工程概算单价。

知识平台：

模板用于支撑具有塑流性质的混凝土拌和物的重量和侧压力，使其按设计要求凝固成型。模板制作、安装及拆除是混凝土施工中一道重要工序，它不仅影响混凝土的外观质量、制约混凝土施工速度，对混凝土工程造价也影响很大。据统计，在大中型水利工程施工中，模板费用一般占混凝土总费用的8%～15%，在一些复杂的单项工程和小型工程中甚至达到20%以上。

为适应水利工程建设管理的需要，现行概、预算定额，将模板制作、安装定额单独计列，不再含在混凝土浇筑定额中，简化了混凝土定额子目，细化了混凝土工程费用的构成，使混凝土定额更准确、更简单，也使模板与混凝土定额的组合更灵活、适应性更强，便于概（估）算及招标文件的编制，有利于工程投资的控制。

7.6.1 模板工程的分类

7.6.1.1 模板的分类

（1）按模板的材质分类，可分为钢模板、木模板、预制混凝土模板等。木模板易于加工，但周转次数少、成本高，大多用于异形模板。钢模板的周转次数多、成本低，广泛用于水利工程中。预制混凝土模板的优点是不需拆模，与浇注混凝土构成整体，但成本较高，一般只用于廊道、闸墩等特殊部位。

（2）按模板的型式分类，可分为平面模板、曲面模板、针梁模板、滑模、钢模台车、异形模板（如渐变段、厂房蜗壳及尾水管等）等。

（3）按模板的安装性质分类，可分为固定模板和移动模板。固定模板每使用一次，就拆除一次。移动模板的模板与支承结构构成整体，使用后整体移动，如隧洞混凝土衬砌常用的钢模台车或针梁模板，竖井、面板、闸墩混凝土浇筑时常用的滑模，使用这种模板能大大缩短模板安拆的时间和人工、机械费用，也提高了模板的周转速度，故被广泛应用于较长的隧洞或竖井混凝土衬砌中。

（4）按模板自身结构分类，可分为悬臂组合钢模板、普通标准钢模板、普通曲面模板等。

（5）按模板的使用部位分类，可分为尾水肘管模板、蜗壳模板、牛腿模板、渡槽槽身模板等。

7.6.1.2 模板定额的工作内容

1. 模板制作的主要工作内容

模制作主要包括：木模板制作，木桁（排）架制作，木立柱、围令制作，钢架制作，预埋铁件制作等，以及模板的运输。各工作包含的内容如下。

（1）木模板制作：板条锯断、刨光、裁口，骨架（或圆弧板带）锯断、刨光、板条骨架拼钉，板面刨光、修整。

（2）木桁（排）架制作：枋木锯断、刨平、打孔，砍刨拼装，上螺栓，夹板。

（3）木立柱、围令制作：枋木锯断、刨平、打孔。

（4）钢架制作：型材下料、切断、打孔、组装、焊接。

（5）预埋铁件制作：拉筋切断、弯曲、套扣、型材下料、切割、组装、焊接。

（6）模板运输：包括模板、立柱、围令及桁（排）架等，自工地加工厂或存放场运输至安装工作面。

2. 模板安装、拆除工作内容

模板安装、拆除的主要工作内容有模板（包括模板、排架、钢架、预埋件等）的安装、拆除、除灰、制脱模剂、维修、倒仓、拉筋割断等。

7.6.1.3 模板工程的分类

模板工程包括平面模板、曲面模板、异形模板、针梁模板、滑模、钢模台车等制作及安装拆除。

7.6.2 模板工程单价编制注意事项

（1）定额中模板材料均按预算消耗量计算，包括了制作、安装、拆除、维修的损耗和消耗，并考虑了周围和回收。

（2）《概算定额》隧洞衬砌模板及涵洞模板定额中的堵头和键槽模板已按一定比例摊入定额中，不再计算立模面面积。《预算定额》需计算堵头和键槽模板立模面面积，并单独编制其单价。

（3）模板定额中的“铁件”和“预制混凝土柱”均按成品预算价格计算。《概算定额》铁件包括铁钉、铁丝及预埋铁件，《预算定额》中铁件和预埋铁件分列。

（4）模板定额中的材料，除模板本身，还包括支撑模板的立柱、围令、桁（排）架及铁件等。对于悬空建筑物（如渡槽槽身）的模板，计算到支撑模板结构的承重梁（或枋木）为止，承重梁以下的支撑结构未包括在本定额内，需另行计算。

（5）滑模台车、针梁模板台车和钢模台车的行走机构、构架、模板及其支撑型钢，为拉滑模板或台车行走及支立模板所配备的电动机、卷扬机、千斤顶等动力设备，均作为整体设备以工作台时计入定额。

（6）滑模台车定额中的材料包括滑模台车轨道及安装轨道所用的埋件、支架和铁件。针梁模板台车和钢模台车轨道及安装轨道所用的埋件等应计入其他施工临时工程。

（7）坝体廊道模板，均采用一次性（一般为建筑物结构的一部分）预制混凝土模板。混凝土模板制作与安装，可按混凝土工程定额中的混凝土预制及安装相应子目编制。若混凝土工程定额中没有相应的子目，采用编制补充定额的方法计算。

（8）《概算定额》中第五章模板工程（五－1～五－11）的其他材料费计算基数不包括模板本身的费用。

（9）异形模板的键槽模板定额适用于混凝土零星键槽；对坝体纵横缝键槽模板，应按悬臂组合钢模板的键槽模板定额计算。键槽部位平面模板的立模面积计算时，不扣除键槽部位的面积。

（10）本章各节的模板安装定额，其他材料费的计算基数不包括模板本身的价值。

项目实施：

7.6.3 模板工程概算单价的编制

7.6.3.1 模板工程单价的编制步骤

（1）首先计算模板制作单价。该单价在计算时只计算到基本直接费，作为计算模板安装单价时材料费中的模板材料预算单价。

（2）把制作单价直接费作为模板材料预算单价计算模板工程安装单价。

7.6.3.2 立模面积计算

1. 计算原则

模板定额的计量单位为 $100m^2$ 立模面积，故模板计量应与定额计量单位一致，应按混凝土与模板的接触面积计算，即按混凝土结构物体形及施工分缝要求所需的立模面积计算。

大体积混凝土施工分缝应结合混凝土性能、浇筑设备能力、温控防裂措施、水工要求、施工技术规范要求等，由施工组织设计确定。

2. 立模面积系数参考表

编制概算时，模板的工程量一般应按工程量计算规定计算，若设计深度不能满足模板计算要求时，可参考《水利建筑工程概算定额》附录 9“水利工程混凝土建筑物立模面系数表”计算各种混凝土坝、电站厂房、蜗壳、尾水肘管、渡槽、水闸及溢洪道等常见混凝土建筑物的模板工程量。

7.6.3.3 外购模板预算价格的计算

模板属周转性材料，其费用应进行摊销。此前的部颁概、预算定额中，模板的制作费是按摊销量形式计入混凝土定额；现行部颁概、预算定额的模板制作费，应采用模板制作定额计算；模板制作定额的工、料、机用量是考虑多次周转和回收后使用一次的摊销量，也就是说，按现行模板制作定额计算的模板制作单价是按模板使用一次所摊销的价格。如采用外购钢模板，定额中的模板预算价格计算公式为：

定额的模板预算价格＝(外购模板预算价格－残值)÷周转次数×综合系数

一般公式中残值为 10%，周转次数为 50 次，综合系数为 1.15（含露明系数及维修损耗系数）。

7.6.3.4 模板工程单价

现行部颁概、预算定额将模板分为“制作”定额和“安装、拆除”定额两项，前者以材料形式出现在后者定额中，均以 $100m^2$ 立模面积的摊销量计入定额，考虑了周转和回收，可直接用立模面积查套定额，计算模板单价。

模板单价，包括模板及其承重结构的制作、安装、拆除、场内运输及修理等全部工序的人工、材料和机械费用。计算模板工程单价时，应先根据工程部位和施工组织设计选定的模板类型选套“模板制作”定额，计算模板材料单价（只计基本直接费。如采用外购钢模板，应先计算考虑了周转和回收摊销的模板预算价）。然后再选套相应的“模板”定额（即“模板安装、拆除”定额）计算模板工程单价（包含了模板制作费）。如要计算渠道土边坡混凝土衬砌钢模板概（估）算工程单价时，要先套渠道模板制作定额［50100］子目计算每立方米模板材料单价（只计基本直接费），再套渠道模板定额［50049］子目，并据已计得的模板材料单价计算渠道模板工程单价。

【例 7.7】陕西省延安供水工程（工程位于延川县境内）某水泵泵房工程，有一安装吊车梁的牛腿柱。已知本工程人工预算单价及定额机械台时费如表 7.28 所示。请计算该工程的模板制安工程概算单价。

表 7.28　　　　人工、材料、机械台时单价、费率汇总表

序号	项目名称	单位	单价/元	序号	项目名称	单位	单价/元
1	工长	工时	9.27	12	钢筋弯曲机 ϕ6－40	台时	12.46
2	高级工	工时	8.57	13	载重汽车　5t	台时	50.23
3	中级工	工时	6.62	14	载重汽车　5t（价差）	台时	34.56
4	初级工	工时	4.64	15	电焊机 25kVA	台时	11.74
5	组合钢模板	kg	4.85	16	汽车起重机 8t	台时	74.31
6	型钢	kg	4.00	17	汽车起重机 8t（价差）	台时	35.42
7	卡扣件	kg	5.30	18	其他直接费	%	8.5
8	铁件	kg	3.80	19	间接费	%	9.5
9	电焊条	kg	5.00	20	利润	%	7
10	型钢剪断机 13kW	台时	28.23	21	税金	%	9
11	钢筋切断机 20kW	台时	21.92				

解：悬臂组合钢模板制作采用定额 50082，钢模板安装、拆除采用定额 50022。计算见表 7.29 和表 7.30。

表 7.29　　　　建筑工程单价分析表一

单价编号	10	项目名称	牛腿模板制作		
定额编号	50082			定额单位	$100m^2$
施工方法：					
编号	名称及规格	单位	数量	单价/元	合计/元
一	直接费				
(一)	基本直接费				3910.31
1	人工费				1544.38
	工长	工时	16	9.27	148.32
	高级工	工时	54	8.57	462.78
	中级工	工时	103.9	6.62	687.82
	初级工	工时	52.9	4.64	245.46
2	材料费				1318.96
	钢模板	kg	64	4.85	310.40
	型钢	kg	224	4	896.00
	卡扣件	kg	18	5.3	95.40
	铁件	kg	4	3.8	15.20
	电焊条	kg	57.3	5	286.50
	其他材料费	%	2	1293.10	25.86
3	机械使用费				1046.97
	型钢剪断机 13kW	台时	8.37	28.23	236.29
	钢筋切断机 20kW	台时	1.27	21.92	27.84
	钢筋弯曲机 ϕ6－40	台时	3.32	12.46	41.37
	载重汽车 5t	台时	2.48	50.23	124.57
	电焊机 25kVA	台时	48.3	11.74	567.04

续表

单价编号	10	项目名称	牛腿模板制作		
定额编号	50082			定额单位	$100m^2$
施工方法：					
编号	名称及规格	单位	数量	单价/元	合计/元
	其他机械费	%	5	997.11	49.86

表 7.30　　　　建筑工程单价分析表二

单价编号	11	项目名称	牛腿模板安装及拆除		
定额编号	50022			定额单位	$100m^2$
施工方法：					
编号	名称及规格	单位	数量	单价/元	合计/元
一	直接费				37751.89
(一)	基本直接费				34794.37
1	人工费				2643.43
	工长	工时	34.2	9.27	317.03
	高级工	工时	39.7	8.57	340.23
	中级工	工时	272.2	6.62	1801.96
	初级工	工时	39.7	4.64	184.21
2	材料费				29216.37
	模板	m^2	100	39.10	3910.00
	铁件	kg	6440	3.8	24472.00
	电焊条	kg	52.3	5	261.50
	其他材料费	%	2	28463.50	572.87
3	机械使用费				2934.57
	汽车起重机 8t	台时	26.42	74.31	1963.27
	电焊机 25kVA	台时	50.13	11.74	588.53
	其他机械费	%	15	2551.80	382.77
(二)	其他直接费	%	8.5	34794.37	2957.52
二	间接费	%	9.5	37751.89	3586.43
三	利润	%	7	41338.32	2893.68
四	材料补差				1021.51
	载重汽车 5t	台时	2.48	34.56	85.71
	汽车起重机 8t	台时	26.42	35.42	935.80
五	税金	%	9.00	45253.51	4072.82
	合计				49326.33

想一想　练一练：

1. 计算陕西省南沟门水库（工程位于陕西省延安市洛川县）枢纽工程进水口侧收缩曲面木模板的制作与安装工程概算单价。

2. A 水利枢纽工程，由大坝、溢洪道、泄洪洞、发电引水隧洞、电站厂房、变电站及输电线路工程等组成。该工程位于青海省互助县（陕西省榆林市横山县、或四川省青川

县、或海南省文昌县、或河南省巩义市区等）的县城镇以外，分别计算其模板工程单价。（计算中所缺基础单价可以参考教材示例）

（1）计算进水口侧收缩曲面木模板的制作与安装工程概算单价。

（2）计算坝体孔洞顶面模板的制作与安装工程概算单价。

（3）计算牛腿模板的制作与安装工程概算单价。

（4）计算圆形隧洞衬砌内径10m，重量135t，长10m的针梁模板台车的安装工程概算单价。

（5）计算矩形涵洞模板的制作与安装工程概算单价。

（6）计算圆形隧洞衬砌后内径6m钢模板的制作与安装工程概算单价。

（7）计算隧洞底板衬砌滑模的制作与安装工程概算单价。

任务7.7　钻孔灌浆与锚固工程概算单价编制

学习目标：

1. 知识目标：①钻孔灌浆工程的分类；②锚固工程的分类；③编制规定及定额中关于水利工程混凝土浇筑工程的相关规定。

2. 技能目标：①能编制各种类型水利工程钻孔灌浆与锚固工程概算单价；②能熟练使用水利工程定额及概估算编制规定。

3. 素质目标：①认真仔细的工作态度；②严谨的工作作风；③遵守编制规定的要求。

项目任务：学习水利工程钻孔灌浆与锚固工程概算单价的计算。

项目描述：钻孔灌浆与锚固工程概算单价的计算，包括各种类型钻孔灌浆工程单价计算与各类锚固工程工程单价编制，该工程概算单价的编制涉及到准确查定工程定额，根据定额说明做好定额消耗数量的调整，再根据已知的基础单价及概估算编制规定中关于费率的取值规定，即可以计算出钻孔灌浆与锚固工程概算单价。

知识平台：

7.7.1　基础处理工程的分类

基础处理工程包括钻灌浆孔、帷幕灌浆、固结灌浆、土坝劈裂灌浆、高压喷射灌浆、接缝灌浆、防渗墙造孔及浇筑、振冲桩、冲击钻造灌注桩孔、灌注混凝土桩、减压井、锚杆支护、预应力锚索、喷混凝土、喷浆、挂钢筋网等。

（1）透水率即岩石的单位吸水率，指1m的钻孔段，在压力为1MPa的条件下，每分钟压入的水量，以升为单位。透水率的单位为L/(min·m·m。)

（2）自下而上灌浆法：一次钻孔到设计的灌浆深度，然后从下而上分段灌浆的方法。

（3）自上而下灌浆法：先钻一段，进行灌浆，待凝，然后再往下钻孔，灌浆直到设计的灌浆深度。

（4）回填灌浆：一是指隧洞衬砌混凝土与岩石接触面空腔部位的灌浆处理，按顶拱120°拱背面积计算工程量；二是指高压钢管与混凝土接触面之间的灌浆处理。按钢管外径面积计算工程量。

（5）土坝的劈裂灌浆：指利用水力劈裂原理，在土坝内部形成与坝轴线平行的裂缝，并在其中充填灌浆材料的灌浆工艺。

（6）高喷灌浆：利用预先的钻孔或钻喷一体化施工，以30～40MPa，最高可达60MPa的压力，从特制的喷嘴中喷出极高流速的水-气-浆或气-浆流束，以切削破坏土体，将一部分细颗粒土砂扬出地面，另一部分较粗颗粒就地与水泥浆凝结成墙的施工工艺。分定喷、摆喷和旋喷三种方式。

（7）灌注孔口管：是指坝基砂砾石灌浆在表面一定的深度钻孔下入孔口套管后，在管外壁的孔壁之间填入稠浆，形成孔口封闭灌浆用的孔口管。

（8）冲击钻成槽：是用绳吊钻头进行垂直冲击的钻孔机械冲击岩土，泥浆固壁，用抽桶把碎碴排出的施工工艺。

（9）冲击反循环钻钻孔成槽：原理类似冲击钻钻孔成槽，不同是的排碴方式是用泵排。

（10）射水成槽机成槽：是利用附设在成形器上喷嘴中喷出极高流速的水束或泥浆来破坏土层结构，将土渣混合物排出槽外，同时利用成形器下的刀具修整成槽。

（11）液压开槽机开槽是用液压铣开槽机进行开槽。

7.7.2 基础处理工程单价编制注意事项

（1）冲击钻钻孔定额，地层的划分方法为11类划分法。钻浆砌石按料石相同的岩石级别计算。钻混凝土除《水利建筑工程概算定额》的节内注明外，一般按粗骨料岩石级别计算。

（2）钻机钻灌浆孔、坝基岩石帷幕灌浆等节定额，终孔孔径大于91mm，或孔深超过70m时改用300型钻机。在廊道和洞内施工时，人工机械定额乘表7.31所示系数。

表7.31　调　整　系　数

廊道高度	0～2.0	2.0～3.5	3.5～5.0	＞5.0
系数	1.19	1.10	1.07	1.05

（3）地质钻机钻灌不同角度的灌浆孔或观测孔、试验孔时，人工、机械、合金片、钻头和岩芯管乘以表7.32所示系数。

表7.32　调　整　系　数

与水平夹角	0°～60°	60°～75°	75°～85°	85°～90°
系数	1.19	1.05	1.02	1.00

（4）灌浆定额中所用的水泥若设计未明确，可按以下标准选取：

回填灌浆为32.5；

帷幕与固结灌浆为32.5；

接缝灌浆为42.5；

劈裂灌浆为32.5；

高喷灌浆为32.5。

项目实施：

7.7.3 基础处理工程概算单价的编制

（1）钻孔灌浆工程概算单价，应根据设计数据（孔深、排数、灌浆压力等）、地质资料（岩土级别、单位吸水率等），按施工组织设计的钻孔灌浆方式、施工条件（洞内、洞外），选用《概算定额》相应子目计算。

（2）帷幕灌浆、固结灌浆的干料（水泥、黏土、粉煤灰等）或化学浆液的单位用量，应根据工程实际灌浆试验资料合理确定。若缺乏这些资料，则应根据地质报告中的平均单位吸水率（对于帷幕灌浆，尚应考虑帷幕的排数），按《概算定额》的规定选取。

（3）隧洞回填灌浆、钢管道回填灌浆、预压骨料灌浆和坝体接缝灌浆等的水泥用量，均按《概算定额》包干使用，不得进行调整。

（4）钻孔灌浆工程应按基本灌浆孔的灌浆长度列量。基本孔的钻孔、检查孔的钻灌量，建筑物段的钻孔和封堵量，均已综合计算在定额中。

（5）编制混凝土防渗墙单价时，包括混凝土防渗墙造孔和混凝土浇筑，应统一按混凝土防渗墙阻水立面积（m^2）计算单价和工程投资。

【例7.8】陕西省延安供水工程（工程位于延川县境内）某调节水库工程的坝基帷幕灌浆在廊道内进行，廊道高4m，三排灌浆，基岩透水率8～10Lu，岩石级别Ⅺ～Ⅻ级，混凝土级别Ⅹ级，钻孔平均深度40m，自下而上灌浆法施工，钻灌比为1.15。试计算该工程钻孔灌浆综合概算单价。（水泥340元/t）

解：单价分析和工程投资计算如下。

（1）廊道内钻孔灌浆，廊道高4m，钻孔、灌浆定额的人工、机械乘以1.07系数。

（2）三排灌浆，灌浆定额人工、灌浆机乘以0.94系数，水泥、胶轮车乘以0.53系数，水乘以0.94系数。计算见表7.33和表7.34。

表7.33 **建筑工程单价表**

单价编号	12	项目名称	钻机钻帷幕灌浆孔		
定额编号	70003			定额单位	100m
施工方法：150型地质钻机廊道内钻灌浆孔，廊道高4m。					
编号	名称及规格	单位	数量	单价/元	合价/元
一	直接费				23435.99
（一）	基本直接费				21599.99
1	人工费				5431.82
	工长　31×1.07	工时	33.17	11.8	391.41
	高级工　63×1.07	工时	67.41	10.92	736.12
	中级工　220×1.07	工时	235.4	9.15	2153.91
	初级工　315×1.07	工时	337.05	6.38	2150.38
2	材料费				8954.63
	金刚石钻头	个	4	150	600.00

续表

单价编号	12	项目名称	钻机钻帷幕灌浆孔		
定额编号	70003			定额单位	100m
施工方法：150 型地质钻机廊道内钻灌浆孔，廊道高 4m。					
编号	名称及规格	单位	数量	单价/元	合价/元
	扩孔器	个	2.8	2200	6160.00
	岩芯管	m	5	85	425.00
	钻杆	m	4.3	55	236.50
	钻杆接头	个	4.8	24	115.20
	水	m^3	825	0.47	387.75
	其他材料费	%	13	7924.45	1030.18
3	机械使用费				7213.54
	地质钻机 150 型 180×1.07	台时	192.60	35.67	6870.04
	其他机械费	%	5	6870.04	343.50
(二)	其他直接费	%	8.5	21599.99	1836.00
二	间接费	%	10.5	23435.99	2460.78
三	利润	%	7	25896.77	1812.77
四	税金	%	9.00	27709.54	2493.86
	合计				30203.4

表 7.34　　建筑工程单价表

单价编号	13	项目名称	帷幕灌浆工程		
定额编号	70033			定额单位	100m
施工方法：廊道内帷幕灌浆，廊道高 4m。灌浆排数三排，基岩透水率 8～10Lu。					
编号	名称及规格	单位	数量	单价/元	合价/元
一	直接费				26303.60
(一)	基本直接费				24242.95
1	人工费				10469.66
	工长　67×1.07×0.94	工时	67.389	11.8	795.19
	高级工 137×1.07×0.94	工时	137.795	10.92	1504.72
	中级工　408×1.07×0.94	工时	410.366	9.15	3754.85
	初级工　688×1.07×0.94	工时	691.99	6.38	4414.90
2	材料费				1700.75
	水泥　8.9×0.53	t	4.72	255	1202.84
	水　699×0.92	m^3	643.08	0.47	302.25
	其他材料费	%	13	1505.09	195.66
3	机械使用费				12072.54
	中压灌浆泵 243.7×1.07×0.94	台时	245.11	30.58	7495.46
	灰浆搅拌机　209.6×1.07	台时	224.27	13.86	3108.41
	地质钻机 150 型 22.8×1.07	台时	24.396	35.67	870.21
	胶轮车　46.2×1.07	台时	26.20	0.9	23.58
	其他机械费	%	5	11497.66	574.88

续表

单价编号	13	项目名称	帷幕灌浆工程		
定额编号	70033			定额单位	100m
施工方法：廊道内帷幕灌浆，廊道高4m。灌浆排数三排，基岩透水率8～10Lu。					
编号	名称及规格	单位	数量	单价/元	合价/元
（二）	其他直接费	%	8.5	24242.95	2060.65
二	间接费	%	10.50	26303.60	2761.88
三	利润	%	7	29065.48	2034.58
四	材料补差				401.20
	水泥	t	4.72	85	401.20
五	税金	%	9.00	31501.26	2835.11
	合计				34336.37

钻灌综合单价为： 307.58×1.15＋349.66＝703.38（元/m）

想一想　练一练：

1. 试计算陕西省铜川市（工程位于印台区）某引水工程渠首水库工程钻孔灌浆的概算单价。已知该工程的廊道内岩石层基础固结灌浆，廊道高3.5m，风钻钻孔，岩石为XIV级，平均孔深7.5m，透水率为9Lu。

2. A水利枢纽工程，由大坝、溢洪道、泄洪洞、发电引水隧洞、电站厂房、变电站及输电线路工程等组成。该工程位于青海省互助县（陕西省榆林市横山县、或四川省青川县、或海南省文昌县、或河南省巩义市区等）的县城镇以外，分别计算其模板工程单价。(计算中所缺基础单价可以参考教材示例)

（1）计算该枢纽工程钻孔灌浆的概算单价。已知该工程的岩石层帷幕灌浆，岩石为XII级，钻机钻孔平均孔深25m，自下而上灌浆法，三排灌浆，透水率为8Lu。

（2）计算该枢纽工程钻孔灌浆的概算单价。已知该工程的廊道内岩石层基础固结灌浆，廊道高3.5m，风钻钻孔，岩石为XIV级，平均孔深7.5m，透水率为9Lu。

（3）计算该枢纽工程钻孔灌浆的概算单价。已知该工程的廊道内岩石层帷幕灌浆，廊道高4m，岩石为XIV级，平均孔深15m，自上而下灌浆法，三排灌浆，透水率为9Lu。

（4）计算该工程隧洞回填灌浆钻孔灌浆的概算单价。

（5）计算该工程钻孔灌浆的概算单价。已知该工程的坝基砂砾石帷幕灌浆，干料耗量3t/m。

（6）计算该工程的坡面锚固工程砂浆（M10）锚杆的概算单价。已知该工程的岩石为X级，露天风钻钻孔的地面砂浆ϕ22钢筋3m锚杆的制作安装。

任务7.8　设备安装工程概算单价编制

学习目标：

1. 知识目标：①机电设备工程的分类；②金属结构设备工程的分类；③编制规定及定额中关于水利水电设备安装工程的相关规定。

2. 技能目标：①能编制各种实物量形式定额的机电设备及金属结构设备安装工程概算单价；②能编制各种费率形式定额的机电设备及金属结构设备安装工程概算单价；③能熟练使用水利工程定额及概（估）算编制规定。

3. 素质目标：①认真仔细的工作态度；②严谨的工作作风；③遵守编制规定的要求。

项目任务：学习水利水电设备安装工程概算单价的计算。

项目描述：水利水电工程设备安装定额分为实物量式定额和费率式定额两种，水利水电设备安装工程单价计算中又涉及计价装置性材料和未计价装置性材料，在计算水利水电工程设备安装工程单价时，要特别注意编制规定和定额中章说明的相关规定，要准确计算出水利水电工程设备安装工程单价。

知识平台：

7.8.1 设备安装工程的分类

在水利水电建设工程中，随着水电站规模不断扩大，自动化水平的提高，其比重也在不断地增长。设备及安装工程的投资一般约占总投资的 30%～40%。因此，认真编好设备及安装工程概算是一项十分重要的工作。编制设备及安装工程投资，首先应掌握项目划分，应正确的将设备清单按照概（估）算要求分门别类，逐项计算。

设备及安装工程可分为两大部分：机电设备、金属结构设备。

7.8.1.1 机电设备部分

机电设备一般包括机械部分和电气部分。

机械部分指水轮机、水轮发电机、调速器及其辅助设备及安装。水轮机是将水能转换为机械能的一种动力机械。按其水流作用原理和结构特征，水轮机分为两大类：反击式水轮机和冲击式水轮机。

水轮机调速器的主要功能：是检测机组转速偏差，并将它按一定的特性转换成接力器的行程差，借以调整机组功率，使机组在给定的负荷下以给定的转速稳定运行。

水轮发电机由水轮机驱动，将水轮机的机械能转换成电能的机器叫水轮发电机。它发出的电能通过变压器升压输送到电力系统中去。

水轮机和水轮发电机合称为水轮发电机组（或机组）。

水轮发电机的安装程序随机组型式、土建工程进度、设备到货情况及场地布置的不同、起吊设备的能力不同有所变化，但基本原则是一致的。在一般施工组织设计中，应尽量考虑到同土建工程及水轮机安装进度的平行交叉作业，尽量做到少占直线工期，充分利用现有场地及施工设备进行大件预组装，然后把已组装好的大件，按顺序分别吊入机坑进行总装，从而保证了质量，加快了施工进度。

水力机械辅助设备直接为水轮发电机组服务的设备称为水力机械辅助设备，主要包括油系统设备，压气系统设备，水系统设备，油、气、水管路（含管子、附件、阀门等）的安装。

7.8.1.2 电气部分

电气部分指一次设备、二次设备及其他电气设备及安装。

1. 一次设备

一次设备是指直接输送、分配电能的设备。它所承受的电压较高。包括的设备：主变压器、断路器、隔离开关、避雷器、电压互感器、电流互感器、电抗器、组合电器、高压电缆及其终端、阻波器及一次拉线、断路器、隔离开关、电压互感器、电流互感器、避雷器、消弧线卷、母线、电缆、高压开关柜、母线桥、厂用变压器、低压开关柜、低压配电盘、动力柜、动力配电箱、低压电器（磁力启动器、自动空气开关、补偿器、闸刀、熔断器等）。

2. 二次设备

二次设备是指对一次设备的工作进行测量、监测、控制、保护、操作的辅助设备。包括的设备：各类继电器、保护元件、测量元件、各种保护屏、盘、柜、箱、台、控制电缆、直流系统（主要用于控制保护系统、操作系统、特殊部位的照明电源）、通信系统（电力系统通信、梯级调度通信、电站内部通信、电站对外通信、水情自动测报系统通信、河道预警系统通信）、计算机监控系统（全厂计算机控制管理系统、站级监控系统和现地控制单元）、电气试验设备、电缆、母线。

7.8.1.3 金属结构部分

金属结构部分指起重设备、闸门、压力钢管制作及安装。包括的设备：桥式起重机、门式起重机、油压启闭机、卷扬式启闭机、螺捍式启闭机、电梯、轨道、滑触线、平板门、弧形门、船闸闸门、闸门埋件、闸门压重物、拦污栅、小型金属结构及压力钢管制作及安装。

7.8.2 设备安装工程概算单价编制注意事项

（1）现行的《水利水电设备安装工程概算定额》适用于海拔 2000m 以下地区的建设项目，海拔 2000m 以上地区，其人工和机械定额乘表 7.35 调整系数。

表 7.35　　海拔高程系数表

海拔高程/m 项目	2000～2500	2500～3000	3000～3500	3500～4000	4000～4500	4500～5000
人工	1.10	1.15	1.20	1.25	1.30	1.35
机械	1.25	1.35	1.45	1.55	1.65	1.75

注　调整系数应以水利水电工程的拦河坝或水闸顶部海拔高程为准，没有拦河坝或水闸的以厂房顶部海拔高程为准。一个建设项目只采用一个调整系数。

（2）用插入法计算安装费。按设备重量划分子目的定额，当所求设备的重量介于同型设备的子目之间时，可按插入法计算安装费。

$$A=(C-B)\times(a-b)/(c-b)+B$$

式中　A——所求设备的安装费；

B——较所求设备小而最接近的设备安装费；

C——较所求设备大而最接近的设备安装费；

a——A 项设备的重量；

b——B 项设备的重量；

c——C 项设备的重量。

（3）关于装置性材料。"装置性材料"是个专用名词。它本身属于材料，但又是被安装对象，安装后构成工程的实体，交付电厂使用。

装置性材料可分为主要装置性材料和次要装置性材料。

1）主要装置性材料：本身作为安装对象的装置性材料，在"项目划分"和"概算定额"中均以独立的安装项目出现，如电缆、母线、轨道、管路、滑触线、压力钢管等。编制概算时，应根据设计确定的型号、规格、数量，乘以该工程材料预算单价，在定额以外另外计价（主要装置性材料本身的价值在安装定额内并未包括，需要另外计价。所以，主要装置性材料又称为未计价装置性材料）。在定额中，未计入这些主要装置性材料的用量。在计算单价时要按照设计确定的规格型号，计入损耗，只计取税金计入安装工程单价。

计算未计价装置性材料价值时，其用量要考虑一定的操作损耗。操作损耗率按表7.36计算。

表7.36　装置性材料操作损耗率表

序号	材　料　名　称	操作损耗率/%
1	钢板（齐边）压力钢管直管	5
	压力钢管弯管、叉管、渐变管	15
2	钢板（毛边）压力钢管	17
3	镀锌钢板　通风管	10
4	型钢	5
5	管材及管件	3
6	电力电缆	1
7	控制电缆	1.5
8	硬母线：铜、铝、钢质的带形、管形及槽形母线	2.3
9	裸软导线：铜、铝、钢及钢芯铝线	1.3
10	压接式线夹	2
11	金具	1
12	绝缘子	2
13	塑料制品	5

注　1. 铝软导线的损耗率中已包括因弧垂及因杆位高低差而增加的长度，但变电站中的母线，引下线、跳线和设备连接线等弯曲的弧度而增加的长度，将不应以弧垂看待，而应计入基本长度中。

2. 电力电缆及控制电缆的损耗率中，未包括预留长度和敷设时因各种弯曲弧度而增加的长度，这些长度均应计入设计长度中。

在水利部2002年颁布的《水利水电设备安装工程概算定额》中，未计价的装置性材料的安装费均以实物量型式表示，共有84个子目，详见表7.37。

表 7.37　　未计价装置性材料安装费子目统计表

名　称	未计价的装置性材料	安装费子目数/个
1. 水机管路	管子、管子附件和阀门	9
2. 电缆	电缆、电缆管、电缆桥架钢材等	3
3. 母线	母线、绝缘子、穿墙套管、伸缩节、钢支架等	8
4. 接地	接地极、接地母线和避雷针用钢材	1
5. 保护网	金属网和型钢	1
6. 一次拉线	导线、绝缘子	4
7. 断路器基础	基础用钢板和型钢	15
8. 钢轨	钢轨、垫板、型钢及螺栓等	9
9. 滑触线	型钢、螺栓、绝缘子等；若需辅助母线，另计算	4
10. 阻进器制安	型钢	2
11. 闸门压重安装	压重物本身	1
12. 小型金构安装	型材本身	1
13. 压力钢管制作	钢管本身、加劲环、支承环本身的钢材	26
合　计		84

2）次要装置材料：机电设备及金属结构设备在安装过程所需的装置性材料，它们在安装费子目中已经包含了，不能单独列项计算投资。

次要装置性材料的品种多，规格杂，且价值也较低，故在概算定额中均已计入其费用，所以次要装置性材料又叫计价装置性材料（或叫定额装置性材料，又叫一般的装置材料）。在水利部2002年颁布的《水利水电设备安装工程概算定额》中，包括有已计价的装置性材料安装费子目共有14个，详见表7.38。

表 7.38　　包括有计价装置性材料的安装费子目统计表

名　称	已计价装置性材料的表现形式	安装费子目数/个
1. 发电电压设备	用%表示	3
2. 控制保护设备	用%表示	1
3. 计算机监控设备	用%表示	1
4. 直流系统设备	用%表示	3
5. 厂用电系统设备	用%表示	1
6. 变电站高压电气设备	用%表示	5
合　计		14

（4）《水利水电设备安装工程概算定额》包括的工作内容和费用：

1）设备安装前后的开箱、检查、清扫、滤油、注油、刷漆和喷漆工作。

2）安装现场的水平搬运和垂直搬运。

3）随设备成套供应的管路及部件的安装。

4）设备单体试运转、管和罐的水压试验、焊接及安装的质量检查。

5）现场脚手架、施工平台的搭拆工作及其材料的摊销，专用特殊工器具的摊销。

6）竣工验收移交生产前对设备的维护、检修和调整。

7）次要的施工过程和工序。

8）施工准备及完工后的现场清理工作。

9）《水利水电设备安装工程概算定额》各章说明的工作内容。

（5）关于《水利水电设备安装工程概算定额》的调整：使用《水利水电设备安装工程概算定额》时，对不同的地区、施工企业、机械化程度和施工方法等差异因素，除该定额规定者外，均不作调整。目前，在市场经济的环境中，有关定额、规定仅供使用者参考。

（6）设备与材料按以下原则划分。

1）制造厂成套供货范围内的部件、备品备件、设备腔体内的定量填充物（透平油、变压器油、六氟化硫气体）等均作为设备。

2）不论设备成套供货，现场加工或零星购置的贮气罐、阀门、盘用仪表、机组本体上的梯子、平台和栏杆等均作为设备，不能因为供货来源不同而改变设备的性质。

3）管道和阀门如构成设备本体部件时，应作为设备，否则应作为材料。

4）随设备供应的保护罩、网门等，凡已计入相应设备出厂价格内的，应作为设备，否则作为材料。

5）电缆、电缆头、电缆和管道用的支架、母线、金具、滑触线和架、屏盘的基础型钢、钢轨、石棉板、穿墙隔板、绝缘子、一般用保护网、罩、门、梯子、平台、栏杆和蓄电池木架等均作为材料。

6）制作压力钢管用的钢板也作为材料。

7）安装工程所用的材料分两种：一种是消耗性材料，如电焊条，乙炔、氧气等；另一种是装置性材料，属材料性质，本身又是安装对象，如电缆，轨道等。安装后构成工程实体。

项目实施：

7.8.3 设备安装工程单价的编制

《水利水电设备安装工程概算定额》以实物量为主要表现形式，以设备原价为计算基础，以安装费率为辅助表现形式。定额包括的内容为设备安装和构成工程实体的主要装置性材料安装的基本直接费（含人工、材料、装置性材料、机械使用量）。安装工程单价中的其他直接费、间接费、利润和税金，应另按有关规定进行计算。

1. 安装费率的应用

（1）以设备原价作为计算基础，安装工程人工费、材料费、机械使用费和定额装置性材料费均以费率（%）形式表示，除人工费率外，使用时均不作调整，视为和设备原价一起同步增长。其计算式为：

$$安装工程费=设备原价\times安装费率（\%）$$

（2）人工费率的调整，应根据定额主管部门当年发布的北京地区人工预算单价，与该工程设计概（估）算采用的人工预算单价进行对比，测算其比例系数，据以调整人工费率指标。

（3）关于进口设备若应采用安装费率计算安装费时，应按《水利水电设备安装工程概算定额》的相应费率，乘以相应国产设备原价对进口设备原价的比例系数，换算为进口设备安装费率后，就可以求出进口设备的安装费。

2. 实物量的应用

(1)《水利水电设备安装工程概算定额》中人工工时、材料、机械台时等均以实物量表示。其中材料和机械仅列出主要品种的型号、规格及数量；若品种、型号、规格不同，均不作调整。其他材料和一般小型机械分别按占主要材料费和主要机械费的百分率计列。

(2) 使用电站主厂房桥式起重机进行安装工作时，桥式起重机台时费不计基本折旧费和安装拆卸费。

【例 7.9】 陕西省安康市旬阳市郊某水电站工程，水轮机自重 1680t/台，计算该水轮机的安装工程概算单价。(汽油 70 号预算价为 5.86 元/kg)

解： 查《水利水电设备安装工程概算定额》，该重量的水轮机介于水轮机安装定额子目 [01029] 1600t 与 [01030] 1800t 之间，故需进行内插，以工长定额工时量为例计算：

$$8149+(9452-8149)\times(1680-1600)/(1800-1600)=8670.2\text{ 工时}$$

其他同理计算，见表 7.39。区间费率无明确规定的统一取最大值。

表 7.39 安装工程单价表

单价编号	13	项目名称	水轮机安装		
定额编号	01029+01030 插			定额单位	台
规格型号：HL286 - LJ - 800，水轮机主机自重 1680t。					
编号	名称及规格	单位	数量	单价/元	合计/元
一	直接费				3043429.74
(一)	基本直接费				2787023.75
1	人工费				1572665.31
	工长	工时	8670.2	11.55	100140.81
	高级工	工时	41616.2	10.67	444044.85
	中级工	工时	98838.8	8.9	879665.32
	初级工	工时	24276.4	6.13	148814.33
2	材料费	kg			395037.26
	钢板	kg	7505.6	3.5	26269.60
	型钢	kg	28155.6	3.02	85029.91
	钢管	kg	2368.8	3.6	8527.68
	钢材	kg	518.2	19.26	9980.53
	电焊条	kg	5014	7.1	35599.40
	氧气	m^3	6472.2	3	19416.60
	乙炔气	m^3	2789	15	41835.00
	汽油 70 号	kg	2514.6	3.075	7732.40
	透平油	kg	266	6	1596.00
	油漆	kg	1886.2	16	30179.20
	木材	m^3	15.1	1100	16610.00
	电	kW·h	62938	0.61	38392.18
	其他材料费	%	23	321168.50	73868.76
3	机械使用费				819321.00
	桥式起重机	台时	1677.8	332.78	558338.28

续表

单价编号	13	项目名称	水轮机安装		
定额编号	01029+01030 插			定额单位	台
规格型号：HL286-LJ-800，水轮机主机自重 1680t。					
编号	名称及规格	单位	数量	单价/元	合计/元
	电焊机 20～30kVA	台时	4413.6	9.53	42061.61
	车床 400～600ram	台时	856.2	24.69	21139.58
	刨床 B650	台时	694.6	14.73	10231.46
	摇臂钻床 50ram	台时	940.8	19.03	17903.42
	压力滤油机 150 型	台时	525.2	11.01	5782.45
	其他机械费	%	25	655456.8	163864.20
(二)	其他直接费	%	9.2	2787023.57	256406.17
二	间接费	%	75.00	1572665.31	1179498.98
三	利润	%	7.00	4222928.72	295605.01
四	材料补差				7003.16
	汽油 70 号	kg	2514.6	2.785	7003.16
五	税金	%	9.00	4525536.89	407298.32
	合　计				4932835.21

【例 7.10】陕西省安康市旬阳市某水电站工程，安装设备有控制保护系统安装、接地装置安装、18t 平板钢闸门安装，请分别计算该工程项目的概算单价。

解：所有单价见计算表 7.40～表 7.42。

表 7.40　　安装工程单价表

单价编号	13	项目名称	控制保护系统安装		
定额编号	06004			定额单位	项
型号规格：					
编号	名称及规格	单位	数量	单价/元	合计/%
一	直接费				7.93
(一)	基本直接费				7.26
1	人工费	工时	3.5	1	3.50
2	材料费　1/1.03		0.97	1	0.97
3	装置性材料费　2.2/1.17		1.88	1	1.88
4	机械使用费　1/1.1		0.91	1	0.91
(二)	其他直接费	%	9.2	7.26	0.67
二	间接费	%	75	3.5	2.63
三	利润	%	7	10.56	0.74
四	税金	%	9.00	11.30	1.02
	合计				12.32

假如已知控制保护系统的设备原价是 50 万元，则安装费为 500000×12.32%＝61600.00（元）。

表 7.41　　安装工程单价表

单价编号	14	项目名称	接地装置安装		
定额编号	06022			定额单位	t
型号规格：					
编号	名称及规格	单位	数量	单价/元	合计/元
一	直接费				8423.38
(一)	基本直接费				7713.72
1	人工费				5015.38
	工长	工时	33	11.55	381.15
	高级工	工时	180	10.67	1920.60
	中级工	工时	256	8.9	2278.40
	初级工	工时	71	6.13	435.23
2	材料费				751.20
	镀锌型钢	kg	39	5	195.00
	电焊条	kg	31	5	155.00
	氧气	m^3	6	3.5	21.00
	乙炔气	m^3	3	13	39.00
	油漆	kg	16	10	160.00
	镀锌螺栓	套	7	8	56.00
	其他材料费	%	20	626	125.20
3	机械使用费				1947.14
	电焊机 20～30kVA	台时	85	11.74	997.90
	摇臂钻床 ϕ20～50	台时	38	16.44	624.72
	其他机械费	%	20	1622.62	324.52
(二)	其他直接费	%	9.2	7713.72	709.56
二	间接费	%	75	5015.38	3761.54
三	利润	%	7	12184.92	852.94
四	未计价装置性材料费				5086.00
	镀锌型钢	kg	820	5	4100.00
	钢管	kg	210	4.2	882.00
	钢板	kg	20	5.2	104.00
五	税金	%	9	18123.86	1631.15
	合计				19755.01

表 7.42　　安装工程单价表

单价编号	15	项目名称	平板钢闸门安装		
定额编号	10002			定额单位	t
型号规格：每扇闸门自重≤20t。					
编号	名称及规格	单位	数量	单价/元	合计/元
一	直接费				1104.24
(一)	基本直接费				1011.21
1	人工费				817.95

续表

单价编号	15	项目名称	平板钢闸门安装		
定额编号	10002			定额单位	t
型号规格：每扇闸门自重≤20t。					
编号	名称及规格	单位	数量	单价/元	合计/元
	工长	工时	5	11.55	57.75
	高级工	工时	23	10.67	245.41
	中级工	工时	42	8.90	373.80
	初级工	工时	23	6.13	140.99
2	材料费				109.5
	钢板	kg	3.4	5.20	17.68
	电焊条	kg	4.5	5.00	22.50
	氧气	m^3	2	3.50	7.00
	乙炔气	m^3	0.9	13.00	11.70
	汽油 70 号	kg	2.2	3.075	6.77
	油漆	kg	2.2	10.00	22.00
	棉纱头	kg	0.9	7.50	6.75
	其他材料费	%	16	94.4	15.10
3	机械使用费				83.76
	门式起重机 10t	台时	0.8	51.16	40.93
	电焊机 20～30kVA	台时	3	11.74	35.22
	其他机械费	%	10	76.15	7.61
（二）	其他直接费	%	9.20	1011.21	93.03
二	间接费	%	75	817.95	613.46
三	利润	%	7	1717.7	120.24
四	材料补差				6.13
	汽油 70 号	kg	2.2	2.785	6.13
五	税金	%	9.00	1844.07	165.97
	合计				2010.04

想一想　练一练：

1. 计算陕西省安康市市郊某水电站工程水力机械辅助设备（设备出厂价为 52.36 万元）水系统的安装工程概算单价。

2. A 水利枢纽工程，由大坝、溢洪道、泄洪洞、发电引水隧洞、电站厂房、变电站及输电线路工程等组成。该工程位于青海省互助县（陕西省榆林市横山县、或四川省青川县、或海南省文昌县、或河南省巩义市区等）的县城镇以外，分别计算其设备安装工程单价。（计算中所缺基础单价可以参考教材示例）

（1）计算该工程的水力机械辅助设备（设备出厂价为 52.36 万元）水系统的安装工程概算单价，该工程的人工费费率调整系数为 1.03。

（2）计算该工程的控制保护设备（设备出厂价为 235.18 万元）系统的安装工程概算单价，该工程的人工费费率调整系数为 1.05。

(3) 计算该工程的控制电缆的安装工程概算单价，该工程的人工费费率调整系数为1.05。

(4) 计算该工程的接地装置的安装工程概算单价，该工程的人工费费率调整系数为1.05。

(5) 计算该工程的拦污栅栅体的安装工程概算单价，该工程的人工费费率调整系数为1.05。

(6) 计算该工程的高压电气设备（设备出厂价为87.39万元）的安装工程概算单价，该工程的人工费费率调整系数为1.05。

(7) 计算该工程的750mm^2带型铝母线桥架钢支架的安装工程概算单价，该工程的人工费费率调整系数为1.05。

项目8　编制水利水电工程总概算

任务8.1　总概算内容与编制依据

学习目标：

1. 知识目标：①水利工程概算编制的依据；②水利工程概算编制的步骤；③水利工程总概算文件的组成内容。

2. 技能目标：①知道水利工程概算编制的依据和步骤；②知道水利工程总概算文件的组成。

3. 素质目标：①认真仔细的工作态度；②严谨的工作作风；③遵守编制规定的要求。

项目任务：学习水利工程总概算文件编制的基本知识。

项目描述：水利工程总概算文件计算比较繁琐，包含内容也较多，而且数据之间的关系也非常紧密，本任务主要是学习水利工程总概算的内容和计算步骤。

知识平台：

水利水电工程概算包括4部分内容：工程部分、建设征地移民补偿、环境保护工程和水土保持工程。工程部分包括建筑工程、机电设备及安装工程、金属结构设备及安装工程、施工临时工程、独立费用5大部分。水利水电工程概算主要内容见图8.1。本章只讨论工程部分工程概算。

- 水利工程概算
  - 工程部分
    - 建筑工程
    - 机电设备及安装工程
    - 金属结构设备及安装工程
    - 施工临时工程
    - 独立费用
  - 建设征地移民补偿
    - 农村部分补偿
    - 城(集)镇部分补偿
    - 工业企业补偿
    - 专业项目补偿
    - 防护工程
    - 库底清理
    - 其他费用
  - 环境保护工程
  - 水土保持工程

图8.1　水利水电工程概算主要内容

水利水电工程项目较多，例如大坝、船闸、发电厂、泵站、渠道、隧洞等。建筑物、构筑物也比较复杂。但就其工程内容和工种类别而言，都有其共同点，它的内容包括有：土方工程、石方工程、混凝土和钢筋混凝土工程、模板工程、砌石工程、钻孔灌浆工程、其他建筑工程等，这就为我们编制概算提供了可遵循的一般规律。

8.1.1　设计概算编制依据

（1）国家及省、自治区、直辖市颁发的有关法令法规、制度、规程。

（2）水利工程设计概（估）算编制规定。

（3）水利水电建筑工程概算定额、水利水电设备安装工程概算定额、水利工程施工机械台时费定额和有关行业主管部门颁发的定额。

（4）水利工程设计工程量计算规则。

（5）初步设计文件及图纸。

（6）有关合同协议及资金筹措方案。

（7）其他。

8.1.2　设计概算文件编制程序

1. 收集基本资料、熟悉设计图纸

编制工程概算要对工程情况进行充分了解。首先，要熟悉设计图纸，将工程项目内容、工程部位搞清楚，了解设计意图；其次，要深入工程现场了解工程现场情况，收集与工程概算有关的基本资料；最后，还要对施工组织设计（包括施工导流等主要施工技术措施）进行充分研究，了解施工方法，措施、运输距离、机械设备、劳动力配备等情况，以便正确合理编制工程单价及工程概算。

2. 划分工程项目

建筑工程概算项目划分参考前面已经介绍的有关内容和《工程项目划分》的有关规定进行。《工程项目划分》第三级项目中，仅列有代表性的项目。编制概算时可根据工程的具体情况对三级基础上进行必要的再划分，形成四级项目，甚至五级项目。

3. 编制工程概算单价

建筑工程单价应根据工程的具体情况和施工方案，采用国家和地方颁发的现行定额及费用标准进行编制。

4. 计算工程量

工程量是以物理计量单位来表示的各个分项工程的结构构件、材料等的数量。它是编制工程概算的基本条件之一。工程量计算的准确与否，直接影响工程概算投资大小。因此，工程量计算应严格执行《水利水电工程设计工程量计算规定》。

5. 编制工程概算

建筑工程概算是按照《水利水电初步设计概算编制办法》中规定，采用工程量乘以单价的方法逐项计算工程费用，并按工程项目划分逐级向上合并汇总而得。

6. 工料分析

工料分析即工日、材料用量分析计算，它是编制施工组织设计的主要依据之一，也是施工单位编制投标报价和施工计划的依据。

工日、材料用量是按照完成单位工程量所需的人工、材料用量乘以相应工程总量而计算出来的。

8.1.3 总概算文件的组成

根据国家现行规定，设计概算由设计单位编制，并作为初步设计的一个组成部分同时上报和审批。

为了提高概算编制质量，满足上级审查部门、执行部门（建设单位与施工单位）与监督部门（建设银行和监理单位）审查、执行和监督的需要，水利部统一规定了水利水电基本建设工程设计概算文件组成内容、编制方法和深度要求以及各种基本表格格式。编制设计概算时，应根据行业部分当地行政主管部门的规则规定，严格执行，不得任意减少内容和简化编制方法。

根据水利部2014年颁发的《水利工程设计概（估）算编制规定》（水总〔2014〕429号）（以下简称《编制规定》），概算文件应由下列内容组成：设计概算报告（正件）、附件、投资对比分析报告。

8.1.3.1 概算报告组成内容

1．编制说明

（1）工程概况

工程概况包括：流域，河系，兴建地点，工程规模，工程效益，工程布置型式，主体建筑工程量，主要材料用量，施工总工期等。

（2）投资主要指标

投资主要指标包括：工程总投资和静态总投资，年度价格指数，基本预备费率，建设期融资额度、利率和利息等。

（3）编制原则和依据

1）概算编制原则和依据。

2）人工预算单价，主要材料，施工用电、水、风以及砂石料等基础单价的计算依据。

3）主要设备价格的编制依据。

4）建筑安装工程定额、施工机械台时费定额和有关指标的采用依据。

5）费用计算标准及依据。

6）工程资金筹措方案。

（4）概算编制中其他应说明的问题。

（5）主要技术经济指标表。根据工程特性表编制，反映工程主要技术经济指标。

2．工程概算总表

工程概算总表应汇总工程部分、建设征地移民补偿、环境保护工程、水土保持工程总概算表。

3．工程部分概算表和概算附表

（1）概算表。

1）工程部分总概算表。

2）建筑工程概算表。

3）机电设备及安装工程概算表。

4）金属结构设备及安装工程概算表。

5）施工临时工程概算表。

6）独立费用概算表。

7）分年度投资表。

8）资金流量表（枢纽工程）。

（2）概算附表。

1）建筑工程单价汇总表。

2）安装工程单价汇总表。

3）主要材料预算价格汇总表。

4）次要材料预算价格汇总表。

5）施工机械台时费汇总表。

6）主要工程量汇总表。

7）主要材料量汇总表。

8）工时数量汇总表。

8.1.3.2 概算附件组成内容

（1）人工预算单价计算表。

（2）主要材料运输费用计算表。

（3）主要材料预算价格计算表。

（4）施工用电价格计算书（附计算说明）。

（5）施工用水价格计算书（附计算说明）。

（6）施工用风价格计算书（附计算说明）。

（7）补充定额计算书（附计算说明）。

（8）补充施工机械台时费计算书（附计算说明）。

（9）砂石料单价计算书（附计算说明）。

（10）混凝土材料单价计算表。

（11）建筑工程单价表。

（12）安装工程单价表。

（13）主要设备运杂费率计算书（附计算说明）。

（14）施工房屋建筑工程投资计算书（附计算说明）。

（15）独立费用计算书（勘测设计费可另附计算书）。

（16）分年度投资计算表。

（17）资金流量计算表。

（18）价差预备费计算表。

（19）建设期融资利息计算书（附计算说明）。

（20）计算人工、材料、设备预算价格和费用依据的有关文件、询价报价资料及其他。

8.1.3.3 投资对比分析报告

应从价格变动、项目及工程量调整、国家政策性变化等方面进行详细分析，说明初步设计阶段与可行性研究阶段（或可行性研究阶段与项目建议书阶段）相比较的投资变化原因和结论，编写投资对比分析报告。工程部分报告应包括以下附表：

(1) 总投资对比表。

(2) 主要工程量对比表。

(3) 主要材料和设备价格对比表。

(4) 其他相关表格。

投资对比分析报告应汇总工程部分、假设征地移民补偿、环境保护、水土保持各部分对比分析内容。

注意：

(1) 设计概算报告（正件）、投资对比分析报告可单独成册，也可作为初步设计报告（设计概算章节）的相关内容。

(2) 设计概算附件宜单独成册，并应随初步设计文件报审。

想一想　练一练：概算文件组成与之前所学的知识之间有何关联？

任务 8.2　工程量计算规则

学习目标：

1. 知识目标：①水利工程工程量的概念；②水利工程工程量的分类；③水利工程各类工程量再计算中的处理原则。

2. 技能目标：①知道水利工程工程量的各种类型及处理原则；②能进行水利工程混工程量的计算。

3. 素质目标：①认真仔细的工作态度；②严谨的工作作风；③遵守编制规定的要求。

项目任务：学习水利工程工程量的计算。

项目描述：水利工程工程量计算准确是非常重要的，水利部于 2005 年批准颁布了《水利水电工程设计工程量计算规定》（SL 328—2005）制定了水利工程各类工程量的处理原则。

知识平台：

工程量计算的准确性直接影响工程造价编制质量。因此工程造价人员除应具有一定的水工、施工、机电等方面的专业知识外，还应掌握水利工程工程量计算的规则和方法。

水利水电工程各设计阶段的工程量，对优选设计方案和准确预测各设计阶段的工程投资非常重要。水利部于 2005 年批准颁布了《水利水电工程设计工程量计算规定》（SL 328—2005），该标准自 2006 年 1 月 1 日起实施。该标准适用于大中型水利水电工程项目建议书、可行性研究和初步设计阶段的设计工程量计算，小型水利工程的设计工程量可参照进行。

8.2.1　水利工程工程量分类

不同设计阶段的工程量，其计算精度应与相应设计阶段编制规程的要求相适应，并按照《编制规定》中项目划分的规定计列。

8.2.1.1　设计工程量

设计工程量由图纸工程量和设计阶段扩大工程量两部分组成。设计工程量就是工程概

(估）算的工程量。

1. 图纸工程量

图纸工程量是指按设计图纸计算的工程量，即按照水工建筑物的几何轮廓尺寸计算的工程量。例如，对于混凝土工程就是混凝土工程项目设计尺寸（长、宽、高）计算的形成实物的工程量。

2. 设计阶段扩大工程量

设计阶段扩大工程量是指由于前期各设计阶段的设计工作深度有限，可能引起工程量的遗漏、或设计考虑不周而带来的设计工程量不足的问题，为留有一定的余地，根据设计阶段不同而增加的工程量。在工程量计算规则中用阶段扩大系数进行处理。

8.2.1.2 施工超挖工程量

为保证水工建筑物的安全，施工开挖一般不允许欠挖。为保证建筑物的设计尺寸，施工超挖往往是不可避免的。影响施工超挖工程量的因素主要有施工方法、施工技术、施工管理水平、地质条件及施工环境等。

8.2.1.3 施工附加工程量

施工附加工程量是指为顺利完成主体工程项目施工而必须增加附加施工的工程量。例如：为开挖渠道、土方运输而设置的斜坡道，小断面圆形隧洞为满足施工交通需要扩挖下部而增加的工程量，隧洞开挖工程为满足交通和爆破安全而设置的错车道、避炮洞等增加的工程量，为固定钢筋网而增加的固定筋的工程量等。

8.2.1.4 施工超填工程量

施工超填工程量是指由施工超挖工程量和施工附加工程的增加量而引起的相应增加的回填工程量。如隧洞的施工超挖工程量和施工附加工程量需用混凝土回填而增加的混凝土工程量。

8.2.1.5 施工损失工程量

1. 体积变化损失工程量

体积变化损失工程量是指施工期沉陷、体积变化影响而增加的工程量。如土石方填筑工程施工中施工期沉陷而增加的工程量，混凝土体积收缩而增加的工程量等。

2. 运输及操作损耗工程量

运输及操作损耗工程量是指混凝土、土石方在运输、操作过程中的损耗工程量，以及围垦工程、堵坝抛填工程的损耗工程量等。

3. 其他损耗工程量

其他损耗工程量包括在土石方填筑工程施工后，按设计边坡要求的削坡工程量，接缝削坡损失工程量，黏土心（斜）墙及土坝的雨后坝面清理损失工程量，以及混凝土防渗墙一、二期墙槽接头孔重复造孔及混凝土浇筑增加的工程量。

8.2.1.6 质量检查工程量

1. 基础处理检查工程量

基础处理检查工程量大多数采用钻一定数量检查孔的方法进行质量检查。

2. 其他检查工程量

其他检查工程量如土石方填筑工程通常采用的挖试验坑的方法来检验其填筑体的干密

度等。

8.2.1.7　试验工程量

试验工程量如土石坝工程为取得石场爆破参数和土石坝碾压参数而进行的爆破试验、碾压使用而增加的工程量。

8.2.2　各类工程量在各设计阶段的处理

在编制工程概（估）算时，应按工程量计算规则和项目划分及定额等有关规定，正确处理上述的各类工程量。

1. 设计工程量

设计工程量是图纸工程量乘以设计阶段系数，可行性研究、初步设计阶段的设计阶段系数应采用《水利水电工程设计工程量计算规定》（SL 328—2005）中的系数值，如表8.1所示。利用施工图设计阶段成果计算工程造价的，不论是预算或是调整概算，其设计阶段系数均为1，即设计工程量就是图纸工程量，不再保留设计阶段扩大系数。

表8.1　　水利水电工程设计工程量阶段系数表

类别	设计阶段	土石方开挖 工程量/万 m^3				混凝土工程量/万 m^3			
		＞500	500～200	200～50	＜50	＞300	300～100	100～50	＜50
永久工程或建筑物	项目建议书	1.03～1.05	1.05～1.07	1.07～1.09	1.09～1.11	1.03～1.05	1.05～1.07	1.07～1.09	1.09～1.11
	可行性研究	1.02～1.03	1.03～1.04	1.04～1.06	1.06～1.08	1.02～1.03	1.03～1.04	1.04～1.06	1.06～1.08
	初步设计	1.01～1.02	1.02～1.03	1.03～1.04	1.04～1.05	1.01～1.02	1.02～1.03	1.03～1.04	1.04～1.05
施工临时工程	项目建议书	1.05～1.07	1.07～1.10	1.10～1.12	1.12～1.15	1.05～1.07	1.07～1.10	1.10～1.12	1.12～1.15
	可行性研究	1.04～1.06	1.06～1.08	1.08～1.10	1.10～1.13	1.04～1.06	1.06～1.08	1.08～1.10	1.10～1.13
	初步设计	1.02～1.04	1.04～1.06	1.06～1.08	1.08～1.10	1.02～1.04	1.04～1.06	1.06～1.08	1.08～1.10
类别	设计阶段	土石方填筑砌石工程量/万 m^3				钢筋/t	钢材/t	模板/t	灌浆/t
		＞500	500～200	200～50	＜50				
永久工程或建筑物	项目建议书	1.03～1.05	1.05～1.07	1.07～1.09	1.09～1.11	1.08	1.06	1.11	1.16
	可行性研究	1.02～1.03	1.03～1.04	1.04～1.06	1.06～1.08	1.06	1.05	1.08	1.15
	初步设计	1.01～1.02	1.02～1.03	1.03～1.04	1.04～1.05	1.03	1.03	1.05	1.10
施工临时工程	项目建议书	1.05～1.07	1.07～1.10	1.10～1.12	1.12～1.15	1.10	1.10	1.12	1.18
	可行性研究	1.04～1.06	1.06～1.08	1.08～1.10	1.10～1.13	1.08	1.08	1.09	1.17
	初步设计	1.02～1.04	1.04～1.06	1.06～1.08	1.08～1.10	1.05	1.05	1.06	1.12

注　1. 若采用混凝土立模面系数乘以混凝土工程量计算模板工程量时，不应再考虑模板阶段系数。

2. 若采用混凝土含钢率或含钢量乘以混凝土工程量计算钢筋工程量时，不应再考虑钢筋阶段系数。

3. 截流工程的工程量阶段系数可取1.25～1.35。

2. 施工超挖工程量、施工附加工程量及施工超填工程量

施工中允许的超挖、超填量、合理的施工附加量及施工操作损耗，已计入概算定额，不应包括在设计工程量中。设计工程量为按建筑物或工程的设计几何轮廓尺寸计算出的工

程量。项目划分中三级项目的设计工程量乘以相应阶段系数后作为提供造价专业编制概（估）算的工程量。

阶段系数为变幅值，可根据工程地质条件和建筑物结构复杂程度等因素选取，复杂的取大值，简单的取小值。阶段系数表中只列出主要工程项目的阶段系数，对其他工程项目，可依据与主要工程项目的关系参照选取。

预算定额不包括施工中超挖、超填及施工附加量，因此，若有些项目概（估）算或工程标底采用预算定额编制，应考虑施工中超挖、超填及施工附加量等因素。

3. 试验工程量

碾压试验、爆破试验、级配试验、灌浆试验等大型试验均为设计工作提供重要参数，应列入独立费用中的勘测设计费或工程科研试验费中。

8.2.3 计算工程量的注意事项

1. 工程项目的设置

工程项目的设置除必须满足《水利水电工程设计工程量计算规定》（SL 328—2005）提出的基本要求［如土石方开挖工程量应按岩土分类级别计算，并将明挖、暗挖分开。明挖宜分一般、坑槽、基础、坡面等；暗挖宜分平洞、斜井、竖井和地下厂房等；土石方填筑工程量应根据建筑物设计断面中不同部位不同填筑材料的设计要求分别计算，以建筑物实体方计量；砌筑工程量应按不同砌筑材料、砌筑方式（干砌、浆砌等）和砌筑部位分别计算，以建筑物砌体方计量；混凝土工程量应根据设计图纸分部位、分强度、分级配计算等］外，还必须与概算定额子目划分相适应，如土石方填筑工程应按抛石、堆石料、垫层料等分列；固结灌浆应按深孔（地质钻机钻孔）、浅孔（风钻钻孔）分列等。

2. 必须与采用的定额相一致

水利工程概预算的项目及工程量的计算应与定额章节子目的设置和定额单位以及定额的有关规定相一致。有的工程项目，工程量单位可以有两种表示方式，如喷射混凝土可以用 m^2，也可以用 m^3；混凝土防渗墙可以用 m^2（阻水面积），也可以用 m（进尺）和 m^3（混凝土体积）；高压喷射混凝土防渗墙可以用 m^2（阻水面积），也可以用 m（进尺）。设计采用的工程量单位应与定额单位一致，否则则要换算为定额单位。

工程量计算也要与定额的单位相适应，例如岩基帷幕灌浆，如果定额中已将建筑物的钻孔、封孔工作量摊入岩基段的钻孔灌浆中，则工程量只计算岩基段钻孔灌浆量。

项目实施：

【例 8.1】某水利枢纽工程的水工隧洞工程，该隧洞工程为直墙圆拱形，隧洞总长为 13.58km，隧洞成洞后直墙高 7.5m，直径为 10m，根据围岩情况，预计径向超挖 20cm，衬砌厚度为 0.9m，施工完成后进行 120°范围的回填灌浆，且需做接缝灌浆，试计算该工程石方开挖、混凝土衬砌、回填灌浆、接缝灌浆工程的概算工程量和预算工程量。

解：（1）计算石方开挖概算工程量。

开挖直墙高 7.5＋0.9＝8.4（m），开挖底宽 10＋0.9＋0.9＝11.8（m），开挖顶拱直径为 11.8m。

所以开挖面积为：8.4×11.8＋3.1416×5.9×5.9÷2＝153.80（m^2）

设计图纸工程量为 153.80×13580＝2088604（m^3）

查表知初步设计阶段工程量扩大系数为 1.02～1.03，该工程量偏小，系数取 1.03，所以，该工程设计概算工程量为：2088604×1.03＝2151262（m^3）。

假如开挖工程概算单价为 325 元/m^3，则工程概算费用为：2151262×325＝69916.02（万元）。

（2）计算石方开挖预算工程量。

预算工程量的计算与上面计算方法一样，计算出设计工程量为 2088604m^3。

计算超挖面积：（8.6×12.2＋3.1416×6.1×6.1÷2）－153.8＝9.57（m^2）

超挖工程量为：9.57×13580＝129960.6（m^3）

此处得到设计预算工程量为 2088604m^3，超挖工程量为 129960.6m^3，但是在工程预算计算时，不能简单地将两个工程量相加，而是以设计预算工程量为计算基础，超挖工程量产生的费用摊销到设计预算工程费用中。

假如开挖工程预算单价为 325 元/m^3，则设计工程预算费用为：2088604×325＝67879.63（万元）。

超挖工程预算费用为：129960.6×325＝4223.72（万元）

将 4223.72 万元摊销进设计工程量后，实际工程单价应为 325＋42237200/2088604＝345.23（元/m^3）。

则工程预算表中实际应填入工程量为 2088604m^3，单价栏内应填入 345.23（元/m^3）。

其他工程量计算过程省略。

想一想　练一练：如果例 8.1 其他条件不变，隧洞变为成洞直径 2.5m 的圆形隧洞，衬砌厚度为 0.35m，为了施工方便，隧洞底部开挖量增加 0.75m^3/m，为了出渣方便，增加会车（为了错车方便每 200m 左右增加一个扩大断面）工程量为总设计工程量的 2%，试计算该工程石方开挖、混凝土衬砌、回填灌浆、接缝灌浆工程的概算工程量和预算工程量。

任务 8.3　各部分概算编制

学习目标：

1. 知识目标：①建筑工程、机电设备及安装工程、金属结构设备及安装工程、施工临时工程、独立费用的具体项目组成；②建筑工程、机电设备及安装工程、金属结构设备及安装工程、施工临时工程、独立费用的计算步骤。

2. 技能目标：①知道建筑工程、机电设备及安装工程、金属结构设备及安装工程、施工临时工程、独立费用的具体项目组成；②能进行建筑工程、机电设备及安装工程、金属结构设备及安装工程、施工临时工程、独立费用的各部分概算的计算。

3. 素质目标：①认真仔细的工作态度；②严谨的工作作风；③遵守编制规定的要求。

项目任务：学习水利工程各部分概算的组成及计算。

项目描述：水利工程各部分工程概算计算基础是：水利工程各部分的项目划分，水利工程各部分工程量、水利工程相关工程概算单价，还有水利工程概估算编制规定中关于各部分概算计算的规定。建筑工程主要注意细部结构指标的计算，设备及安装工程中概算编制主要注意不可漏项和重算，临时工程和独立费用概算计算主要注意编制规定中的相关规定。

知识平台：

8.3.1 建筑工程概算编制

建筑工程按主体建筑工程、交通工程、房屋建筑工程、供电设施工程、其他建筑工程分别采用不同的方法编制。

8.3.1.1 主体建筑工程

（1）主体建筑工程概算按设计工程量乘以工程单价进行编制。

（2）主体建筑工程量应遵照《水利水电工程设计工程量计算规定》，按项目划分要求，计算到三级项目。

（3）当设计对混凝土施工有温控要求时，应根据温控措施设计，计算温控措施费用，也可以经过分析确定指标后，按建筑物混凝土方量进行计算。

（4）细部结构工程。参照水工建筑工程细部结构指标表确定，见表 8.2。

表 8.2　　水工建筑工程细部结构指标表

<table>
<tr><td>项目名称</td><td colspan="2">混凝土重力坝、重力拱坝、宽缝重力坝、支墩坝</td><td>混凝土双曲拱坝</td><td>土坝、堆石坝</td><td>水闸</td><td>冲砂闸、泄洪闸</td></tr>
<tr><td>单位</td><td colspan="4">元/m³（坝体方）</td><td colspan="2">元/m³（混凝土）</td></tr>
<tr><td>综合指标</td><td colspan="2">16.2</td><td>17.2</td><td>1.15</td><td>48</td><td>42</td></tr>
<tr><td>项目名称</td><td colspan="2">进水口、进水塔</td><td>溢洪道</td><td>隧洞</td><td>竖井、调压井</td><td>高压管道</td></tr>
<tr><td>单位</td><td colspan="6">元/m³（混凝土）</td></tr>
<tr><td>综合指标</td><td colspan="2">19</td><td>18.1</td><td>15.3</td><td>19</td><td>4</td></tr>
<tr><td>项目名称</td><td>电（泵）站地面厂房</td><td>电（泵）站地下厂房</td><td>船闸</td><td>倒虹吸、暗渠</td><td>渡槽</td><td>明渠（衬砌）</td></tr>
<tr><td>单位</td><td colspan="6">元/m³（混凝土）</td></tr>
<tr><td>综合指标</td><td>37</td><td>57</td><td>30</td><td>17.7</td><td>54</td><td>8.45</td></tr>
</table>

注　1. 表中综合指标包括多孔混凝土排水管、廊道木模制作与安装、止水工程（面板坝除外）、伸缩缝工程、接缝灌浆管路、冷却水管路、栏杆、照明工程、爬梯、通气管道、排水工程、排水渗井钻孔及反滤料、坝坡踏步、孔洞钢盖板、厂房内上下水工程、防潮层、建筑钢材及其他细部结构工程。

2. 表中综合指标仅包括基本直接费内容。

3. 改扩建及加固工程根据设计确定细部结构工程的工程量。其他工程，如果工程设计能够确定细部结构工程的工程量，可按设计工程量乘以工程单价进行计算，不再按表 8.2 指标计算。

8.3.1.2 交通工程

交通工程投资按设计工程量乘以单价进行计算，也可根据工程所在地区造价指标或有关实际资料，采用扩大单位指标编制。

8.3.1.3 房屋建筑工程

1. 永久房屋建筑

（1）用于生产、办公的房屋建筑面积，由设计单位按有关规定结合工程规模确定，单位造价指标根据当地相应建筑造价水平确定。

(2) 值班宿舍及文化福利建筑的投资按主体建筑工程投资的百分率计算。

枢纽工程:

投资≤50000万元为1.0%~1.5%;

50000万元<投资≤100000万元为0.8%~1.0%;

投资>100000万元为0.5%~0.8%。

引水工程:0.4%~0.6%。

河道工程:0.4%。

注意:投资小或工程位置偏远者取大值,反之取小值。

(3) 除险加固工程(含枢纽、引水、河道工程)、灌溉田间工程的永久房屋建筑面积由设计单位根据有关规定结合工程建设需要确定。

2. 室外工程投资

一般按房屋建筑工程投资的15%~20%计算。

8.3.1.4 供电设施工程

供电设施工程根据设计的电压等级、线路架设长度及所需配备的变配电设施要求,采用工程所在地区造价指标或有关实际资料计算。

8.3.1.5 其他建筑工程

(1) 安全监测设施工程,指属于建筑工程性质的内外部观测设施。安全监测工程项目投资应按设计资料计算。如无设计资料时,可根据坝型或其他工程型式,按照主体建筑工程投资的百分率计算。

当地材料坝为0.9%~1.1%;

混凝土坝为1.1%~1.3%;

引水式电站(引水建筑物)为1.1%~1.3%;

堤防工程为0.2%~0.3%。

(2) 照明线路、通信线路等工程投资按设计工程量乘以单价或采用扩大单位指标编制。

(3) 其余各项按设计要求分析计算。

8.3.2 水利建筑工程概算编制的其他事项

1. 主体建筑工程概算表的编制

概算表中"工程或费用名称"根据工程实际情况按《编制规定》表中一至三级项目逐项填列。在填列三级项目时,应根据单价编制时的项目划分,凡编制综合单价的就只填综合项目,凡按概算定额分项编制单价的则应分项目填列。

在填列工程项目时,一定要做到不漏项、不重项,既要防止遗漏了工程项目,又要防止同一工程量在不同项目中重复计算投资。

概算表中"数量"指概算工程量,应根据《水利水电工程设计工程量计算规定》计算。概算表中"单价"指按建安工程单价编制中讲述的方法编制的概算单价。以元为单位,精确小数点后两位。

概算表中“合价”即各项工程或费用的投资金额，可根据工程规模大小和投资多少精确到元或万元。对于主要建筑工程应按工程量乘单价计算。对于一般建筑工程，除交通工程主要工程投资按工程量乘单价计算外，其他项目均按扩大单位指标计算。

2. 关于大体积混凝土温度控制费用计算

在水利水电工程建筑中，为防止拦河坝等大体积混凝土建筑物由于温度应力产生裂缝和保证坝体在接缝灌浆前温度降低到稳定程度，按现行设计和施工规范的要求，在拦河坝等大体积混凝土建筑物施工中，必须采取温度控制措施。在建筑工程概算编制中，凡大体积混凝土建筑物（指结构断面最小边长大于或等于3m）均需单列项计算温度控制措施费用。

为了防止混凝土出现裂缝，混凝土坝体内的最高温度必须严格加以控制，方法之一是限制混凝土搅拌机的出机口温度。在气温较高季节，混凝土在自然条件下的出机口温度往往超过施工技术规范规定的限度，此时，就必须采取人工降温措施，例如采用冷水喷淋预冷骨料或一次、二次风冷骨料，加片冰和（或）加冷水拌制混凝土等方法来降低混凝土的出机口温度。

控制混凝土最高温升的方法之二是，在坝体混凝土内预埋冷却水管，进行一、二期通水冷却。一期（混凝土浇筑后不久）通低温水以削减混凝土浇筑初期产生的水泥水化热温升。二期通水冷却，主要是为了满足水工建筑物接缝灌浆的要求。

以上这些温控措施，应根据不同工程的特点、不同地区的气温条件、不同结构物不同部位的温控要求等综合因素确定。

（1）温控措施费用计算基本资料。为计算大体积混凝土温控措施费用，需掌握以下基本资料：

1）工程所在地区的多年月平均气温、水温、寒潮降温幅度和次数等气象资料。

2）温控设计提出的坝体容许温差、混凝土控制出机温度和浇筑温度。

3）需采取加冰、加冷水拌制混凝土的时间及相应混凝土数量，拌制每立方米混凝土所需要加冰、加冷水的数量。

4）需采取骨料预冷措施的时间及相应的混凝土数量，骨料预冷的方式、预冷温度，每立方米混凝土骨料预冷消耗冷风、冷水数量。

5）坝体稳定温度、接缝灌浆时间，一、二期通低温水的时间、流量及水量。

6）各种制冷系统工艺流程、设备配置和制冷剂的消耗指标。

7）混凝土表面保护材料品种、规格及摊入每立方米混凝土的保护材料用量。

（2）混凝土温控措施费用计算步骤。

1）搜集上述基本资料。

2）根据不同标号混凝土的材料配合比，和相关资料的温度，可计算出混凝土的出机口温度。出机口混凝土温度一般由施工组织设计确定。若混凝土的出机口温度已确定，则可确定应预冷的材料温度，进而确定各项温控措施。

3）综合各项温控措施的分项单价，可计算出每$1m^3$混凝土的温控综合价（基本直接费）。

4）计算各分项温控措施的单价和坝体通水冷却单价。

5）分别计算各项温控措施单价。每立方米温控混凝土的温控措施单价等于该项措施制冷指标乘以制冷单价；坝体表面保护措施单价等于每立方米温控混凝土表面保护面积与保护材料安装单价的乘积；保护材料安装单价按建筑工程单价编制。

6）计算温控措施总单价。将每立方米温控混凝土不同温控措施单价分别乘该项措施温控混凝土占混凝土总量的比例，其总和即温控总单价。

由以上计算步骤可见，温控措施费用中不包括制冷系统及冷却水管费用。制冷系统费用包括在概算投资第四部分临时工程的其他临时工程费用内。冷却水管及其安装费用包括在建筑工程的“其他工程”项内。

8.3.3 机电设备及安装工程概算编制

机电设备及安装工程投资由设备费和安装工程费两部分组成。

设备费包括设备原价、运杂费、运输保险费和采购保管费。

1. 设备原价

以出厂价或设计单位分析论证后的询价为设备原价。

2. 运杂费

运杂费包括主要设备运杂费和其他设备运杂费，均按占设备原价的百分率计算。

（1）主要设备运杂费率，见表8.3。

表8.3　主要设备运杂费率表　%

设备分类		铁路		公路		公路直达基本费率
		基本运距1000km	每增运500km	基本运距100km	每增运20km	
水轮发电机组		2.21	0.30	1.06	0.15	1.01
主阀、桥机		2.99	0.50	1.85	0.20	1.33
主变压器	120000kVA及以上	3.50	0.40	2.80	0.30	1.20
	120000kVA以下	2.97	0.40	0.92	0.15	1.20

设备由铁路直达或铁路、公路联运时，分别按里程求得费率后叠加计算；如果设备由公路直达，应按公路里程计算费率后，再加公路直达基本费率。

（2）其他设备运杂费率，见表8.4。

表8.4　其他设备运杂费率表

类别	适用地区	费率/%
Ⅰ	北京、天津、上海、江苏、浙江、江西、安徽、湖北、湖南、河南、广东、山西、山东、河北、陕西、辽宁、吉林、黑龙江等省（直辖市）	3～5
Ⅱ	甘肃、云南、贵州、广西、四川、重庆、福建、海南、宁夏、内蒙古、青海等省（自治区、直辖市）	5～7

工程地点距铁路线近者费率取小值，远者取大值。新疆、西藏地区的设备运杂费率可视具体情况另行确定。

3. 运输保险费

按有关规定计算。

4. 采购及保管费

按设备原价、运杂费之和的0.7%计算。

5. 运杂综合费率

运杂综合费率=运杂费费率+(1+运杂费费率)×采购及保管费费率+运输保险费费率

上述运杂综合费率，适用于计算国产设备运杂费。进口设备的国内段运杂综合费率，按国产设备运杂综合费率乘以相应国产设备原价占进口设备原价的比例系数计算（即按相应国产设备价格计算运杂综合费率）。

6. 交通工具购置费

交通工具购置费指工程竣工后，为保证建设项目初期生产管理单位正常运行必须配备的车辆和船只所产生的费用。

交通设备数量应由设计单位按有关规定、结合工程规模确定，设备价格根据市场情况、结合国家有关政策确定。

无设计资料时，可按表8.5方法计算。除高原、沙漠地区外，不得用于购置进口、豪华车辆。灌溉田间工程不计此项费用。

计算方法：以第一部分建筑工程投资为基数，按表8.5的费率，以超额累进方法计算。

表8.5　　交通工具购置费费率表

第一部分建筑工程投资/万元	费率/%	辅助参数/万元
10000及以内	0.5	0
10000～50000	0.25	25
50000～100000	0.10	100
100000～200000	0.06	140
200000～500000	0.04	180
500000以上	0.02	280

简化计算公式：

交通工具购置费=第一部分建筑工程投资×该档费率+辅助参数

8.3.4 机电设备及安装工程概算计算的注意事项

（1）国产设备，以出厂价为原价。凡由国家各部委统一定价的的定型产品，采用正式颁发的现行出厂价格；非定型和非标准产品，采用与厂家签订的合同价（或提供的报价），也可由概算人员参照有关资料估价。

（2）进口设备，以到岸价和进口征收的关税、增值税、消费税、进出口公司手续费、商检费、港口费等项之和为原价。到岸价按与厂家签订的合同价计算，关税和手续费等按现行规定计算。其中关税、增值税、消费税目前按现行《中华人民共和国进出口关税条例》、中华人民共和国海关进出口税则和现行《海关进出口关税与代征税对照使用手册》执行。商检费按国家计委、财政部《国家计委、财政部关于发布进出口商品检验监察收费办法及收费标准的通知》(计价格〔1994〕794号)执行。

(3) 大型机组分块运至工地的拼装费用，应包括在设备原价内。

(4) 可行性研究和初设阶段，非定型非标准产品，一般不可能与厂家签订价格合同。设计单位可按向厂家索取的报价资料和当时的市场价格水平，分析论证后，确定设备原价。

(5) 由工地自行加工的金属结构，如闸门、拦污栅、压力钢管等。其价格应同于或低于外购价格，其中压力钢管应按《概算定额》计算。

8.3.5 金属结构设备及安装工程概算编制

金属结构设备及安装工程构成工程总概算的第三部分。

编制方法同第二部分机电设备及安装工程。

金属结构设备及安装工程，指各种永久水工建筑工程中的闸门、启闭机和拦污栅设备及安装，引水工程的压力钢管制作与安装，航运工程的升降机设备及安装。

(1) 起重设备及安装：水电站的起重设备是安装、运行和检修电站各种设备的起吊工具，包括的设备有桥式起重机、门式起重机、油压启闭机、卷扬式启闭机、螺杆式启闭机、电梯、轨道、滑触线。

(2) 闸门及安装：闭塞孔口，而又能开放孔口的堵水装置叫闸门，包括平板门、弧形门、船闸闸门、闸门埋件、闸门压重物、拦污栅、小型金属结构等的安装。

(3) 压力钢管制作及安装。

8.3.6 临时工程概算编制

在水利水电基本建设工程项目的施工准备阶段和建设过程中，为保证永久建筑安装工程的施工，按照施工进度的要求，需要修建的施工导流、施工交通、施工房屋建筑等临时工程的设施，统称为临时工程。

由于水利水电工程建设的特点，导致临时工程规模大、项目多、投资高。所以在《编制规定》中把临时工程划为一大部分。在编制概算时，应区别不同工程情况，根据施工组织设计确定的工程项目和工程量，分别采用工程量乘单价或扩大单位指标进行编制。

8.3.6.1 导流工程

导流工程按设计工程量乘以工程单价进行计算。

8.3.6.2 施工交通工程

施工交通工程按设计工程量乘以单价进行计算，也可根据工程所在地区造价指标或有关实际资料，采用扩大单位指标编制。

8.3.6.3 施工场外供电工程

根据设计的电压等级、线路架设长度及所需配备的变配电设施要求，采用工程所在地区造价指标或有关实际资料计算。

8.3.6.4 施工房屋建筑工程

施工房屋建筑工程包括施工仓库和办公、生活及文化福利建筑两部分。施工仓库，指为工程施工而临时兴建的设备、材料、工器具等仓库；办公、生活及文化福利建筑，指施工单位、建设单位、监理单位及设计代表在工程建设期所需的办公用房、宿舍、招待所和其他文化福利设施等房屋建筑工程。但不包括以下部分：列入临时设施和其他施工临时工程项目内的电、风、水，通信系统，砂石料系统，混凝土拌和及浇筑系统，木工、钢筋、机修等辅助加工厂，混凝土预制构件厂，混凝土制冷、供热系统，施工排水等生产用房。

1. 施工仓库

建筑面积由施工组织设计确定，单位造价指标根据当地相应建筑造价水平确定。

2. 办公、生活及文化福利建筑

（1）枢纽工程，按下列公式计算：

$$I=\frac{A\times U\times P}{N\times L}\times K_1\times K_2\times K_3$$

式中 I——房屋建筑工程投资；

A——建安工作量，按工程一至四部分建安工作量（不包括办公、生活及文化福利建筑和其他施工临时工程）之和乘以（1＋其他施工临时工程百分率）计算；

U——人均建筑面积综合指标，按 12～15m^2/人标准计算；

P——单位造价指标，参考工程所在地的永久房屋造价指标（元/m^2）计算；

N——施工年限，按施工组织设计确定的合理工期计算；

L——全员劳动生产率，一般按 80000～120000 元/(人·年)；施工机械化程度高取大值，反之取小值，采用掘进机施工为主的工程全员劳动生产率应适当提高；

K_1——施工高峰人数调整系数，取 1.10；

K_2——室外工程系数，取 1.10～1.15，地形条件差的可取大值，反之取小值；

K_3——单位造价指标调整系数，按不同施工年限，采用表 8.6 中的调整系数。

表 8.6　单位造价指标调整系数表

工期	系数	工期	系数
2 年以内	0.25	5～8 年	0.70
2～3 年	0.40	8～11 年	0.80
3～5 年	0.55		

（2）引水工程按一至四部分建安工作量的百分率计算（表 8.7）。

表 8.7　引水工程施工房屋建筑工程费率表

工期	百分率	工期	百分率
≤3 年	1.5%～2.0%	＞3 年	1.0%～1.5%

一般引水工程取中上限，大型引水工程取下限。

掘进机施工隧洞工程按表 8.7 中费率乘 0.5 调整系数。

（3）河道工程按一至四部分建安工作量的百分率计算（表 8.8）。

表 8.8　　河道工程施工房屋建筑工程费率表

工期	百分率	工期	百分率
≤3 年	1.5%～2.0%	>3 年	1.0%～1.5%

8.3.6.5　其他施工临时工程

按工程一至四部分建安工作量（不包括其他施工临时工程）之和的百分率计算。

（1）枢纽工程为 3.0%～4.0%。

（2）引水工程为 2.5%～3%。一般引水工程取下限，隧洞、渡槽等大型建筑物较多的引水工程、施工条件复杂的引水工程取上限。

（3）河道工程为 0.5%～1.5%。灌溉田间工程取下限，建筑物较多、施工排水量大或施工条件复杂的河道工程取上限。

8.3.7　独立费用概算编制

8.3.7.1　建设管理费

1. 枢纽工程

枢纽工程建设管理费以一至四部分建安工作量为计算基数，按表 8.9 所列费率，以超额累进方法计算。

表 8.9　　枢纽工程建设管理费费率表

一至四部分建安工作量/万元	费率/%	辅助参数/万元
50000 及以内	4.5	0
50000～100000	3.5	500
100000～200000	2.5	1500
200000～500000	1.8	2900
500000 以上	0.6	8900

简化计算公式为：建设管理费=一至四部分建安工作量×该档费率+辅助参数

2. 引水工程

引水工程建设管理费以一至四部分建安工作量为计算基数，按表 8.10 所列费率，以超额累进方法计算。原则上应按整体工程投资统一计算，工程规模较大时可分段计算。

表 8.10　　引水工程建设管理费费率表

一至四部分建安工作量/万元	费率/%	辅助参数/万元
50000 及以内	4.2	0
50000～100000	3.1	550
100000～200000	2.2	1450
200000～500000	1.6	2650
500000 以上	0.5	8150

3. 河道工程

河道工程建设管理费以一至四部分建安工作量为计算基数，按表 8.11 所列费率，以超额累进方法计算。原则上应按整体工程投资统一计算，工程规模较大时可分段计算。

表 8.11　　河道工程建设管理费费率表

一至四部分建安工作量/万元	费率/%	辅助参数/万元
10000 及以内	3.5	0
10000～50000	2.4	110
50000～100000	1.7	460
100000～200000	0.9	1260
200000～500000	0.4	2260
500000 以上	0.2	3260

8.3.7.2　工程建设监理费

按照国家发改委颁发的《建设工程监理与相关服务收费管理规定》（发改价格〔2007〕670 号）及其他相关规定执行。

8.3.7.3　联合试运转费

费用指标见表 8.12。

表 8.12　　联合试运转费用指标表

水电站工程	单机容量/万 kW	≤1	≤2	≤3	≤4	≤5	≤6	≤10	≤20	≤30	≤40	>40
	费用/(万元/台)	6	8	10	12	14	16	18	22	24	32	44
泵站工程	电力泵站/(元/kW)	50～60										

8.3.7.4　生产准备费

1. 生产及管理单位提前进厂费

（1）枢纽工程按一至四部分建安工程量的 0.15%～0.35%计算，大（1）型工程取小值，大（2）型工程取大值。

（2）引水工程视工程规模参照枢纽工程计算。

（3）河道工程、除险加固工程、田间工程原则上不计此项费用。若工程含有新建大型泵站、泄洪闸、船闸等建筑物时，按建筑物投资参照枢纽工程计算。

2. 生产职工培训费

按一至四部分建安工作量的 0.35%～0.55%计算。枢纽工程、引水工程取中上限，河道工程取下限。

3. 管理用具购置费

（1）枢纽工程按一至四部分建安工作量的 0.04%～0.06%计算，大（1）型工程取小值，大（2）型工程取大值。

（2）引水工程按建安工作量的 0.03%计算。

（3）河道工程按建安工作量的 0.02%计算。

4. 备品备件购置费

按设备费的0.4%～0.6%计算。大（1）型工程取下限，其他工程取中、上限。

注意：

（1）设备费应包括机电设备、金属结构设备以及运杂费等全部设备费。

（2）电站、泵站同容量、同型号机组超过一台时，只计算一台的设备费。

5. 工器具及生产家具购置费

按设备费的0.1%～0.2%计算。枢纽工程取下限，其他工程取中、上限。

8.3.7.5 科研勘测设计费

1. 工程科学研究试验费

按工程建安工作量的百分率计算。其中，枢纽和引水工程取0.7%，河道工程取0.3%。

灌溉田间工程一般不计此项费用。

2. 工程勘测设计费

项目建议书、可行性研究阶段的勘测设计费及报告编制费：执行国家发改委以发改价格［2006］1352号文颁布的《水利、水电工程建设项目前期工作工程勘察收费标准》和国家计委以计价格［1999］1283号文颁布的《建设项目前期工作咨询收费暂行规定》。

初步设计、招标设计及施工图设计阶段的勘测设计费：执行原国家计委、建设部以计价格［2002］10号文件颁布的《工程勘察设计收费标准》。

应根据所完成相应勘测设计工作阶段确定工程勘测设计费，未发生的工作阶段不计相应阶段勘测设计费。

8.3.7.6 其他

1. 工程保险费

按工程一至四部分投资合计的4.5‰～5.0‰计算，田间工程原则上不计此项费用。

2. 其他税费

按国家有关规定计取。

项目实施：

【例8.2】由国家投资兴建的某大型水电站位于四川省（六类工资区）某县的边远山区，需要安装4台水轮机，其型号为HL286－LJ－800，调速器为DT－150，油压装置为YS-8，全套设备自重1750t（其中主机自重1680t），全套设备平均出厂价为3.0万元/t。电站水轮机用透平油总计为1000t，透平油预算价格为6.0元/kg，运杂费率为6.5%，运输保险费率0.4%，试求一台水轮机的设备费。

解：（1）设备出厂价＝3×1750＝5250.00（万元）

（2）运杂费＝5250×6.5%＝341.25（万元）

（3）运输保险费＝5250×0.4%＝21.00（万元）

（4）采购及保管费＝(5250＋341.25)×0.7%＝39.14（万元）

（5）透平油价款＝(1000÷4）×0.60＝150.00（万元）

水轮机的设备费为：5801.39万元/台。

【例8.3】各部分工程概算表见表8.13～表8.17。

表 8.13　　　　　　　　　　　　第一部分　建筑工程概算表

编号	工程或费用名称	单位	数量	单价/元	合计/万元
Ⅰ	第一部分　建筑工程				65824.49
一	挡水工程				32969.53
(一)	混凝土重力坝工程				32969.53
1	大坝基础砂砾石开挖	m^3	15352	18.24	28.00
2	一般石方开挖	m^3	135469	61.49	833.00
3	M7.5浆砌石挡土墙	m^3	5364	286.82	153.85
4	进水口侧木模板制安	m^2	1532684	127.67	19567.78
5	C10内部混凝土	m^3	226548	283.58	6424.45
6	C30防渗混凝土	m^3	9256	564.34	522.35
7	C25外部混凝土	m^3	24698	412.53	1018.87
8	C20廊道混凝土	m^3	1436	384.31	55.19
9	钢筋制安	t	1300	6755.58	878.23
10	基础固结灌浆	m	5400	381.52	206.02
11	基础帷幕灌浆	m	48700	552.97	2692.96
12	细部结构	m^3	261938	22.48	588.84
二	泄水工程				30517.56
(一)	溢洪道工程				30517.56
1	基础土方开挖（Ⅲ）	m^3	15352	15.34	23.55
2	基础岩石开挖	m^3	135469	61.49	833.00
3	M7.5浆砌石	m^3	5364	286.82	153.85
4	模板制作与安装	m^2	1532684	118.54	18168.44
5	C25混凝土	m^3	226548	412.53	9345.78
6	C30溢流面混凝土	m^3	9256	564.34	522.35
7	钢筋制安	t	1300	6755.58	878.23
8	细部结构	m^2	235804	25.12	592.36
三	房屋建筑工程				1112.55
	生产、办公用房	m^2	6500	1000	650.00
	值班宿舍及文化福利建筑工程	%	0.5	63487.09	317.44
	室外工程	%	15	967.44	145.12
四	供电线路工程				197.00
	10kV线路（LGJ－90）	km	21.5	80000	172.00
	10kV间隔	套	1	250000	25.00
五	其他建筑工程				1027.85
1	安全监测设施工程	%	1.2	63487.09	761.85
2	通讯线路工程	项	1	1000000	100.00
3	照明线路工程	km	22	30000	66.00
4	其　他	项	1	1000000	100.00

注　1. 细部结构的工程量为其上级项目所对应的相关工程量，以混凝土重力坝工程为例，查水工建筑物细部结构指标表，该部分的工程量应为混凝土，基本直接费单价为16.2元/m^3，所以该部分的工程量应为226548＋9256＋24698＋1436＝261938（m^3），工程单价应为16.2×(1＋8.2%)×(1＋8%)×(1＋7%)×(1＋11%)＝22.48（元/m^3）。

2. 计算中涉及的相关费率一般根据工程实际情况确定。

表 8.14　　第二部分　机电设备及安装工程概算表

编号	名称及规格	单位	数量	单价/元		合计/万元	
				设备费	安装费	设备费	安装费
Ⅱ	第二部分　机电设备及安装工程					11661.74	1431.81
一	发电设备及安装工程					10689.99	1154.41
（一）	水轮机设备及安装工程					1356.36	156.66
1	水轮机	台	6	1855000	213700	1113.00	128.22
2	调速器	台	6	405600	47400	243.36	28.44
（二）	发电机设备及安装					3347.61	450.22
1	发动机	台	6	5579350	750370	3347.61	450.22
（三）	主阀设备及安装					213.50	41.14
1	蝶阀	套	7	305000	58765.27	213.50	41.14
（四）	起重设备及安装					3542.19	450.94
（五）	水利辅助设备安装					348.89	40.85
1	油系统	项	5	122200	8500.35	61.10	4.25
2	压气系统	项	5	103500	7980.84	51.75	3.99
3	水系统	项	5	165000	20472.65	82.50	10.24
4	其他	项	1	1535400	223700.01	153.54	22.37
（六）	电气设备及安装					1881.44	14.60
1	控制保护系统	项	8	2351800	49.3	1881.44	0.04
2	电缆	km	9.35		13256.94		12.40
3	母线	m/单相	90		240	0.00	2.16
二	升压变电设备及安装工程					870.31	138.78
（一）	主变压器设备及安装工程					324.62	55.76
（二）	高压电气设备及安装工程					420.35	60.18
（三）	一次拉线及其他安装工程					125.34	22.84
三	公用设备及安装工程					101.44	138.62
（一）	通信设备及安装工程					20.24	2.11
（二）	通风采暖设备及安装工程					5.32	1.55
（三）	机修设备及安装工程					9.98	0.00
	车床	台	2	15320		3.06	
	刨床	台	2	24600		4.92	
	钻床	台	2	10000		2.00	
（四）	计算机监控系统					30.54	2.85
（五）	工业电视系统					10.23	2.34
（六）	管理自动化系统					12.55	2.54
（七）	全厂接地及保护网						123.49
（八）	电梯设备及安装工程					12.58	3.74

表 8.15　　　　第三部分　金属结构设备及安装工程概算表

编号	规格及名称	单位	数量	单价/元		合计/万元	
				设备费	安装费	设备费	安装费
	第三部分金属结构设备及安装工程					1140.31	160.54
一	挡水工程					536.72	91.33
(一)	工作门					417.70	64.56
1	工作门设备及安装					333.70	45.07
	钢筋混凝土闸门拆除	t	280		50		1.40
	平面定轮钢闸门制作安装（7扇）	t	234	10500	1054	245.70	24.66
	闸门埋件制作安装（7孔）	t	80	11000	2376	88.00	19.01
2	启闭设备及安装					84.00	19.49
	QPQ-250kN卷扬启闭机	台	20	42000	7493	84.00	14.99
	老启闭机拆除	台	20		2248	0.00	4.50
(二)	检修闸工程					85.63	16.55
1	闸门设备及安装					82.00	10.93
2	启闭设备及安装					3.63	5.62
(三)	拦污设备及安装					33.39	10.22
1	拦污栅栅体（7台）	t	27	10200	3200	27.54	8.64
2	拦污栅埋件	t	4.5	13000	3500	5.85	1.58
二	泄洪工程					266.99	30.59
(一)	工作门					203.06	23.42
1	工作门设备及安装					148.62	19.18
2	启闭设备及安装					54.44	4.24
(二)	检修闸工程					63.93	7.17
1	闸门设备及安装					60.30	4.75
2	启闭设备及安装					3.63	2.42
三	船运工程					336.60	38.62
(一)	船闸上闸首					161.51	19.10
1	工作门					109.46	12.54
(1)	工作门设备及安装					91.53	8.93
(2)	启闭设备及安装					17.93	3.61
2	输水门					21.76	5.85
(1)	工作门设备及安装					12.15	1.81
(2)	启闭设备及安装					9.61	4.04
3	检修门工程					30.29	0.71
(1)	闸门设备及安装					30.29	0.71
(二)	船闸下闸首					153.09	19.52
1	工作门					115.60	13.19
(1)	工作门设备及安装					97.67	9.58

续表

编号	规 格 及 名 称	单位	数量	单价/元		合计/万元	
				设备费	安装费	设备费	安装费
(2)	启闭设备及安装					17.93	3.61
2	输水门					21.76	5.85
(1)	工作门设备及安装					12.15	1.81
(2)	启闭设备及安装					9.61	4.04
3	检修闸工程					15.73	0.48
(1)	闸门设备及安装					15.73	0.48
(三)	液压系统	套	2	110000		22.00	

表 8.16　　　　第四部分　施工临时工程概算表

编号	工程或费用名称	单位	数量	单价/元	合计/万元
	第四部分　临时工程				3002.14
一	导流工程				191.50
1	浅孔闸施工围堰				97.75
	上下游围堰填筑 74kW 推土机Ⅲ-20m（利用方）	m^3	40000	1.62	6.48
	上下围堰填筑 $1m^3$ 挖掘机挖 5t 自卸汽车运Ⅲ-1km	m^3	30000	10.95	32.85
	上下游围堰填筑 74kW 推土机Ⅲ-20m	m^3	30000	1.62	4.86
	上下游围堰拆除 $200m^3$ 绞吸式挖泥船Ⅲ-900m，$H=5m$	m^3	70000	6.66	46.62
	挖泥船开工展布	次	1	39147.00	3.91
	挖泥船收工集合	次	1	21459.00	2.15
	排泥管安装拆除	m	600	14.61	0.88
2	深孔闸施工围堰				44.21
	上游围堰填筑 74kW 推土机Ⅲ-20m	m^3	17800	1.62	2.88
	上游围堰拆除 $200m^3$ 绞吸式挖泥船Ⅲ-900m，$H=5m$	m^3	17800	6.66	11.85
	冲填区围堰利用土方压实	m^3	80000	3.06	24.48
	退水口	处	1	50000.00	5.00
3	井点降水				49.54
	井点管安拆	根	573	102.80	5.89
	排水台班	台班	3420	127.63	43.65
二	施工交通工程				20.50
	进场泥结碎石道路（宽 6m）	km	1.45	100000	14.50
	上游下基坑泥结碎石道路（宽 3.5m）	km	1.0	60000	6.00
三	施工房屋建筑工程				679.98
1	施工仓库	m^2	1800.0	200	36.00
2	办公生活及文化福利建筑	万元			643.98
四	其他施工临时工程	万元	70338.77	3%	2110.16

注　办公生活及文化福利建筑费用的计算，该枢纽工程是使用公式计算的。

$A=(65824.49+1431.81+160.54+191.50+20.50+36.00)\times(1+3\%)=69694.79$(万元)。

$U=12m^2$；$P=600$ 元$/m^2$；$N=3$；$L=120000$；$K_1=1.1$；$K_2=1.05$；$K_3=0.4$。

其他临时工程的计算基数为：69694.79+643.98=70338.77（万元）。

表 8.17　　　　　　　　　　第五部分　独立费用概算表

编号	工程或费用名称	单位	计算公式	合计/万元
	第五部分　独立费用	万元		11242.42
一	建设管理费	万元	70418.98×3.5%+500	2964.66
二	工程建设监理费	万元	1088.23×1.2×0.85×1	1109.99
三	联合试运转费（3.6 万 kW/台）	万元	6×12	72.00
四	生产准备费	万元		586.37
1	生产及管理单位提前进场费	万元	70418.98×0.25%	176.05
2	生产职工培训费	万元	70418.98×0.45%	316.89
3	管理用具购置费	万元	70418.98×0.05%	35.21
4	备品备件购置费	万元	(12802.05−3717.175) ×0.5%	45.42
5	工器具及生产家具购置费	万元	12802.05×0.1%	12.80
五	科研勘测设计费	万元		6083.29
1	工程科学研究试验费	万元	70418.98×0.7%	492.93
2	工程勘测设计费（包括前期勘察、前期咨询、勘察和设计）	万元	(866.78×1.4×1×1.2)+(86.2×1.2×1)+(1669.73×1.4×1×0.85)+(1669.73×1.2×0.85×1.2)	5590.36
六	其他	万元		426.11
1	工程保险费	万元	83221.03×5‰	416.11
2	其他税费	万元	估	10.00

注　1. 一至四部分建安工作量为 65824.49+1431.81+160.54+3002.14=70418.98（万元）。

2. 设备费合计为 11661.74+1140.31=12802.05（万元）。

3. 每台水轮发电机组的设备费为 185.5+557.935=743.435（万元）。

4. 监理费基价插值计算：

(1255.8 − 991.4)×(70419.98 − 60000)/(80000 − 60000)+991.4 = 1083.23(万元)。

5. 一至四部分投资之和为 70418.98+12802.05=83221.03（万元）。

想一想　练一练：

1. 根据以下工程背景资料，计算工程的独立费用并计入表 8.18。某水利堤防工程一至四部分工程投资计算如下：建筑工程为 8359.64 万元；金属结构设备费为 387.35 万元，金属结构设备安装费为 42.84 万元；施工临时工程（建筑）为 150.27 万元。

该工程的对区间取费均取费率最小值。

表 8.18　　　　　　　　　　独立费用计算表

序号	工程或费用名称	单位	数量	单价/元	合计/万元
一	建设管理费				
二	工程建设监理费				210.87
三	联合试运转费				0
四	生产准备费				
1	生产及管理单位提前进厂费				
2	生产职工培训费				
3	管理用具购置费				

续表

序号	工程或费用名称	单位	数量	单价/元	合计/万元
4	备品备件购置费				
5	工器具及生产家具购置费				
五	科研勘测设计费				
1	工程科学研究试验费				
2	工程勘测设计费				278.55
六	其他				
1	工程保险费				
2	其他税费				0
	合计				

2. 根据以下工程背景资料计算工程的独立费用并计入表 8.19。某水利枢纽工程一至四部分工程投资计算如下：建筑工程为 28463.35 万元；机电设备费为 4564.54 万元，机电设备安装费为 1682.34 万元；金属结构设备费为 3544.48 万元，金属结构设备安装费为 846.21 万元；施工临时工程（建筑）为 3157.57 万元。该工程安装 6 台 35 万 kW 的水轮发电机组（型号相同），300 万元/台套。

该工程的区间取费均取费率中值（最大最小值之和除以 2）。

表 8.19　　　　独立费用计算表

序号	工程或费用名称	单位	数量	单价/元	合计/万元
一	建设管理费				
二	工程建设监理费				715.28
三	联合试运转费				
四	生产准备费				
1	生产及管理单位提前进厂费				
2	生产职工培训费				
3	管理用具购置费				
4	备品备件购置费				
5	工器具及生产家具购置费				
五	科研勘测设计费				
1	工程科学研究试验费				
2	工程勘测设计费				862.37
六	其他				
1	工程保险费				
2	其他税费				0
	合计				

3. 根据以下工程背景资料，计算工程的独立费用并计入表 8.20。某水利枢纽工程一至四部分工程投资计算如下：建筑工程为 50586 万元；机电设备费为 693.60 万元，机电设备安装费为 329.78 万元；金属结构设备费为 568.48 万元，金属结构设备安装费为 158.46 万元；施工临时工程（建筑）为 526.37 万元。水电站水轮机单机容量 10 万 kW，配备 6 台。

该工程的区间取费均取下限。

表 8.20　　独立费用计算表

序号	工程或费用名称	单位	数量	单价/元	合计/万元
一	建设管理费				
二	工程建设监理费				890.34
三	联合试运转费				
四	生产准备费				
1	生产及管理单位提前进厂费				
2	生产职工培训费				
3	管理用具购置费				
4	备品备件购置费				
5	工器具及生产家具购置费				
五	科研勘测设计费				
1	工程科学研究试验费				
2	工程勘测设计费				1350.61
六	其他				
1	工程保险费				
2	其他税费				0
	合计				

知识拓展：

大体积混凝土温度控制措施费用计算见表 8.21～表 8.29。

表 8.21　　混凝土出机口温度计算表

序号	材料	重量 G /(kg/m³)	比热 C /[kJ/(kg·℃)]	温度 t /℃	$G\times C=P$ /[kJ/(m³·℃)]	$G\times C\times t=Q$ /(kJ/m³)
1	水泥及粉煤灰		0.796	$t_1=T+15$		
2	砂		0.963	$t_2=T-2$		
3	石子		0.963	t_3		
4	砂的含水		4.2	$t_4=t_2$		
5	石子含水		4.2	$t_5=t_3$		
6	拌和水		4.2			

续表

序号	材料	重量 G /(kg/m³)	比热 C /[kJ/(kg·℃)]	温度 t /℃	$G\times C=P$ /[kJ/(m³·℃)]	$G\times C\times t=Q$ /(kJ/m³)
7	片冰		2.1 潜热 335			$Q_7=-335G_7$
8	机械热					Q_8
合　计		出机口温度 $t_c=\sum Q/\sum P$			$\sum P$	$\sum Q$

注 1. 表中"T"为月平均气温,℃。石子的自然温度可取与"T"值。

2. 砂子含水率可取5%。

3. 风冷骨料的石子含水率可取0。

4. 淋水预冷骨料脱水后的石子含水率可取0.75%。

5. 混凝土拌和机械热取值：常温混凝土 $Q_8=2094\text{kJ/m}^3$，14℃混凝土 $Q_8=4187\text{kJ/m}^3$，7℃混凝土 $Q_8=6281\text{kJ/m}^3$。

6. 若给定了出机口温度、加冷水和加片冰量，则可按下式确定石子的冷却温度：

$$t_3=\frac{t_c\sum p-Q_1-Q_2-Q_4-Q_5-Q_6-Q_8+335G_7}{0.963G_3}$$

表 8.22　　　　混凝土预冷综合单价计算表　　　　定额单位：m³

序号	项　目	单位	数量 G	材料温度/℃			分项措施单价 M	复价/元 $G\times\Delta t\times M$
				初温 t_0	终温 t_i	降幅 $\Delta t=t_0-t_i$		
1	制冷水	kg					元/(kg·℃)	
2	制片冰	kg					元/kg	
3	冷水喷淋骨料	kg					元/(kg·℃)	
4	一次风冷骨料	kg					元/(kg·℃)	
5	二次风冷骨料	kg					元/(kg·℃)	
合计								

注 1. 冷水喷淋预冷内料和一次风冷骨料，两者择其一，不得同时计费。

2. 根据混凝土出机口温度计算，骨料最终温度大于8℃时，一般可不必进行二次风冷。有时二次风冷是为了保温。

3. 一次风冷或水冷石子的初温可取月平均气温值。

4. 一次风冷或水冷之后，骨料转运到二次风冷料仓过程中，温度回升值可取1.5～2℃。

表 8.23　　　　制 冷 水 单 价

适用范围：冷水厂

工作内容：28℃河水、制2℃冷水、送出。　　　　定额单位：100t冷水

项　目	单位	冷水产量/(t/h)					
		2.4	5.0	7.0	10.0	20.0	40.0
中级工	工时	61	30	24	15	8	4
初级工	工时	128	60	54	45	30	18
合　计	工时	189	90	78	60	38	22

续表

项　目	单位	冷水产量/(t/h)					
		2.4	5.0	7.0	10.0	20.0	40.0
水	m^3	220	220	220	220	220	220
氟利昂	kg	0.50	0.50	0.50	0.50	0.50	0.50
冷冻机油	kg	0.70	0.70	0.70	0.70	0.70	0.70
其他材料费	%	2	2	2	2	2	2
螺杆式冷水机组 LSLGF100	台时	42					
螺杆式冷水机组 LSLGF200	台时		20				
螺杆式冷水机组 LSLGF300	台时			14			
螺杆式冷水机组 LSLGF500	台时				10		
螺杆式冷水机组 LSLGF1000	台时					5	
螺杆式冷水机组 LSLGF2000	台时						2.5
水泵　5.5kW	台时	42	20				
水泵　11kW	台时	84		14	10	5	5
水泵　15kW	台时		40	36	30	10	
水泵　30kW	台时					10	13
玻璃钢冷却塔　NBL-500	台时	4	4	4	4	4	4
其他机械费	%	5	5	5	5	5	5
编　号							

表 8.24　　对不同出水温度机械台时乘系数 *K*

出水温度/℃	2	5	6	7	8	9	10	11	12
系数 K	1.00	0.78	0.71	0.65	0.60	0.55	0.51	0.47	0.44

表 8.25　　制片冰单价

适用范围：混凝土系统拌冰加冰

工作内容：用 2℃冷水制～8℃片冰储存、送出。　　定额单位：100t 片冰

项　目	单　位	片冰产量/(t/d)			
		12	25	50	100
中级工	工时	300	144	72	36
初级工	工时	900	720	504	324
合　计	工时	1200	864	576	360
2℃冷水	m^3	105	105	105	105
水	m^3	700	700	700	700
氨　液	kg	18	18	18	18
冷冻机油	kg	7	7	7	7
其他材料费	%	5	5	5	5
片冰机　PBL15/d	台时	200			

续表

项　目	单　位	片冰产量/(t/d)			
		12	25	50	100
片冰机　PBL30/d	台时		96	96	96
储冰库　30t	台时		96	48	
储冰库　60t	台时				24
螺杆式氨泵机组 ABLG55Z	台时			48	24
螺杆式氨泵机组 ABLG100Z	台时		96	96	96
螺杆式冷凝机组 NJLG30Z	台时	400	96		
水泵 6.5kW	台时	400	96	48	
水泵　15kW	台时		96		24
水泵　30kW	台时			48	48
玻璃钢冷却增 NBL－500	台时	20	20	20	20
输冰胶带机 N＝500，L＝50m	台时	200	96	96	48
其他机械费	%	5	5	5	5
编　号					

表 8.26　　冷水喷淋预冷骨料单价

适用范围：2～4℃冷水喷淋，将骨料顶冷至 8～16℃

工作内容：制冷水、喷淋、回收、排渣、骨料脱水。　　定额单位：100t 骨料降温 10℃

项　目	单位	预冷骨料量/(t/h)	
		200	400
中级工	工时	3	2
初级工	工时	3	2
合　计	工时	6	4
水	m^3	43	43
氟利昂	kg	0.20	0.20
冷冻机油	kg	0.20	0.20
其他材料费	%	10	10
螺杆式冷水机组 LSLGF500	台时	0.36	
螺杆式冷水机组 LSLGF1000	台时	0.72	0.89
水泵 7.5kW	台时	0.36	0.36
水泵　15kW	台时	1.07	1.07
水泵　30kW	台时	1.44	1.25
衬胶泵　17kW	台时	0.72	0.72
玻璃钢冷却塔　NBL－500	台时	0.72	0.72
输冰胶带机 B＝1000，L＝40m	台时	0.72	0.89
输冰胶带机 B＝1400，L＝170m	台时	0.36	0.36
圆振动筛　2400×6000	台时	0.36	0.36
其他机械费	%	5	5
编　号			

表 8.27　　　　　　　　　　冷水喷淋预冷内料单价

适用范围：在料仓内用冷风将骨料顶冷至 8～16℃

工作内容：制冷、鼓风、回风、骨料冷却　　　　　　　　定额单位：100t 骨料降温 10℃

项　目	单位	预冷骨料量/(t/h)	
		200	400
中级工	工时	3	2
初级工	工时	3	2
合　计	工时	6	4
水	m^3	21	21
氨　液	kg	0.84	0.84
冷冻机油	kg	0.20	0.20
其他材料费	%	10	10
螺杆压缩机 LG20A250G	台时	1.11	1.11
卧式冷凝器　WNA－300	台时	1.11	1.11
氨贮液器 ZA－4.5	台时	1.11	1.11
空气冷却器　GKL－1250	台时	1.11	1.11
离心式风机　55kW	台时	1.11	
离心式风机　75kW	台时		0.56
水泵　75kW	台时	0.56	0.56
玻璃钢冷却培　NBL－500	台时	0.56	0.56
其他机械费	%	17	17
编　号			

表 8.28　　　　　　　　　　二次风冷内料单价

适用范围：在料仓内用冷风将骨料顶冷至 0～2℃

工作内容：制冷、鼓风、回风、骨料冷却　　　　　　　　定额单位：100t 骨料降温 10℃

项　目	单位	预冷骨料量/(t/h)	
		200	400
中级工	工时	2.0	1
初级工	工时	2.5	2
合　计	工时	4.5	3
水	m^3	38	38
氨　液	kg	1.50	1.50
冷冻机油	kg	0.40	0.40
其他材料费	%	10	10
螺杆式氨泵机组 ABLG100Z	台时	2	
氨螺杆压缩机 LG20A200G	台时		2
卧式冷凝器　WNA－300	台时		2
氨贮液器 ZA－4.5	台时	1	2
空气冷却器　GKL－1000	台时	2	2
离心式风机　55kW	台时	2	

续表

项　目	单位	预冷骨料量/(t/h)	
		200	400
离心式风机　75kW	台时		1
水泵　55kW	台时	1	
水泵 75kW	台时		1
玻璃钢冷却培　NBL-500	台时	1	1
其他机械费	%	5	17
编　号			

表 8.29　　**坝体通水冷却单价**

适用范围：需要通水冷却的坝体混凝土

工作内容：冷却水管埋设、通水、观测、混凝土表面保护。　　定额单位：$100m^3$ 混凝土

项　目	单　位	冷却水管间路/(m×m)			
		1×1.5	1.5×1.5	2×1.5	3×3
中级工	工时				
初级工	工时	60	40	30	10
合　计	工时	60	40	30	10
钢管（冷却水管）	kg	240	160	120	40
低温水（一期冷却）温升 5℃	m^3	120	80	60	20
水（二期冷却）	m^3	700	466	350	120
表面保护材料	m^2	50	50	50	50
其他材料费	%	5	5	5	5
电焊机　交流 20kVA	台时	3	2	1.5	0.5
水　泵	台时				
其他机械费	%	20	20	20	20
编　号					

【例 8.4】某水电站的挡水建筑物为混凝土重力坝，坝后式厂房，装机容量 120 万 kW，主体工程大体积混凝土总量为 300 万 m^2，其中需采取温控措施的混凝土为 120 万 m^2。当地夏季（5—9 月）月平均气温 24.5℃，温控设计要求混凝土出机口温度为 1℃，采用冷风预冷骨料，加冰和加冷水拌制混凝土，坝体混凝土一期通河水、二期通低温水冷却等温控措施，试计算其混凝土温控单价。

解：（1）确定降温幅度。

$$24.5-10=14.5\ (℃)$$

（2）按相应表格计算各项温控措施单价。

1）预冷骨料：750×0.007=5.25（元/m^3）

2）加冰加冷水：0.05×100+0.05×7=5.35（元/m^3）

3）坝体混凝土冷却通水：0.37×0.5+1×7=7.19（元 t/m³）

4）各项温控费用合计单价：5.25+5.35+7.19=17.79（元/m³）

5）综合平均每立方米混凝土所需温控单价：

$$17.79\times120\div300=7.12\text{（元/m}^3\text{）}$$

任务 8.4　工程总概算表的编制

学习目标：

1. 知识目标：①水利工程总概算的概念；②水利工程总概算中基本预备费、价差预备费、静态总投资、分年度投资、资金流量、建设期融资利息的概念。

2. 技能目标：①会计算水利工程总概算中基本预备费、价差预备费、静态总投资、分年度投资、资金流量、建设期融资利息；②会填写水利工程总概算表。

3. 素质目标：①认真仔细的工作态度；②严谨的工作作风；③遵守编制规定的要求。

项目任务：学习水利工程总概算的计算。

项目描述：水利工程总概算计算中包括基本预备费、价差预备费、静态总投资、分年度投资、资金流量、建设期融资利息，所有计算都有不同的规定，计算中要严格按照编制规定的相关要求进行。

知识平台：

8.4.1　总概算表的主要内容

8.4.1.1　工程概算总表

工程概算总表是由工程部分投资、建设征地移民补偿投资、环境保护工程投资和水土保持工程投资四部分汇总而成，见表 8.30。

表 8.30　　**工 程 概 算 总 表**　　单位：万元

序号	工程或费用名称	建安工程费	设备购置费	独立费用	合计
Ⅰ	工程部分投资 第一部分　建筑工程 …… 第二部分　机电设备及安装工程 …… 第三部分　金属结构设备及安装工程 …… 第四部分　施工临时工程 …… 第五部分　独立费用 …… 一～五部分投资合计 基本预备费 静态投资				

续表

序号	工程或费用名称	建安工程费	设备购置费	独立费用	合计
Ⅱ	建设征地移民补偿投资				
一	农村部分补偿费				
二	城（集）镇部分补偿费				
三	工业企业补偿费				
四	专业项目补偿费				
五	防护工程费				
六	库底清理费				
七	其他费用				
	一～七项小计				
	基本预备费				
	有关税费				
	静态投资				
Ⅲ	环境保护工程投资				
	静态投资				
Ⅳ	水土保持工程投资				
	静态投资				
Ⅴ	工程投资总计（Ⅰ～Ⅳ项合计）				
	静态总投资				
	价差预备费				
	建设期融资利息				
	总投资				

8.4.1.2 概算表

工程总概算包括工程部分总概算表、建筑工程概算表、设备及安装工程概算表、分年度投资表、资金流量表。

1. 总概算表

工程部分总概算表是概算文件的总表，反映出拟建工程的建安工程费、设备购置费、独立费用、预备费、建设期融资利息、静态总投资和总投资。按项目划分的五部分填表并列至一级项目，一般以万元为单位，精确到小数点后两位。

按项目划分的五部分填表并列至一级项目。五部分之后的内容为：一至五部分投资合计、基本预备费、静态总投资，见表 8.31。

表 8.31　　工程部分总概算表　　单位：万元

序号	工程或费用名称	建安工程费	设备购置费	独立费用	合计	占一至五部分投资比例/%
	各部分投资					
	一～五部分投资合计					
	基本预备费					
	静态投资					

2. 建筑工程概算表

按项目划分列示至三级项目。

本表适用于编制建筑工程概算、施工临时工程概算和独立费用概算，见表 8.32。

表 8.32　　建筑工程概算表

序号	工程或费用名称	单位	数量	单价/元	合计/万元

3. 设备及安装工程概算表

按项目划分列示至三级项目。

本表适用于编制机电和金属结构设备及安装工程概算，见表 8.33。

表 8.33　　设备及安装工程概算表

序号	名称及规格	单位	数量	单价/元		合计/万元	
				设备费	安装费	设备费	安装费

8.4.2 分年度投资计算

分年度投资是根据施工组织设计确定的施工进度和合理工期而计算出的工程各年度预计完成的投资额。

1. 建筑工程

(1) 建筑工程分年度投资表应根据施工进度的安排，对主要工程按各单项工程分年度完成的工程量和相应的工程单价计算。对于次要的和其他工程，可根据施工进度，按各年所占完成投资的比例，摊入分年度投资表。

(2) 建筑工程分年度投资的编制可视不同情况按项目划分列至一级项目或二级项目，分别反映各自的建筑工程量。

2. 设备及安装工程

设备及安装工程分年度投资应根据施工组织设计确定的设备安装进度计算各年预计完成的设备费和安装费。

3. 费用

根据费用的性质和费用发生的时段，按相应年度分别进行计算。

按表 8.34 编制分年度投资表，可视不同情况按项目划分列示至一级项目或二级项目。

表 8.34　　分年度投资表　　单位：万元

序号	项目	合计	建设工期/年							
			1	2	3	4	5	6	…	…
Ⅰ	工程部分投资									
一	建筑工程									
1	建筑工程									

续表

序号	项目	合计	建设工期/年							
			1	2	3	4	5	6	…	…
	×××工程（一级项目）									
2	施工临时工程									
	×××工程（一级项目）									
二	安装工程									
1	机电设备安装工程									
	×××工程（一级项目）									
2	金属结构设备安装工程									
	×××工程（一级项目）									
三	设备购置费									
1	机电设备									
	×××设备									
2	金属结构设备									
	×××设备									
四	独立费用									
1	建设管理费									
2	工程建设监理费									
3	联合试运转费									
4	生产准备费									
5	科研勘测设计费									
6	其他									
	一至四项合计									
	基本预备费									
	静态投资									
Ⅱ	建设征地移民补偿投资									
	……									
	静态投资									
Ⅲ	环境保护工程投资									
	……									
	静态投资									
Ⅳ	水土保持工程投资									
	……									
	静态投资									
Ⅴ	工程投资总计（Ⅰ～Ⅳ合计）									
	静态总投资									
	价差预备费									
	建设期融资利息									
	总投资									

8.4.3 资金流量表的编制

资金流量是为满足工程项目在建设过程中各时段的资金需求，按工程建设所需资金投入时间计算的各年度使用的资金量。资金流量表的编制以分年度投资表为依据，按建筑安装工程、永久设备购置费和独立费用三种类型分别计算。本资金流量计算办法主要用于初步设计概算。

1. 建筑及安装工程资金流量

（1）建筑工程可根据分年度投资表的项目划分，考虑各年度建筑工作量作为计算资金流量的依据。

（2）资金流量是在原分年度投资的基础上，考虑预付款、预付款的扣回、保留金和保留金的偿还等编制出的分年度资金安排。

（3）预付款一般可划分工程预付款和工程材料预付款两部分。

1）工程预付款按划分的单个工程项目的建安工作量的10%～20%计算，工期在3年以内的工程全部安排在第一年，工期在3年以上的可安排在前两年。工程预付款的扣回从完成建安工作量的30%起开始，按完成建安工作量的20%～30%扣回至预付款全部回收完毕为止。

对于需要购置特殊施工机械设备或施工难度较大的项目，工程预付款可取大值，其他项目取中值或小值。

2）工程材料预付款。水利工程一般规模较大，所需材料的种类及数量较多，提前备料所需资金较大，因此考虑向施工企业支付一定数量的材料预付款。可按分年度投资中次年完成建安工作量的20%在本年提前支付，并于次年扣回，以此类推，直至本项目竣工。

（4）保留金。水利工程的保留金，按建安工作量的2.5%计算。在计算概算资金流量时，按分项工程分年度完成建安工作量的5%扣留至该项工程全部建安工作量的2.5%时终止（即完成建安工作量的50%时），并将所扣的保留金100%计入该项工程终止后一年（如该年已超出总工期，则此项保留金计入工程的最后一年）的资金流量表内。

2. 永久设备购置费资金流量

永久设备购置费资金流量计算，划分为主要设备和一般设备两种类型分别计算。

（1）主要设备的资金流量计算，主要设备为水轮发电机组、大型水泵、大型电机、主阀、主变压器、桥机、门机、高压断路器或高压组合电器、金属结构闸门启闭机设备等。按设备到货周期确定各年资金流量比例，具体比例见表8.35。

表8.35　主要设备资金流量比例表

年份 到货周期	第1年	第2年	第3年	第4年	第5年	第6年
1年	15%	75%①	10%			
2年	15%	25%	50%①	10%		
3年	15%	25%	10%	40%①	10%	
4年	15%	25%	10%	10%	30%①	10%

① 数据的年份为设备到货年份。

（2）其他设备。其资金流量按到货前一年预付 15%定金，到货年支付 85%的剩余价款。

3. 独立费用资金流量

独立费用资金流量主要是勘测设计费的支付方式应考虑质量保证金的要求，其他项目则均按分年度投资表中的资金安排计算。

（1）可行性研究和初步设计阶段的勘测设计费按合理工期分年平均计算。

（2）施工图设计解读勘测设计费的 95%按合理工期分年平均计算，其余 5%的勘测设计费作为设计保证金，计入最后一年的资金流量表内。

需要编制资金流量表的项目可按表 8.36 编制。

可视不同情况按项目划分列示至一级项目或二级项目。项目排列方法同分年度投资表。资金流量表应汇总征地移民、环境保护、水土保持部分投资，并计算总投资。资金流量表是资金流量计算表的成果汇总。

表 8.36　　资金流量表　　单位：万元

序号	项目	合计	建设工期/年							
			1	2	3	4	5	6	…	…
Ⅰ	工程部分投资									
一	建筑工程									
（一）	建筑工程									
	×××工程（一级项目）									
（二）	施工临时工程									
	×××工程（一级项目）									
二	安装工程									
（一）	机电设备安装工程									
	×××工程（一级项目）									
（二）	金属结构设备安装工程									
	×××工程（一级项目）									
三	设备购置费									
	……									
四	独立费用									
	……									
	一至四项合计									
	基本预备费									
	静态投资									
Ⅱ	建设征地移民补偿投资									
	……									
	静态投资									
Ⅲ	环境保护工程投资									
	……									
	静态投资									
Ⅳ	水土保持工程投资									

续表

序号	项目	合计	建设工期/年							
			1	2	3	4	5	6	…	…
	……									
	静态投资									
V	工程投资总计（Ⅰ～Ⅳ合计）									
	静态总投资									
	价差预备费									
	建设期融资利息									
	总投资									

8.4.4 预备费的计算

1. 基本预备费

计算方法：根据工程规模、施工年限和地质条件等不同情况，按工程一～五部分投资合计（依据分年度投资表）的百分率计算。

初步设计阶段为5.0%～8.0%。

技术复杂、建设难度大的工程项目取大值，其他工程取中小值。

2. 价差预备费

计算方法：根据施工年限，以资金流量表的静态投资为计算基数。

按照有关部门适时发布的年物价指数计算。计算公式为：

$$E=\sum_{n=1}^{N}F_n[(1+P)^n-1]$$

式中 E——价差预备费；

N——合理建设工期；

n——施工年度；

F_n——建设期间资金流量表内第 n 年的投资；

P——年物价指数。

8.4.5 建设期融资利息的计算

国家为了有偿使用财政资金、提高投资效益，自1984年起对基本建设工程投资由拨款改为贷款，由建设单位按规定利率向建设银行支付贷款利息。根据中国人民建设银行贷款实行当年结息不计复利的规定和国家计委计建设［1991］55号文规定，自1991年起编制水利水电工程概（预）算时，均需计算建设期内应还息的工程贷款利息，简称建设期融资利息，并构成工程总投资。

计算公式为：

$$S=\sum_{n=1}^{N}\left[\left(\sum_{m=1}^{n}F_mb_m-\frac{1}{2}F_nb_n\right)+\sum_{m=0}^{n-1}S_m\right]i$$

式中 S——建设期融资利息；

N——合理建设工期；

n ——施工年度；

m ——还息年度；

F_n、F_m ——在建设期资金流量表内第 n、m 年的投资；

b_n、b_m ——各施工年份融资额占当年投资比例；

i ——建设期融资利率；

S_m—— 第 m 年的付息额度。

8.4.6 静态总投资与总投资的计算

1. 静态总投资的计算

工程一～五部分投资与基本预备费之和构成工程部分静态总投资。编制工程部分总概算表时，在第五部分独立费用之后，应顺序计列一下：

(1) 一～五部分投资之和。

(2) 基本预备费。

(3) 静态投资。

工程部分、建设征地移民补偿、环境保护工程、水土保持工程的之和构成静态总投资。

2. 总投资的计算

静态总投资、价差预备费、建设期融资利息之和构成总投资。

编制工程概算总表时，在工程投资总计中应顺序计列以下项目：

(1) 静态总投资（汇总各部分静态投资）。

(2) 价差预备费。

(3) 建设期融资利息。

(4) 总投资。

项目实施：

【例 8.5】 某项目的静态投资为 250000 万元，按本项目进度计划，项目建设期为 5 年，5 年的投资分年度使用比例为第一年 10%，第二年 20%，第三年 30%，第四年 30%，第五年 10%，建设期内国家发布的平均物价上涨指数为 6%。试估计该项目建设期的价差预备费。

解：第一年投资计划用款额：$F_1 = 250000 \times 10\% = 25000$(万元)

第一年价差预备费：$E_1 = F_1[(1+P)-1] = 25000 \times [(1+6\%)-1] = 1500$(万元)

第二年投资计划用款额：$F_2 = 250000 \times 20\% = 50000$(万元)

第二年价差预备费：$E_2 = F_2[(1+P)^2-1] = 50000 \times [(1+6\%)^2-1] = 6180$(万元)

第三年投资计划用款额：$F_3 = 250000 \times 30\% = 75000$(万元)

第三年价差预备费：$E_3 = F_3[(1+P)^3-1] = 75000 \times [(1+6\%)^3-1] = 14326.2$(万元)

第四年投资计划用款额：$F_4 = 250000 \times 30\% = 75000$(万元)

第四年价差预备费：$E_4 = F_4[(1+P)^4-1] = 75000 \times [(1+6\%)^4-1] = 19685.8$(万元)

第五年投资计划用款额：$F_5 = 250000 \times 10\% = 25000$(万元)

第五年价差预备费：$E_5 = F_5[(1+P)^5-1] = 25000 \times [(1+6\%)^5-1] = 8455.6$(万元)

所以，项目建设期的价差预备费为：

$$E=E_1+E_2+E_3+E_4+E_5=1500+6180+14326.2+19685.8+8455.6$$
$$=50147.6(万元)$$

【例 8.6】 已知某工程合理工期 4 年，建设期贷款年利率 8.28%，分年度投资和年度贷款需还息投资占分年投资比例见表 8.37。

表 8.37　　分年度投资和年度贷款需还息投资占分年投资比例表

施工年度 n	第一年	第二年	第三年	第四年	合计
分年投资/万元	5450	6560	7670	12340	32020
还息投资比例 b	30%	40%	50%	60%	

求该工程建设期还贷利息。

解：　建设期还贷利息计算公式为

$$S=\sum_{n-1}^{N}\left[\left(\sum_{n-1}^{N}F_m b_m-\frac{1}{2}F_n b_n\right)+\sum_{m=0}^{n-1}S_m\right]i$$

第一年还贷利息，当 $n=1$ 时：

$$S_1=\left(F_1b_1-\frac{1}{2}F_1b_1+0\right)i=\frac{1}{2}F_1b_1i=\frac{1}{2}\times 5450\times 30\%\times 8.28\%$$
$$=67.69(万元)$$

第二年还贷利息，当 $n=2$ 时：

$$S_2=\left(\sum_{m=1}^{2}F_m b_m-\frac{1}{2}F_n b_i+S_1\right)i$$
$$=\left[5450\times 30\%+\frac{1}{2}\times 6560\times 40\%+67.69\right]\times 8.28\%$$
$$=249.62(万元)$$

第三年还贷利息，当 $n=3$ 时：

$$S_3=\left[F_1b_1+F_2b_2+\frac{1}{2}F_3b_3+(S_1+S_2)\right]i$$
$$=\left(5450\times 30\%+6560\times 40\%+\frac{1}{2}\times 7670\times 50\%+67.69+249.62\right)\times 8.28\%$$
$$=537.69(万元)$$

第四年还贷利息，当 $n=4$：

$$S_4=\left[F_1b_1+F_2b_2+F_3b_3+\frac{1}{2}F_4b_4+(S_1+S_2+S_3)\right]i$$
$$=(5450\times 30\%+6560\times 40\%+7670\times 50\%+\frac{1}{2}\times 12340\times 60\%$$
$$+67.69+249.62+537.69)\times 8.28\%$$
$$=1047.50(万元)$$

建设期还贷利息为：

$$S=\sum_{n=1}^{4}S_n=67.69+249.62+537.69+1047.50=1902.50(万元)$$

以上举例系按现行银行复利计算的方法进行编制计算的，如果国家银行出台利随本清的计息原则，此式当有所变化。

【例 8.7】 概算表格示例。表 8.38 是总概算计算使用表格，计算出的各项费用是按年度分列的，也是工程部分总概算表的计算过程。所有计算结果最终要填入表 8.39。

表 8.38　　总概算表计算表

序号	项目名称	第一年	第二年	第三年	合计
一	建筑工程	58548.32	98462.32	47524.23	204534.87
二	机电设备及安装工程	3873.65	4652.87	2154.32	10680.84
三	金结设备及安装工程	873.54	2413.25	548.69	3835.48
四	临时工程	3854.62	654.38	128.64	4637.64
五	独立费用	3368.27	5874.62	2873.49	12116.38
六	基本费用	70518.40	112057.44	53229.37	235805.21
	基本预备费（费率 6%）	4231.10	6723.45	3193.76	14148.31
	静态总投资	74749.50	118780.89	56423.13	249953.52
	价差预备费（年物价指数 6%）	4484.97	14681.32	10777.72	29944.01
	建设期融资利息（利率 3.78%）	1501.30	5618.89	9748.54	16868.73
	总投资	80735.77	139081.10	76949.39	296766.26

表 8.39　　工程部分总概算表

序号	项目名称	第一年	第二年	第三年	合计
一	建筑工程	204534.87			204534.87
二	机电设备及安装工程	2435.63	8245.21		10680.84
三	金结设备及安装工程	1676.84	2158.64		3835.48
四	临时工程	4637.64			4637.64
五	独立费用			12116.38	12116.38
六	基本费用	213284.98	10403.85	12116.38	235805.21
	基本预备费				14148.31
	静态总投资				249953.52
	价差预备费				29944.01
	建设期融资利息				16868.73
	总投资				296766.26

想一想　练一练：分年度投资表和资金流量表的关系是什么？这两个表有什么关联？表内的数据在计算时应考虑哪些因素？

项目9　水利水电工程招投标基础

任务9.1　水利水电工程招标

学习目标：

1. 知识目标：①工程招标的作用；②工程招标的程序。

2. 技能目标：知道水利工程招标的程序。

3. 素质目标：①认真仔细的工作态度；②严谨的工作作风；③遵守招投标法的规定。

项目任务：学习水利工程招标的程序。

项目描述：为什么要进行水利工程的招标，水利工程招标应如何进行，水利工程招标的程序。

知识平台：

9.1.1　水利工程招标的作用

实行建设项目的招标投标是我国建筑市场趋向规范化、完善化的重要举措，对于择优选择承包单位、全面降低工程造价，进而使工程造价得到合理有效的控制，具有十分重要的意义，具体表现在以下几个方面。

1. 形成了由市场定价的价格机制

实行建设项目的招标投标基本形成了由市场定价的价格机制，使工程价格更加趋于合理。其最明显的表现是若干投标人之间出现激烈竞争（相互竞标），这种市场竞争最直接、最集中的表现就是在价格上的竞争。通过竞争确定出工程价格，使其趋于合理或下降，这将有利于节约投资、提高投资效益。

2. 不断降低社会平均劳动消耗水平

实行建设项目的招标投标能够不断降低社会平均劳动消耗水平，使工程价格得到有效控制。在建筑市场中，不同投标者的个别劳动消耗水平是有差异的。通过推行招标投标，最终是那些个别劳动消耗水平最低或接近最低的投标者获胜，这样便实现了生产力资源较优配置，也对不同投标者实行了优胜劣汰。面对激烈竞争的压力，为了自身的生存与发展，每个投标者都必须切实在降低自己个别劳动消耗水平上下工夫，这样将逐步而全面地降低社会平均劳动消耗水平，使工程价格更为合理。

3. 工程价格更加符合价值基础

实行建设项目的招标投标便于供求双方更好地相互选择，使工程价格更加符合价值基础，进而更好地控制工程造价。由于供求双方各自出发点不同，存在利益矛盾，因而单纯采用"一对一"的选择方式，成功的可能性较小。采用招投标方式就为供求双方在较大范围内进行相互选择创造了条件，为需求者（如建设单位、业主）与供给者（如勘察设计单位、施工企业）在最佳点上结合提供了可能。需求者对供给者选择（即建设单位、业主对勘察设计单位和施工单位的选择）的基本出发点是“择优选择”，即选择那些报价较低、工期较短、具有良好业绩和管理水平的供给者，这样即为合理控制工程造价奠定了基础。

4. 公开、公平、公正的原则

实行建设项目的招标投标有利于规范价格行为，使公开、公平、公正的原则得以贯彻。我国招投标活动有特定的机构进行管理，有严格的程序必须遵循，有高素质的专家支持系统、工程技术人员的群体评估与决策，能够避免盲目过度的竞争和营私舞弊现象的发生，对建筑领域中的腐败现象也是强有力的遏制，使价格形成过程变得透明而较为规范。

5. 能够减少交易费用

实行建设项目的招标投标能够减少交易费用，节省人力、物力、财力，进而使工程造价有所降低。我国目前从招标、投标、开标、评标直至定标，均在统一的建筑市场中进行，并有较完善的一些法律、法规规定，已进入制度化操作。招投标中，若干投标人在同一时间、地点进行报价竞争，在专家支持系统的评估下，以群体决策方式确定中标者，必然减少交易过程的费用，这本身就意味着招标人收益的增加，对工程造价必然产生积极的影响。

建设项目招标投标活动包含的内容十分广泛，具体说包括建设项目强制招标的范围、建设项目招标的种类与方式、建设项目招标的程序、建设项目招标投标文件的编制、标底编制与审查、投标报价以及开标、评标、定标等。所有这些环节的工作均应按照国家有关法律、法规规定认真执行并落实。

9.1.2 水利工程招标的程序

从招标人的角度看，建设工程招标的一般程序主要经历以下几个环节。

1. 设立招标组织或者委托招标代理人

应当招标的工程建设项目，办理报建登记手续后，凡已满足招标条件的，均可组织招标，办理招标事宜。招标组织者组织招标必须具有相应的组织招标的资质。

2. 办理招标备案手续，申报招标的有关文件

招标人在依法设立招标组织并取得相应招标组织资质证书，或者书面委托具有相应资质的招标代理人后，就可开始组织招标、办理招标事宜。招标人自己组织招标、自行办理招标事宜或者委托招标代理人代理组织招标、代为办理招标事宜的，应当向有关行政监督部门备案。

3. 发布招标公告或者发出投标邀请书

公开招标应采用招标公告的形式。原国家计委经国务院授权，指定《中国日报》《中国经济导报》《中国建设报》《中国采购与招标网》为发布依法必须招标项目的招标公告的媒介，在不同媒介发布的同一招标项目的资格预审公告或者招标公告的内容应当一致。其中依法必须招标的国际招标项目的招标公告应在《中国日报》发布。《水利工程建设项目施工招标投标管理规定》第十八条规定，采用公开招标方式的项目，招标人应当在国家发展和改革委员会指定的媒介发布招标公告，其中大型水利工程建设项目以及国家重点项目、中央项目、地方重点项目同时还应当在《中国水利报》发布招标公告，公告正式媒介

发布至发售资格预审文件（或招标文件）的时间间隔一般不少于 10 日。招标人应当对招标公告的真实性负责。招标公告不得限制潜在投标人的数量。

邀请招标采用投标邀请函的形式。邀请招标时，不需要发布招标公告，由招标人自行邀请不少于 3 家的符合资质要求的企业投标。

4. 对投标资格进行审查

成立资格预审小组，对投标企业的资质进行审查，符合招标要求资质的企业方可领取标书。

5. 售出招标文件和有关资料，收取投标保证金

招标人向经审查合格的投标人发售招标文件及有关资料，并向投标人收取投标保证金。公开招标实行资格后审的，直接向所有投标报名者发售招标文件和有关资料，收取投标保证金。

招标文件售出后，招标人不得擅自变更其内容。确需进行必要的澄清、修改或补充的，应当在招标文件要求提交投标文件截止时间至少 15 天前，书面通知所有获得招标文件的投标人。该澄清、修改或补充的内容是招标文件的组成部分，对招标人和投标人都有约束力。

投标保证金是为防止投标人不审慎考虑和进行投标活动而设定的一种担保形式，是投标人向招标人缴纳的一定数额的金钱。招标人发售招标文件后，不希望投标人不递交投标文件或递交毫无意义或未经充分、慎重考虑的投标文件，更不希望投标人中标后撤回投标文件或不签署合同。因此，为了约束投标人的投标行为，保护招标人的利益，维护招标投标活动的正常秩序，特设立投标保证金制度，这也是国际上的一种习惯做法。投标保证金的收取和缴纳办法，应在招标文件中说明，并按招标文件的要求进行。

投标保证金的直接目的虽是保证投标人对投标活动负责，但其一旦缴纳和接受，对双方都有约束力。

对投标人而言，缴纳投标保证金后，如果投标人按规定的时间要求递交投标文件；或在投标有效期内未撤回投标文件；或经开标、评标获得中标后与招标人订立合同的，就不会丧失投标保证金。投标人未中标的，在定标发出中标通知书后，招标人原额退还其投标保证金；投标人中标的，在收到中标通知书后，按规定时间签订合同并缴纳履约保证金或履约保函后，招标人应原额退还其投标保证金。如果投标人未按规定的时间要求递交投标文件；或在投标有效期内撤回投标文件；或经开标、评标获得中标后不与招标人订立合同的，就会丧失投标保证金。而且，丧失投标保证金并不能免除投标人因此而应承担的赔偿责任和其他责任，招标人有权就此向投标人或投标保函出具者索赔或要求其承担其他相应的责任。

就招标人而言，收取投标保证金后，如果不按规定的时间要求接受投标文件；在投标有效期内拒绝投标文件；中标人确定后不与中标人订立合同的，则要双倍返还投标保证金。而且，双倍返还投标保证金并不能免除招标人因此而应承担的赔偿和其他责任，投标人有权就此向招标人索赔或要求其承担其他相应的责任。如果招标人收取投标保证金后，按规定的时间要求接受投标文件；在投标有效期内未拒绝投标文件；中标人确定后与中标人订立合同的，需原额退还投标保证金。

投标保证金可采用现金、支票、银行汇票，也可以是银行出具的银行保函。银行保函的格式应符合招标文件提出的格式要求。投标保证金的额度，根据工程投资大小由业主在招标文件中确定。在国际上，投标保证金的数额较高，一般设定在占投资总额的1%～5%。《中华人民共和国招标投标法实施条例》第二十六条规定，招标人在招标文件中要求投标人提交投标保证金的，投标保证金不得超过招标项目估算价的2%。投标保证金有效期应当与投标有效期一致。《水利工程建设项目招标投标管理规定》中对投标保证金金额做了以下规定：工程合同估算价10000万元人民币以上，投标保证金金额不超过合同估算价的5‰；工程合同估算价3000万～10000万元人民币之间，投标保证金金额不超过合同估算价的6‰；工程合同估算价3000万元人民币以下，投标保证金金额不超过合同估算价的7‰，但最低不得少于1万元人民币。投标保证金有效期为直到签订合同或提供履约保函为止。

6. 组织投标人踏勘现场，对招标文件进行答疑

招标文件分发后，招标人要在招标文件规定的时间内，组织投标人踏勘现场，并对招标文件进行答疑。

招标人组织投标人进行踏勘现场，主要目的是让投标人了解工程现场和周围环境情况，获取必要的信息。

现场踏勘的主要内容包括：

（1）现场是否达到招标文件规定的条件。

（2）现场的地理位置和地形、地貌。

（3）现场的地质、土质、地下水位、水文等情况。

（4）现场气温、湿度、风力、年雨雪量等气候条件。

（5）现场交通、饮用水、污水排放、生活用电、通信等环境情况。

（6）工程在现场中的位置与布置。

（7）临时用地、临时设施搭建等。

7. 召开开标会议

投标预备会结束后，招标人就要为接受投标文件、开标做准备。接受投标文件工作结束后，招标人要按招标文件的规定准时开标、评标。

开标时间：开标应当在招标文件确定的提交投标文件截止时间的同一时间公开进行。

开标地点：开标地点应当为招标文件中预先确定的地点。按照国家的有关规定和各地的实践，招标文件中预先确定的开标地点，一般均应为建设工程交易中心。

开标人员：参加开标会议的人员，包括招标人或其代表人、招标代理人、投标人法定代表人或其委托代理人、招标投标管理机构的监管人员和招标人自愿邀请的公证机构的人员等。评标组织成员不参加开标会议。开标会议由招标人或招标代理人组织，招标人主持，并在招标投标管理机构的监督下进行。

开标会议的程序一般包括：

（1）参加开标会议的人员签名报到，表明与会人员已到会。

（2）会议主持人宣布开标会议开始，宣读招标人法定代表人资格证明或招标人代表的授权委托书，介绍参加会议的单位和人员名单，宣布唱标人员、记录人员名单。唱标人员

一般由招标人的工作人员担任，也可以由招标投标管理机构的人员担任。记录人员一般由招标人或其代理人的工作人员担任。

（3）介绍工程项目有关情况，请投标人或其推选的代表检查投标文件的密封情况，并签字予以确认。也可以请招标人自愿委托的公证机构检查并公证。

（4）由招标人代表当众宣布评标定标办法。

（5）由招标人或招标投标管理机构的人员核查投标人提交的投标文件和有关证件、资料，检视其密封、标志、签署等情况。经确认无误后，当众启封投标文件，宣布核查检视结果。

（6）由唱标人员进行唱标。唱标是指公布投标文件的主要内容，当众宣读投标文件的投标人名称、投标报价、工期、质量、主要材料用量、投标保证金、优惠条件等主要内容。唱标顺序按各投标人报送的投标文件时间先后的逆顺序进行。

（7）若设有标底，由招标投标管理机构当众宣布审定后的标底。

（8）由投标人的法定代表人或其委托代理人核对开标会议记录，并签字确认开标结果。

开标会议的记录人员应现场制作开标会议记录，将开标会议的全过程和主要情况，特别是投标人参加会议的情况、对投标文件的核查检视结果、开启并宣读的投标文件和标底的主要内容等，当场记录在案，并请投标人的法定代表人或其委托代理人核对无误后签字确认。开标会议记录应存档备查。投标人在开标会议记录上签字后，即退出会场。至此，开标会议结束，转入评标阶段。

无效投标文件的条件：

（1）未按招标文件的要求标志、密封的。

（2）无投标人公章和投标人的法定代表人或其委托代理人的印鉴或签字的。

（3）投标文件标明的投标人在名称和法律地位上与通过资格审查时的不一致，且这种不一致明显不利于招标人或为招标文件所不允许的。

（4）未按招标文件规定的格式、要求填写，内容不全或字迹潦草、模糊，辨认不清的。

（5）投标人在一份投标文件中对同一招标项目报有两个或多个报价，且未书面声明以哪个报价为准的。

（6）逾期送达的。

（7）投标人未参加开标会议的。

（8）提交合格的撤回通知的。

有上述情形，如果涉及到投标文件实质性内容的，应当留待评标时由评标组织评审、确认投标文件是否有效。实践中，对在开标时就被确认无效的投标文件，也有不启封或不宣读的做法。如投标文件在启封前被确认为无效的，不予启封；在启封后唱标前被确认为无效的，不予宣读。在开标时确认投标文件是否无效，一般应由参加开标会议的招标人或其代表进行，确认的结果投标当事人无异议的，经招标投标管理机构认可后宣布。如果投标当事人有异议的，则应留待评标时由评标组织评审确认。

8. 组建评标组织进行评标

开标会结束后，招标人要接着组织评标。评标必须在招标投标管理机构的监督下，由招标人依法组建的评标组织进行。组建评标组织是评标前的一项重要工作。

评标组织由招标人的代表和有关经济、技术等方面的专家组成。《中华人民共和国招标投标法》第三十七条规定，评标由招标人依法组建的评标委员会负责。依法必须进行招标的项目，其评标委员会由招标人的代表和有关技术、经济等方面的专家组成，成员人数为5人以上单数，其中技术、经济等方面的专家不得少于成员总数的2/3。《水利工程建设项目施工招标投标管理规定》第四十条规定，评标专家人数为7人以上单数。

专家由招标人从国务院有关部门或者省、自治区、直辖市人民政府有关部门提供的专家名册或者招标代理机构的专家库内的相关专业的专家名单中确定；一般招标项目可以采取随机抽取方式，特殊招标项目可以由招标人直接确定。与投标人有利害关系的人不得进入相关项目的评标委员会。评标委员会成员的名单在中标结果确定前应当保密。

评标一般采用评标会的形式进行。参加评标会的人员为招标人或其代表人、招标代理人、评标组织成员、招标投标管理机构的监管人员等。投标人不能参加评标会。评标会由招标人或其委托的代理人召集，由评标组织负责人主持。

评标会的程序如下：

(1) 开标会结束后，投标人退出会场，参加评标会的人员进入会场，由评标组织负责人宣布评标会开始。

(2) 评标组织成员审阅各个投标文件，主要检查确认投标文件是否实质上响应招标文件的要求；投标文件正副本中的内容是否一致；投标文件是否有重大漏项、缺项；是否提出了招标人不能接受的保留条件等。

(3) 评标组织成员根据评标定标办法的规定，只对未被宣布无效的投标文件进行评议，并对评标结果签字确认。

(4) 如有必要，评标期间，评标组织可以要求投标人对投标文件中不清楚的问题作必要的澄清或者说明，但是，澄清或者说明不得超出投标文件的范围或改变投标文件的实质性内容。所澄清和确认的问题，应当采取书面形式，经招标人和投标人双方签字后，作为投标文件的组成部分，列入评标依据范围。在澄清会谈中，不允许招标人和投标人变更或寻求变更价格、工期、质量等级等实质性内容。开标后，投标人对价格、工期、质量等级等实质性内容提出的任何修正声明或者附加优惠条件，一律不得作为评标组织评标的依据。

(5) 评标组织负责人对评标结果进行校核，按照优劣或得分高低排出投标人顺序，并形成评标报告，经招标投标管理机构审查，确认无误后，即可根据评标报告确定出中标人。至此，评标工作结束。

评标组织对投标文件审查、评议的主要内容包括：

(1) 对投标文件进行符合性鉴定。包括商务符合性和技术符合性鉴定。投标文件应实质上响应招标文件的要求。所谓实质上响应招标文件的要求，就是指投标文件应该与招标文件的所有条款、条件和规定相符，无显著差异或保留。如果投标文件实质上不响应招标文件的要求，招标人应予以拒绝，并不允许投标人通过修正或撤销其不符合要求的差异或保留，使之成为具有响应性的投标文件。

(2) 对投标文件进行技术性评估。主要包括对投标人所报的方案或组织设计、关键工序、进度计划、人员和机械设备的配备、技术能力、质量控制措施、临时设施的布置和临时用地情况、施工现场周围环境污染的保护措施等进行评估。

(3) 对投标文件进行商务性评估。指对确定为实质上响应招标文件要求的投标文件进行投标报价评估，包括对投标报价进行校核，审查全部报价数据是否有计算上或累计上的算术错误，分析报价构成的合理性。发现报价数据上有算术错误，修改的原则是：如果用数字表示的数额与用文字表示的数额不一致时，以文字数额为准；当单价与工程量的乘积与合价之间不一致时，通常以标出的单价为准，除非评标组织认为有明显的小数点错位，此时应以标出的合价为准，并修改单价。按上述原则调整投标书中的投标报价，经投标人确认同意后，对投标人起约束作用。如果投标人不接受修正后的投标报价，则其投标将被拒绝。

(4) 对投标文件进行综合评价与比较。评标应当按照：招标文件确定的评标标准和方法，按照平等竞争、公正合理的原则，对投标人的报价、工期、质量、主要材料用量、施工方案或组织设计、以往业绩和履行合同的情况、社会信誉、优惠条件等方面进行综合评价和比较，并与标底进行对比分析，通过进一步澄清、答辩和评审，公正合理地择优选定中标候选人。

《水利工程建设项目施工招标投标管理规定》第三十五条规定，评标方法可采用综合评分法、综合最低评标价法、合理最低投标价法、综合评议法及两阶段评标法。

9. 择优定标，发出中标通知书

评标结束应当产生出定标结果。招标人根据评标组织提出的书面评标报告和推荐的中标候选人确定中标人，也可以授权评标组织直接确定中标人。定标应当择优，经评标能当场定标的，应当场宣布中标人；不能当场定标的，中小型项目应在开标之后 7 天内定标，大型项目应在开标之后 14 天内定标；特殊情况需要延长定标期限的，应经招标投标管理机构同意。招标人应当自定标之日起 15 天内向招标投标管理机构提交招标投标情况的书面报告。

中标人的投标，应符合下列条件之一：

(1) 能够最大限度地满足招标文件中规定的各项综合评价标准。

(2) 能够满足招标文件实质性要求，并且经评审的投标价格最低，但投标价格低于成本的除外。

在评标过程中，如发现有下列情形之一不能产生定标结果的，可宣布招标失败：

(1) 所有投标报价高于或低于招标文件所规定的幅度的。

(2) 所有投标人的投标文件均实质上不符合招标文件的要求，均被评标组织否决的。

如果发生招标失败，招标人应认真审查招标文件及标底，做出合理修改，重新招标。在重新招标时，原采用公开招标方式的，仍可继续采用公开招标方式，也可改用邀请招标方式；原采用邀请招标方式的，仍可继续采用邀请招标方式，也可改用竞争性谈判方式；原采用竞争性谈判方式的，应继续采用竞争性谈判方式。

经评标确定中标人后，招标人应当向中标人发出中标通知书，并同时将中标结果通知所有未中标的投标人，退还未中标的投标人的投标保证金。在实践中，招标人发出中标通知书，通常是与招标投标管理机构联合发出或经招标投标管理机构核准后发出。中标通知书对招标人和中标人具有法律效力。中标通知书发出后，招标人改变中标结果的，或者中标人放弃中标项目的，应承担法律责任。

10. 签订合同

中标人收到中标通知书后，招标人、中标人双方应具体协商谈判签订合同事宜，形成合同草案。在各地的实践中，合同草案一般需要先报招标投标管理机构审查。招标投标管理机构对合同草案的审查，主要是看其是否按中标的条件和价格拟订。经审查后，招标人与中标人应当自中标通知书发出之日起30天内，按照招标文件和中标人的投标文件正式签订书面合同。招标人和中标人不得再订立背离合同实质性内容的其他协议。同时，双方要按照招标文件的约定相互提交履约保证金或者履约保函，招标人还要退还中标人的投标保证金。招标人如拒绝与中标人签订合同除双倍返还投标保证金外，还需赔偿有关损失。

履约保证金或履约保函是为约束招标人和中标人履行各自的合同义务而设立的一种合同担保形式。其有效期一般直至履行了义务（如提供了服务、交付了货物或工程已通过了验收等）为止。招标人和中标人订立合同相互提交履约保证金或者履约保函时，应注意指明履约保证金或履约保函到期的具体日期，如果不能具体指明到期日期的，也应在合同中明确履约保证金或履约保函的失效时间。如果合同规定的项目在履约保证金或履约保函到期日未能完成的，则可以对履约保证金或履约保函展期，即延长履约保证金或履约保函的有效期。履约保证金或履约保函的金额，通常为合同金额的5%～10%，《中华人民共和国招标投标法实施条例》规定不超过合同金额的10%。合同订立后，应将合同副本分送各有关部门备案，以便接受保护和监督。至此，招标工作全部结束。招标工作结束后，应将有关文件资料整理归档，以备查考。

9.1.3 水利工程招标文件

招标文件的编制质量是招标工作成功的关键。招标文件是招标采购的基石，它涵盖了招标人的采购目标及要求，同时也是投标人参与投标的主要依据。高质量的招标文件是“公开、公平、公正”原则和“招标人采购目标及要求”原则的有机完美的结合，是招标人、技术专家、招标代理人三方共同智慧的结晶。在合同法中，招标是要约邀请，投标是要约，中标通知书是承诺。招标文件是指导和规范招标投标活动的纲领性文件，其中绝大部分内容都将构成合同文件的组成部分。一份理想的招标文件是一本严谨的具有法律效力的文件。

建设工程招标文件是由一系列有关招标方面的说明性文件资料组成的，包括各种旨在阐述招标人意向的书面文字、图表、电报、传真、电传等材料。一般来说，招标文件在形式上的构成，主要包括正式文本、对正式文本的解释和对正式文本的修改三个部分。

1. 招标文件正式文本

根据《水利水电工程标准施工招标文件》(2009年版)。

第一卷

第1章　招标公告（适用于未进行资格预审）

第 1 章　投标邀请书（适用于邀请招标）

第 1 章　投标邀请书（代资格预审通过通知书）

第 2 章　投标人须知

第 3 章　评标办法（经评审的最低投标价法）

第 3 章　评标办法（综合评估法）

第 4 章　合同条款及格式

第 5 章　工程量清单（GB 50501—2007）

第 5 章　工程量清单

第二卷

第 6 章　图纸（招标图纸）

第三卷

第 7 章　技术标准和要求（合同技术条款）

第四卷

第 8 章　投标文件格式

2. 对招标文件正式文本的解释

其形式主要是书面答复、投标预备会记录等。由招标人送给所有获得招标文件的投标人。

3. 对招标文件正式文本的修改

目前有些国内工程招标的招标文件编制的比较粗糙，不够详尽。合同专用条款没有具体地明确，工程量清单、工程报价编制原则阐述的不够明晰，评标办法不够详细等，使有些项目中标后，迟迟不能签定合同，各投标人的报价较混乱，缺少了公平竞争的条件，甚至对招标结果质疑、投诉增多。

根据《中华人民共和国合同法》和《中华人民共和国招标投标法》的精神，建设工程的招投标过程就是合同谈判和订立的过程，要约和承诺是合同成立的条件，因此招标文件必须包括主要合同条款。在实行市场形成价格的计价体系的条件下，主要合同条款可理解为与合同双方责权利有关的所有条款，只有在双方责权利都具体、明确的前提下，投标人才能够准备响应性和合理的报价。因此，在实际操作中，全部合同条款都应包括在招标文件中。

根据《评标委员会和评标办法暂行规定》，招标文件中必须载明详细的评标办法，明确地阐明评标和定标的具体和详细的程序、方法、标准等。不应仅出现原则性标准，更不应出现模糊的标准，以保证给予所有投标人一个法定的公开、公正、公平的竞争环境。评标办法宜独立成文，作为投标须知的附件，投标人需知正文中可仅明确评标办法的类别。

报价是招标的核心。目前国内定额报价是普遍被业主和投标商所接受、采用的。随着中国加入 WTO，中国的造价体系也在逐渐地与世界接轨。国际上普遍采用的工程量清单报价在中国也逐渐地被推广、接受和采用。无论什么报价形式，在招标文件中都要载明关于造价三要素“量、价、费”的说明及具体要求。明确工程项目的划分依据、工程量单位、工程量计算规则、计价办法、费用的取定原则等。只有这样，才能给所有投标人一个相同的报价平台，真正体现“三公”原则，方便评委在评标时对报价的比较。

任务9.2 水利水电工程投标

学习目标：

1. 知识目标：①水利水电工程投标文件的内容；②水利水电工程投标的决策；③水利水电工程投标技巧。

2. 技能目标：①知道水利水电工程投标文件的内容；②能根据工程情况进行水利工程投标的决策；③能根据工程实际情况使用投标技巧。

3. 素质目标：①认真仔细的工作态度；②严谨的工作作风；③遵守招投标法的相关规定。

项目任务：学习水利水电工程投标文件的编制，并会进行投标决策和使用投标技巧。

项目描述：水利水电工程投标对投标企业来讲非常重要，是否需要投标，投什么样的标，怎样保证中标后可以获取相对丰厚的利润，是本学习任务的内容。

知识平台：

9.2.1 水利工程投标文件的内容

经过现场踏勘和投标预备会后，投标人可以着手编制投标文件。投标人着手编制和递交投标文件的具体步骤和要求，主要是：

（1）结合现场踏勘和投标预备会的结果，进一步分析招标文件。招标文件是编制投标文件的主要依据，因此，必须结合已获取的有关信息认真细致地加以分析研究，特别是要重点研究其中的投标须知、专用条款、设计图纸、工程范围以及工程量表等，要弄清到底有没有特殊要求或有哪些特殊要求。

（2）校核招标文件中的工程量清单。投标人是否校核招标文件中的工程量清单或校核的是否准确，直接影响到投标报价和中标机会。因此，投标人应认真对待。通过认真校核工程量，投标人大体确定了工程总报价之后，估计某些项目工程量可能增加或减少的，就可以相应地提高或降低单价。如发现工程量有重大出入的，特别是漏项的，可以找招标人核对，要求招标人认可，并给予书面确认。这对于总价固定合同来说，尤其重要。

（3）根据工程类型编制施工组织设计。施工组织设计的内容，一般包括施工程序、方案，施工方法，施工进度计划，施工机械、材料、设备的选定和临时生产、生活设施的安排，劳动力计划，以及施工现场平面和空间的布置。施工组织设计的编制依据，主要是设计图纸、技术规范，复核了的工程量，招标文件要求的开工、竣工日期，以及对市场材料、机械设备、劳动力价格的调查。编制施工组织设计，要在保证工期和工程质量的前提下，尽可能使成本最低、利润最大。具体要求是，根据工程类型编制出最合理的施工程序，选择和确定技术上先进、经济上合理的施工方法，选择最有效的施工设备、施工设施和劳动组织，周密、均衡地安排人力、物力和生产，正确编制施工进度计划，合理布置施工现场的平面和空间。

（4）根据工程价格构成进行工程估价，确定利润方针，计算和确定报价。投标报价是投标的一个核心环节，投标人要根据工程价格构成对工程进行合理估价，确定切实可行的利润方针，正确计算和确定投标报价。投标人不得以低于成本的报价竞标。

（5）形成、制作投标文件。投标文件应完全按照招标文件的各项要求编制。投标文件应当对招标文件提出的实质性要求和条件作出响应，一般不能带任何附加条件，否则将导致投标无效。投标文件一般应包括以下内容：①投标书；②投标书附录；③投标保证金书；④法定代表人资格证明书；⑤授权委托书；⑥具有标价的工程量清单和报价表；⑦施工组织设计；⑧施工组织机构表及主要工程管理人员人选及简历、业绩；⑨拟分包的工程和分包商的情况；⑩其他必要的附件及资料，如投标保函、承包商营业执照和能确认投标人财产经济状况的银行或其他金融机构的名称及地址等。

（6）递送投标文件。递送投标文件，也称递标，是指投标人在投标文件要求提交投标文件的截止时间前，将所有准备好的投标文件密封送达投标地点。招标人收到投标文件后，应当签收保存，不得开启。投标人在递交投标文件以后，投标截止时间之前，可以对所递交的投标文件进行补充、修改或撤回，并书面通知招标人，但所递交的补充、修改或撤回通知必须按招标文件的规定编制、密封和标志。补充、修改的内容为投标文件的组成部分。

9.2.2 水利工程投标决策

9.2.2.1 工程投标决策的分类

投标决策一般包含标前决策、风险分析、最终报价决策。

1. 标前决策

标前决策指企业在对某项工程投标前本企业目前状况和即将准备竞标的工程特点进行综合分析，决定是否对该工程进行投标。一般从以下几个方面分析。

（1）同类项目目前任务储备情况：指即将决策的工程项目类型公司目前任务储备是否饱和，有没有即将完工的类似项目。

（2）估算该项目总价，并调查该项目有无后续工程。

（3）管理及技术人员条件：指管理及技术人员水平、人数能否满足该工程的要求。

（4）机械设备条件：该工程需要投入施工机械设备的品种、数量能否满足要求，新购该类设备是否符合公司长期利益。

（5）对该项目有关情况的熟悉程度：包括对项目本身、业主和监理情况、当地市场情况等以及该项目是否通过审批、资金是否到位。

（6）项目的工期要求及是否采用先进工艺，本公司有无可能达到。

（7）以往对同类工程的经验。

（8）竞争对手的情况：包括竞争对手的多少、实力以及外围环境。

（9）该工程给公司带来的影响和机会。

从以上几个方面决定公司对该项目参与或放弃。

2. 风险分析

在决定了对工程项目进行参与后，应该对项目进行详细风险分析。风险分析主要是在购买招标文件后到投标前这段时期，应分析的风险因素包括：经济方面、技术方面、管理方面、其他方面等。如在此段时间发现该项工程风险相当大，也可建议公司放弃该项工程的竞争，如公司最终决定参与，在工程报价方面也应充分考虑风险因数。

3. 最终报价决策

经过前面的一系列分析后，最终的决策即报价决策。一般有以下三种大的策略。

(1) 高价赢利策略。这是在报价过程中以较大利润为投标目标的策略。这种策略的使用通常基于以下情况：

1) 施工条件差。

2) 专业要求高、技术密集型工程，而本公司在此方面有专有技术以及良好的声誉。

3) 总价较低的小工程，本公司不是特别想干，报价较高，不中标也无所谓。

4) 特殊工程，如港口海洋工程等，需要特别或专有设备。

5) 业主要求苛刻、且工期相当紧的工程。

6) 竞争对手少。

7) 支付条件不理想。

(2) 微利保本策略。指在报价过程中降低甚至不考虑利润。这种策略的使用通常基于以下情况：

1) 工作较为简单，工作量大，但一般公司都可以做，比如大体积的土石方工程。

2) 本公司在此地区干了很多年，现在面临断档，有大量的设备在该地区待处置。

3) 该项目本身前景看好，为本公司创建业绩。

4) 该项目后续项目较多或公司保证能以上乘质量赢得信誉，续签其他项目。

5) 竞争对手多。

6) 有可能在中标后将工程的一部分以更低价格分包给某些专业承包商。

7) 长时间未中标，希望拿下一个项目激励人气，维持日常费用，缓解公司压力。

(3) 低价亏损策略。指对某项目的最终报价低于公司的成本价的一种报价策略。使用该投标策略时应注意：①报价低在评标时得分较高；②这种报价方法属于正当的商业竞争行为。这种报价策略通常只用于：

1) 市场竞争激烈，承包商又急于打入该领域创建业绩。

2) 后续项目多，对前期工程以低价中标，占领阵地，工程完成的好。则能获得业主信任，希望后期工程继续承包，补偿前期低价损失。

3) 有信心中标后通过变更索赔弥补损失甚至赢利。

9.2.2.2　工程投标决策的依据

(1) 分析投标人现有的资源条件，包括企业目前的技术实力、经济实力、管理实力、社会信誉等。

1) 技术实力方面：是否具有专业技术人员和专家级组织机构、类似工程的承包经验、有一定技术实力的合作伙伴。

2) 经济实力方面：①有无垫付资金的实力；②有无支付（被占用）一定的固定资产和机具设备及其投入所需资金的能力；③有无一定的资金周转用来支付施工用款或筹集承包工程所需外汇的能力；④有无支付投标保函、履约保函、预付款保函、缺陷责任期保函等各种担保的能力；⑤有无支付关税、进口调节税、营业税、印花税、所得税、建筑税、排污税以及临时进入机械押金等各种税费和保险的能力；⑥有无承担各种风险，特别是不可抗力带来的风险的能力等。

3）管理实力方面：成本控制能力和管理水平、管理措施和健全的规章制度。

4）社会信誉方面：遵纪守法和履约的情况，施工安全、工期和质量如何，社会形象。

（2）分析与投标工程相关的一切外界信息，包括项目基本情况、业主以及其他合作伙伴的诚信及美誉度情况、竞争对手情况、当地市场环境情况以及法律、法规等。

1）项目的难易程度。如质量要求、技术要求、结构形式、工期要求等。

2）业主和其他合作伙伴的情况。业主的合法地位、支付能力、履约能力，合作伙伴如监理工程师处理问题的公正性、合理性等。

3）竞争对手的实力、优势及投标环境的优劣情况。

4）法律、法规的情况。主要是法律适用问题，指招标投标双方当事人发生争议后，应该适用哪一国家的法律作为准据法。

5）其他因素。在进行投标决策时，要考虑的因素很多，需要投标人深入的调查研究，系统地积累资料，并作出全面的分析，才能使投标作出正确的决策。

9.2.2.3　工程投标策略

（1）制定投标策略应根据不同招标工程的不同情况和竞争形势，采取不同的投标策略。投标策略是非常灵活且并非不可捉摸的东西，从大量的投标实践中，我们归纳出投标策略的四大原则。

1）知己知彼。即在具体工程投标活动中，掌握“知己知彼，百战不殆”的原则。在投标报价前要了解竞争对手的历史资料，或者知道竞争对手是谁及竞争者数目等。

2）以长胜短。在知己知彼的基础上，分析本企业和竞争对手在职工队伍素质、技术水平、劳动纪律性、工作效率、施工机械、材料供应、施工方案、管理层次等各方面的优、劣势。

3）掌握主动。在选择投标对象时，做到能投则投，不利则不投。

4）随机应变。这主要包括三方面的内容：①在某项工程投标过程中，随着竞争对手的变化，如放弃投标、改变投标策略等，必须及时地修正自己的策略；②在确定投标报价时，必须根据影响报价较大的企业因素和市场信息变化，适时做出决策；③灵活地采取不同的投标策略，一成不变的策略是很难成功的。

（2）对于一个企业的领导在经营工作中，必须要目光长远，有战略管理的思想。战略管理指的是要从企业的整体和长远利益出发，就企业的经营目标、内部条件、外部备件等方面的问题进行谋划和决策，并依据企业内部的各种资源和备件以实施这些谋划和决策的一系列动态过程。在从事由投标到承包经费的每一项活动中，都必须具有战略管理的思想，因为承包工程的经营策略是一门科学，是研究如何用最小的代价取得最大的、长远的经济利益。投标决策是经营策略中重要的一环，也必须有战略管理的思想。

投标按性质区分，可分为风险标和保险标；按效益区分，可分为盈利标、保本标和亏损标。

1）当明知工程承包难度大、风险大，且技术、设备、资金上都有未解决的问题，但由于队伍窝工，或因为工程盈利丰厚，或为了开拓新技术领域而决定参加投标，同时设法解决存在的问题，可以投风险标。投标后，如果问题解决的好，取得好的经济效益，并且可以锻炼出一支好的队伍；如果解决得不好，企业信誉受损，严重的可能导致企业亏损以至破产。因此，投风险标必须慎重。

2）在可以预见的，从技术、设备、资金等重大问题都有了解决的对策的情况下，可投保险标。当企业经济实力较弱，经不起失误的打击的时候，则往往投保险标。

3）如果招标项目既是本企业的强项，又是竞争对手的弱项，或建设单位意向明确，或本企业任务饱满，利润丰厚，在这种情况下，可以考虑投盈利标。

4）当企业无后继工程，或已经出现部分窝工，又没有优势可言的情况下，企业应该采取投保本标决策。

5）在企业出现大量窝工、严重亏损，或为了打入新市场，或为了在对手林立的竞争中争得头标等非常情况下时，企业可能采取亏本标方案。

9.2.2.4 工程投标技巧

1. 不平稳报价法

不平衡报价法也叫前重后轻法。不平衡报价是指一个工程项目的投标报价，在总价基本确定后，如何调整内部各个项目的报价，以期既不提高总价，不影响中标，又能在结算时得到更理想的经济效益。一般可以在以下几个方面考虑采用不平衡报价法。

(1) 能够早目结账收款的项目（如开办费、土石方工程、基础工程等）可以报的高一些，以利资金周转，后期工程项目（如机电设备安装工程，电站厂房外部装修工程等）可适当降低。

(2) 经过工程量核算，预计今后工程量会增加的项目，单价适当提高，这样在最终结算时可多赚钱，而将工程量可能减少的项目单价降低，工程结算时损失不大。

但是上述 (1)、(2) 两点要统筹考虑，针对工程量有错误的早期工程，如果不可能完成工程量表中的数量，则不能盲目抬高报价，要具体分析后再定。

(3) 设计图纸不明确，估计修改后工程量要增加的，可以提高单价，而工程内容说不清的，则可降低一些单价。

(4) 暂定项目。暂定项目又叫任意项目或备选项目，对这类项目要具体分析，因这一类项目要开工后再由业主研究决定是否实施，由哪一家承包商实施。如果工程不分标，只由一家承包商施工，则其中肯定要做的单价可高一些，不一定做的则应低一些。如果工程分标，该暂定项目也可能由其他承包商实施时，则不宜报高价，以免抬高总包价。

(5) 在单价包干混合制合同中，有些项目业主要求采用包干报价时，宜报高价。一则这类项目多半有风险，二则这类项目在完成后可全部按报价结账，即可以全部结算回来，而其余单价项目则可适当降低。

但是不平衡报价一定要建立在对工程量表中工程量仔细核对分析的基础上，特别是对报低单价的项目，如工程量执行时增多将造成承包商的重大损失，同时一定要控制在合理幅度内（一般可以在10%左右），以免引起业主反对，甚至导致废标。如果不注意这一点，有时业主会挑选出报价过高的项目，要求投标者进行单价分析，而围绕单价分析中过高的内容压价，以致承包商得不偿失。

2. 计日工的报价

如果是单纯报计日工的报价，可以报高一些，以便在日后业主用工或使用机械时可以多盈利。但如果招标文件中有一个假定的“名义工程量”时，则需要具体分析是否报高价。总之，要分析业主在开工后可能使用的计日工数量确定报价方针。

3. 多方案报价法

对一些招标文件，如果发现工程范围不很明确，条款不清楚或很不公正，或技术规范要求过于苛刻时，只要在充分估计投标风险的基础上，按多方案报价法处理。即按原招标文件报一个价，然后再提出：“如某条款（如某规范规定）作某些变动，报价可降低多少……”，报一个较低的价。这样可以降低总价，吸引业主。或是对某些部分工程提出按“成本补偿合同”方式处理。其余部分报一个总价。

4. 增加建议方案

有时招标文件中规定，可以提出建议方案，即是可以修改原设计方案，提出投标者的方案。投标者这时应组织一批有经验的设计和施工工程师，对原招标文件的设计和施工方案仔细研究，提出更合理的方案以吸引业主，促成自己方案中标。这种新的建议方案可以降低总造价或提前竣工或使工程运用更合理。但要注意的是对原招标方案一定要标价，以供业主比较。增加建议方案时，不要将方案写得太具体，保留方案的技术关键，防止业主将此方案交给其他承包商，同时要强调的是，建议方案一定要比较成熟，或过去有这方面的实践经验。因为投标时间不长，如果仅为中标而匆忙提出一些没有把握的建议方案，可能引起很多后患。

5. 突然降价法

报价是一件保密性很强的工作，但是对手往往通过各种渠道、手段来刺探情况，因此在报价时可以采取迷惑对方的手法。即选择按一般情况报价或表现出自己对该工程兴趣不大，快到投标截止时，再突然降价。如鲁布革水电站引水系统工程投标，投标人补充投标文件，报价突然降低8.04%，取得最低标，为以后中标打下基础。采用这种方法时，一定要在准备投标报价的过程中考虑好降价的幅度，在临近投标截止日期前，根据情报信息与分析判断，再作最后决策。如果由于采用突然降价法而中标，因为开标只降总价，在签订合同后可采用不平衡报价的思想调整工程量表内的各项单价或价格，以期取得更高的效益。

6. 先亏后盈法

有的承包商，为了将市场扩展到某一地区，依靠国家、某财团和自身的雄厚资本实力，而采取一种不惜代价，只求中标的低价报价方案。应用这种手法的承包商必须有较好的资信条件，并且提出的实施方案也先进可行，同时要加强对公司情况的宣传，否则即使标价低，业主也不一定选中。如果其他承包商遇到这种情况，不一定和这类承包商硬拼，而努力争第二、第三标，再依靠自己的经验和信誉争取中标。

7. 联合保标法

在竞争对手众多的情况下，可以采取几家实力雄厚的承包商联合起来控制标价，一家出面争取中标，再将其中部分项目转让给其他承包商分包，或轮流相互保标。在国际上这种做法很常见，但是如被业主发现，则有可能被取消投标资格。

9.2.3 水利工程投标文件的编制

9.2.3.1 水利工程投标文件的组成

2007版的《标准施工招标文件》中规定投标文件应包括下列内容：

（1）投标函及投标函附录。

（2）法定代表人身份证明或附有法定代表人身份证明的授权委托书。

（3）联合体协议书。

（4）投标保证金。

（5）已标价工程量清单。

（6）施工组织设计。

（7）项目管理机构。

（8）拟分包项目情况表。

（9）资格审查资料。

（10）投标人须知前附表规定的其他材料。

投标人需知前附表规定不接受联合体投标的，或投标人没有组成联合体的，投标文件不包括（3）所指的联合体协议书。

2009版的《水利水电工程标准施工招标文件》规定投标文件应包括下列内容：

（1）投标函及投标函附录。

（2）法定代表人身份证明。

（3）授权委托书。

（4）联合体协议书。

（5）投标保证金。

（6）已标价工程量清单。

（7）施工组织设计。

（8）项目管理机构表。

（9）拟分包项目情况表。

（10）资格审查资料。

（11）原件的复印件。

（12）其他材料。

投标人必须使用招标文件提供的投标文件表格格式，但表格可以按同样格式扩展。招标文件中拟定的供投标人投标时填写的一套投标文件格式，主要有投标函及其附录、工程量清单与报价表、辅助资料表等。

9.2.3.2 编制水利工程投标文件的步骤

1. 投标文件的编制步骤

投标人在领取、研究招标文件，并确定项目投标以后，就要进行投标文件的编制工作。编制投标文件的一般步骤是：

（1）熟悉招标文件、图纸、资料，对图纸、资料有不清楚、不理解的地方，可以用书面或口头方式向招标人询问、澄清。

(2) 参加招标人施工现场情况介绍和答疑会。

(3) 调查当地材料供应和价格情况。

(4) 了解交通运输条件和有关事项。

(5) 编制施工组织设计，复核、计算图纸工程量。

(6) 计算取费标准或确定采用取费标准。

(7) 编制或套用投标单价。

(8) 计算投标造价。

(9) 核对调整投标造价。

(10) 确定投标报价。

2. 编制投标文件的注意事项

(1) 投标人编制投标文件时必须使用招标文件提供的投标文件表格格式，但表格可以按同样格式扩展。投标保证金、履约保证金的方式，按招标文件有关条款的规定可以选择。投标人根据招标文件的要求和条件填写投标文件的空格时，凡要求填写的空格都必须填写，不得空着不填；否则，即被视为放弃意见。实质性的项目或数字如工期、质量等级、价格等未填写的，将被作为无效或作废的投标文件处理。将投标文件按规定的日期送交招标人，等待开标、决标。

(2) 应当编制的投标文件"正本"仅一份，"副本"则按招标文件前附表所述的份数提供，同时要明确标明"投标文件正本"和"投标文件副本"字样。投标文件正本和副本如有不一致之处，以正本为准。

(3) 投标文件正本与副本均应使用不能擦去的墨水打印或书写，各种投标文件的填写都要字迹清晰、端正，补充设计图纸要整洁、美观。

(4) 所有投标文件均由投标人的法定代表人签署、加盖印鉴，并加盖法人单位公章。

(5) 填报投标文件应反复校核，保证分项和汇总计算均无错误。全套投标文件均应无涂改和行间插字，除非这些删改是根据招标人的要求进行的，或者是投标人造成的必须修改的错误。修改处应由投标文件签字人签字证明并加盖印鉴。

(6) 如招标文件规定投标保证金为合同总价的某百分比时，开投标保函不要太早，以防泄漏己方报价。但有的投标商提前开出并故意加大保函金额，以麻痹竞争对手的情况也是存在的。

(7) 投标人应将投标文件的正本和每份副本分别密封在内层包封，再密封在一个外层包封中，并在内包封上正确标明"投标文件正本"和"投标文件副本"。内层和外层包封都应写明招标人名称和地址、合同名称、工程名称、招标编号，并注明开标时间以前不得开封。在内层包封上还应写明投标人的名称与地址、邮政编码，以便投标出现逾期送达时能原封退回。如果内外层包封没有按上述规定密封并加写标志，招标人将不承担投标文件错放或提前开封的责任，由此造成的提前开封的投标文件将被拒绝，并退还给投标人。投标文件递交至招标文件前附表所述的单位和地址。

投标文件有下列情形之一的，在开标时将被作为无效或作废的投标文件，不能参加评标：

(1) 投标文件未按规定标志、密封的。

(2) 未经法定代表人签署或未加盖投标人公章或未加盖法定代表人印鉴的。
(3) 未按规定的格式填写，内容不全或字迹模糊辨认不清的。
(4) 投标截止时间以后送达的投标文件。
投标人在编制投标文件时应特别注意，以免被判为无效标而前功尽弃。

9.2.3.3 水利工程投标文件的递交

投标人应在招标文件规定的投标截止期内将投标文件提交给招标人。

项目 10　认识水利工程工程量清单计价规范

任务 10.1　水利工程工程量清单计价规范

学习目标：

1. 知识目标：①水利工程工程量清单的概念；②水利工程工程量清单的内容。

2. 技能目标：①知道水利工程混凝土、砂浆材料单价的内涵；②能进行水利工程混凝土、砂浆材料单价的计算。

3. 素质目标：①认真仔细的工作态度；②严谨的工作作风；③遵守编制规定的要求。

项目任务：学习水利工程工程量清单的概念及内容。

项目描述：《水利工程工程量清单计价规范》（GB 50501—2007），统一水利工程工程量清单的编制和计价方法，预防了因投标人对清单项目理解的不同而可能引发的合同变更和索赔因素；规范了合同价款的确定与调整，以及工程价款的结算；健全和维护水利建设市场竞争秩序。

知识平台：

10.1.1　水利工程工程量清单的概念

2003 年由建设部编制，建设部和国家质量监督检验检疫总局联合发布了《建设工程工程量清单计价规范》（GB 50500—2003）；4 年后的 2007 年，由水利部编制，建设部和国家质量监督检验检疫总局联合发布了《水利工程工程量清单计价规范》（GB 50501—2007）。由此，清单计价在水利系统全面推广。

长期以来，在我国水利工程招投标中普遍采用编制工程量清单进行计价的方式，并遵循施工合同中双方约定的计量和支付方法，但在工程量编制和计价方法以及合同条款约定的计量和支付方法上尚未达到规范和统一，推行《水利工程工程量清单计价规范》，统一水利工程工程量清单的编制和计价方法，它不仅从形式上作了统一，且统一了各投标人的报价基础和口径，预防了因投标人对清单项目理解的不同而可能引发的合同变更和索赔因素；规范了合同价款的确定与调整，以及工程价款的结算；健全和维护水利建设市场竞争秩序。

10.1.1.1　工程量清单的概念

工程量清单应反映招标工程招标范围的全部工程内容，以及为实现这些工程内容而进行的其他工作。工程量清单的编制要实事求是，强调“量价分离，风险分摊”，招标人承担“量”的风险和投标人难以承担的价格风险，投标人适度承担工程“价”的风险。

根据《水利工程工程量清单计价规范》规定，水利工程工程量清单由分类分项工程量清单、措施项目清单、其他项目清单和零星工作项目清单组成。分类分项工程量清单编制要满足：①通过序号正确反映招标项目的各层次项目划分；②通过项目编码严格约束各分类分项工程项目的主要特征、主要工作内容、适用范围和计量单位；③通过工程量计算规则，明确招标项目计列的工程数量一律为有效工程量，施工过程中发生的一切非有效工程量发生的费用，均应摊入有效工程量单价中；④应逐一列出完成该分类分项工程项目应执行的相应主要技术条款，以确保施工质量符合国家标准；⑤除上述要求外的一些特殊因素，可在备注栏中予以说明。

10.1.1.2 编制工程量清单的要求

1. 按规范要求编制工程量清单

工程量清单的编制应该按照国家或地方颁布的计算规则即统一的工程项目划分方法、统一的计量单位及统一的工程量计算规则，根据设计图纸进行计算并有序编列，得出清单。工程量清单编制时要将不同等级要求的工程划分开，将情况不同、可能要进行不同报价的项目分开，这就要求清单编制人员在编制时，认真研究勘察报告、设计图纸及设计文件中的施工组织设计，分析招标文件中包括的工作内容及不同的技术要求，并且要认真勘测现场情况，尽可能预测在施工中可能遇到的情况，对将要影响报价的项目予以充分划分。

2. 对工程量清单项目特征进行正确描述

工程量清单的项目特征是确定一个清单项目综合单价的重要依据，在编制工程量清单时应当对其项目特征进行正确的描述。否则，由于各方对项目清单包含的内容理解不同，对其单价确定结果就不一样，往往在竣工结算审计时引起争议。因此建议在清单表中参考《水利工程工程量清单计价规范》增加项目特征说明一列。或者是在工程量清单说明中，对需要说明项目特征的清单项目进行正确描述，特别是对于非实体工程。这样施工单位在投标报价或者业主编制标底时才能够正确确定清单单价。

3. 认真细致逐项计算工程量，保证实物量的准确性

计算工程量的工作是一项枯燥繁琐且花费时间长的工作。需要计算人员耐心细致，一丝不苟，努力将误差减小到最低限度，在计算时首先应熟悉和读懂设计图纸及说明，以工程所在地进行定额项目划分及其工程量计算规则为依据。根据工程现场情况，考虑合理的施工方法和施工机械，分步分项地逐项计算工程量。定额子目的确定必须明确。对于工程内容及工序符合定额的，按定额项目名称命名；对于大部分工程内容及工序符合定额。只是局部材料不同，而定额允许换算者，应加以注明，如运距、强度等级、厚度断面等。对于定额缺项需补充增加的子目，应根据图纸内容做补充，补充的子目应力求表达清楚以免影响报价。

4. 认真进行全面复核

确保清单内容符合实际且科学合理。清单准确与否，关系到工程投资的控制。此清单编制完成后应认真进行全面复核。可采用如下方法。

（1）技术经济指标复核法：将编制好的清单进行套定额计价，从工程造价指标、主要材料消耗量指标、主要工程量指标等方面与同类建筑工程进行比较分析。在复核时，或要选择与此工程具有相同或相似结构类型、建筑形式、装修标准、层数等的以往工程，将上述几种技术经济指标逐一比较。如果出入不大，可判定清单基本正确，如果出入较大则肯

定其中必有问题，那就按图纸在各分部中查找原因。用技术经济指标可从宏观上判断清单是否大致准确。

（2）利用相关工程量之间的关系复核。

（3）仔细阅读建筑说明、结构说明及各节点详图，从中可以发现一些疏忽和遗漏的项目，及时补足。核对清单定额子目名称是否与设计相同，表达是否明确清楚，有无错漏项。

10.1.2 水利工程工程量清单的内容

根据《水利工程工程量清单计价规范》，工程量清单由分类分项工程量清单、措施项目清单、其他项目清单和零星工作项目清单组成。

分类分项项目清单的编码，采用十二位阿拉伯数字表示（由左至右计位）。一至九位为统一编码，其中，一、二位为水利工程顺序码，三、四位为专业工程顺序码，五、六位为分类工程顺序码，七、八、九位为分项工程顺序码，十至十二位为清单项目名称顺序码。

分类分项工程量清单分为水利建筑工程工程量清单和水利安装工程工程量清单。

水利建筑工程工程量清单项目包括土方开挖工程（编码 500101）、石方开挖工程（编码 500102）、土石方填筑工程（编码 500103）、疏浚和吹填工程（编码 500104）、砌筑工程（编码 500105）、锚喷支护工程（编码 500106）、钻孔和灌浆工程（编码 500107）、基础防渗和地基加固工程（编码 500108）、混凝土工程（编码 500109）、模板工程（编码 500110）、钢筋加工及安装工程（编码 500111）、预制混凝土工程（编码 500112）、原料开采及加工工程（编码 500113）、其他建筑工程（编码 500114）共 14 部分。

例如平洞石方开挖的编码为 500102007×××，后三位编码从 001 开始，若平洞开挖的施工方案有三种，则分别编码为 500102007001、500102007002、500102007003。再譬如，普通混凝土浇筑有几个规格的，编码分别是 500109001001、500109001002 等。

水利安装工程工程量清单项目包括机电设备安装工程（编码 500201）、金属结构设备安装工程（编码 500202）、安全监测设备采购及安装工程（编码 500203）共 3 部分。

任务 10.2 水利工程工程量清单编制及计价

学习目标：

1. 知识目标：①水利工程工程量清单编制的规定；②水利工程工程量清单计价的规定。

2. 技能目标：①知道水利工程工程量清单如何编制；②知道水利工程工程量清单如何计价。

3. 素质目标：①认真仔细的工作态度；②严谨的工作作风；③遵守水利工程工程量清单计价规范的相关规定。

项目任务：学习水利工程工程量清单的编制及计价原则。

项目描述：在水利工程招标、投标文件的编制中，对招标人来讲，准确确定水利工程工程量清单非常重要，同样的，对投标人来讲，根据招标文件中的工程量清单进行准确计价也非常重要。

知识平台：

10.2.1 水利工程工程量清单的编制

工程量清单的编制要实现项目名称、项目编码、计量单位、工程量计算规则、主要表格形式的五统一，满足投标报价的要求。措施项目清单是为保证工程建设质量、工期、进度、环保、安全和社会和谐而必须采取的措施的项目，是招标人要求投标人以总价结算的项目，可由工程量清单编制人补充。其他项目清单由招标人掌握，为暂定项目和可能发生的合同变更而预留的费用。零星工作项目清单不进入总报价，对工程实施过程中可能发生的变更或新增零星项目，列出人工（按工种）、材料（按名称和型号规格）、机械（按名称和型号规格）的计量单位，不列具体数量，由投标人填报单价。

采用工程量清单进行报价，一是避免了各投标单位因造价人员素质差异而造成同一份施工图纸所报价的工程量相差甚远，为投标者提供一个平等竞争的条款交换的原则；二是避免了定额子目划分确认的分歧及对图纸缺陷理解深度差异的问题，有利于中标单位确定后施工合同单价的确定与签订合同及施工过程中的进度款拨付和竣工后结算的顺利进行。

1. 分类分项项目清单的编制

分类分项项目清单中也包括工程量清单的项目编码、项目名称、计量单位、工程量计算规则及主要工作内容。

2. 措施项目清单编制

按招标文件确定的措施项目名称填写，《水利工程工程量清单计价规范》中列出了环境保护、文明施工、安全防护措施等6项内容。措施项目清单属于总价项目，凡能列出工程数量并按单价结算的措施项目，均应列入分类分项工程量清单。

3. 其他项目清单编制

编制人应按招标文件确定的其他项目名称、金额填写。一般有暂列预留金一项，根据招标工程具体情况，编制人可作补充。

4. 零星工作项目清单编制

编制人应根据招标工程具体情况，对工程实施过程中可能发生的变更或新增加的零星项目，列出人工（按工种）、材料（按名称和型号规格）、机械（按名称和型号规格）的计量单位，并随工程量清单发至投标人。

（1）名称及规格型号，人工按工种，材料按名称和规格型号，机械按名称和规格型号，分别填写。

（2）计量单位，人工以工日或工时，材料以 t、m^3 等，机械以台时或台班，分别填写。

另外，招标人供应材料价格表、材料名称、型号规格、计量单位和供应价填写，招标人提供施工设备表按设备名称、型号规格、设备状况、设备所在地点、计量单位、数量和折旧费填写，招标人提供施工设施表按项目名称、计量单位和数量填写。

10.2.2 水利工程工程量清单计价

根据自2007年7月1日起实施的《水利工程工程量清单计价规范》进行投标报价，依据招标人在招标文件中提供的工程量清单计算投标报价。

1. 工程量清单计价的投标报价的构成

工程量清单计价应包括按招标文件规定完成工程量清单所列项目的全部费用，包括分类分项工程费、措施项目费和其他项目费。分类分项工程量清单计价应采用工程单价计价。分类分项工程量清单的工程单价，应根据《水利工程工程量清单计价规范》规定的工程单价组成内容，按招标设计文件、图纸、附录中的“主要工作内容”确定，除另有规定外，对有效工程量以外的超挖、超填工程量，施工附加量、加工、运输损耗量等所消耗的人工、材料和机械费用，均应摊入相应有效工程量的工程单价之内。措施项目清单的金额，应根据招标文件的要求以及工程的施工方案或施工组织设计，以每一项措施项目为单位，按项计价。其他项目清单由招标人按估算金额确定。零星工作项目清单的单价由投标人确定。

（1）分类分项工程量清单应包括序号、项目编码、项目名称、计量单位、工程数量、主要技术条款编码和备注。分类分项工程量清单应根据《水利工程工程量清单计价规范》附录规定的项目编码、项目名称、主要项目特征、计量单位、工程量计算规则、主要工作内容和一般适用范围进行编制。

（2）编制措施项目清单，出现未列项目时，根据招标工程的规模、涵盖的内容等具体情况，编制人可作补充。

（3）其他项目清单，暂列预留金一项，编制人根据招标工程具体情况进行补充。

（4）零星工作项目清单，编制人应根据招标工程具体情况，对工程实施过程中可能发生的变更或新增加的零星项目，列出人工（按工种）、材料（按名称和规格型号）、机械（按名称和规格型号）的计量单位，并随工程量清单发至投标人。

2. 工程量清单计价格式填写规定

（1）工程量清单应采用统一格式。

（2）工程量清单格式应由下列内容组成。

1）封面。

2）填表须知。

3）总说明。

4）分类分项工程量清单。

5）措施项目清单。

6）其他项目清单。

7）零星工作项目清单。

8）其他辅助表格

a. 招标人供应材料价格表。

b. 招标人提供施工设备表。

c. 招标人提供施工设施表。

(3) 工程量清单格式的填写应符合下列规定。

1) 工程量清单应由招标人编制。

2) 填表须知除本规范内容，招标人可根据具体情况进行补充。

3) 总说明填写。

a. 招标工程概况。

b. 工程招标范围。

c. 招标人供应的材料、施工设备、施工设施简要说明。

d. 其他需要说明的问题。

4) 分类分项工程量清单填写。

a. 项目编码，按《水利工程工程量清单计价规范》附录 A 和附录 B 中项目编码以×××表示的十至十二位由编制人自 001 起顺序编码。

b. 项目名称，根据招标项目规模和范围，按照《水利工程工程量清单计价规范》附录 A 和附录 B 的项目名称，参照行业有关规定，并结合工程实际情况设置。

c. 计量单位的选用和工程量的计算应符合《水利工程工程量清单计价规范》附录 A 和附录 B 的规定。

d. 主要技术条款编码，按招标文件中相应技术条款的编码填写。

5) 措施项目清单填写。按招标文件确定的措施项目名称填写。凡能列出工程数量并按单价结算的措施项目，均应列入分类分项工程量清单。

6) 其他项目清单填写。按招标文件确定的其他项目名称、金额填写。

7) 零星工作项目清单填写。

a. 名称及规格型号，人工按工种，材料按名称和规格型号，机械按名称和规格型号，分别填写。

b. 计量单位，人工以工日或工时，材料以 t、m^3 等，机械以台时或台班，分别填写。

8) 招标人供应材料价格表填写。按表中材料名称、型号规格、计量单位和供应价填写，并在供应条件和备注栏内说明材料供应的边界条件。

9) 招标人提供施工设备表填写。按表中设备名称、型号规格、设备状况、设备所在地点、计量单位、数量和折旧费填写，并在备注栏内说明对投标人使用施工设备的要求。

10) 招标人提供施工设施表填写。按表中项目名称、计量单位和数量填写，并在备注栏内说明对投标人使用施工设施的要求。

项目11　水利水电工程造价软件

任务11.1　软　件　概　况

学习目标：

1. 知识目标：以易投水利工程造价软件为例介绍了软件的特点、安装和使用。

2. 技能目标：能正确安装易投水利工程造价软件，可以正确升级软件。

3. 素质目标：①认真仔细的工作态度；②严谨的工作作风；③自我学习的能力。

项目任务：学习易投水利工程造价软件的基本情况。

项目描述：通过学习，了解易投水利工程造价软件。

知识平台：

11.1.1　软件编制依据

1. 国家和行业相关标准、规定

《水利工程设计概（估）算编制》(2014年)

《水利建筑工程概算定额》(2002年)

《水利建筑工程预算定额》(2002年)

《水利水电设备安装工程概算定额》(2002年)

《水利水电设备安装工程预算定额》(2002年)

《水利发电建筑工程概算定额》(1997年)

《水电建筑工程预算定额》(2004年)

《水利工程概预算补充定额》(2005年)

《水利工程概算补充定额（水文设施工程专项）》(2006年)

《水利工程施工机械台时费定额》(2002年)

《水利工程概预算补充定额（掘进机施工隧洞工程）》(2007年)

《水电建筑工程概算定额》(2007年)

《风电场工程概算定额》(2007年)

《黄河防洪工程预算定额》(2012年)

《水利工程工程量清单计价规范》(GB 50501—2007)

《水土保持工程概算定额》(2003年)

《水土保持工程概（估）算编制规定》(2003年)

《土地开发整理项目预算定额标准》及相关编制规定（2012年）

2. 地方相关标准、规定

安徽、河南、江苏、浙江、四川、重庆、湖南、湖北、江西、福建、广东、广西、云南、贵州、山东、山西、陕西、甘肃、新疆、黑龙江、辽宁、吉林、内蒙古等全国各省（自治区、直辖市）现行水利水电、土地开发整理、水土保持概预算定额标准与最新编制规定及文件。

11.1.2 适用单位（表11.1）

表11.1 软件适用的单位

适用行业	适用单位
水利水电 农业综合开发 水土保持 土地开发整理	勘察设计单位 建设单位 施工单位 监理单位 审计单位 造价咨询公司及个人 相关管理部门

11.1.3 软件的功能特点（表11.2）

表11.2 软件的功能特点

序号	功能特点
1	软件界面简洁大方、向导式操作流程，易学易用
2	模拟Excel手工编制习惯，水利水电专业习惯体现在每一步细节操作中
3	与Excel、Word文档无缝连接，数据之间可以相互复制粘贴
4	数据导出Excel报表，带超级链接、检查、核对、校正有多种方式
5	定额数据全，行业之间可以相互嵌套定额标准进行组价
6	建安单价数据可以共享，不同的工程可以调用同一个做好的建安单价。不同的工程之间，单价可以相互套用，材料价格以本工程设置自动调整
7	提供各个地市材料价格信息参考价，一键完成整个项目材料预算价的录入，且自动关联计算到每个单价中
8	支持批量费用调整、批量换算项目数据
9	一键完成单价套用，根据项目名称与单位是否相同，可以一键完成所有项目单价套用，提高了组价效率
10	支持多层单价计算模式，数据分析有多种模式
11	一键设置材料价差计算位置，任意切换
12	丰富完善的百分比计算费用功能
13	支持材料单价的自动计算、自采砂石料单价的自动计算、风水电的自动计算
14	强大的格式转换功能，可以在一种格式下转换成多种编制格式
15	独立费用项目的每一个费用均可根据文件自动计算，且自动生成计算报表输出
16	报表可以批量输出成Excel\Word\PDF格式

11.1.4　软件的运行环境

系统：WindowsXP \ Windows7 \ Windows8，
硬盘：1GB 以上，
内存：256MB 以上。

11.1.5　软件的安装

第一步：双击软件安装程序。
第二步：弹出软件安装向导，点击“下一步”，见图 11.1。

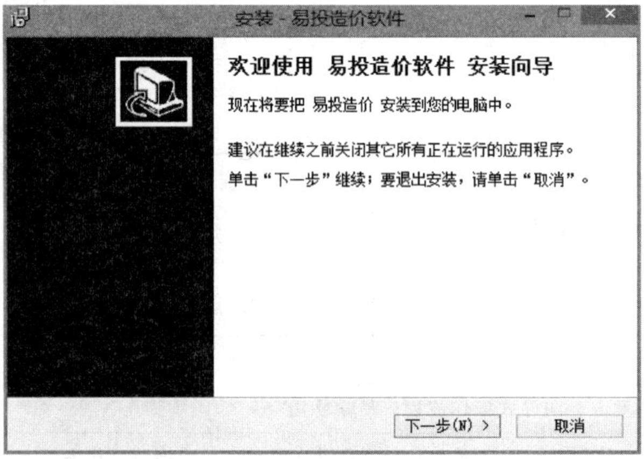

图 11.1　软件安装向导窗口

第三步：在安装向导窗口中选择软件安装路径，默认为安装到电脑“D”盘符。设置好路径，点击“下一步”，见图 11.2。

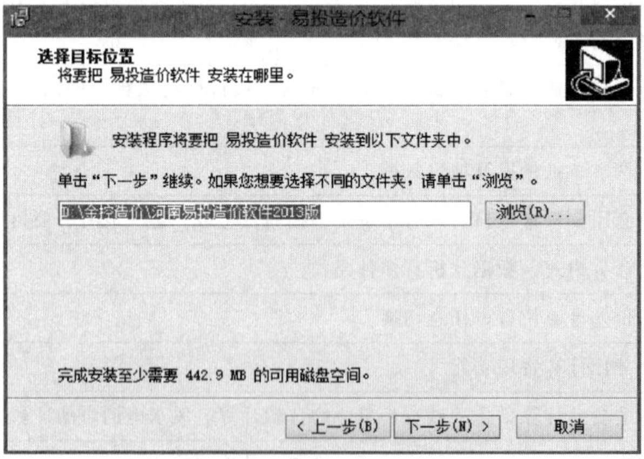

图 11.2　软件安装路径窗口

第四步：依次点击“下一步”，直至安装完成，点击“完成”即可，见图 11.3。

图 11.3　软件安装完成窗口

11.1.6　免费正版的注册使用

免费正版：即在线正版，正版软件网络锁插在广域网终端服务器上，通过网上注册、验证、读取软件锁数据，使用同正版一致，可支持打印输出、不限制工程量（在线版有端口数量限制）。

使用条件：电脑支持互联网链接。

注册流程如下。

第一步：双击软件快捷图标，弹出软件使用版本类型，选择“在线版”，见图 11.4。

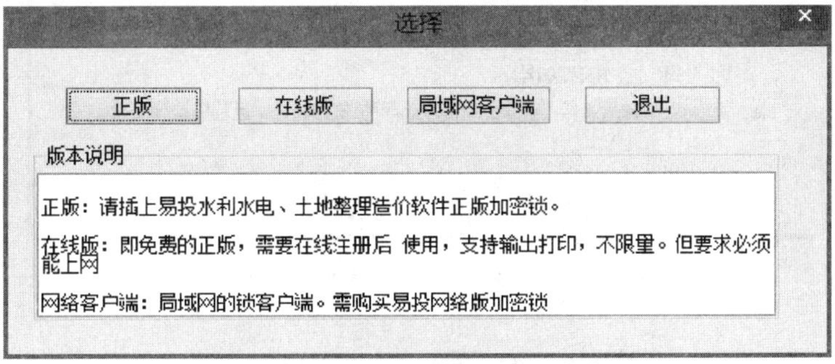

图 11.4　软件使用版本选择窗口

第二步：点击“免费注册”按钮，进行网络锁注册，已经注册过的用户，直接输入用户名与密码登录，见图 11.5。

第三步：依次录入相关信息，点击确定，见图 11.6。

第四步：输入手机号获取验证码，确定验证即可登录使用，见图 11.7。

（手机号仅做获取验证码作用，号码信息公司有责任保密且不做他用，若收到与软件相关的骚扰短信等用户可以举报或投诉到相关管理部门）。

11.1.7　软件更新升级

方式一：在线升级。打开软件，点击软件主菜单上“在线服务”，选择“在线升级”，弹出在线升级对话框，点击下载升级即可。

方式二：联系经销商或客服人员，或者从官网上下载最新安装程序，重新安装即可。

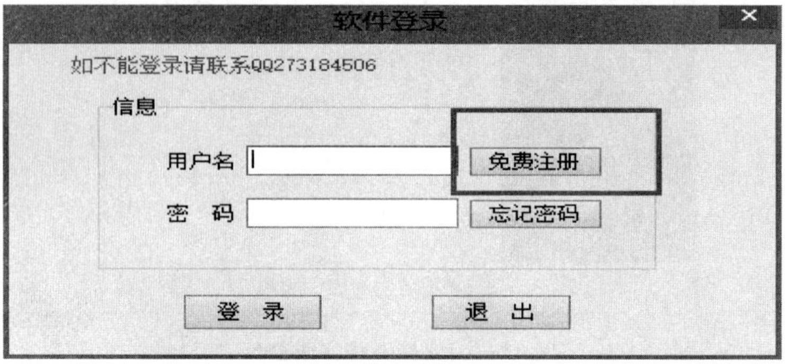

图 11.5 软件登录窗口

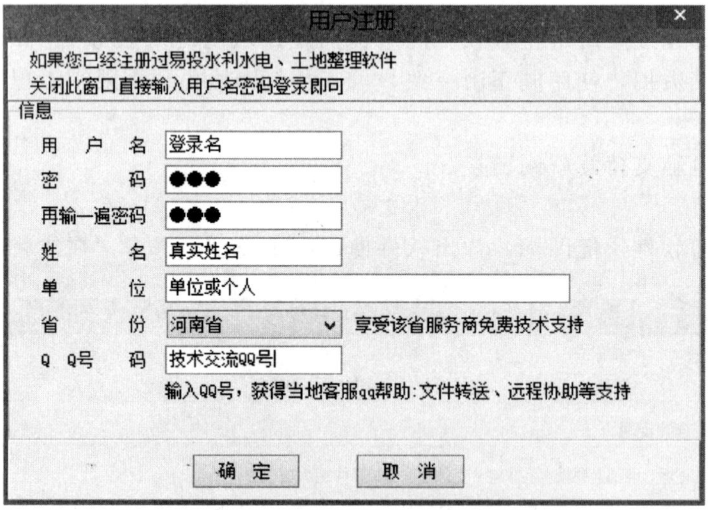

图 11.6 软件注册录入信息窗口

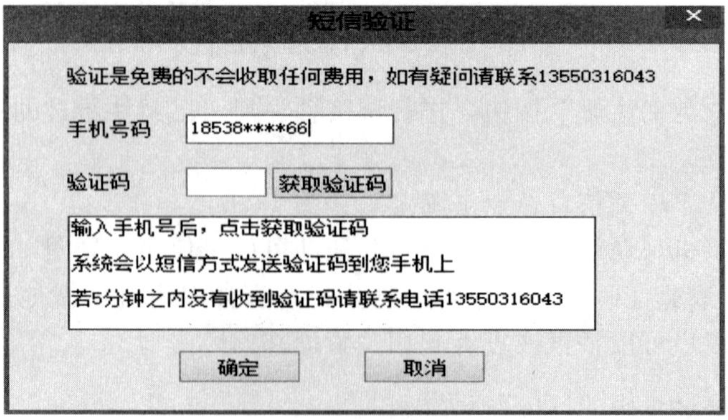

图 11.7 短信验证窗口

任务 11.2　基础入门与提高

学习目标：

1. 知识目标：使用易投水利工程造价软件编制水利工程造价的步骤。

2. 技能目标：能利用易投水利工程造价软件编制简单水利工程概算。

3. 素质目标：①认真仔细的工作态度；②严谨的工作作风；③自我学习的能力。

项目任务：学习易投水利工程造价软件的试验。

项目描述：从建立过程项目开始，经过参数设置、工程基础单价的编制、工程单价的编制、导入工程量、进行部分工程概算编制及总概算编制等，直到打印出编制成果，系统介绍了编制完整的水利工程概算文件的步骤和方法。

知识平台：

11.2.1　新建、打开、保存、另存工程文件

1. 新建工程文件

【操作】：在软件打开主界面，鼠标左键点击（下文简称“点击”）软件快捷工具栏“新建”按钮，或者点击软件主菜单“文件”下拉菜单中的“新建”功能选项，即可弹出“新建项目”对话框，见图 11.8。

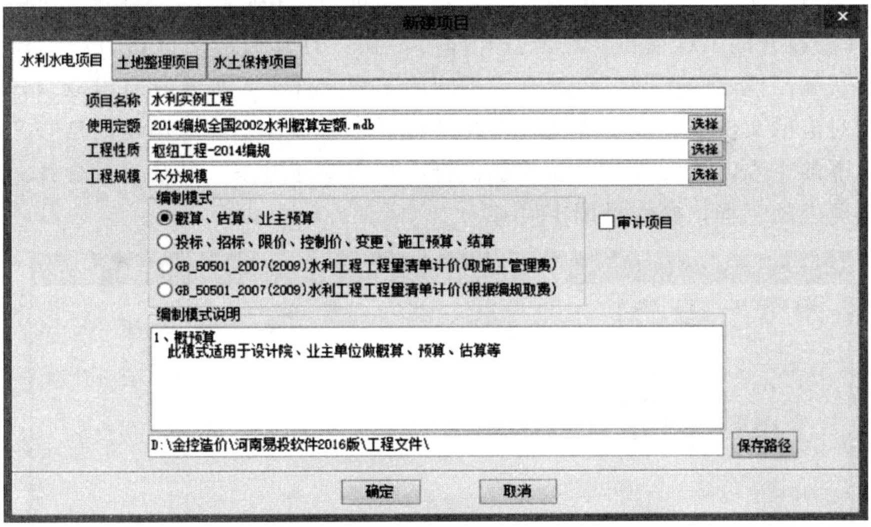

图 11.8　新建项目对话框

在“新建项目”对话框窗口中做以下操作。

第一步：选择要做的项目所属的专业名称，是水利水电项目，或者是土地整理项目，或者是水土保持项目。点击即选择，软件默认选择水利水电项目。

第二步：输入“项目名称”。

项目名称：在“项目名称”框中录入工程的名称，在此录入的名称也是工程文件在电

脑中保存的名称。

第三步：选择“使用定额”。

使用定额：概预算工程文件编制的定额文件依据，点击“使用定额”框后边的“选择”按钮，在弹出的对话框中选择需要使用的定额标准，点击“确定”即可。

第三步：设置“工程性质”。

工程性质：水利项目工程的性质划分为枢纽工程、引水工程、河道工程三类，工程性质不同，取费也不同，软件默认设置为枢纽工程，若实际的工程为其他性质，可以点击“选择”按钮，切换工程性质。

第四步：工程规模。软件默认水利水电项目不分规模。

第五步：选择“编制模式”。

编制模式：工程项目造价文件的编制模式，软件设置为 4 种，点击要使用的编制模式，下边编制模式说明中即可显示所选模式适用编制范围，用户可根据工程实际选择适用的编制模式。

第六步：保存路径，即工程文件的保存位置。软件默认的保存路径为软件安装文件夹的工程文件中，如果想保存到用户想要的位置，可点击保存路径按钮，自行选择要保存的位置。

第七步：点击“确定”，工程文件新建成功，并自动打开。

2. 打开工程文件

【操作】：在软件打开主界面，点击软件快捷工具栏的“打开”按钮 

或者选择软件主菜单“文件”下拉菜单中“打开”功能选项，在弹出的“打开”对话框中（图 11.9），选择要打开的工程项目，点击打开即可。在“打开”对话框窗口，工程文件根据项目专业以及编制模式的不同，自动分成不同的工程文件夹，如水利水电概预算、土地概预算等，在对应的文件夹查找工程项目，在“打开”对话框中默认出现的这些文件夹，是软件根目录下的工程，若工程另存在其他盘符，则需要通过系统路径进行查找。如打开保存在电脑桌面上的工程，操作见图 11.10。

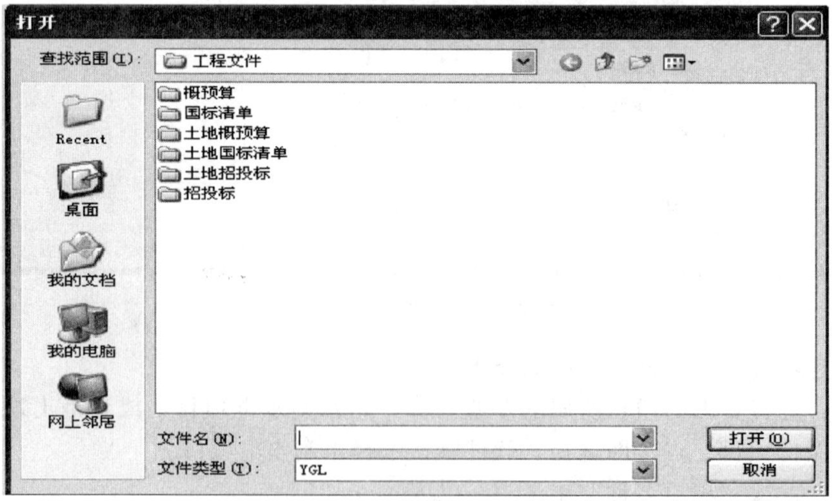

图 11.9　工程文件“打开”对话框

图 11.10　打开桌面工程窗口

3. 保存工程文件

【操作】：在工程文件打开状态点击软件快捷工具栏“保存”按钮或者选择软件主菜单“文件”下拉菜单中的“保存”功能选项，即可保存工程文件。用户可以根据系统设置，设置间隔几分钟或者更长时间，自动保存并备份工程文件数据。系统默认设置工程文件自动保存并备份的间隔时间为 5 分钟，用户可以自行修改。

4. 另存工程文件

工程文件需要换个文件名称另外保存，相当于复制一个与现有工程文件一致的文件，需要将工程文件另存。

【操作】：在工程文件打开状态下点击软件快捷工具栏中“另存”按钮，或者选择软件主菜单“文件”下拉菜单中的“另存”功能选项，在弹出的“另存为”对话框窗口中，录入另存工程文件的名称，设置工程文件保存路径，点击“保存”，见图 11.11。工程文件

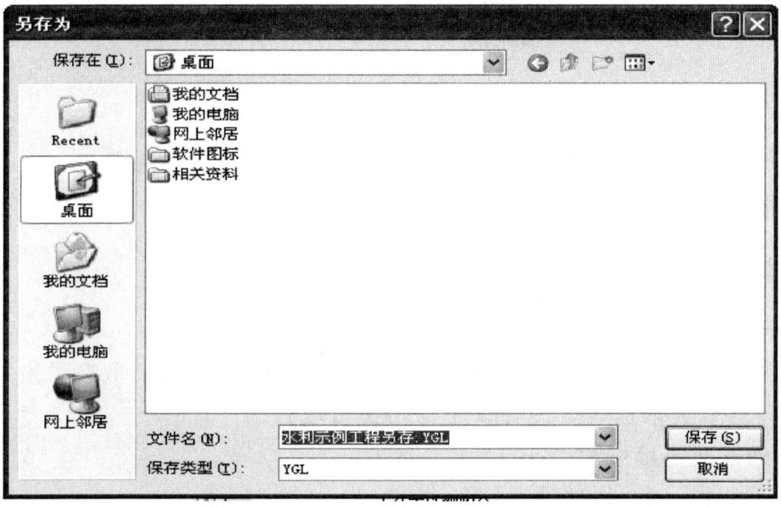

图 11.11　“另存为”对话框

另存成功，并自动打开，当前软件打开的工程文件为另存的工程文件，原来的工程文件自动保存后关闭。

11.2.2 基本信息

工程文件报表打印的相关参数数据，均从这个窗口调取，见图 11.12，如工程项目名称、建设单位、编制日期、编制说明等。这些基本的信息数据，称为“工程基本信息”。

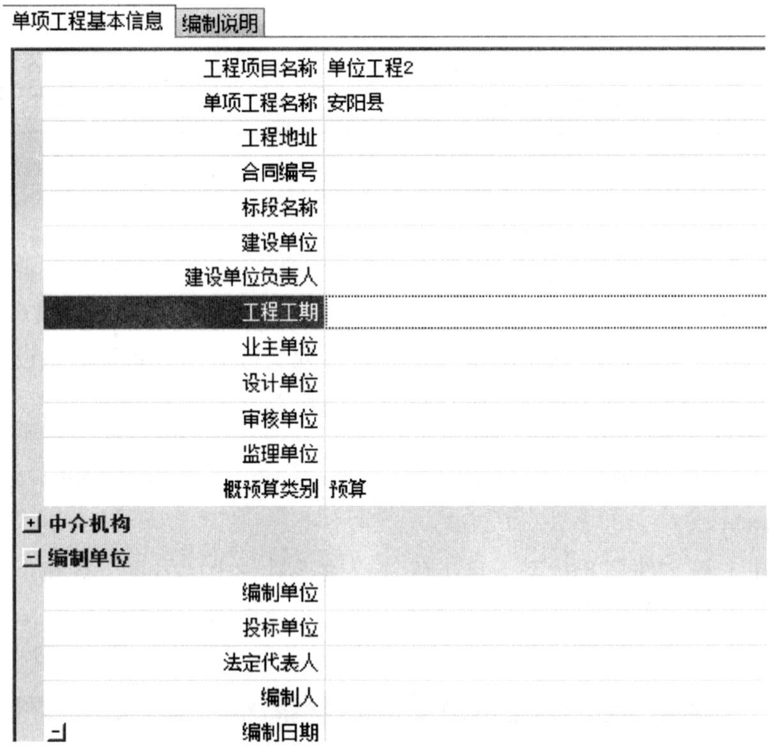

图 11.12 单项工程基本信息窗口

基本信息页面左侧是工程项目的汇总，右侧是工程项目的相关信息，在此录入工程项目的相关基本信息后，后边报表将自动调用本页面的信息数据。

11.2.3 参数、费率设置

1. 窗口的作用

参数 \ 费率设置窗口，可以对工程的各项取费进行编辑设置。取费类别、独立费参数计算、工程单价计算表依据等，均在这个窗口进行设置。

2. 窗口介绍及快捷键介绍

窗口介绍见图 11.13，快捷键介绍见表 11.3。

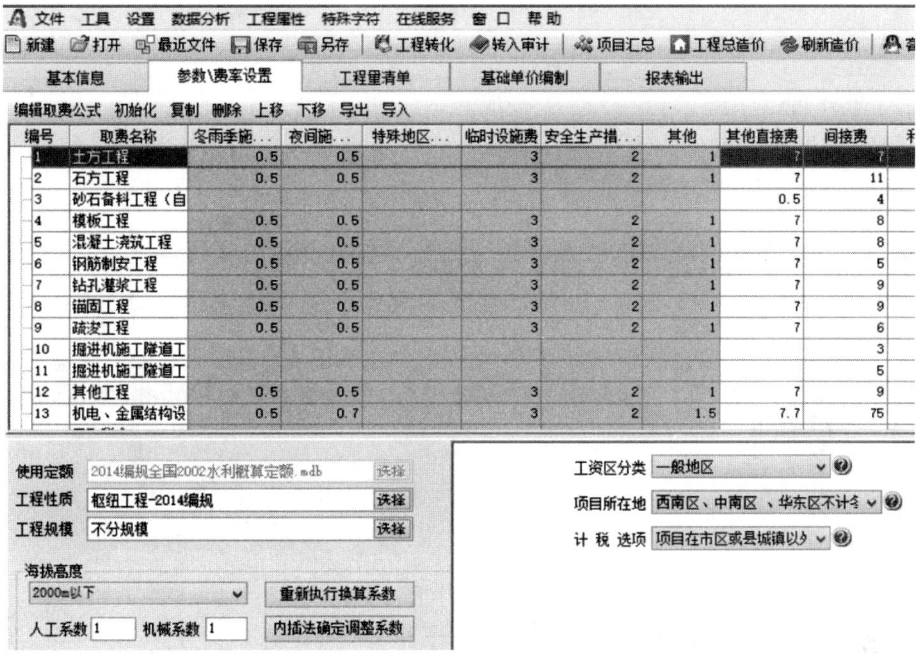

图 11.13 窗口介绍

表 11.3　　　　快 捷 键 介 绍

序号	快捷按钮	功能作用
1	编辑取费公式	点击编辑取费公式，可以对单价组成公式进行修改，此处的公式也是单价分析表中的名称、层次显示，如果一些项目不想在单价分析计算表中显示，可以进行打印设置，名称显示不符，可以在此进行修改
2	初始化	费率若修改后需要恢复到系统默认，可以使用初始化功能，将各项取费恢复到软件默认的费率
3	复制 删除	复制或者是删除一行取费，需要增加一行取费类别，可以复制一行类似的取费行进行修改，如果取费类别行不需要，可以点击删除去掉
4	导出 导入	修改好的取费如果其他工程也是同样的取费，可以使用导出功能，将取费导出取费文件（＊.费率文件）保存，在其他工程中参数\费率设置窗口使用导入功能，把之前导出保存好的（＊费率文件）导入即可
5	扩大	投资估算与初设概算单价编制相同，一般均采用概算定额，但考虑投资估算工作深度和精度，应乘以扩大系数。若工程项目是投资估算，可以在参数\费率设置窗口"扩大"列中填写相应的扩大系数
6	工程性质	水利工程按工程性质划分为枢纽工程和引水工程及河道工程，工程性质不同则相应的工程范围以及取费都是不同的。新建工程时候设置过，此处仅起显示作用
7	海拔高度	定额中海拔高度适用于≤2000m地区的工程项目，>2000m的地区，要根据水利枢纽工程所在地的海拔高程及规定的调整系数进行计算，软件中可以根据工程实际进行选择
8	计 税 选项	工程项目所在地区不同，税金也不相同，在实际工程中要根据工程所在地区以及适用的税金文件进行修改

11.2.4 工程量清单

1. 窗口的作用

工程量清单界面主窗口，可做项目划分、清单项目录入、组价、修改、编辑、汇总等操作，是软件应用的核心，见图 11.4。

图 11.14 主窗口介绍

工程量清单界面设置多个辅助窗口，配合完成工程量清单主窗口一切操作。

2. 工程量清单主窗口的介绍

主窗口上快捷按钮的介绍，见表 11.4。

表 11.4　　主窗口快捷键介绍

序号	快捷按钮	功能作用
1		收拢或者展开分部、清单、定额行，项目划分层次较多，可以按照层次收拢或展开，方便检查或校对
2	 插	光标所在行上方，插入空白清单行，插入同级别（层次）清单行
3	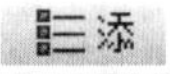 添	光标所在行下方，插入空白清单行，插入同级别（层次）清单行
4	 子	光标所在行位置，添加子级空白清单行（当前行若已经带有定额子目行，则不可以再添加子级清单行）
5	 补定	光标所在行下方，添加空白定额子目行（补充定额行）
6		删除鼠标选中的当前行，按住 shift \ ctrl 键可以选择多行操作
7		上下移动选中行的位置，按住 shift \ ctrl 键可以选择多行操作。只能在同一级别（层次）中移动

序号	快捷按钮	功能作用
8		升级或降级选中的清单行，层次（级别）划分需要用到升降级操作；按住 shift \ ctrl 键可以选择多行操作
9		复制或剪贴选中行，剪贴只适用于定额行；按住 shift \ ctrl 键可以选择多行操作
10		在鼠标选中的当前行下方，粘贴已经复制或剪贴的清单行或者定额行
11		将 Excel \ Word 文档数据，导入到工程量清单主窗口中
12		锁定清单行的编号、工程量等数据，以防误操作导致的错误
13		常用功能工具栏的开关按钮
14		撤销或回复最近的操作

3. 工程量清单辅助窗口（见表 11.5）

表 11.5　　工程量清单辅助窗口

左边框辅助窗口	（1）分组定位 （2）清单范本 （3）定额 （4）套用单价 （5）查询 （6）工程自检
下边框辅助窗口	（7）人材机 （8）标准换算 （9）单价分析 （10）备注 （11）工作内容 （12）项目特征 （13）附注说明 （14）工程量计算

（1）分组定位。分组定位窗口，决定“工程量清单主窗口”的费用组成内容。鼠标选择哪一组，工程量清单主窗口就操作哪一组数据，如水利水电项目的费用组成分成工程部分与移民环境部分，工程部分又分为建筑工程、机电设备安装、金属结构设备及安装工程等，见图 11.15。分组定位窗口选中建筑工程部分，那么“工程量清单主窗口”中所操作的都是建筑工程部分的内容。

（2）清单范本。清单范本窗口，显示《编制规定》里边的项目划分列表与《水利工程工程量清单计价规范》的项目列表，供“工程量清单主窗口”做项目划分、或清单项目录入时候调用，省去手工打字录入的麻烦，见图 11.6。

【操作】：1）展开项目划分列表或清单规范列表，勾选需要的清单项目，点击“插入”按钮，勾选的项目自动插入到“工程量清单主窗口”光标所在行下方。

图 11.15　分组定位窗口

2）展开项目划分列表或清单规范列表，选中需要的清单项目（shift \ ctrl 键可以多选），双击即可套用到“工程量清单主窗口”光标所在行下方。

图 11.16　清单范本窗口

（3）定额。定额窗口数据，为“工程量清单主窗口”组单价时候提供定额子目标准依据，见图 11.17。

【操作】1）双击定额子目行即可套用。

2）可以通过定额名称等关键字，查找定额子目，双击套用。

3）点击主定额行，可以切换到其他行业定额子目列表，进行嵌套使用。

4）右键可以定位到定额列表各章节位置。

（4）套用单价。本工程组过的单价，或在基础单价编制里边组好的建安单价，或借调其他工程的单价等均在这个窗口列举，可供“工程量清单主窗口”相同的项目套用。省去重复套用定额子目组价的麻烦。

【操作】1）双击需要的单价项，单价自动套用到“工程量清单主窗口”的选中行。

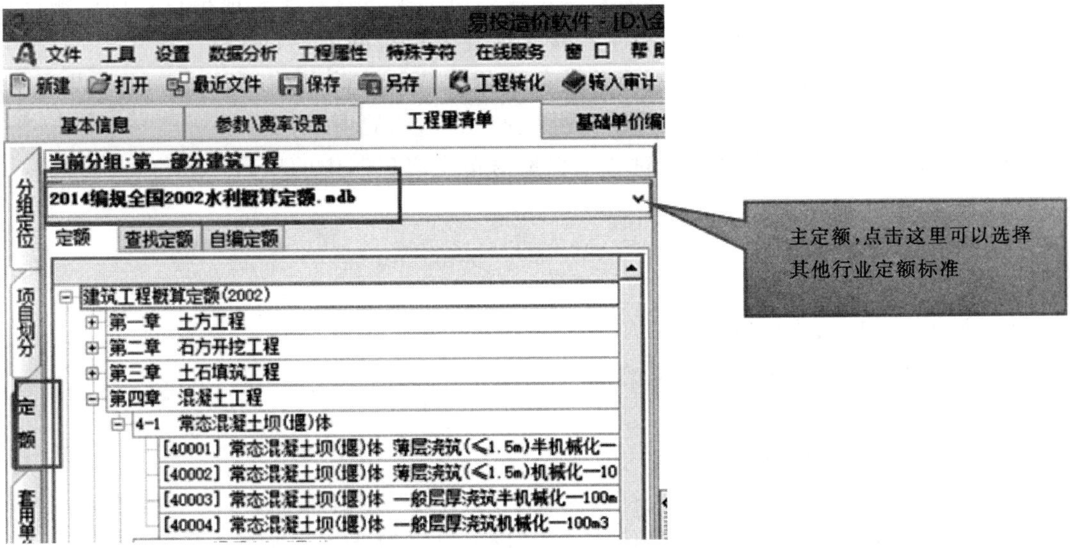

图 11.17　定额窗口

2）右键可以批量套用到“工程量清单主窗口”的项目名称一样的项目行。

3）可以借调其他工程做好的单价。

（5）查询。查询窗口，主要通过右键功能对“工程量清单主窗口”项目进行批量设置与编辑，见图 11.18。输入项目名称或清单编号的关键字，查找到相应的项目，右键统一操作。

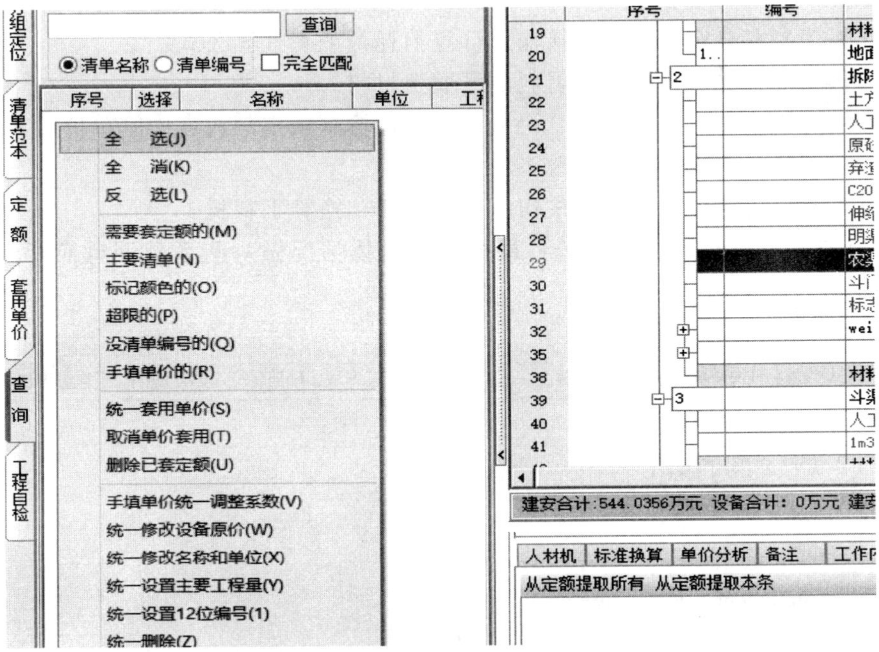

图 11.18　查询窗口

【操作】：1）右键可以批量查找需要套定额组价的项目行、主要清单行、标记颜色行、超出限价行、没有清单编号的行、手工直接录入建安单价的项目行等。

2）输入关键字查找，右键统一修改设备原价、统一修改名称与单位、统一设置主要工程量，统一设置12为清单编码，统一删除查找到勾选的项目行。

（6）工程自检。工程自检，是对“工程量清单主窗口”中的项目，进行系统自检，可以自检出：

1）清单名称为空的行。

2）清单单位为空的行。

3）清单工程量为0的行。

4）项目名称一样，单价不一样的行。

5）漏套定额组价的项目行。

6）超过限价的清单行。

（7）人材机（适用定额行）。人材机窗口显示“工程量清单主窗口”中套用的定额子目工料机内容，这个窗口可以对套用的定额子目工料机做调整或换算，见图11.19。

图11.19　人材机窗口

【操作】：1）在自定消耗栏直接输入计算消耗量或者计算公式。

2）勾选某一个材料为装置性材料或已取费材料。

3）右键可以添加人工、材料、机械、拌制运输附项定额或者中间单价等。

4）双击工料机名称，可以修改工料机数据。

5）点击工料机名称栏右边线按钮，可以修改、换算工料机。

（8）标准换算。套用的定额子目根据工程具体情况做一些系数调整换算（适用定额行），见图11.20。

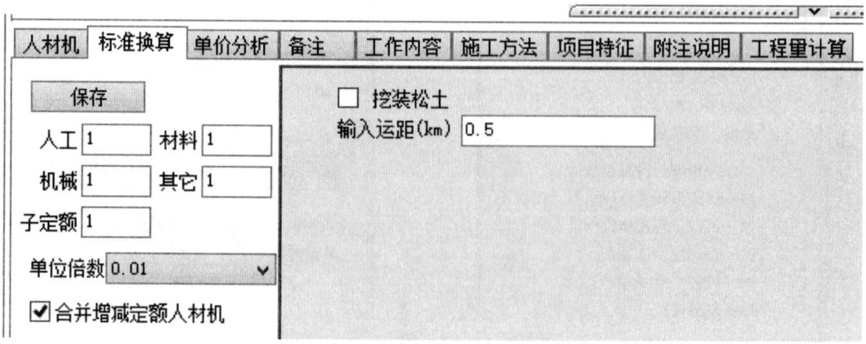

图11.20　标准换算窗口

【操作】：在对应的位置录入换算系数，或勾选设置换算内容，再点击“保存”即可。

(9) 单价分析（适用于定额行）。这个窗口显示，选定的定额行取费计算的单价分析数据。仅起到查看作用，不支持操作。

(10) 备注：显示选定的定额子目行的备注信息，用户可以对该定额子目做备注说明。

(11) 工作内容：显示选中的定额子目包含的工作内容，用户可以自行编辑或修改。

(12) 项目特征（适用于清单行）显示清单行的项目特征描述，用户可以自行编辑或修改。

(13) 附注说明（适用于清单行或定额行），用户对选中项目加以描述说明。

(14) 工程量计算（适用于清单项）。对清单项目工程量计算，录入计算工程，检查修改方便，一般报施工进度，或审计结算时候使用，方便数据校对与修改。计算式可以在报表中打印输出。

【操作】：增加空行，录入名称、变量（可以不录）、计算式；点击计算，再点击提取结果（可以设置自动提取结果）。

11.2.5 基础单价编制（插页窗口）

1. 窗口的作用

基础单价编制，即人工、材料、机械、混凝土、电风水、中间单价以及建安单价的计算与录入。人工单价根据《编制规定》自动计算，材料预算价根据市场价格信息、运输装卸及采保费用、加工制作、自采等计算，自行生产电风水单价的计算，机械、混凝土的单价计算等均在这个窗口处理。

还有工程项目的建安单价、中间单价，也可以集中在这个窗口中计算编制。

2. 基础单价编制窗口中人工窗口的介绍

软件根据《编制规定》设置关联计算，用户不用做操作，若有补充的工种，直接输入预算价即可，见图 11.21。

图 11.21 人工窗口

3. 基础单价编制窗口中的材料窗口介绍

材料窗口见图 11.22，快捷按钮功能介绍见表 11.6。

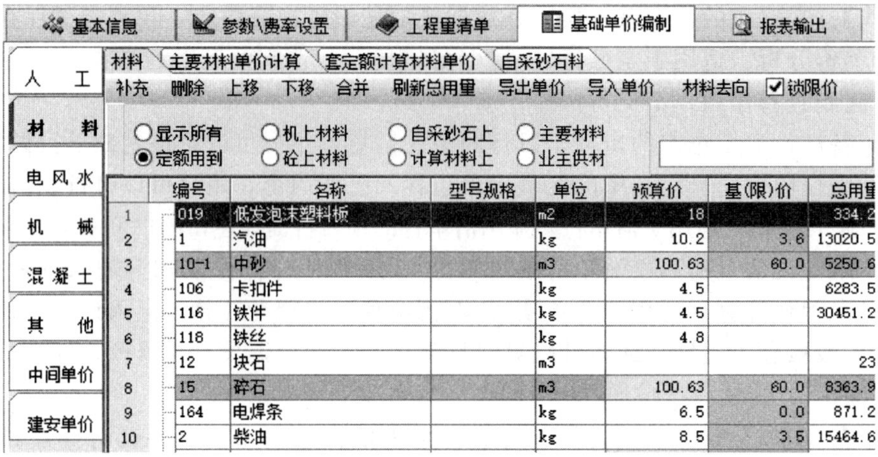

图 11.22 材料窗口

表 11.6 快捷键介绍

序号	快捷按钮	功能说明
1	补充	添加、补充项目需要的材料
2	删除	删除用量为 0 的材料行
3	上移 下移	上下移动材料在报表输出的位置
4	合并	合并单位单价一样、名称相似的材料，材料合并，总用量也合并
5	刷新总用量	工程项目的工程量变化，软件自动刷新工料机总用量
6	导出单价	是导出材料预算价，本工程材料预算价格编制完成，导出保存成材料价格文件（*.CL），供其他工程导入使用
7	导入单价	导入之前保存好的材料价格文件（*.CL），是快速录入材料预算价的方法。材料价格文件可以网上下载，也可以自己编制保存
8	材料去向	查看选中的材料，是被哪一个单价使用
9	☑锁限价	锁定限价材料的限制价格，需要修改或录入，需去勾解锁

【操作】：(1) 可以按照需求显示材料，如定额用到的、混凝土上材料等。

(2) 右键可以排序材料顺序。

(3) 右键可以计算材料价格、关联材料价格、调整材料价格、导出到 Excel 格式。

4. 计算材料单价窗口

【操作】：(1) 添加材料，依次输入材料原价、单位毛重、装卸费、运距运价以及运输保险费率等，材料单价自动计算，见图 11.23。

(2) 点击“导出”按钮，保存成（*. 主材）文件，供其他工程导入使用。

(3) 设置为默认值，下一个工程将默认保留所有主材单价计算数据。

5. 套定额计算材料单价

项目中有些材料需要自己制作生产，则需要套定额计算单价。

图 11.23 计算材料单价窗口

【操作】：在“套定额计算材料单价”窗口，点击“添加”—勾选定额用到的材料“双击”—点击“确定”—查找对应的定额子目双击套用。软件自动计算出该材料单价。

6. 自采砂石料窗口

砂石料自行开采，材料单价根据自采工序，套用对应的开采定额，软件自动计算出砂石料单价。

7. 电风水窗口

(1) 电单价的计算见图 11.24。

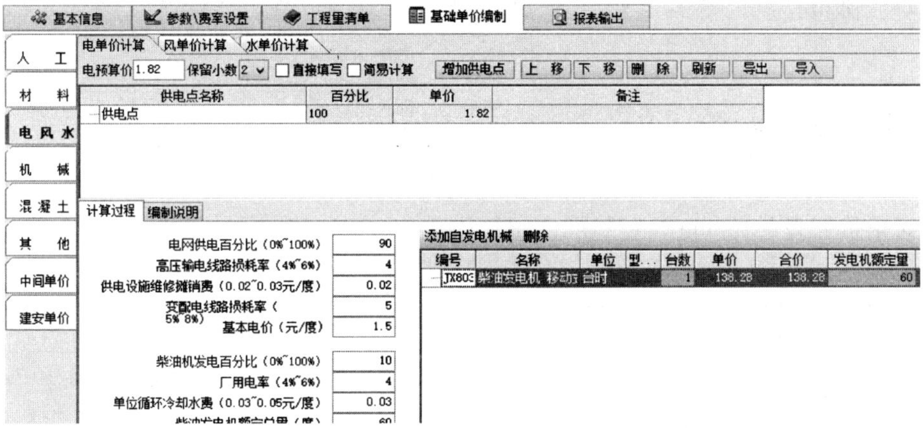

图 11.24 电风水窗口

【操作】：第一步：项目输入电网供电与自行发电的比例，录入电网供电单价（基本电价）。

第二步：录入相关计算参数。

第三步：添加自行发电机械，录入台时数与发电机额定量。

（2）风单价的计算。

【操作】：第一步：设置风计算的技术参数。

第二步：添加供风机械台时，输入机械数量与额定量。

（3）水单价的计算。

【操作】：第一步：设置供水技术参数。

第二步：添加供水机械台时，录入台时数量与额定量。

8. 机械与混凝土窗口

项目各种标号混凝土与各种型号机械，根据人工与材料预算价，自动计算单价。

9. 建安单价窗口

建安单价，即工程量清单主窗口中划分的项目，建安单价可以在这里集中编制，后关联到对应的项目划分自动计算。这个窗口所编制的建安单价，会在工程量清单辅助窗口"套用单价"里边显示，供清单项目套用。

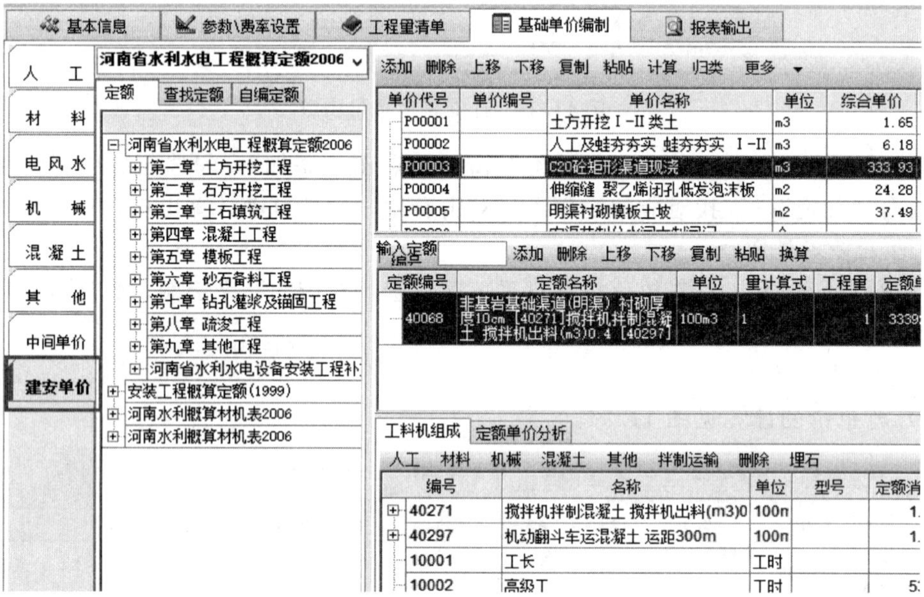

图 11.25　建安单价窗口

建安单价窗口见图 11.25，功能介绍见表 11.7。

表 11.7　　建安单价窗口功能介绍

序号	快捷按钮	功能作用
1	从清单引入(U)	从工程量清单窗口的项目划分中导入单价项目，名称与项目划分一致（建议先做好项目划分）
2	从其他工程引入单价(V)	其他工程做好的建安单价，借调到本工程使用，组价是原来工程的，工料机单价可以是本工程的
3	代号规则(T)	建安单价的单价代号规则，默认以"p"开头的

序号	快捷按钮	功能作用
4	生成单价编号(W)	软件默认没有单价编号，可以点击自动生成，报表输出可以调用这个编号（不建议生成）
5	重排单价代号(X)	单价代号顺序乱了，可以重新排序
6	未被使用单价显示红色(Y)	建安单价做多了，本工程用不到的单价项用红颜色表明，方便检查
7	添加	添加建安单价项
8	删除	删除不用的单价
9	上移　下移	上下移动建安单价的排序行位置
10	复制　粘贴	复制、粘贴建安单价项
11	归类	建安单价可以根据取费或自定义类型归类，方便检查核对，或管理

【操作】：第一步：点击“更多”里边的“从清单引入”，将工程量清单窗口中做好的项目划分，导入到建安单价窗口。

第二步：删除不需要组单价的项目。

第三部：从左边定额库列表中，查找定额，依次对单价项目套定额组价。

11.2.6　报表打印（插页窗口）

1. 窗口功能

报表打印窗口，是本工程文件数据报表的格式修改、报表分组、打印、导出等一系列操作的工作窗口。

2. 窗口介绍

报表打印窗口分成三个部分：系统报表窗口（左上角）、工程报表窗口（左下角）、报表预览窗口（右半幅），见图 11.26。

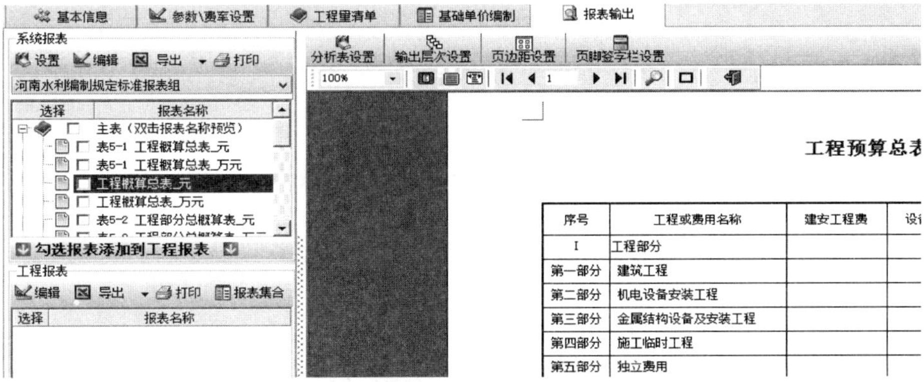

图 11.26　报表打印窗口

（1）系统报表：软件根据工程性质不同、编制规定不同、地方要求不同，设置多组报表格式，如省编规报表组、部编规报表组、各地设计院自行设计的报表组。每一组报表都成套完整工程文件数据输出。系统报表窗口，可以对报表进行预览、编辑、输出。编辑需要密码，不建议编辑系统默认的报表。

(2) 工程报表：工程报表即用户报表，软件默认工程报表为空。用户自行根据需要，在系统报表里边勾选需要的表格，添加到工程报表窗口。工程报表支持预览、编辑、导出、打印等。建议使用工程报表输出。

(3) 报表预览窗口：双击系统报表或者工程报表窗口里边的表格，均可预览。

3. 系统报表窗口的应用

【操作】：(1) 选择报表组。

(2) 双击表格名称预览表格。

(3) 勾选需要的表格，添加到工程报表。

(4) 导出、打印系统报表组勾选的表格（建议添加到工程报表再导出或打印）。

4. 工程报表窗口的应用

【操作】：(1) 勾选需要的表格名称（右键可以全选、全消）。

(2) 右键导出整个报表组，保存成报表组模板文件，供其他工程导入使用。

(3) 右键导入之前保存的报表组模板文件。

(4) 右键将整个工程报表组保存成报表集合。

(5) 调用报表集合里边的报表组。

(6) 编辑表格格式。

(7) 工程单价分析表（单价计算表）的格式设置。

(8) 概预算表格或清单计价表格输出层次设置。

(9) 报表页边距设置。

(10) 页脚及签字栏设置。

附　　录

水利部办公厅关于调整水利工程计价依据增值税计算标准的通知

办财务函〔2019〕448号

部属各单位，各省（自治区、直辖市）水利（水务）厅（局），各计划单列市水利（水务）局，新疆生产建设兵团水利局：

根据《财政部 税务总局 海关总署关于深化增值税改革有关政策的公告》（财政部 税务总局 海关总署公告2019年第39号），现将《水利工程营业税改征增值税计价依据调整办法》（办水总〔2016〕132号）中的增值税计算标准调整如下：

一、工程部分

1. 施工机械台时费定额的折旧费除以1.13调整系数，修理及替换设备费除以1.09调整系数，掘进机及其他由建设单位采购、设备费单独列项的施工机械，设备费采用不含增值税进项税额的价格。

2. 建筑及安装工程费的税金税率为9％。

3. 以费率形式表示的安装工程定额，装置性材料费费率除以1.13调整系数。

4. 编制概（估）算文件时，材料价格采用不含增值税进项税额的价格。主要材料适用税率为13％，次要材料及其他材料计算方法暂不调整。

二、水土保持工程部分

1. 施工机械台时费定额的折旧费除以1.13调整系数，修理及替换设备费除以1.09调整系数。

2. 税金税率为9％。

以上计算标准自2019年4月1日起执行，各省（自治区、直辖市）可结合本地区计价依据管理的实际情况，调整增值税计算标准。

参　考　文　献

[1] 水利水电规划设计总院. SL 618—2013　水利水电工程可行性研究报告编制规程. 北京：中国水利水电出版社，2013.

[2] 中国建设工程造价管理协会. 建设项目工程结算编审规程. 北京：中国计划出版社，2007.

[3] 水利部淮河水利委员会. SL 19—2008　水利基本建设项目竣工财务决算编制规程. 北京：中国水利水电出版社，2008.

[4] 水利部. 水利工程设计概（估）算编制规定. 北京：中国水利水电出版社，2014.

[5] 水利部水利建设经济定额站. 水利建筑工程概、预算定额. 郑州：黄河水利出版社，2002.

[6] 方国华，朱成立. 水利水电工程概预算. 郑州：黄河水利出版社，2003.

[7] 于立君，孙宝庆. 建筑工程施工组织. 北京：高等教育出版社，2005.

[8] 尹军，夏瀛. 建筑施工组织与进度管理. 北京：工业出版社，2007.

[9] 吴安良. 水利工程施工. 北京：水利电力出版社，1992.

[10] 中国建设监理协会. 建设工程进度控制. 北京：中国建筑工业出版社，2011.

[11] 赵香贵. 建筑施工组织与进度控制. 北京：金盾出版社，2002.

[12] 袁光裕. 水利工程施工. 北京：中国水利水电出版社，2009.

[13] 张华明，杨正凯. 建筑施工组织. 北京：中国电力出版社，2007.

[14] 余群舟，刘元珍. 建筑工程施工组织与管理. 北京：北京大学出版社，2012.

[15] 郑忠伟. 我国建设工程项目管理模式、现状与全过程管理创新体系探讨. 科技信息，2007，35.

[16] 赵旭升，卜贵贤. 水利水电工程施工组织与造价. 咸阳：西北农林科技大学出版社，2009.

[17] 建设部. GB 50501—2007　水利工程工程量清单计价规范. 北京：中国计划出版社，2007.